普通高等教育"十二五"应用型本科规划教材

电工学

主编 朱 荣 晋 帆

中国人民大学出版社
·北京·

电工学

主编 木 石

中国人民大学出版社
北京

前　言

　　近年来，发展应用型本科教育、培养本科层次的应用型人才，成为许多高等院校的办学定位和培养目标。本书针对应用型本科、职业本科教育模式对学科基础课的要求，由多年从事教学、科研的一线教师编写而成。在内容取材及安排上，以"必需"和"够用"为度，讲清概念、强化应用，在基本理论的基础上配有一些深入浅出的应用项目，注重技能培养。

　　本书系统地介绍了电工学的基本内容，重点放在与电工学有关的基本理论、基本知识和基本技能上，以及各非电类专业的一般岗位对电工知识的实际需要上，强调学生基本技能培养。全书共分 14 章，内容包括电路的基本概念与分析方法，电路的暂态分析，正弦交流电路，三相交流电路及供电用电，磁路与变压器，电动机，电气自动控制技术，常用半导体器件，基本放大电路，集成运算放大器，直流稳压电源，门电路与组合逻辑电路，触发器与时序逻辑电路，模拟量与数字量转换电路。每章配有习题，供读者思考和练习。

　　本书由朱荣、晋帆主编。本书编写工作分工如下：第 1、2 章由刘涛编写，第 5、7、8 章由仇月仙编写，第 9、10、11 章由邹艳琼编写，第 3、4、6、12、13、14 章和附录由朱荣编写，全书修改统稿由朱荣老师完成。本书由云南大学戴宏教授主审，编写过程中得到了昆明理工大学的梁浩雁、周凯锋等老师的大力协助，在此表示衷心感谢。

　　由于我们水平有限，书中难免有错误和不妥之处，敬请读者批评指正。

昆明理工大学城市学院

2015 年 2 月 2 日

目　录

电路的基本概念与分析方法

本章是在物理学的基础上，介绍电路的基本知识、基本定律以及电路的分析和计算方法。电路分析的典型问题是要求给定电路的工作情况，对电压、电流及功率进行分析和计算。本章主要对直流电阻电路进行分析，所应用的基本定律、分析方法及所得出的结论也适用于交流电路。因此本章是电工学最为基础的内容，其中的许多重要结论始终贯穿全书。

1.1 电路的基本概念

在日常生活、工农业生产、科研以及国防中，使用着各种各样的电器设备，如照明电灯、计算机、程控交换机、电视机等，这些电器设备都是由实际的电路构成的。

一、电路的组成与作用

电路（electric circuit）是电流的通路，它由电器设备或元器件通过导线按一定方式连接组成，以实现一定功能。电路的结构按其功能不同，可以简单到由几个元件组成，如手电筒电路；也可以复杂到由上千个甚至数万个元件组成，如电力供电系统。

电路由电源、负载和中间环节三个部分组成。电源（electric source）是将非电能量转换为电能的设备，如电池、发电机等。负载（load）是将电能转换为非电能量的设备，如灯泡、电动机等。中间环节起沟通电路和输送电能的作用，如导线、开关、变压器、放大器等。手电筒电路（图1—1）是一个最简单的电路，它由电池、灯泡、手电筒壳（开关）组成。电池是电源，灯泡是负载，导线和开关为中间环节，手电筒电路模型如图1—2所示。

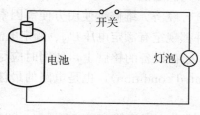

图1—1　手电筒电路

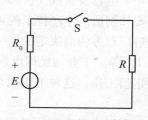

图1—2　手电筒电路模型

1

通常电源自身的电流通路称为内电路（internal circuit），电源以外的电流通路称为外电路（external circuit）。电压或电流的大小和方向均不随时间变化的电路称为直流电路（direct current circuit，简称 DC），电压或电流随时间按正弦规律变化的电路称为交流电路（alternating current circuit，简称 AC）。

实际电路种类繁多，但就其功能来说，电路的作用大致可分为以下两方面：一方面实现能量的转换和传输，如电力供电电路。另一方面实现信号的传递和处理，如电话线路、放大电路；此外还有测量电路，如万用表电路，可以测量电压、电流和电阻等等。

在电能的传输和转换或者信号的传递和处理中，其电源或者信号源的电压或者电流称为激励（excitation），它推动电路工作；由于激励在电路中产生的电压或电流称为响应（response）。所谓电路分析，就是在已知电路的结构和元件参数下，分析电路在激励作用下的响应问题。

二、电路的工作状态

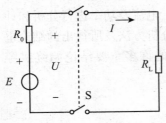

图1—3 电路的有载状态

电路中的电流一旦建立，电源就源源不断地向负载输送电能，这就是电路的有载状态。由于种种原因，工作于有载状态的电路也可能转化为开路状态或短路状态。以图1—3所示电路为例，讨论电路处于上述三种状态时的电流、电压及功率。

1. 有载状态

如图1—3所示，电路中若双联开关 S 闭合，电源与负载接通，电路处于有载（loaded）状态。电路中的电流为

$$I = \frac{E}{R_0 + R_L}$$

显然，负载电阻愈小，则电流愈大。电源的端电压为

$$U = E - IR_0 \tag{1—1}$$

可见，电流 I 愈大，IR_0 愈大，U 下降得愈多。

电源内阻一般都很小，当 $R \gg R_0$ 时，$U \approx E$。这时负载电流变化时，电源端电压变化不大。同时，电源发出的功率为

$$P = UI = (E - IR_0)I = EI - I^2R_0 \tag{1—2}$$

式中 EI 为电源产生的功率，I^2R_0 为电源内部损耗在内阻 R_0 上的功率。

任何一个电器设备或元件都有标准使用规格，称为额定值（rated value）。额定值是根据用户需要和制造厂生产技术的可能，并考虑到安全、经济、维修、使用方便等因素，由用户和制造厂双方协商决定的。一般电器设备或元件都规定有额定电压 U_N、额定电流 I_N、额定功率 P_N 等。工业与民用电器设备的额定值通常标在设备的铭牌上，使用时应尽量让设备按额定值工作。这种工作状态称为额定状态（rated condition），也是电路的最佳工作状态。

例如，在电力供电方面，需制定一系列的等级标准，交流输电有 500 kV、330 kV、

220 kV、110 kV、380 V、220 V、110 V 等，蓄电池有 6 V、12 V、24 V 等，干电池有 1.5 V、3 V、6 V、9 V 等。电器设备或元件根据使用场所，规定了各自的额定电压。

电压、电流和功率的实际值不一定是额定值，电器设备或元件的工作电流超过额定电流时称为过载或超载（over load），工作电流低于额定电流时称为欠载或轻载（light load），工作电流等于额定电流时称为满载（fully loaded）。

2. 开路状态

工作在额定状态的电路（图1—3）中，当开关断开、熔断器烧断或电路某处发生断线时，电路处于开路（open circuit）状态。开路后的电源，因外电路的电阻无穷大，电流为零，电源不输出功率，电路这时所处的状态为空载（no load）。开路的特征为

$$I = 0$$
$$U = E - IR_0 = E$$
$$P = 0$$

此时的端电压叫作电源的开路电压 U_{OC}，即 $U_{OC} = E$。上式给出了一种测量电动势的简便方法：用万用表测量电源的开路电压，所得值就是电动势。

3. 短路状态

当电路绝缘损坏、接线不当或操作不慎时，会在负载或电源端造成电源直接触碰或搭接，电路出现短路（short circuit），如图1—4所示。因 R_0 很小，所以电流很大，称为短路电流（short circuit current）I_S。短路后负载的电流、电压和功率都为零，但电源仍存在输出功率 P_E，短路的特征为

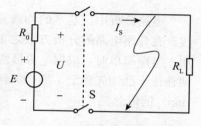

图1—4 电路的短路状态

$$I = I_S = \frac{E}{R_0}$$
$$U = 0$$
$$P_E = I_S^2 R_0, \quad P = 0$$

短路电流在电源内部产生的功率损耗使电源迅速发热。若不立即排除短路故障，电源容易被烧毁。为防止短路事故，一般在电路中接入熔断器或自动断路器。应当指出，短路并不一定造成事故。例如，电焊机工作时，焊条与工作面接触也是短路，但不是事故。

综上所述，在电路的三种状态中，有载状态是电路的基本工作状态，而开路状态和短路状态只是电路的两个特殊状态。

【例1—1】 有一直流电源，其额定功率 $P_N = 160$ W，额定电压 $U_N = 40$ V，内阻 $R_0 = 0.5$ Ω，负载电阻 R_L 可以调节，电路如图1—5所示。试求：（1）额定工作状态下的电流及负载电阻；（2）开路状态下的电源端电压；（3）电源短路状态下的电流。

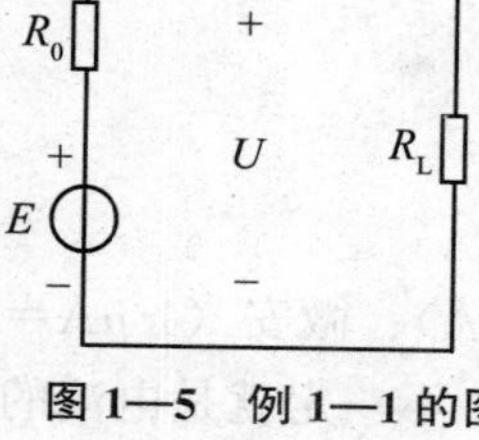

解 （1）额定电流

$$I_N = \frac{P_N}{U_N} = \frac{160}{40} \text{ A} = 4 \text{ A}$$

图1—5 例1—1 的图 负载电阻

$$R_L = \frac{U}{I} = \frac{40}{4}\ \Omega = 10\ \Omega$$

（2）开路状态下的电源端电压

$$U_{OC} = E = U + R_0 I = 40 + 0.5 \times 4\ V = 42\ V$$

（3）电源短路状态下的电流

$$I_S = \frac{E}{R_0} = \frac{42}{0.5}\ A = 84\ A$$

练习与思考

1.1.1　对并联的负载而言，负载电阻减小时，其等效负载是增加还是减小了？

1.1.2　电路中短路和断路有什么区别？

1.2　电压和电流的参考方向

　　电路分析中，基本的物理量是电流、电压及功率，这些基本概念在物理学中已介绍过。在介绍电路的分析方法之前，需要知道电压和电流的实际方向，例如欧姆定律的应用。电路简单时，根据电源极性较容易判断，如果电路更复杂一些，电压和电流的实际方向往往不能预先确定，那么如何进一步分析电路？为此，引入参考方向（reference direction）的概念。

一、电流的参考方向

　　电路中正电荷运动的方向为电流的实际方向，在较复杂的直流电路中，电流的实际方向往往不能预先确定。可任意选定某一方向为电流的参考方向，用箭头或以 I_{ab} 表示电流方向。所选定的电流参考方向不一定与实际方向一致，如果电流的实际方向与参考方向一致，电流为正值（$I > 0$）；如果两者方向不一致，电流为负值（$I < 0$）。

　　在分析电路时，任意假定电流的参考方向后，以此方向去进行分析计算，从求得答案的正、负值来确定电流的实际方向。显然，在未假定参考方向的情况下，电流的正负是无任何实际意义的。对直流电路，电路结构和参数一旦确定，电流的实际方向就确定，不受参考方向的影响。

　　例如，如图1—6所示，若 $I = 5\ A$，则电流实际方向从 a 流向 b；若 $I = -5\ A$，则电流实际方向从 b 流向 a。

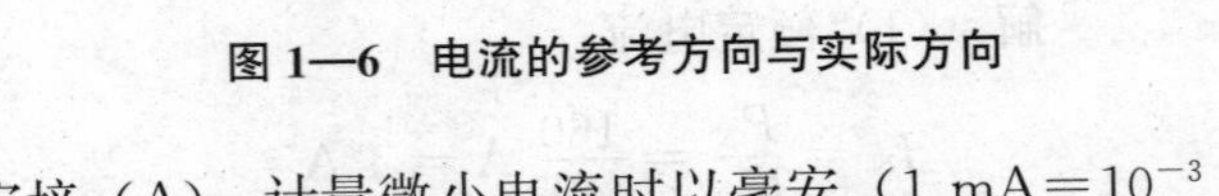

图1—6　电流的参考方向与实际方向

　　电流的单位为安培（A），计量微小电流时以毫安（$1\ mA = 10^{-3}\ A$）、微安（$1\ \mu A = 10^{-6}\ A$）为单位。以后的电路中，所标注电流方向一般都是参考方向，不一定就是电流的实际方向。具体使用中要结合电流的参考方向和计算所得数值，才能判断某一支路上电流的大小和方向。

二、电压和电动势的参考方向

电压和电动势都有方向，高电位指向低电位为电压的实际方向，即电压降的方向。而电动势的实际方向规定为由负极经电源内部指向正极，电路分析中电动势往往为已知，故在电路中标为实际方向。

电压的参考方向，在元件的两端用"＋"表示高电位端，用"－"表示低电位端。或用双下标，如 U_{ab} 表示 a、b 间的电压。电路中元件电压参考方向也可以任意选定，如果电压的实际方向与参考方向一致，电压为正值（$U > 0$）；如果两者方向不一致，电压为负值（$U < 0$）。电路中元件电压参考方向选定后，只要把计算所得电压的正值或负值与电路图中的参考方向比较，就能确定元件电压的实际方向。

例如，如图 1—7 所示的电阻元件，若 $U = 5$ V，则电压的实际方向由 a 指向 b；若 $U = -5$ V，则电压的实际方向由 b 指向 a。

图 1—7　电压的参考方向与实际方向

电压、电动势的单位为伏特（V）、毫伏（1 mV＝10^{-3} V）、微伏（1 μV＝10^{-6} V）、千伏（1 kV＝10^3 V）。

在分析电路时，假设元件的电流和电压参考方向，这两者可相互独立地设定。但是有时需要同时考虑电压、电流的参考方向，例如欧姆定律应用时，对负载而言，若按图 1—8（a）所示的电路中电压与电流参考方向一致；若按图 1—8（b）所示的电路中电压与电流参考方向不一致。

(a) 参考方向一致　　　　　　　　　　(b) 参考方向不一致

图 1—8　负载的参考方向

对电源而言，若按图 1—9（a）所示的电路中电压与电流参考方向一致；若按图 1—9（b）所示的电路中电压与电流参考方向不一致。

(a) 参考方向一致　　　　　　　　　　(b) 参考方向不一致

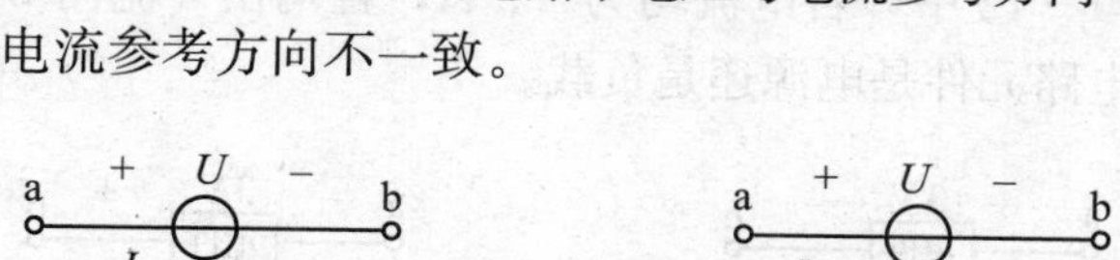

图 1—9　电源的参考方向

许多公式和定律、定理都是在规定的参考方向下得到的，当参考方向改变时，这些公式和定律、定理应作相应变化。例如欧姆定律，当电压和电流参考方向一致时，$U=IR$；当电压和电流参考方向不一致时，$U=-IR$。

【例1—2】 应用欧姆定律求图1—10所示电路中的电阻 R。

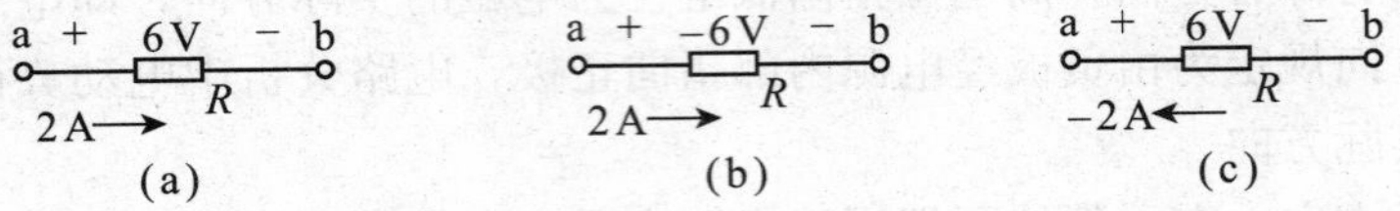

图1—10 例1—2 的图

解 对图1—10（a），$U=IR$，$R=\dfrac{U}{I}=\dfrac{6}{2}\ \Omega=3\ \Omega$

对图1—10（b），$U=-IR$，$R=-\dfrac{U}{I}=-\dfrac{-6}{2}\ \Omega=3\ \Omega$

对图1—10（c），$U=-IR$，$R=-\dfrac{U}{I}=-\dfrac{6}{-2}\ \Omega=3\ \Omega$

三、电路元件的功率

电路中某一部分所吸收或产生能量的速率称为功率（power），功率用 p 或 P 表示。功率的单位有瓦特（W）、毫瓦（$1\ mW=10^{-3}\ W$）和千瓦（$1\ kW=10^{3}\ W$）等。电路中某元件的功率为 $P=UI$，式中 U 为电路元件的端电压，I 为电路元件的电流。

在分析电路时，一般先分析电路的电压、电流关系，得到结果后，电路的电压、电流实际方向已知，很容易确定电路元件是电源还是负载。如果电路中电压、电流实际方向未知，可以按参考方向来计算元件的功率。若电压和电流参考方向一致，则 $P=UI$；若电压和电流参考方向不一致，则 $P=-UI$。如图1—11所示。

(a) 参考方向一致　　　　　　　　　(b) 参考方向不一致

图1—11 功率的计算

如果计算的功率为正，表示该元件消耗功率（负载），例如电阻元件；如果计算的功率为负，表示该元件输出功率（电源），例如电源元件。

【例1—3】 在图1—12中，若电流均为 $-2\ A$，且均由 a 流向 b，求电路元件吸收或产生的功率，并判断电路元件是电源还是负载。

(a) 参考方向一致　　　　　　　　　(b) 参考方向不一致

图1—12 例1—3 的图

解 因为 $I=-2$ A，对图 1—12（a）所示元件，电压与电流参考方向一致，则

$$P=UI=3\times(-2)\ \text{W}=-6\ \text{W}$$

对图 1—12（b）所示元件，电压与电流参考方向不一致，则

$$P=-UI=-3\times(-2)\ \text{W}=6\ \text{W}$$

所以，图 1—12（a）的元件产生功率，应为电源；图 1—12（b）的元件吸收功率，应为负载。

练习与思考

1.2.1 为何要引入参考方向的概念？分析电路时如何应用参考方向？

1.2.2 在图 1—13 中，方框代表电源或负载。已知 $U=110$ V，$I=-2$ A，判断哪些方框是电源？哪些是负载？

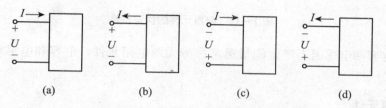

图 1—13 练习与思考 1.2.2 的图

1.3 电路模型及电路元件

实际电路中使用的各种电器元件包含的电磁特性（electromagnetic property）比较复杂，完全考虑它们是相当困难的。例如，实际电路中的电阻有电流流过时，不仅具有对电流的阻碍作用，在其周围还会产生磁场，兼有电感的性质；实际电容除了具有储存电场能量的作用，还有部分的电能损耗及磁现象，即具有电阻和电感的性质。

为了便于对实际的电路进行分析和数学描述，常用理想化概念来近似表示各种实际器件的主要电磁性能，忽略其次要的电磁特性。对实际电路元件的抽象化、理想化，即为电路模型（circuit model）。上述电阻主要呈现对电流的阻碍作用，表示消耗能量的器件，用理想电阻元件来描述。电容在电路中主要呈现存贮电场能量的作用，可用理想电容元件代替电容，用理想电感元件代替电感线圈等等。

一、电阻元件

理想电阻（resistance）元件具有消耗能量的电磁特性，例如白炽灯、电阻加热炉、各种电阻器均以电阻作为电路模型。

欧姆定律（Ohm's law）确定了电阻元件中电流与其端电压的关系。按前面的分析，当电压与电流的参考方向一致时，$U=IR$；当电压与电流的参考方向不一致时，$U=-IR$。

图 1—14 （b）、（c）为电阻元件的伏安特性（volt-ampere characteristics），电阻可分为线性电阻和非线性电阻。显然，线性电阻的伏安特性是一条经过坐标原点的直线，电阻值可由直线的斜率来确定。而非线性电阻的电阻值不是常数。当电流 I 流过电阻 R 时，U 是电阻 R 两端的电压，电阻元件的功率为

$$P = UI = I^2 R = \frac{U^2}{R} \qquad\qquad (1—3)$$

电阻将消耗能量，所以电阻具有耗能的性质。

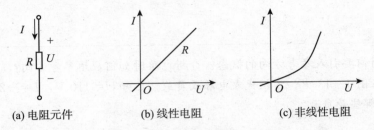

| (a) 电阻元件 | (b) 线性电阻 | (c) 非线性电阻 |

图 1—14　电阻元件的伏安特性

电阻、电容和电感因不产生能量通常称为无源电路元件，电容和电感将在第 2 章里介绍。

二、理想有源元件

电路中能提供能量或产生能量的设备就是电源，从实际的电源抽象出两种模型，即电压源模型和电流源模型。与电阻、电容、电感等无源元件不同，电压源、电流源是有源器件。

1. 电压源

能够独立产生稳定电压的电路元件称为理想电压源（ideal voltage source），如电池、发电机等。理想电压源有如下性质：（1）其端电压是恒定值 $U = U_s$，与流过的电流无关。（2）电压源的电压由其本身确定，其电流是由与之相接的外电路决定的。（3）与理想电压源并联的元件不会影响其输出电压，对外电路分析时可以将该元件断路（图1—15）。

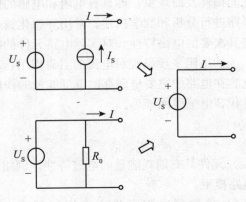

图 1—15　电压源及伏安特性

建立实际电源模型必须考虑供电时电源内阻的能耗，因而实际电压源模型可以用理想

8

电压源与电阻串联表示，如图 1—16（a）所示。电压源的外特性（external characteristic）如图 1—16（b）所示，平行于 I 轴的虚线为理想电压源，表明理想电压源的端电压与电流大小无关。

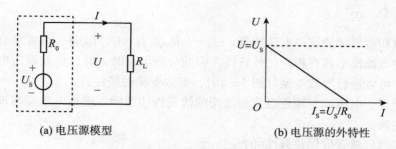

(a) 电压源模型　　　　　　　　(b) 电压源的外特性

图 1—16　理想电压源并联的元件等效

2. 电流源

能够独立产生稳定电流的电路元件称为理想电流源（ideal current source）。某些器件的伏安特性具有电流源的性质，如晶体管、光电池等。理想电流源有如下性质：（1）其输出的电流为恒定值 $I=I_S$，与其两端的电压无关。（2）电流源的电流由其本身确定，电流源两端的电压由与之相接的外电路决定。（3）与理想电流源串联的元件不会影响其输出电流，对外电路分析时可以将该元件短路（图 1—17）。

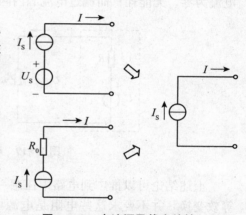

图 1—17　电流源及伏安特性

实际电流源模型可以用理想电流源与电阻并联表示，如图 1—18（a）所示。电流源的外特性如图 1—18（b）所示，平行于 U 轴的虚线为理想电流源，电流源电流与端电压大小无关。

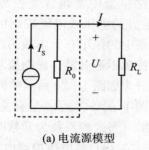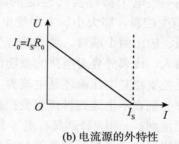

(a) 电流源模型　　　　　　　　(b) 电流源的外特性

图 1—18　理想电流源串联的元件等效

三、电压源与电流源的等效变换

由图 1—16（a）得

$$U=U_S-IR_0 \tag{1—4}$$

由图 1—18（a）得

$$I=I_S-\frac{U}{R_0} \tag{1—5}$$

当电压源和电流源的端口电压相等，$U_S=I_SR_S$ 或 $I_S=U_S/R_S$ 时，两者具有相同的伏安特性。这两种电源模型具有相同的外特性，因此分析电路时，对外电路而言电压源与电流源是等效的，可以进行等效变换（图 1—19）。等效变换时应注意：

（1）由于理想电压源与理想电流源之间的伏安特性不同，理想电压源与理想电流源不能进行等效变换。

（2）互换前后两者应保持极性和方向一致。

（3）只对外电路等效，电源内部并不等效。例如，外电路开路时，流过电压源内阻的电流为零，无能耗；而流过电流源内阻的电流不为零，有能耗。

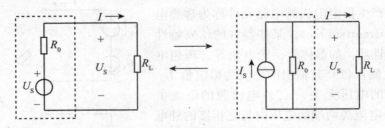

图 1—19　电压源与电流源的等效变换

上述结论可以推广到电路中任意一个含源支路，即电压源与电流源在一定条件下可以等效变换，并不要求这些电阻是电源内阻，而且变换后可对含源支路进行合并，以简化计算。

* 四、受控电源

为了描述一些电子器件实际性能的需要，在电路模型中常包含受控源（controlled source）。所谓受控源，即大小、方向受电路中其他地方的电压或电流控制的电源。这种电源包含输入、输出两个端口，独立源与受控源在电路中的作用有着本质的区别。独立源作为电路的输入，代表外界对电路的激励作用，而受控源不是激励。根据控制支路是开路还是短路和受控支路是电压源还是电流源，受控源可分为如图 1—20 所示的四种模型。

图 1—20 分别表示上述四种理想受控源的模型。图中 μ、r、g、β 是有关的控制系数，其中 μ 和 β 无量纲；g 和 r 分别具有电导和电阻的量纲。当这些系数为常数时，被控制量与控制量成正比，这种受控源称为线性受控源。图 1—20（a）是电压控制电压源（voltage controlled voltage source）模型。这种受控源由电压 u_1 控制输出电压源的电压 μu_1，μ 是比例系数，无量纲。不需控制支路中的电流，所以控制支路应看成开路，而输出端电压大小取决于控制端电压。u_1 控制着 μu_1 的大小和方向，若 $u_1=0$，则 $\mu u_1=0$；若 u_1 方向改变，则 μu_1 方向也跟着改变。图 1—20（b）是电流控制电压源（current controlled voltage source）模型。这种受控源由支路电流 i_1 控制输出电压源的电压 ri_1，r 是比例系数，其单

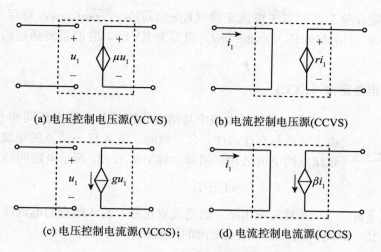

(a) 电压控制电压源(VCVS)　　　(b) 电流控制电压源(CCVS)

(c) 电压控制电流源(VCCS);　　　(d) 电流控制电流源(CCCS)

图1—20　受控源的四种模型

位为 Ω（欧姆）。不需控制支路中的电压，所以控制支路应看成短路，而输出端电压大小取决于控制端电流。图1—20（c）是电压控制电流源（voltage controlled current source）模型，图示模型中的控制量 u_1 与输出量的关系为 gu_1，g 为控制系数，单位为 S（西门子）。图1—20（d）是电流控制电流源（current controlled current source）模型，图示模型中的控制量 i_1 与输出量的关系为 βi_1，β 为控制系数，无量纲。

练习与思考

　　1.3.1　直流电路中电容和电感各处于什么状态？

1.4　基尔霍夫定律

　　电路元件的伏安关系仅与元件的性质有关，如理想电源、电阻元件的伏安关系，如果电路简单，可以用欧姆定律或电阻的串并联等方法分析电路。对于更复杂的电路，往往无法分析电路。为此，引入基尔霍夫定律。一些重要的电路定理及电路的分析方法，都是以基尔霍夫定律和欧姆定律为基础，推导、归纳总结得出的。

　　为了叙述方便，以图1—21所示的电路为例。电路中流过同一电流的每一分支称作支路（branch），支路中的电流称为支路电流。图中ab，bc，ac，ad，bd，dc都是支路。电路中三个或更多个支路的汇接点称为结点（node），图中a、b、c、d都是结点。电路中支路组成的闭合路径称为回路（loop），图中abca、abcda、abda等都是回路。对于平面电路，其内部不包含任何支路的回路称为网孔（mesh）。图中abca、abda、bcdb这三个回路是网孔。

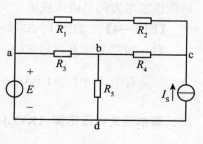

图1—21

基尔霍夫定律分为基尔霍夫电流定律（Kirchhoff's current law，简写为 KCL）和基尔霍夫电压定律（Kirchhoff's voltage law，简写为 KVL），它们是概括这两种约束关系的基本定律。

一、基尔霍夫电流定律（KCL）

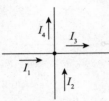

图 1—22　KCL 应用

KCL 是描述电路中与结点相连的各支路电流间相互关系的定律。由于电流具有连续性，任一瞬间，流入任一结点的电流之和等于流出该结点的电流之和。例如，对于图 1—22 所示电路的结点，得

$$I_1 + I_2 = I_3 + I_4$$

若规定流出结点的电流取正号，流入结点的电流取负号，则 KCL 还可表述为：任一瞬间，流入任一结点电流的代数和为零。即

$$\sum I = 0 \tag{1—6}$$

上式称为结点电流方程，简称 KCL 方程。

KCL 不仅适用于电路中的结点，对电路中任一假设的闭合曲面它也是成立的。把该闭合曲面称为广义结点。如图 1—23（a）所示电路中，可以不管闭合曲面内的电流关系，对闭合 S_1 曲面，有 $I_1 + I_2 - I_3 = 0$。又如，图 1—23（b）所示电路，对闭合 S_2 曲面，有 $I_A + I_B + I_C = 0$。

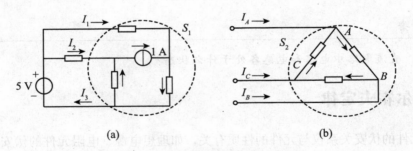

图 1—23　KCL 的广义结点应用

应用 KCL 列写结点或闭合曲面电流方程时，首先要设定各支路电流的参考方向，然后依据参考方向是流入或流出列写出 KCL 方程。

【例 1—4】　如图 1—23（a）所示电路中，已知 $I_1 = 4\,\text{A}$，$I_2 = 3\,\text{A}$，求电流 I_3。

解　对广义结点列写 KCL 方程为 $I_1 + I_2 - I_3 = 0$，则

$$I_3 = I_1 + I_2 = 4 + 3\ \text{A} = 7\ \text{A}$$

二、基尔霍夫电压定律（KVL）

KVL 描述了电路中回路内各支路（各元件）电压间相互关系。由于电路中电位单值性，任一瞬间，电路中沿任一回路循行方向，在这个方向上电位升之和应该等于电位降之和。

例如，按图 1—24 回路 II 得 $U_3 + U_4 = U_2$。或写为 $U_2 - U_3 - U_4 = 0$，即任一瞬间，电路中沿任一回路循行方向的各段电压的代数和为零。

一般写为

$$\sum U = 0 \qquad\qquad (1-7)$$

如图 1—24 所示电路，按 KVL，对图中的回路可得电压方程

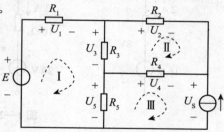

图 1—24　基尔霍夫电压定律应用

$$U_1 + U_3 + U_5 - E = 0$$
$$U_2 - U_3 - U_4 = 0$$
$$U_4 + U_S - U_5 = 0$$

应用 KVL 列写回路电压方程时，首先要设定回路中各元件电压的参考方向，然后选定一个循行方向，自回路中某一点出发，按设定的循行方向绕行一周。绕行中各元件电压的符号选取原则为：沿绕行方向，规定电位升取负号，规定电位降取正号；这一原则也可以为：沿绕行方向，规定电位升取正号，规定电位降取负号。

基尔霍夫电压定律也可推广到部分电路，如图 1—25（a）所示电路，满足方程：$U - E + IR_0 = 0$。如图 1—25（b）所示电路，满足方程：$U_{AB} + U_B - U_A = 0$。

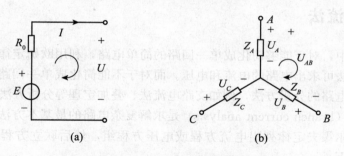

图 1—25　KVL 的推广应用

【例 1—5】　如图 1—24 所示回路中，已知 $E = 10\ \text{V}$，$U_1 = -8\ \text{V}$，$U_5 = 8\ \text{V}$，求电路中的 U_3。

解　设图中的绕行为顺时针方向，可得 KVL 方程为

$$U_1 + U_3 - U_5 - E = 0$$

则

$$U_3 = E - U_1 + U_5 = 10 - (-8) + 8 = 26\ \text{V}$$

练习与思考

1.4.1　试求图 1—26 所示电路各含源支路中的未知量，其中图 1—26（d）中 P_1 表示电流源吸收的功率。

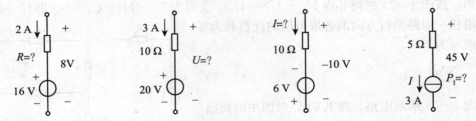

图 1—26   练习与思考 1.4.1 的图

1.4.2   试求图 1—27 所示电路中的电流 I。

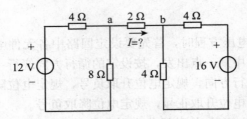

图 1—27   练习与思考 1.4.2 的图

1.5   支路电流法

在电路分析中，对于能够简化成单一回路的简单电路，利用欧姆定律或电阻串联、并联等效变换等方法可求出电路的电流和电压。而对于不能简化成单一回路的复杂电路，就要应用其他一些电路的分析方法，例如支路电流法、叠加定理等分析方法。

支路电流法（branch current analysis）是求解复杂电路的最基本方法，它以支路电流为变量，利用基尔霍夫定律列出电流方程或电压方程组，然后联立方程组解出各支路电流。具体步骤如下：

首先，确定支路数、结点数和各电流的参考方向，用 KCL 列出电流方程。如图 1—28 所示电路中，支路数 $b=3$，结点数 $n=2$，支路电流 I_1、I_2、I_3 的参考方向按图中方向标出。

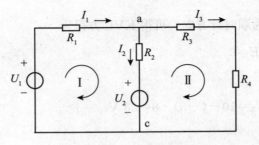

图 1—28   支路电流法

根据 KCL，对结点 a 和 c 列电流方程分别为

$$I_1 - I_2 - I_3 = 0 \tag{1—8}$$
$$-I_1 + I_2 + I_3 = 0 \tag{1—9}$$

显然，式（1—8）与式（1—9）一样。对于 2 个结点的电路，只能列出 1 个独立的电流方程。一般，对于具有 n 个结点的电路应用 KCL，只能列出 $n-1$ 个独立的电流方程。

其次，对图 1—28，设顺时针为回路绕行方向，得到回路 I 和回路 II 的 2 个电压方程分别为

$$U_2+I_1R_1+I_2R_2-U_1=0 \qquad\qquad (1—10)$$
$$-U_2-I_2R_2+I_3R_3+I_3R_4=0 \qquad\qquad (1—11)$$

可见，KVL 列出其余的 $b-(n-1)$ 个电压方程。应用基尔霍夫定律一共可列出 $(n-1)+[b-(n-1)]=b$ 个独立方程，由此解出 b 个支路电流。支路电流法解题时还应注意：

（1）当电路中含有理想电流源时，该支路电流为已知，则可以减少待求支路电流数；在选择回路时应避开含有理想电流源的支路，因理想电流源两端电压为未知，会带来新的未知数。

（2）应保证所列出的回路方程一定独立，每次所选用的回路中至少有一条前面未用过的新支路。若选择网孔作为回路，列出的方程一定独立。

【例 1—6】 在图 1—28 所示的电路中，设 $U_1=24$ V，$U_2=30$ V，$R_1=6$ Ω，$R_2=3$ Ω，$R_3=5$ Ω，$R_4=1$ Ω。试求图中各支路电流。

解 按图 1—28 所示的电流参考方向及回路绕行方向，根据式（1—8）、式（1—10）和式（1—11），并代入数据得

$$I_1-I_2-I_3=0$$
$$30+6I_1+3I_2-24=0$$
$$-30-3I_2+5I_3+I_3=0$$

联立解得

$$I_1=0.5 \text{ A}, \ I_2=-3 \text{ A}, \ I_3=3.5 \text{ A}$$

练习与思考

1.5.1 如果列回路方程时，电路中含有电流源（电流已知，电压未知），怎么办？

1.6 结点电压法

在电路中选择一个结点为零电位参考点，其余结点与参考点之间的电压称为结点电压（node voltage）。由于每条支路都是接在结点与参考点之间或两个结点之间，只要求出结点电压，应用基尔霍夫定律或欧姆定律便可得到支路电流。

如图 1—29 所示电路，若选择结点 b 为零电位参考点，电路共 4 个结点，由于结点 a 与 c、结点 b 与 d 等电位，可以认为只有两个结点 a、b。设结点电压为 U，则各支路电流为

15

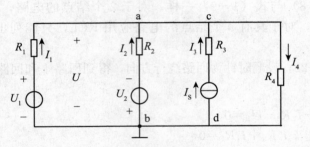

图1—29 结点电压法

$$I_1 = \frac{U_1 - U}{R_1}$$

$$I_2 = \frac{-U_2 - U}{R_2}$$ (1—12)

$$I_3 = I_S$$

$$I_4 = \frac{U}{R_4}$$

对结点 a 或 b 列 KCL 方程

$$I_1 + I_2 + I_3 - I_4 = 0$$

再将式（1—12）代入以上方程，整理得

$$U = \frac{\dfrac{U_1}{R_1} - \dfrac{U_2}{R_2} + I_S}{\dfrac{1}{R_1} + \dfrac{1}{R_2} + \dfrac{1}{R_4}} = \frac{\sum \dfrac{U}{R} + \sum I_S}{\sum \dfrac{1}{R}}$$ (1—13)

在确定结点电压之后，由式（1—12），很容易得到各支路的电流。这种分析电路的方法就是结点电压法（node voltage method）。与支路电流法相比，结点法所列方程数较少，对于 n 个结点的电路只需列 $n-1$ 个结点电压方程，特别适用于支路多、结点少的电路分析。

【例1—7】 试求图1—30中各支路电流。

解 先求结点电压 U_{ab}：

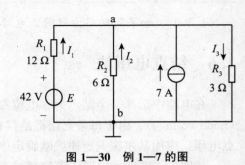

图1—30 例1—7的图

$$U_{ab} = \frac{\dfrac{E}{R_1} + I_S}{\dfrac{1}{R_1} + \dfrac{1}{R_2} + \dfrac{1}{R_3}}$$

$$= \frac{\dfrac{42}{12} + 7}{\dfrac{1}{12} + \dfrac{1}{6} + \dfrac{1}{3}} \text{ V} = 18 \text{ V}$$

则各支路电流分别为

$$I_1 = \frac{42 - U_{ab}}{12} = \frac{42 - 18}{12} \text{ A} = 2 \text{ A}$$

$$I_2 = -\frac{U_{ab}}{6} = -\frac{18}{6} \text{ A} = -3 \text{ A}$$

$$I_3 = \frac{U_{ab}}{3} = \frac{18}{3} \text{ A} = 6 \text{ A}$$

1.7 叠加定理

叠加定理（superposition theorem）是分析线性电路的基本方法之一。在含有多个电压源或电流源的线性电路中，任一支路的电流（或电压）等于电路中各个电源分别单独作用时在该支路中产生的电流（或电压）的代数和，这就是叠加定理。

例如求解图 1—31 所示电路的支路电流 I_1，因 $I_1 + I_2 = I_3$，再列出网孔方程如下：

$$U_1 = I_1 R_1 + (I_1 + I_2) R_3$$
$$U_2 = I_2 R_2 + (I_1 + I_2) R_3$$

解得

$$I_1 = \frac{R_2 + R_3}{R_1 R_2 + R_2 R_3 + R_3 R_1} U_1 - \frac{R_3}{R_1 R_2 + R_2 R_3 + R_3 R_1} U_2 \qquad (1—14)$$

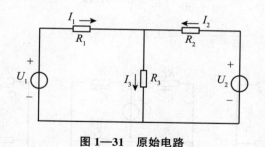

图 1—31　原始电路

在式（1—14）中，令等式右边第一项为 I_1'，第二项为 I_1''，则

$$I_1 = I_1' - I_1'' \qquad (1—15)$$

在图 1—32（a）中，I_1' 为电路中 U_1 单独作用时在 R_1 中产生的支路电流；在图 1—32（b）中，I_1'' 为 U_2 单独作用时在 R_1 中产生的支路电流。显然，I_1 为 I_1' 和 I_1'' 的代数叠加。用同样方法可证明其他各支路电流或电压也是各电源单独作用在该支路产生的电流或电压分量的代数和。因此，利用叠加定理可将一个多电源电路简化成若干个单电源电路来计算。应用叠加定理时要注意以下几点：

（1）叠加定理只能用于线性电路的电流或电压，不能用于非线性电路。

（2）考虑某个电源单独作用时，其余电源置零。即应将其他电压源短路，其他电流源开路，电路的其余部分保留。

（3）求各支路电流或电压的代数和（叠加）时，应考虑各电源单独作用时电流或电压的参考方向与原始电路中电流或电压的参考方向是否一致，一致时前面取正号，不一致时前面取负号。

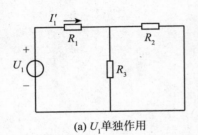

(a) U_1单独作用

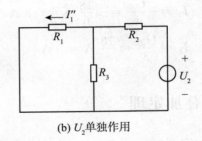

(b) U_2单独作用

图 1—32　叠加定理

（4）不能用叠加定理直接来计算功率，因为功率与电流、电压之间是平方关系。例如，在图 1—31 电路中电阻 R_1 上的功率

$$P_1 = I_1^2 R_1 = (I_1' - I_1'')^2 R_1 \neq I_1'^2 R_1 + I_1''^2 R_1$$

【例 1—8】　用叠加定理计算 R_2 中的电流 I_2 及 U_S 发出的功率。已知 $U_S = 6$ V，$I_S = 0.3$ A，$R_1 = 60$ Ω，$R_2 = 40$ Ω，$R_3 = 30$ Ω，$R_4 = 20$ Ω。

解　图 1—33（b）为 U_S 单独作用时的电路，则

$$I_1' = -\frac{U_S}{R_1 + R_3} = -\frac{6}{60 + 30} \text{ A} = -0.067 \text{ A}$$

$$I_2' = \frac{U_S}{R_2 + R_4} = \frac{6}{40 + 20} \text{ A} = 0.1 \text{ A}$$

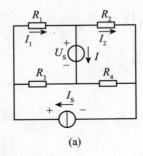

(a)

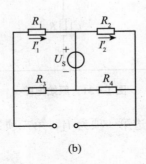

(b)

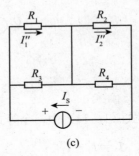

(c)

图 1—33　例 1—8 的图

图 1—33（c）为 I_S 单独作用时的电路，则

$$I_1'' = I_S \cdot \frac{R_3}{R_1 + R_3} = 0.3 \times \frac{30}{60 + 30} \text{ A} = 0.1 \text{ A}$$

$$I_2'' = I_S \cdot \frac{R_4}{R_2 + R_4} = 0.3 \times \frac{20}{40 + 20} \text{ A} = 0.1 \text{ A}$$

叠加得

$$I_1 = I_1' + I_1'' = -0.067 + 0.1 \text{ A} = 0.033 \text{ A}$$

$$I_2 = I_2' + I_2'' = 0.1 + 0.1 \text{ A} = 0.2 \text{ A}$$

U_S中的电流为

$$I = I_1 - I_2 = 0.167 - 0.2 \text{ A} = -0.167 \text{ A}$$

U_S发出的功率为

$$P = U_S I = 6 \times 0.167 \text{ W} = 0.1 \text{ W}$$

练习与思考

1.7.1　说明叠加定理的适用范围。

1.8　戴维宁定理与诺顿定理

在分析内部含有电流源和电压源的复杂电路时，有时只需要计算某一支路的电流和电压，可将待求支路划出（图1—34中的ab支路），剩余电路为一个有源二端网络（active two-terminal network）。该二端网络对要计算的支路而言，相当于一个电源；它可转换为等效电压源或等效电流源，然后再计算该支路的电流和电压，使计算过程简化。

根据1.3节所述，一个电源有电压源和电流源两种模型，若有源二端网络等效为理想电压源与内阻串联的电压源，便是戴维宁定理；若有源二端网络等效为理想电流源与内阻并联的电流源，便是诺顿定理。例如在图1—34电路中，ab两端左边的电路便是一个线性有源二端网络，可以等效为图1—35的电压源模型。

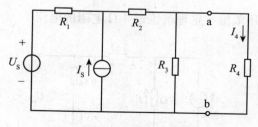

图1—34　线性有源二端网络

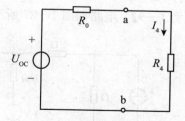

图1—35　戴维宁等效电路

一、戴维宁定理

对于外部电路，任何一个线性有源二端网络，都可以用一个理想电压源与内阻串联的等效电压源来代替，理想电压源的电压等于有源二端网络的开路电压U_{OC}；内阻等于将有源二端网络内电压源短路、电流源开路后端口处的等效电阻R_0，这就是戴维宁定理（Thevenin's theorem）。图1—34线性有源二端网络的戴维宁等效电路如图1—35所示。

由图1—36（a）得开路电压

$$U_{OC} = \frac{U_S + I_S R_1}{R_1 + R_2 + R_3} \times R_3$$

由图1—36（b）得等效电阻

$$R_0 = \frac{(R_1 + R_2) R_3}{R_1 + R_2 + R_3}$$

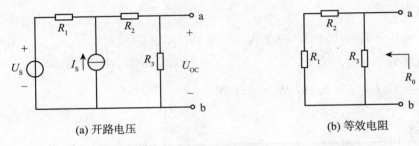

(a) 开路电压   (b) 等效电阻

图 1—36　线性有源二端网络的开路电压及端口等效电阻

最后由图 1—35 得待求支路电流为

$$I_4 = \frac{U_{OC}}{R_0 + R_4}$$

应用戴维宁定理的一般步骤为：

(1) 把待求电流的支路暂时移开（开路），得到有源二端网络；

(2) 用适当方法计算有源二端网络的开路电压；

(3) 将有源二端网络中的全部电源置零（电压源短路、电流源断路），计算有源二端网络的等效电阻；

(4) 画出由等效电压源和待求电流的负载电阻组成的电路，计算出待求电流。

还应注意：等效是对有源二端网络的外电路而言的。待求支路可以是无源支路，也可以是有源支路。

【**例 1—9**】　电路如图 1—37 所示，试用戴维宁定理求流过 3 Ω 电阻的电流 I。

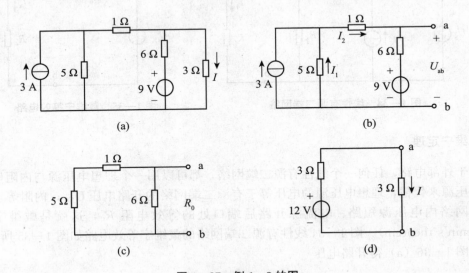

图 1—37　例 1—9 的图

解　将待求电流的支路断开，对图 1—37（b），可列写方程

$$I_2 = 3 + I_1$$

$$5I_1 + (1+6)I_2 + 9 = 0$$

20

解得

$$I_1 = -2.5 \text{ A}, \quad I_2 = 0.5 \text{ A}$$

故

$$U_{ab} = 6 \times 0.5 + 9 \text{ V} = 12 \text{ V}$$

再由图 1—37（c）得到等效电阻

$$R_0 = \frac{(1+5) \times 6}{1+5+6} \, \Omega = 3 \, \Omega$$

故

$$I = \frac{12}{3+3} \text{ A} = 2 \text{ A}$$

二、诺顿定理

对于外部电路，任何一个线性有源二端网络，都可以用一个理想电流源与内阻并联的等效电流源来代替（图1—38），理想电流源的电流等于有源二端网络的短路电流 I_{SC}；内阻等于将有源二端网络内电压源短路、电流源开路后端口处的等效电阻 R_0，这就是诺顿定理（norton theorem）。图 1—34 线性有源二端网络的诺顿等效电流源如图 1—39 所示。

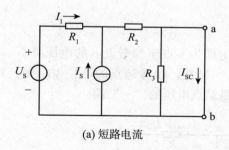

(a) 短路电流

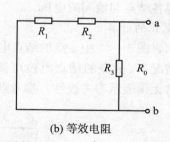

(b) 等效电阻

图 1—38 有源二端网络的短路电流及内阻电路

由 KCL

$$I_1 + I_S = I_{SC}$$

由 KVL

$$U_S = I_1 R_1 + I_{SC} R_2$$

则 ab 端口的短路电流为

$$I_{SC} = \frac{U_S + I_S R_1}{R_1 + R_2}$$

ab 端口的等效电阻与戴维宁等效电路分析相同，即

$$R_0 = \frac{(R_1 + R_2) R_3}{R_1 + R_2 + R_3}$$

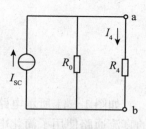

图 1—39 诺顿等效电路

由图 1—39 所示的诺顿等效电路，可得

$$I_4 = \frac{R_0}{R_0 + R_4} I_{SC}$$

由此可见，戴维宁等效电压源与诺顿等效电流源对线性有源二端网络的求解方法类似，在相同的外部条件下可以互相转换。

1.9 电路中电位的计算

1. 电位的概念

在电路中任选一点作为参考点，电路中某一点沿任一路径到参考点的电压降称为该点的电位（potential）。电路模型中的电位参考点（potential reference point）或参考点是人们任意选定的，并假定参考点电位为零。电路中的参考点在电路模型中一般用图形符号"⊥"表示。所谓接地，并不一定真与大地相连，例如电器设备的机壳为零电位点。参考点确定后，电路中各点的电位也确定了。由于各点的电位是相对于参考点而言的，当参考点改变后，各点的电位也将发生改变，但任意两点间的电压值不会随参考点的改变而改变。也就是说，电路中各点电位的高低是相对的，而两点间的电压值是绝对的。

因此在电路分析中，参考点确定之后就不应再改变。在电路分析中，特别是在电子电路中，运用电位的概念来分析计算，往往可以使问题简化。在对电子电路进行测量时，为方便起见，常把电压表的"－"端接地（机壳），而以"＋"端依次接触电路中的各个结点，测得各结点与地间的电压。

2. 电位的计算

例如，图1—40中a点的结点电位实际上即为a点至参考点b的电压降U_{ab}，在不致混淆的情况下，a点的结点电位可简记为V_a。显然，参考结点的电位$V_b = 0$。对某点电压，通常无须表示参考极性，参考点被认为是结点电压的"－"端。

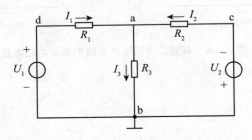

图1—40 电路中的电位

如图1—41所示电路中的元件R_3支路的支路电压$U_{ab} = V_a - V_b$。又如晶体管放大电路的直流通路使用了简化电路模型，如图1—42所示。

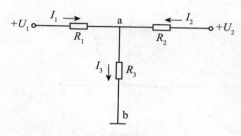

图 1—41 简化电路

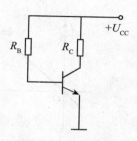

图 1—42 电位的应用

【例 1—10】 求图 1—43 所示电路中的电位 V_A。

解 列写方程

$$I_1 = I_2 + I$$
$$24 = 60I_1 + 10I$$
$$3 = 10I - 30I_2$$

解得

$$I_1 = 0.2 \text{ A}$$
$$V_A = (10 \times 0.2)\text{V} = 2 \text{ V}$$

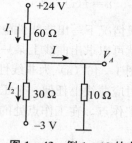

图 1—43 例 1—10 的电路图

【例 1—11】 如图 1—44 所示电路中，试求 A、B、C 各点电位及电阻 R 值。

解 利用欧姆定律及 KCL，得

$$I_2 = 5/10 \text{ A} = 0.2 \text{ A}$$
$$I_3 = -(7+6) \text{ A} = -13 \text{ A}$$
$$I_1 = 6 - 0.2 \text{ A} = 5.8 \text{ A}$$
$$I_R = 5.8 - 13 \text{ A} = -7.2 \text{ A}$$

利用欧姆定律及 KVL，得

$$V_A = 6 \times 1 + 5 - 50 \text{ V} = -39 \text{ V}$$
$$V_B = 7 \times 2 - 50 \text{ V} = -36 \text{ V}$$
$$V_C = U_R = -5 \times 5.8 + 5 - 50 \text{ V} = -74 \text{ V}$$
$$R = 74/7.2 = 10.3 \text{ Ω}$$

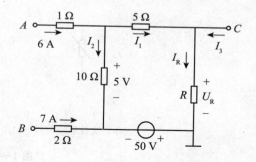

图 1—44 例 1—11 的电路图

*1.10 非线性电阻电路

前面各节讨论了线性电阻电路的分析方法。线性电阻的阻值为常数，电阻两端的电压与所通过的电流成正比。线性电阻的伏安特性可用欧姆定律 $u = iR$ 来表示，在 $u-i$ 平面上是一条通过原点的直线，如图 1—45（a）所示。而非线性电阻的阻值不为常数，其大小随电阻两端电压或电流的变化而变化，它的伏安特性不满足欧姆定律而遵循某种特定的非线性函数关系，如图 1—45（b）所示。

非线性电阻的伏安特性一般可表示为

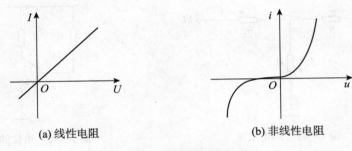

(a) 线性电阻　　　　　　(b) 非线性电阻

图 1—45　电阻元件的伏安特性

$$u = f(i) \quad 或 \quad i = f(u) \tag{1—16}$$

在一般情况下写出非线性电阻的精确函数式是很困难的，但是只要知道了它的伏安特性曲线，就可以求出曲线上某一点的电压或电流值。

图 1—46（a）为非线性电阻的电路符号，图 1—46（b）为非线性电阻的伏安特性曲线。对应曲线上任何一个工作点，非线性电阻有静态电阻和动态电阻之分。例如图中 Q 点称为工作点，在工作点处的电压与电流之比称为静态电阻（static resistance），即

$$R = \frac{U}{I} = \tan\alpha \tag{1—17}$$

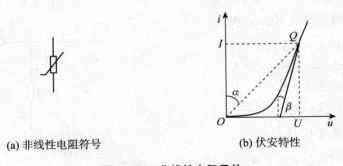

(a) 非线性电阻符号　　　　　　(b) 伏安特性

图 1—46　非线性电阻元件

在工作点 Q 附近电压微小增量与电流微小增量之比称为动态电阻（dynamic resistance），即

$$r = \frac{\mathrm{d}U}{\mathrm{d}I} = \tan\beta \tag{1—18}$$

含有非线性电阻的电路称为非线性电阻电路，一般采用图解法或数值法进行分析计算。下面以仅含有一个非线性电阻的简单电路为例，介绍非线性电阻电路的图解分析法。

设电路由线性有源二端网络和一个非线性电阻组成。用戴维宁定理将有源二端网络等效成一个电压源，并将非线性电阻从电路中独立提出来，如图 1—47（a）所示，则电压源的输出电压与输出电流的关系为 $u = U_S - iR_S$。在 $i-u$ 平面上是一条直线，称为负载线。负载线可由两个点来确定，在横轴上当 $i=0$ 时，$u=U_S$；在纵轴上当 $u=0$ 时，$i=U_S/R_S$。连接这两个点便可得到负载线，如图 1—47 所示。

24

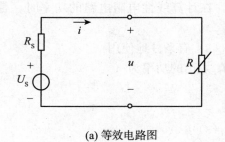 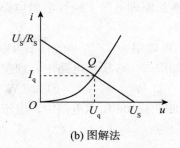

| (a) 等效电路图 | (b) 图解法 |

图 1—47　非线性电阻电路图解法

负载线与非线性电阻伏安特性曲线的交点 Q，既满足负载线方程，又满足非线性电阻的伏安特性，与 Q 点对应的电流 I_q 和电压 U_q 便是方程的解。

习　题

一、单项选择题

1. 如图 1—01 所示的电阻元件 R 消耗电功率 10 W，则电压 U 为（　　　）。

(1) −5 V　　　　　(2) 5 V　　　　　(3) 20 V

2. 如图 1—02 所示电路中，A 点的电位 V_A 为（　　　）。

(1) 2 V　　　　　(2) −4 V　　　　　(3) −2 V

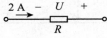 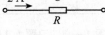

图 1—01　　　　　　　　　　　　　图 1—02

3. 理想电流源的外接电阻越大，则它的端电压（　　　）。

(1) 越高　　　　　(2) 越低　　　　　(3) 不能确定

4. 如图 1—03 所示电路中，提供功率的电源是（　　　）。

(1) 理想电压源　　　(2) 理想电流源　　　(3) 理想电压源与理想电流源

5. 如图 1—04 所示电路中，各电阻值和 U_S 值均已知。欲用支路电流法求解电流 I_G，需列出独立的电流方程数和电压方程数分别为（　　　）。

(1) 4 和 3　　　　　(2) 3 和 3　　　　　(3) 3 和 4

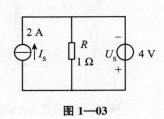 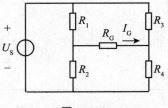

图 1—03　　　　　　　　　　　　　图 1—04

6. 叠加原理适用于线性电阻电路的计算，在计算线性电阻电路的功率时，叠加原理
（　　）。

（1）可以用　　　　　　（2）不可以用　　　　（3）有条件地使用

7. 如图 1—05 所示电路中，理想电流源 I_{S1} 发出的功率为（　　）。

（1）−3 W　　　　　　　（2）21 W　　　　　　（3）3 W

8. 如图 1—06 所示电路中，电流 I 是（　　）。

（1）3 A　　　　　　　　（2）0 A　　　　　　　（3）6 A

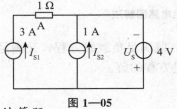

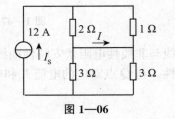

图 1—05　　　　　　　　　　　　　　　　图 1—06

二、分析与计算题

1.1　图 1—07 中 $R=40\ \Omega$，求当开关 S 断开与闭合时 ab 两端的等效电阻。

1.2　试求如图 1—08 所示电路中的电流 I。

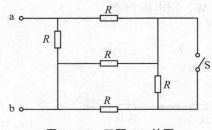

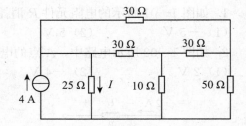

图 1—07　习题 1.1 的图　　　　　　　　图 1—08　习题 1.2 的图

1.3　在图 1—09 电路中，五个元件代表电源或负载。电流和电压的参考方向如图所示，通过实验测量得知：$I_1=-4\ \text{A}$，$I_2=6\ \text{A}$，$I_3=10\ \text{A}$，$U_1=140\ \text{V}$，$U_2=-90\ \text{V}$，$U_3=60\ \text{V}$，$U_4=-80\ \text{V}$，$U_5=30\ \text{V}$。（1）标出各电流的实际方向和各电压的实际极性；（2）判断哪些元件是电源，哪些是负载；（3）计算各元件的功率、电源发出的功率和负载取用的功率是否平衡。

1.4　图 1—10 所示电路中，已知 $I_1=0.3\ \text{A}$，$I_2=0.5\ \text{A}$，$I_3=1\ \text{A}$，求电流 I_4。

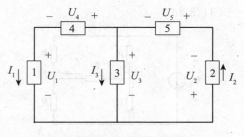

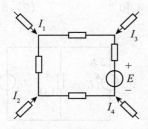

图 1—09　习题 1.3 的图　　　　　　　　图 1—10　习题 1.4 的图

1.5 图 1—11 所示电路中，已知 $I_1 = 0.01 \ \mu A$，$I_2 = 0.3 \ \mu A$，$I_5 = 9.61 \ \mu A$，求电流 I_3、I_4 和 I_6。

1.6 利用广义节点概念，求图 1—12 所示电路中的 I_2，I_3，U_4。

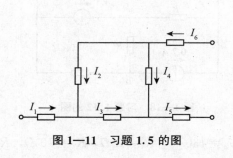
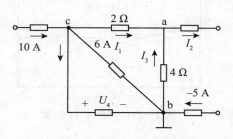

图 1—11 习题 1.5 的图   图 1—12 习题 1.6 的图

1.7 试用等效电源变换的方法，求图 1—13 所示电路中的电流 I 和电压 U。

1.8 电路如图 1—14 所示，求图中各支路电流。

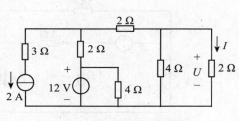
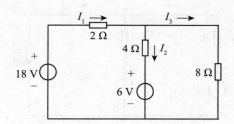

图 1—13 习题 1.7 的图   图 1—14 习题 1.8 的图

1.9 在图 1—15 电路中，$U_1 = 36$ V，$U_2 = 108$ V，$I_3 = 18$ A，$R_1 = R_2 = 2 \ \Omega$，$R_4 = 8 \ \Omega$。求支路电流 I_1、I_2、I_4 以及电流源发出的功率 P_3。

1.10 电路如图 1—16 所示，求电流 I 及 A 点电位。

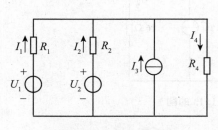
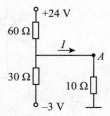

图 1—15 习题 1.9 的图   图 1—16 习题 1.10 的图

1.11 在图 1—17 电路中，已知 $U_S = 24$ V，$I_S = 4$ A，$R_1 = R_4 = 4 \ \Omega$、$R_2 = R_3 = 12 \ \Omega$，试用叠加定理求通过理想电压源的电流 I_5 和理想电流源两端的电压 U_6。

1.12 如图 1—18 所示。已知 $R = 10 \ \Omega$，$U_{ab} = 10$ V。若用一条导线来代替电压源 U_S，则 $U_{ab} = 7$ V。试求电源电压 U_S。

27

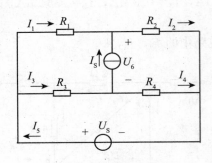

图 1—17 习题 1.11 的图

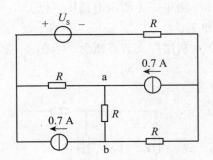

图 1—18 习题 1.12 的图

1.13 在如图 1—19 电路中，$U_1 = 78$ V，$U_2 = 130$ V，$R_1 = 2$ Ω，$R_2 = 10$ Ω，$R_3 = 20$ Ω，求结点电压 U_{ab} 及支路电流 I_1、I_2、I_3。

1.14 试用戴维宁定理求图 1—20 电路中电压源的电流 I_1。

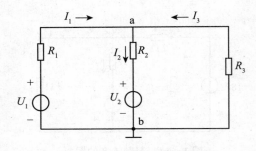

图 1—19 习题 1.13 的图

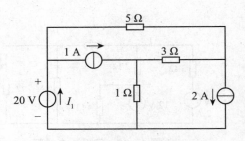

图 1—20 习题 1.14 的图

1.15 试用诺顿定理求图 1—21 电路中的电流 I。

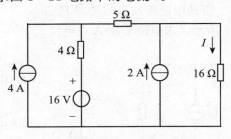

图 1—21 习题 1.15 的图

1.16 电路如图 1—22 所示，求支路电流 I。

1.17 试将如图 1—23 所示线性有源二端网络化简为一个等效电压源。

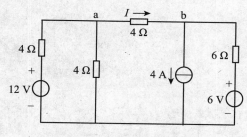

图 1—22　习题 1.16 的图

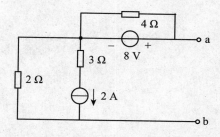

图 1—23　习题 1.17 的图

1.18　求图 1—24 所示电路中 A 点电位。

1.19　求图 1—25 所示电路中 A 点和 B 点的电位。如将 A、B 两点直接连接或接一电阻，对电路工作有何影响？

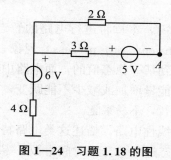

图 1—24　习题 1.18 的图

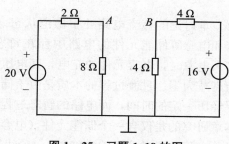

图 1—25　习题 1.19 的图

第2章

电路的暂态分析

第1章讨论的直流电路处于稳定状态（steady state），本章将进行电路的暂态分析。含电容和电感等储能元件的电路中存在暂态过程（transient state process）现象。例如，电路接入电源时，电容元件的充电，其电压是逐渐上升到某一稳态值的，而电路中充电电流逐渐衰减为零。过渡过程的本质是由于储能元件中的能量增加或减少不能跃变，能量的改变要经历一定的时间，而电路的暂态过程往往为时短暂，不易察觉。

本章研究的是仅含一个储能元件（电容或电感）的线性电路，描述这类电路特性的为一阶微分方程。通过分析 RC 和 RL 一阶线性电路的暂态过程，介绍时间常数、零输入响应、零状态响应、全响应等概念，电路的输入仅限于阶跃激励和矩形脉冲激励。

电路的暂态过程在生产实际中极为重要。有许多实用的电路和仪器设备均是按电路的暂态过程设计制造的，如电子技术中利用 RC 电路的暂态过程来产生和改善特定的波形。此外，暂态电路的基本规律也适用于一般动态系统（如自动控制系统、机械系统）。同时，应注意暂态过程有害的一面，暂态过程中可能会产生过电压或过电流及振荡现象，足以毁坏电气设备和器件。

2.1 储能元件

一、电容元件

工程中电容器应用广泛，电容器由间隔以不同介质（如云母、绝缘纸等）的两块金属板构成。当两极板加以电压后，两极板聚积等量的正负电荷，并在介质中建立电场。电容元件（capacitor）是一种表征电路元件储存电荷特性的理想元件，积聚的电荷愈多，所形成的电场就愈强，电容元件所储存的电场能也就愈大。

若在电容的两端加电压 u，极板上聚集电荷为 q，则

$$q=Cu \tag{2—1}$$

式中 C 为电容元件的参数，也称为电容。电容单位为法拉（F），也常用微法（μF，$1\ \mu F=10^{-6}\ F$）和皮法（pF，$1\ pF=10^{-12}\ F$）。

图 2—1 电容元件

实际的电容器除了具有上述的存贮电荷的主要性质外，还会有一些漏电现象。这是由于电容中的介质不是理想的，多少有点导电能力的缘故。此外，电容器允许承受的电压是有限的，电压过高，介质就会被击穿，使用电容器时不应超过它的额定工作电压。

设图 2—1 中的电压 u 和电流 i 参考方向一致，当 q 或 u 发生变化时，则在电路中引起电流

$$i = \frac{\mathrm{d}q}{\mathrm{d}t} \tag{2—2}$$

再将式（2—1）代入式（2—2）得

$$i = \frac{\mathrm{d}Cu}{\mathrm{d}t} = C\frac{\mathrm{d}u}{\mathrm{d}t} \tag{2—3}$$

式（2—3）即为电容的伏安关系，表明电容的电流取决于电容电压的变化率。当电压不变化（恒压或直流）时，虽有电压，但电流为零。因此电容有隔离直流的作用（开路）。

式中 u_0 为初始值。

设从 0 到 t 期间对电容 C 充电，在此期间电容存储的电能转换为电场能，即

$$W_C = \int_0^t p\mathrm{d}t = \int_0^t ui\,\mathrm{d}t = \int_0^t Cu\,\mathrm{d}t = \frac{1}{2}Cu^2 \tag{2—4}$$

二、电感元件

工程中广泛应用导线绕制的线圈，如电磁铁或变压器中含有在铁芯上绕制的线圈。线圈通以电流后，在线圈中就会产生磁通量，并储存能量。为了表示线圈有储存或释放磁场能量的电磁性质，引入电感元件（inductance）。电路理论中的电感元件是实际电感器的理想化模型，它具有储存磁场能这一电磁性质。

如果电感元件有 N 匝线圈，通过电流 i，电感周围产生磁场，磁通 Φ 表示磁场的强弱，则磁链（flux linkage）为 $\Psi = N\Phi$。电感线圈中电流与磁链的参考方向符合右手螺旋法则，对于线性电感，磁链 Ψ 与电流 i 的关系为

$$\Psi = N\Phi = Li \tag{2—5}$$

式中 L 称为电感或自感系数。电感 L 单位为亨利（H）、毫亨（1 mH＝10^{-3} H）和微亨（1 μH＝10^{-6} H）。

实际的电感除了具有上述的存贮磁能的主要性质外，还有一些能量损耗。这是因为构成电感器的线圈多少有点电阻的缘故。实际的电感线圈允许流过的电流是有限的，电流过大会使线圈过热或使线圈受到过大电磁力的作用而发生机械形变，甚至烧毁线圈。

根据电磁感应定律，电感的电流 i 发生变化，电感线圈中产生自感电动势 e_L，感应电压等于磁链的变化率。当电压的参考方向与磁链的参考方向符合右手螺旋定则时，可得

$$e_L = -N\frac{\mathrm{d}\Phi}{\mathrm{d}t} = -L\frac{\mathrm{d}i}{\mathrm{d}t} \tag{2—6}$$

设图 2—2（b）中的电压 u 和电流 i 参考方向一致，再将式（2—5）代入式（2—6）得

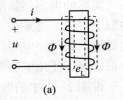
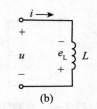

$$u = -e_L = L\frac{di}{dt} \qquad (2—7)$$

图 2—2　电感元件

故电感的电压取决于电感电流的变化率，电感电流变化越快，则电压越大。如果电流不变化（恒压或直流），虽有电流，但电压为零。因此，电感对直流起短路的作用。

设从 0 到 t 期间对电感 L 充电，在此期间电感存储的电能转换为磁场能，即

$$W_L = \int_0^t p\,dt = \int_0^t ui\,dt = \int_0^t Li\,dt = \frac{1}{2}Li^2 \qquad (2—8)$$

需要注意的是本节所讲都是线性元件，R，L 和 C 都是常数，即对应的 u 和 i，Φ 和 i，以及 q 和 u 之间都是线性关系。

练习与思考

2.1.1　电容元件两端充满电时视为开路，是否此时电容 $C \rightarrow \infty$？而电感元件两端充满电时视为短路，是否此时电感 $L \rightarrow 0$？

2.2　换路定律与电路初始值的确定

一、换路定律

由于电路结构或元件参数改变而引起的电源的接入或断开等情况，称为换路。换路时都可能引起电路的暂态过程。

以 RC 串联电路为例，当接入一定幅度的直流电压后，对电容充电，其存储的电场能换路时不能跃变，反映在电容元件中的电压不能跃变，否则，充电电流 $i = C\frac{du}{dt}$ 将趋于无穷大，而电路的电流只能为有限值。从功率角度来分析，因瞬时功率为 $p = Cu\frac{du}{dt}$，若电压跃变，瞬时功率将趋于无穷大。类似的情况在 RL 串联电路中也存在，即电感元件的电流不能跃变，否则，电感电压 $u_L = L\frac{di}{dt}$ 也将趋于无穷大。

由此可见，换路瞬间电容元件的电压或电感元件的电流不能跃变，这就是换路定律（switching law）。设换路在瞬间完成，$t = 0$ 为换路时刻（也可以在任一时刻换路，如 $t = t_0$），用 $t = 0_-$ 表示换路前瞬间，用 $t = 0_+$ 表示换路后瞬间，0_+ 和 0_- 在数值上都等于零，因此换路定律表示为

$$
\begin{aligned}
i_L(0_-) &= i_L(0_+) \\
u_C(0_-) &= u_C(0_+)
\end{aligned}
\qquad (2—9)
$$

二、初始值的确定

换路定律适用于换路瞬间,在分析暂态电路时,常用于确定换路后起始瞬间电路中电压、电流的初始值(initial value)。在电路中电压、电流的初始值确定后,电路暂态过程的微分方程才能求解。以下是确定初始值的一般方法:

(1) 在 $t=0_-$ 时求得 $i_L(0_-)$ 或 $u_C(0_-)$。若换路前元件无储能,电容视为短路,电感视为开路;若换路前元件有储能,电容视为开路,其电压以 $u_C(0_+)$ 的电压源等效替代,电感视为短路,其电流以 $i_L(0_+)$ 的电流源等效替代。

(2) 再用换路定律确定 $i_L(0_+)$ 或 $u_C(0_+)$,这类初始值是不能跃变的。而另一类初始值,例如电容电流、电感电压,电阻的电压、电流等都可以产生跃变。电阻只耗能不储能,故不产生暂态过程。

(3) $i_L(0_+)$ 或 $u_C(0_+)$ 确定后,根据基尔霍夫定律和欧姆定律求出其他暂态量,即利用 $t=0_+$ 时的等效电路,求解电路中各元件的电压、电流数值。

【例 2—1】 换路前电路处于稳态。试求图 2—3 所示电路中 u_C、i_C、u_L、i_L、i_1 和 i 的初始值。

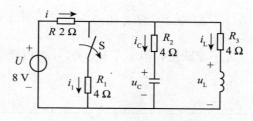

图 2—3 例 2—1 的图

解 换路前电路已处于稳态,电容元件视为开路,电感元件视为短路。由 $t=0_-$ 电路(图 2—4(a))先求 $i_L(0_-)$、$u_C(0_-)$。

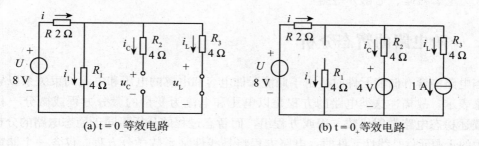

(a) $t=0_-$ 等效电路   (b) $t=0_+$ 等效电路

图 2—4 例 2—1 的图

$$i_L(0_-) = \frac{R_1}{R_1+R_3} \times \frac{U}{R+\dfrac{R_1R_3}{R_1+R_3}} = \frac{4}{4+4} \times \frac{8}{2+\dfrac{4\times4}{4+4}} \text{ A} = 1 \text{ A}$$

$$u_C(0_-) = R_3 i_L(0_-) = 4 \times 1 \text{ V} = 4 \text{ V}$$

再由换路定律

$$i_L(0_+) = i_L(0_-) = 1 \text{ A} , u_C(0_+) = u_C(0_-) = 4 \text{ V}$$

容易得到

$$i_1(0_+) = 0 \text{ A}$$

$t=0_+$ 电路如图 2—4（b）所示，可列出

$$8 = Ri(0_+) + R_2 i_C(0_+) + u_C(0_+)$$
$$i(0_+) = i_C(0_+) + i_L(0_+)$$

代入数据

$$8 = 2i(0_+) + 4i_C(0_+) + 4$$
$$i(0_+) = i_C(0_+) + 1$$

解得

$$i_C(0_+) = 0.33 \text{ A} , i(0_+) = 1.33 \text{ A}$$

并可求出

$$u_L(0_+) = R_2 i_C(0_+) + u_C(0_+) - R_3 i_L(0_+) = 4 \times \frac{1}{3} + 4 - 4 \times 1 \text{ V} = 1.33 \text{ V}$$

显然，换路瞬间，u_C、i_L 不能跃变，但 u_L、i_C、i_1、i 可以跃变。

练习与思考

2.2.1　什么是暂态过程？产生暂态过程的原因是什么？

2.2.2　如何求暂态过程的初始值？

2.2.3　若换路前元件未储能，换路定律得到 $u_C(0_+) = u_C(0_-) = 0$ 和 $i_L(0_+) = i_L(0_-) = 0$，可以认为电容短路、电感开路吗？

2.3　一阶电路的暂态分析

当电路中含有储能元件时，由于储能元件电容和电感的电压和电流约束关系以导数或积分来表示，故描述这类电路的方程是以电压和电流为变量的微分方程或微分—积分方程。描述稳态电路常用代数方程或方程组，而暂态过程的分析不同于稳态电路的分析。当电路中的无源元件是线性元件时，电路方程将是线性常系数微分方程。仅含一个储能元件（电容或电感）的线性电路，这类电路称为一阶线性电路。若电路中含两个以上储能元件（R、L、C 或 L、C），这个电路通常为二阶线性电路。

一、一阶电路的零状态响应

零状态响应（zero-state response）指电路处于零初始状态，一阶电路在外加激励下产生的响应。对 RC 电路而言，零状态响应是指换路前电容元件未储存能量，如 $u_C(0_-) = 0$，换路时对电路外加入一直流电源，之后对电容充电的过程。

1. RC 电路零状态响应

电路如图 2—5 所示，$t=0$ 时开关 S 闭合，即接入直流电源 U_S，这种波形的激励称为阶跃激励，如图 2—5（b）所示。由 KVL 方程得

$$u_R + u_C = U_S$$

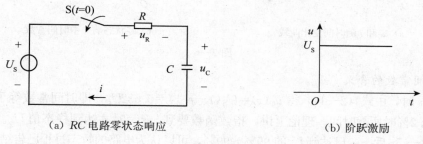

（a）RC 电路零状态响应   （b）阶跃激励

图 2—5

又因 $i = C\dfrac{\mathrm{d}u}{\mathrm{d}t}$，$u_R = iR$，则

$$RC\frac{\mathrm{d}u_C}{\mathrm{d}t} + u_C = U_S \tag{2—10}$$

此方程为一阶线性非齐次常微分方程，其通解有两个部分，一个是非齐次方程的特解 u_C'，另一个是齐次方程的通解 u_C''，即

$$u_C = u_C' + u_C'' \tag{2—11}$$

容易得到特解：$u_C' = U_S$（也称为强制分量）；设齐次方程的通解为 $u_C'' = Ae^{-\frac{t}{RC}}$（也称为暂态分量），因此把式（2—11）写成

$$u_C = U_S + Ae^{-\frac{t}{RC}}$$

由初始条件 $u_C(0_-) = u_C(0_+) = 0$，代入上式确定积分常数：$A = -U_S$，因 $\tau = RC$，得

$$u_C = U_S(1 - e^{-t/\tau}) \tag{2—12}$$

同时，可求得充电电流和电阻上电压

$$i = C\frac{\mathrm{d}u_C}{\mathrm{d}t} = \frac{U_S}{R}e^{-\frac{t}{\tau}} \tag{2—13}$$

$$u_R = iR = U_S e^{-\frac{t}{\tau}} \tag{2—14}$$

u_C 和 i 随时间变化曲线（与 u_R 和 i 的波形类似）如图 2—6（a）所示，$\tau = RC$ 为 RC 电路的时间常数（time constant）。从曲线可知，RC 电路的充电过程中，u_C 由初始值 $u_C(0_-) = 0$ 开始，最终上升到稳态值 U_S；而电流可以跃变，即 $t=0$ 的初始值为 U_S/R，i 随 u_C 上升而逐渐下降，直到趋近于零。

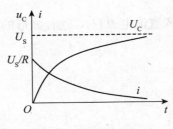
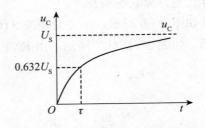

（a）u_C和i随时间变化曲线　　　　　（b）零状态响应中时间常数

图 2—6

2. 时间常数的含义

当$t=\tau$时，由式（2—14）得$u_C(\tau)=U_S(1-e^{-1})=0.632U_S$，即时间常数等于电压上升到$U_S$的 63.2％时所需时间。理论上讲，指数函数要到$t=\infty$时才达到稳态值$U_S$。但在工程上，经过$3\tau\sim5\tau$后，$u_C$已达到$U_S$的 95％～99％，可以认为电路的暂态过程已告结束。

表 2—1　　　　　　　　　　　　　　　u_C 与 τ 的数值关系

t	0	τ	2τ	3τ	4τ	5τ	6τ
u_C	0	$0.632U_S$	$0.865U_S$	$0.950U_S$	$0.982U_S$	$0.993U_S$	$0.998U_S$

RC 电路的时间常数$\tau=RC$，R 的单位是 Ω，C 的单位是 F，RC 乘积的单位是秒，故τ 的单位是秒。时间常数的大小取决于电路的结构与参数，与电路的初始值无关。τ 值大小反映了电路暂态过程的快慢。例如，电阻一定，电容愈大，电容上电荷储存量愈多，充电过程愈慢。因此，只要改变电路的参数 R 或 C 的数值，就可以改变时间常数 τ，从而控制电路暂态过程的进程。

3. RL 电路的零状态响应

电路如图 2—7 所示，换路前，电感元件上未储存能量 $i_L(0_-)=0$，$t=0$ 时开关 S 断开，直流电源作用于电路，由基尔霍夫电流定律，$t\geqslant0$ 时满足 $i_R+i_L=I_S$，故

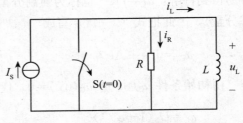

图 2—7　RL 电路的零状态响应

$$\frac{L}{R}\frac{\mathrm{d}i_L}{\mathrm{d}t}+i_L=I_S \qquad (2-15)$$

不难求得特解$i'_L=I_S$，则电流的通解为

$$i_L=I_S+Ae^{-\frac{R}{L}t}=I_S+Ae^{-\frac{t}{\tau}} \qquad (2-16)$$

将初始条件 $i_L(0_-)=i_L(0_+)=0$ 代入上式，确定积分常数 $A=-I_S$，则

$$i_L=I_S(1-e^{-\frac{t}{\tau}})$$

同时求得

$$i_R=\frac{L}{R}\frac{\mathrm{d}i_L}{\mathrm{d}t}=I_Se^{-\frac{t}{\tau}}$$

这里的时间常数为 $\tau = L/R$。

一阶电路的零状态响应中，电路形式多样，可以是 RC 串联和 RC 并联电路，或者是 RL 串联和 RL 并联电路，其过渡过程都是一个能量的积累或释放过程。电路的激励源可以是阶跃激励，也可以是正弦函数激励，有关正弦函数激励请参考有关文献。

二、一阶电路的零输入响应

若换路前储能元件已储能，即使换路时无新的电源（激励）接入，电路中仍会产生响应，原因在于换路前储能要通过电路中适当的回路来释放。因此把没有外加激励输入，由电容或电感初始状态引起的电路响应称为零输入响应（zero-input response）。

1. RC 电路的零输入响应

电路如图 2—8 所示，若开关 S 动作前置 1 已使电路达到稳态，电容的电压初始值为 $u_C(0_-)=U_0$。设 $t=0$ 时，开关 S 由 1 向 2 闭合，电路通过 R、C 开始放电，$t \geq 0$ 时，因 $u_R = iR$，根据 KVL，电路的微分方程为

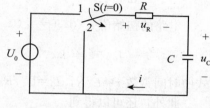

$$RC \frac{du_C}{dt} + u_C = 0 \qquad (2\text{—}17)$$

图 2—8　RC 电路的零输入响应

将电路的初始条件 $u_C(0_+) = u_C(0_-) = U_0$ 代入上式，求解得到

$$u_C = u_C(0_+) \mathrm{e}^{-\frac{t}{RC}} = U_0 \mathrm{e}^{-\frac{t}{RC}} \qquad (2\text{—}18)$$

因 $\tau = RC$，电路中的电流为

$$i = C \frac{du_C}{dt} = -\frac{U_0}{R} \mathrm{e}^{-\frac{t}{\tau}} \qquad (2\text{—}19)$$

以及电阻上的电压为

$$u_R = u_C = -U_0 \mathrm{e}^{-\tau/\tau} \qquad (2\text{—}20)$$

电路的响应 u_C、i 的波形如图 2—9（a）所示，u_R 与 i 的波形类似，均由初始值单调衰减到零。

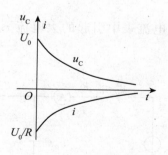

（a）u_C、i 随时间变化曲线

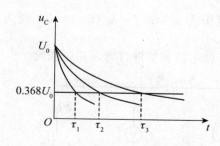

（b）不同 τ 值下 u_C 的变化曲线

图 2—9

2. RL 电路的零输入响应

如图 2—10 所示电路中，设开关 S 置 1 足够长的时间，电路已处于稳态，电感上有电流 U_0/R_0，而电阻 R 支路电流为零。当 $t=0$ 时开关由 1 扳到 2，虽然此时电路中无外加激励，但电感上的电流初始值将流经 RL 回路，逐渐释放电感的能量，故 RL 串联电路的零输入响应就是该电路的放电过程。

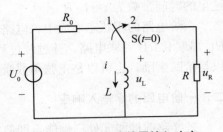

图 2—10 RL 电路的零输入响应

当 $t \geqslant 0$ 时，由基尔霍夫电压定律 $u_R + u_L = 0$，即

$$L \frac{\mathrm{d}i}{\mathrm{d}t} + iR = 0$$

电路的初始值 $i_L(0_-) = i_L(0_+) = U_0/R_0$，求解得

$$i = I_0 \mathrm{e}^{-\frac{R}{L}t} = I_0 \mathrm{e}^{-\frac{t}{\tau}} \tag{2—21}$$

式中时间常数 $\tau = L/R$，$I_0 = U_0/R_0$。

此外，还可以得到

$$u_R = iR = I_0 R \mathrm{e}^{-\frac{t}{\tau}}$$

$$u_L = L \frac{\mathrm{d}i}{\mathrm{d}t} = -I_0 R \mathrm{e}^{-\frac{t}{\tau}}$$

电路响应 i、u_L 的波形如图 2—11 所示，它们都是按照一样的指数规律变化的。

暂态过程中可能会产生过电压或过电流现象。如图 2—12（a）所示，断开大电感电路时，应先取下电压表。由于电压表内阻很大，断开开关 S 时电感电流 i 容易在电压表上引起高电压 $U_V = iR_V$，使电压表指针打弯，甚至烧毁表中游丝。

如图 2—12（b）所示，接通大电容电路时，应先取下电流表。由于电流表的内阻很小 $R_A \ll R$，接通开关 S

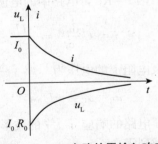

图 2—11 RL 电路的零输入响应

时电容电压为 $u_C(0_-) = u_C(0_+) = 0$，视为短路，在电流表中引起的大电流 $i_A = \dfrac{U_S}{R_A} \gg \dfrac{U_S}{R_A + R}$，使电流表指针打弯，甚至烧毁。

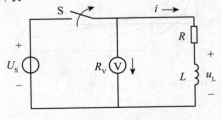

（a）暂态过程的过电压现象

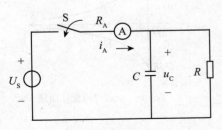

（b）暂态过程的过电流现象

图 2—12

三、一阶电路的全响应

一个具有非零初始状态的一阶电路，在受到外加激励时所引起的响应称为全响应，电路如图 2—13 所示。对于线性电路的全响应，可认为是零输入响应与零状态响应两者的线性叠加。

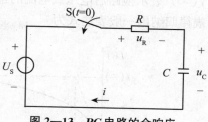

图 2—13　RC 电路的全响应

例如，RC 电路的全响应为

$$u_C = u_C' + u_C'' = U_0 e^{-\frac{t}{RC}} + U_S(1 - e^{-\frac{t}{RC}})$$

$$(2—22)$$

即：全响应＝零输入响应＋零状态响应，如图 2—14（a）所示。U_S 为阶跃激励，且换路前电容已充有电荷 $u_C(0_-) = U_0$，$t \geqslant 0$ 电路的微分方程与式（2—10）相同，但是初始值并不为零（$u_C(0_-) = u_C(0_+) = U_0$）。由求解微分方程的经典法得

$$u_C = u_{C1} + u_{C2} = U_S + (U_0 - U_S)e^{-\frac{t}{RC}}$$

$$(2—23)$$

即：全响应＝强制分量＋自由分量，如图 2—14（b）所示，U_S 称为强制分量，$(U_0 - U_S)e^{-\frac{t}{RC}}$ 称为自由分量，其数值将按指数规律最终趋于零。以上两种分析方法是全响应的不同分解方法而已，对一阶电路而言，采用哪一种分解应视问题的要求和方便来确定。

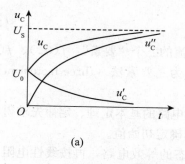
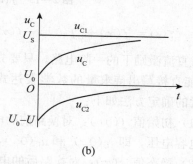

(a)　　　　　　　　　　　　　　　(b)

图 2—14　全响应的两种不同分解方法

实际应用中常遇到只含一个储能元件（L 或 C）的电路，而电路较为复杂时，这样的电路仍然是一阶线性电路，求解时，把电路的储能元件划出，将剩余部分用戴维宁定理或诺顿定理进行等效变换，再按前述方法确定储能元件上的电压和电流。

四、一阶电路的三要素法

前面的分析中求解一阶电路在直流激励下的响应、零输入响应和零状态响应的结论有一定规律，一些结构简单的电路可以直接套用这些结论。而复杂的电路只能通过列出微分方程，其求解过程烦琐。根据一阶电路暂态过程的规律，判断电路各部分响应的变化趋势，直接写出通解的表达式，以便归纳出简单实用的求解方法，这种方法便是下面要介绍的三要素法。

从前述一阶电路的几种响应来看，恒定激励下一阶电路的各种响应均按指数规律变化，即由初始值开始，单调上升或下降，最终达到稳态值，如图 2—15 所示。用 $f(t)$ 表

示电路中的待求量（电压或电流），$f(0_+)$ 表示换路后一瞬间电压或电流的初始值，$f(\infty)$ 表示换路后电压或电流的稳态值，τ 表示电路的时间常数。从这些响应曲线的变化规律归纳出一般表达式为

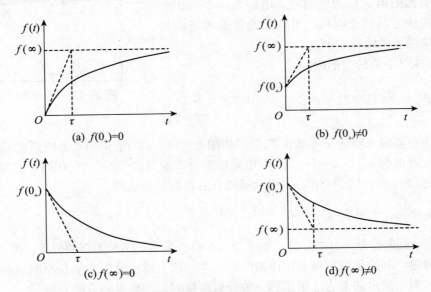

图 2—15　$f(t)$ 单调上升或下降时变化曲线

$$f(t) = f(\infty) + [f(0_+) - f(\infty)]\, e^{-t/\tau} \qquad\qquad (2—24)$$

对直流激励下的一阶电路，只要先确定电压或电流的三个"要素"：$f(0_+)$、$f(\infty)$ 和 τ，就能直接写出待求量的数学表达式，这种方法称为三要素法（three-factor method）。三要素的确定方法如下：

（1）初始值 $f(0_+)$：对换路前的电路，例如利用电路的基本定理、定律先求得电感电流和电容电压，即 $i_L(0_-)$ 和 $u_C(0_-)$，再用换路定律确定初始值。

（2）稳态值 $f(\infty)$：对换路后的电路达到稳定状态的等效电路，再按线性电阻电路的分析方法求解，求得相应电压或电流为稳态值。

（3）时间常数 τ：RC 一阶电路的时间常数为 $\tau = RC$，RL 一阶电路的时间常数为 $\tau = L/R$。在一些复杂电路中可以按以下方法处理，即换路后的电路中，将储能元件单独划出，剩余部分看成一个线性有源二端网络，应用戴维宁定理对它进行简化，其等效电路的内阻就是时间常数中的电阻 R。

【例 2—2】　图 2—16 所示电路原已稳定，$t=0$ 时开关 S 由 1 换接至 2。已知 $R_1 = 1\ \text{k}\Omega$，$R_2 = R_3 = 2\ \text{k}\Omega$，$C = 0.375\ \mu\text{F}$，$U_{S1} = 12\ \text{V}$，$U_{S2} = 6\ \text{V}$。求换路后的电压 u_C、i_C 和 i_3，并画出 u_C、i_C 的变化曲线。

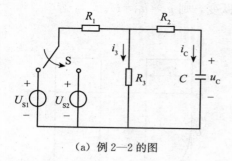

（a）例2—2 的图

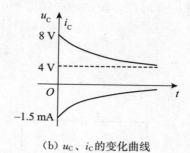

（b）u_C、i_C 的变化曲线

图 2—16

解 该电路的初始值、稳态值和时间常数分别是

$$u_C(0_+) = u_C(0_-) = \frac{R_3}{R_1 + R_3} U_{S1} = \frac{2}{1+2} \times 12 \text{ V} = 8 \text{ V}$$

$$u_C(\infty) = \frac{R_3}{R_1 + R_3} U_{S2} = \frac{2}{2+1} \times 6 \text{ V} = 4 \text{ V}$$

$$\tau = [(R_1 /\!/ R_3) + R_2]C = \frac{8}{3} \times 10^3 \times 0.375 \times 10^{-6} \text{ s} = 1 \times 10^{-3} \text{ s}$$

因此得

$$u_C(t) = 4 + (8-4)\mathrm{e}^{-\frac{t}{\tau}} \text{ V} = 4 + 4\mathrm{e}^{-1\,000t} \text{V}$$

$$i_C = C\frac{\mathrm{d}u_C}{\mathrm{d}t} = 0.375 \times 10^{-6} \times 4 \times (-1\,000)\mathrm{e}^{-1\,000t} \text{ mA} = -1.5\mathrm{e}^{-1\,000t} \text{ mA}$$

$$i_3 = \frac{u_C + i_C R_2}{R_3} = \frac{4 + 4\mathrm{e}^{-1\,000t} - 3\mathrm{e}^{-1\,000t}}{2} \text{ mA} = 2 - 0.5\mathrm{e}^{-1\,000t} \text{ mA}$$

练习与思考

2.3.1 在一阶电路中，若电阻 R 一定，而 L 或 C 越大，换路时的暂态过程越快还是越慢？

2.3.2 试用三要素法计算图 2—4、图 2—8 所示电路在 $t \geqslant 0$ 时的 $u_C(t)$。

*2.4 一阶电路的矩形波响应

暂态过程的电路实验中，为了完整观测到电路的零输入响应与零状态响应曲线，通常采用方波序列（矩形脉冲激励）作为输入信号，此时电路处于连续的充电和放电过程中。

一、微分电路

设矩形脉冲的周期为 T，脉宽为 t_p。当 $t_p \gg \tau$ 时，在一个脉宽 t_p 内，设激励 $u_I = U$，对电容进行充电，因 τ 与 t_p 相比小得多，故电容的充电过程很快就达到稳态值。电路的任一时刻都满足 KVL，如图 2—17（a）所示，即

$$u_I = u_C + u_O \tag{2—25}$$

当 $t=0$ 时，$u_C(0_+)=u_C(0_-)=0$，u_O 可以跃变，则 $u_I=u_O=U$。

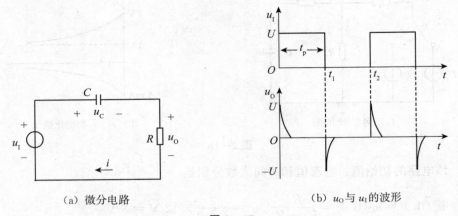

（a）微分电路　　　　　　　　　（b）u_O 与 u_I 的波形

图 2—17

此后随 u_C 增大，u_O 快速衰减；当 $t=t_1$ 时，输入 u_I 突然下降为 0，因电容的电压不能跃变，即 $u_C(t_1)=U$。这时要满足式（2—25），只能在 R 上产生一个负向跃变，即 $u_O=-U$。随着 u_C 减小，u_O 逐渐接近零值。由于 $t_p \gg \tau$，充放电很快，从图 2—17（b）中波形看，可认为 $u_C \gg u_O$，故 $u_I=u_C+u_O \approx u_C$，所以

$$u_O = iR = RC\frac{\mathrm{d}u_C}{\mathrm{d}t} \approx RC\frac{\mathrm{d}u_s}{\mathrm{d}t} \tag{2—26}$$

上式表明，输出电压与输入电压对时间的微分近似成正比，称为微分电路（differential circuit）。实际应用中常把该电路看成一无源二端网络，输入端外加信号 u_I，从电阻两端取输出信号 u_O，输出端得到的正负交替的尖脉冲序列，广泛应用于脉冲电路的触发信号。

二、积分电路

当 $t_p \ll \tau$ 时，在一个脉宽 t_p 内，因 τ 与 t_p 相比大得多，相应电容的充电过程很缓慢，甚至在电路充放电还未达到稳态值脉冲已经结束，如图 2—18 所示。由于 $t_p \ll \tau$，充电过程很缓慢，充电时 $u_O=u_C \ll u_R$，因此 $u_I=u_C+u_R \approx u_R=iR$，输出信号从电容两端取得

$$u_O = u_C = \frac{1}{C}\int i\,\mathrm{d}t \approx \frac{1}{RC}\int u_s\,\mathrm{d}t \tag{2—27}$$

上式表明，输出电压与输入电压对时间的积分近似成正比，称为积分电路（integrating circuit）。常用于把输入信号（矩形脉冲激励）转换成变化缓慢的信号输出。

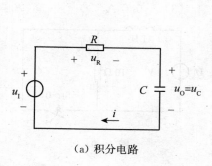

(a) 积分电路

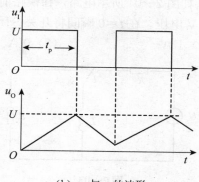

(b) u_O 与 u_I 的波形

图 2—18

一、单项选择题

1. 直流电路达到稳态后，电容元件上（　　）。

(1) 有电压，有电流　　　　　　　　　　(2) 有电压，无电流

(3) 无电压，有电流　　　　　　　　　　(4) 无电压，无电流

2. 在 RC 串联电路中，激励信号产生的电容电压响应（零状态响应）$u_C(t)$ 中（　　）。

(1) 仅有稳态分量　　　(2) 仅有暂态分量　　　(3) 既有稳态分量，又有暂态分量

3. 如图 2—01 所示电路中，开关 S 在 $t=0$ 瞬间闭合前已处于稳态，试问闭合开关瞬间，电流初始值 $=0$ V，则 $i(0_+)$ 为（　　）。

(1) 1 A　　　　　　　(2) 0.8 A　　　　　　(3) 0 A

4. 如图 2—02 所示电路，工程上认为在 S 闭合后的过渡过程将持续（　　）。

(1) 36～60 μs　　　(2) 9～15 μs　　　(3) 18～36 μs

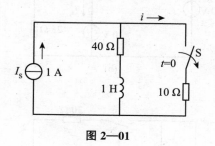

图 2—01　　　　　　　　　　　　　　**图 2—02**

5. 如图 2—03 所示电路，在稳定状态下闭合开关 S，该电路（　　）。

(1) 不产生过渡过程，因为换路未引起 L 的电流发生变化

(2) 要产生过渡过程，因为电路发生换路

(3) 要发生过渡过程，因为电路有储能元件且发生换路

6. 如图 2—04 所示电路,在换路前已处于稳定状态,而且电容器 C 上已充有图示极性的 6 V 电压,在 $t=0$ 瞬间将开关 S 闭合,则 $i_R(0_+)=$ (   )。

(1) 1 A   (2) 0 A   (3) -0.6 A

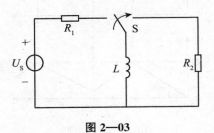

图 2—03

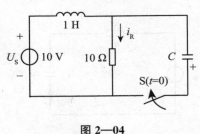

图 2—04

7. 电路的暂态过程中,时间常数 τ 愈大,则电流和电压的变化 (   )。

(1) 愈快   (2) 愈慢   (3) 无影响

8. RC 电路在零输入条件下,时间常数的意义是 (   )。

(1) 响应的初始值衰减到 0.632 倍时所需的时间

(2) 响应的初始值衰减到 0.368 倍时所需的时间

(3) 过渡过程所需的时间

9. 电容端电压和电感电流不能突变的原因是 (   )。

(1) 同一元件的端电压和电流不能突变

(2) 电场能量和磁场能量的变化率均为有限值

(3) 电容端电压和电感电流都是有限值

二、分析与计算题

2.1 电路如图 2—05 所示,$t=0$ 时换路,求换路后瞬间电路中所标的电压和电流初始值。

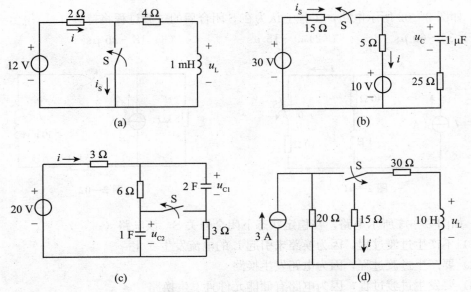

图 2—05 习题 2.1 的图

44

2.2 电路如图 2—06 所示，在 $t=0$ 时开关 S 断开，求 u_C 和电流源发出的功率，设 $u_C(0)=0$。

2.3 电路如图 2—07 所示，在 $t=0$ 时开关 S 闭合，求 i_L 和电压源发出的功率，设 $i_L(t)=0$。

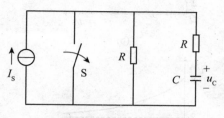

图 2—06 习题 2.2 的图

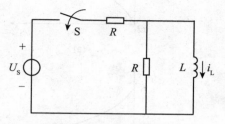

图 2—07 习题 2.3 的图

2.4 如图 2—08 所示电路中，已知 $I_S=10$ mA，$R_1=R_2=3$ kΩ，$R_3=6$ kΩ，$C=2$ μF。当 $t=0$ 时，开关 S 闭合前电路已处于稳态，求 $t\geq0$ 时的 u_C 和 i_1，并画出它们随时间变化的曲线。

2.5 如图 2—09 所示电路中，已知 $I_S=10$ mA，$R_1=R_2=1$ kΩ，$C=1$ μF，$u_C(0_-)=0$。求换路后的电压 u_C、u_{R1}，电流 i_C，并画出波形图。

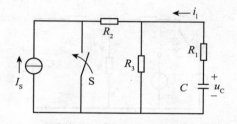

图 2—08 习题 2.4 的图

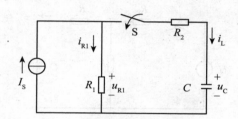

图 2—09 习题 2.5 的图

2.6 电路如图 2—10 所示，已知 $U_S=100$ V，$R=1$ kΩ，$L=10$ H，电压表的量程为 20 V，电压表的内阻 $R_V=1.5$ kΩ，当开关 S 断开瞬间电压表是否会被损坏？

2.7 如图 2—11 所示，RL 为电磁铁线圈电路模型，D 为理想二极管，当电路工作时，D 截止而断开，电感放电时导通。已知 $u=220$ V，$R=3$ Ω，$L=10$ H。选择电阻 R_f 使：（1）放电开始时线圈两端的瞬时电压不超过正常电压的 5 倍；（2）放电过程在 1 s 内结束。

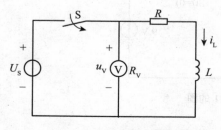

图 2—10 习题 2.6 的图

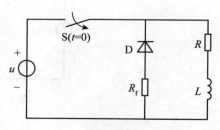

图 2—11 习题 2.7 的图

2.8 写出图 2—12 的各波形对应的 u_C 和 i_L 数学表达式，设时间常数 $\tau = 0.01$ s。

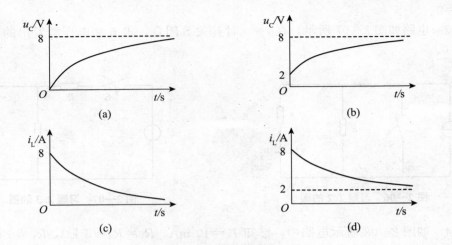

图 2—12 习题 2.8 的图

2.9 如图 2—13 所示电路原已稳定，已知 $R_1 = R_2 = R_3 = 100\Omega$，$C = 100~\mu F$，$U_S = 100$ V，$t=0$ 时将开关 S 闭合。求 S 闭合后的 $i_2~(t)$ 和 $u_C~(t)$。

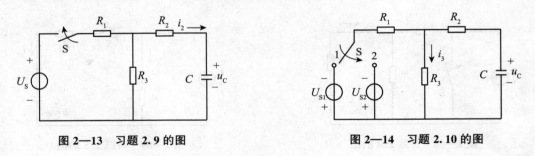

图 2—13 习题 2.9 的图   图 2—14 习题 2.10 的图

2.10 如图 2—14 所示的电路原已稳定，$t=0$ 时开关 S 由 1 换接至 2。已知 $R_1 = 2~\Omega$，$R_2 = R_3 = 3~\Omega$，$C = 0.2~\mu F$，$U_{S1} = U_{S2} = 5$ V。求换路后的电压 $u_C~(t)$ 和 i_3。

2.11 电路如图 2—15 所示，$t=0$ 时开关 S 闭合，试用三要素法求 $t \geqslant 0$ 时的 i_1，i_2，i_L。

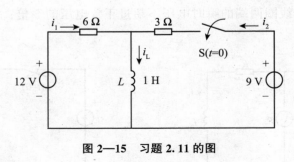

图 2—15 习题 2.11 的图

第3章

正弦交流电路

目前电力工程中所遇到的大多数问题几乎都可以按正弦交流电路加以分析和处理。而且电工技术中任意一个非正弦周期函数，都可以分解为恒定分量和一系列频率不同的正弦分量，对这类问题，利用线性电路中的叠加特性，同样可以应用正弦交流电路分析方法进行处理。

分析与计算正弦交流电路，其目的是确定电路中电压与电流的关系及功率的计算。本章将介绍正弦交流电路的基本概念及相量法，相量法是线性电路正弦稳态分析的一种简便而有效的方法。正弦交流电路是学习三相交流电路、电子技术、交流电机等后续章节的重要基础。

3.1 正弦电压和电流

一、正弦量的基本概念

如果电路中所有电源（激励）及电路中各部分电压电流（响应）都是按正弦规律变化，那么这类电路称为正弦交流电路（sinusoidal AC circuit）。电路中按正弦规律变化的电压和电流称为正弦交流量，简称正弦量（sinusoidal quantity）。对正弦量的数学描述，可用 sin 函数或 cos 函数。图 3—1 所示为正弦交流电路，正弦电流在图示指定的参考方向下其数学表达式为

$$i = I_m \sin(\omega t + \varphi_i)$$

式中 i 称为瞬时值（instantaneous value），用小写字母表示；I_m 称为幅值或最大值，用大写字母表示；ω 称为角频率；φ_i 称为初相位。正弦量的特征表现在大小、变化的快慢及初始值三方面，分别对应正弦量的幅值、角频率和初相位。

图 3—1 正弦交流电路

二、正弦电压和电流

1. 幅值和有效值

在电力工程及测量中，一般不用正弦量的幅值（amplitude），而用有效值（effective

value)。设某周期电流 i 通过电阻 R 在一个周期 T 内所产生的热量等于一个直流电流 I 通过同一电阻 R 在时间 T 内所产生的热量，即

$$\int_0^T i^2 R \mathrm{d}t = I^2 RT$$

则 I 定义为此交流电流 i 的有效值，为

$$I = \sqrt{\frac{1}{T}\int_0^T i^2 \mathrm{d}t} \tag{3—1}$$

即周期量的有效值等于其瞬时值的平方在一个周期内的平均值再取平方根，故有效值又称为方均根值（r. m. s. value）。式（3—1）的定义对任意周期量的有效值都普遍适用。

当电流 i 是正弦量时，设 $i = I_\mathrm{m}\sin\omega t$，得到正弦电流的有效值为

$$I = \sqrt{\frac{1}{T}\int_0^T I_\mathrm{m}^2 \sin^2\omega t \,\mathrm{d}t} = \sqrt{\frac{1}{T} I_\mathrm{m}^2 \frac{T}{2}} = \frac{I_\mathrm{m}}{\sqrt{2}} \tag{3—2}$$

同理得

$$U = \frac{U_\mathrm{m}}{\sqrt{2}} = 0.707 U_\mathrm{m} \tag{3—3}$$

$$E = \frac{E_\mathrm{m}}{\sqrt{2}} = 0.707 E_\mathrm{m} \tag{3—4}$$

所以，正弦量的有效值与最大值之间有固定的 $\sqrt{2}$ 关系，且仅适用于正弦量。工程中使用的交流电气设备铭牌上标出的额定电压、电流数值，及交流电压表、电流表表面上标出的数值都是有效值。

2. 周期、频率和角频率

交流电变化一次所需的时间称为周期 T（period）。单位时间内，每秒完成的周期数称为频率 f（frequency），单位为赫兹（Hz）。正弦量的周期 T 和频率 f 之间的关系为

$$f = \frac{1}{T} \tag{3—5}$$

交流电每变化一次经历了 2π 弧度，即 $\omega T = 2\pi$。角频率 ω 是相角随时间变化的速度，单位是弧度/秒（rad/s）。故角频率与周期、频率的关系为

$$\omega = \frac{2\pi}{T} = 2\pi f \tag{3—6}$$

我国工业电网的标准频率为 50 Hz，称为工频（power frequency）。实际应用中还常以频率区分电路，如低频电路、高频电路、甚高频电路等。例如，有线通信频率为 $0.3 \sim 5$ kHz；无线通信频率为 30 kHz$\sim 3 \times 10^4$ MHz；高频加热设备频率为 $200 \sim 300$ kHz。

3. 相位和初相位

随时间变化的角度（$\omega t + \varphi_\mathrm{i}$）称为正弦量的相位（phase）或相位角（phase angle），单位为弧度（rad）。在 $t = 0$ 时的相角即为初相位 φ_i，即初相。它决定了正弦量的初始值。通常规定初相 φ_i 在 $-180° \leqslant \varphi_\mathrm{i} \leqslant 180°$ 范围内取值。φ_i 的大小与计时零点的选择有关，对于

许多相关的正弦量，往往用一个共同计时零点确定各自的相位。

正弦量随时间变化的图形为正弦波。图 3—2 是正弦电流 i 的波形表示（$\varphi_i>0$）。横轴可以用时间 t，也可以用弧度 ωt 表示。根据上述正弦量的三个特征，画出了两个同频率的正弦波如图 3—3 所示。则它们的瞬时表达式为

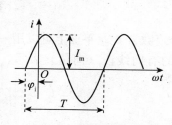

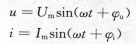

图 3—2　正弦波形

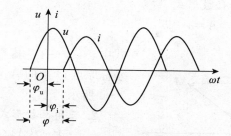

图 3—3　两个同频率正弦量的相位差

$$u = U_m \sin(\omega t + \varphi_u)$$
$$i = I_m \sin(\omega t + \varphi_i)$$

$$（3—7）$$

两个同频率的正弦量在同一时刻的相位关系用相位差来描述，即相位差（phase difference）等于它们的相位之差。如设 φ 表示电压 u 与电流 i 的相位差，则

$$\varphi = (\omega t + \varphi_u) - (\omega t + \varphi_i) = \varphi_u - \varphi_i$$

可见，两个同频率正弦量的相位差是一个常数，即等于它们的初相之差，而与时间无关，也与计时零点无关。

电路中常采用"超前"和"滞后"来说明两个同频率正弦量相位比较的结果。当 $\varphi>0$ 时，则电压 u 的相位超前电流 i 的相位一个角度 φ，即电压 u 比电流 i 先到达其正的最大值，简称 u 超前 i；当 $\varphi<0$ 时，称 u 滞后 i；当 $\varphi=0$ 时，称 u 与 i 同相；当 $\varphi=\pi/2$ 时，称 u 与 i 正交；当 $|\varphi|=\pi$ 时，称 u 与 i 反相。

不同频率的两个正弦量之间的相位差不再是常数，而是一个时间的函数，本书不做讨论。

练习与思考

3.1.1　写出下列正弦量的相量表示式：（1）$i=5\sqrt{2}\cos\omega t$ A；（2）$u=125\sqrt{2}\cos(314t-45°)$ V；（3）$i=-10\sin(5t-60°)$ A。

3.1.2　已知正弦量 $\dot{U}=220\mathrm{e}^{\mathrm{j}30°}$ V 和 $\dot{I}=-4-\mathrm{j}3$ A，试分别用三角函数式、正弦波形及相量图表示它们。

3.2　正弦量的相量法

正弦量可以用三角函数及波形图表示，还可以用相量法及相量图表示，相量法（phasor method）是线性正弦交流电路分析计算的一种有效简便方法。相量本质上是正弦量的一种

复数表示方法，以下简要介绍复数的有关知识，然后再讨论正弦量的相量表示。

一、复数的几种表示形式

一个复数 A 有几种表示形式：代数形式、三角函数形式、指数形式、极坐标形式等。

1. 代数形式

$$A = a + jb \qquad\qquad (3—8)$$

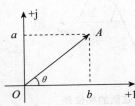

图 3—4　复数的表示

式中 $j = \sqrt{-1}$ 为虚数单位。一个复数 A 在复平面上可以用一条从坐标原点 O 指向 A 对应坐标点的有向线段（向量）表示，如图 3—4 所示。

2. 三角函数形式

$$A = |A|(\cos\theta + j\sin\theta) \qquad\qquad (3—9)$$

式中 $|A|$ 是复数 A 的模，θ 是复数 A 的辐角。$|A|$ 和 θ 与 a 和 b 之间的关系为

$$|A| = \sqrt{a^2 + b^2}, \theta = \arctan\frac{b}{a} \qquad\qquad (3—10)$$

或

$$a = |A|\cos\theta, b = |A|\sin\theta$$

3. 指数或极坐标形式

根据欧拉公式：$e^{j\theta} = \cos\theta + j\sin\theta$，将复数的三角形式化为指数函数形式

$$A = |A|e^{j\theta} \qquad\qquad (3—11)$$

上述的指数形式有时改写为极坐标形式

$$A = |A|\underline{/\theta^\circ} \qquad\qquad (3—12)$$

当复数相加或相减的运算时用代数形式简单。例如，设 $A_1 = a_1 + jb_1$，$A_2 = a_2 + jb_2$，则

$$A_1 \pm A_2 = (a_1 \pm a_2) + (jb_1 \pm jb_2)$$

当两个复数的相乘、相除运算时用指数形式或极坐标形式进行比较方便，即

$$A_1 \cdot A_2 = |A_1|e^{j\theta_1} \cdot |A_2|e^{j\theta_2} = |A_1| \cdot |A_2|e^{j(\theta_1 + \theta_2)}$$

$$\frac{A_1}{A_2} = \frac{|A_1|e^{j\theta_1}}{|A_2|e^{j\theta_2}} = \frac{|A_1|}{|A_2|}e^{j(\theta_1 - \theta_2)}$$

复数 $e^{j\theta} = 1\underline{/\theta^\circ}$ 是一个模等于 1、辐角为 θ 的复数。任意复数乘以 $e^{j\theta}$ 的几何意义是把这个复数逆时针旋转一个角度 θ，其模不变，故称 $e^{j\theta}$ 为旋转因子。

根据欧拉公式，不难得出 $e^{\pm j90^\circ} = \pm j$，$e^{\pm j180^\circ} = -1$。因此 $\pm j$ 和 -1 都可以看成是旋转因子。例如，一个复数乘以 j，等于把该复数逆时针旋转 90°；一个复数除以 j，等于把该复数乘以 $-j$，故等于把该复数顺时针旋转 90°。

二、正弦量的相量表示

一个复数由模和辐角两个特征来决定，而正弦量由幅值、频率和初相位三个特征来决定。在正弦交流电路分析计算中，正弦激励和响应都为同频率的正弦量，而这些正弦量经过加减、微积分等运算后，其结果的频率不变。因此一个正弦量可以由有效值（幅值）和初相位来决定。

把这个复数称为正弦量的相量（phasor），并记为

$$\dot{I} = Ie^{j\varphi_i} = I\underline{/\varphi_i} \qquad\qquad (3—13)$$

式中 I 上面加的小圆点是用来与普通复数相区别的记号，表示正弦量的相量。

相量和一般复数一样进行运算，也可以在复平面上用向量表示。表示这种相量的图形称为相量图（phasor diagram），如图 3—5 所示。如果用一个旋转矢量表示正弦量，即用矢量的长度、旋转角速度和初始角分别表示正弦交流电的幅值、频率和初相位，那么正弦交流电之间的三角函数运算可以化简为复平面上的矢量运算。由于正弦交流电为同频率的电压或电流，用旋转矢量表示的电压或电流旋转角速度相同，任意瞬间，它们的相对位置不变，图中画出了它们的初始位置。

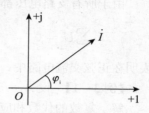

图 3—5　正弦量的相量图

正弦交流电任意时刻的瞬时值等于其对应的旋转矢量在虚轴上的投影。图 3—6 表示了旋转相量与 i 的波形的对应关系。在实际应用时，可根据正弦量的瞬时式写出与之对应的相量，反之亦然。

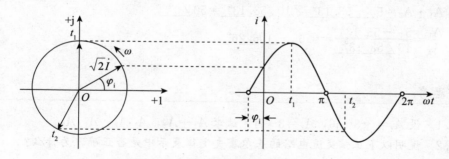

图 3—6　旋转相量与正弦波

应当注意，相量只是表示正弦量，而不等于正弦量。只有正弦周期量才能用相量表示，非正弦量不能用相量表示。只有同频率的正弦量才能画在同一相量图上，可以不画坐标轴，参考相量画在水平方向。

正弦交流电可以用三角函数式及波形图表示，也可以用相量式及相量图表示，相量法是正弦交流电路最常用的分析方法。在正弦交流电路中，激励和响应全部都是同频率的正弦量，因此描述电路性能的微积分方程的求解可以用相量法转换为代数方程求解，从而使计算过程得到简化。

基尔霍夫定律对于直流、交流电路均成立。当电源为某一频率的正弦量时，对交流电路中任意一个结点，KCL 的时域形式可写为

51

$$\sum i = 0$$

由于所有支路电流都是同频率的正弦量，其相量形式为

$$\sum \dot{I} = 0$$

表明在正弦交流电路中，流入任意一结点的各电流相量的代数和恒等于零。

同理，对交流电路中的任意一个回路，KVL 的时域形式写为

$$\sum u = 0$$

由于所有支路电压都是同频率的正弦量，其相量形式为

$$\sum \dot{U} = 0$$

表明在正弦交流电路中，沿着电路中任意一回路所有支路的电压相量和恒等于零。

【例 3—1】 设 $A_1 = 3 - j4$，$A_2 = 10e^{j53.13°}$。求 $A_1 + A_2$，$A_1 \cdot A_2$，A_1/A_2。

解 复数的代数和应用代数形式

$$A_2 = 10 \underline{/53.13°} = 6 + j8$$
$$A_1 + A_2 = (3 - j4) + (6 + j8) = 9 + j4 = 9.85 \underline{/23.96°}$$

复数的乘、除应用指数或极坐标形式

$$A_1 = 3 - j4 = 5 \underline{/-53.13°}$$
$$A_1 \cdot A_2 = 5 \underline{/-53.13°} \times 10 \underline{/53.13°} = 50 \underline{/0°}$$
$$\frac{A_1}{A_2} = \frac{5 \underline{/-53.13°}}{10 \underline{/53.13°}} = 0.5 \underline{/-106.26°}$$

练习与思考

3.2.1 设 $A_1 = -8 + j6$，$A_2 = 3 + j4$。试求 $A_1 + A_2$，$A_1 \cdot A_2$，A_1/A_2。

3.2.2 说明以下正弦交流电路的基尔霍夫定律表示中是否正确，为什么？

(1) $\sum i = 0$，$\sum u = 0$；(2) $\sum I = 0$，$\sum U = 0$；(3) $\sum \dot{I} = 0$，$\sum \dot{U} = 0$。

3.3 单一参数交流电路

分析交流电路，首先要确定电路中电压与电流的关系，再讨论电路中能量的转换和功率问题。以下先分析对于单一参数（电阻、电感、电容）元件的电压与电流的关系，之后更复杂的电路往往是单一参数元件的串联或并联。

一、电阻元件交流电路

1. 电压与电流关系

在图 3—7（a）中，设电流为参考相量（reference phasor），即 $i = I_m \sin\omega t$。通过电阻

R 时，根据欧姆定律得到的电压仍为同频率的正弦量，得

$$u = Ri = I_m R \sin \omega t = U_m \sin \omega t$$

可见，电压与电流频率相同，电压与电流同相，则

$$U_m = RI_m \quad 或 \quad U = RI$$

$$\varphi_u = \varphi_i$$

用相量表示电压与电流的关系则为

$$\dot{I} = I e^{j0°}, \dot{U} = U e^{j0°}$$

$$\dot{U} = \dot{I} R \tag{3—14}$$

式（3—14）为欧姆定律相量表示式，图 3—7（c）是电阻元件中电压与电流的相量图。

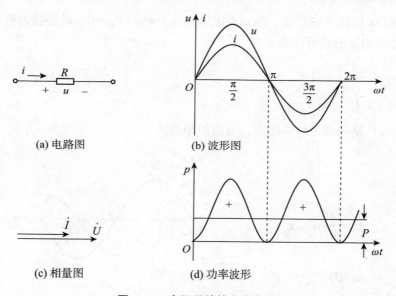

(a) 电路图 (b) 波形图

(c) 相量图 (d) 功率波形

图 3—7 电阻元件的交流电路

2. 功率

瞬时电压与瞬时电流的乘积 $p = ui$，称为瞬时功率（instantaneous power），即

$$p = u \cdot i = U_m \sin^2 \omega t = UI(1 - \cos 2\omega t)$$

表明电阻是耗能元件，且随时间变化。瞬时功率在一个周期内的平均值，称为平均功率（average power）或有功功率 P（active power），即

$$P = \frac{1}{T}\int p\,\mathrm{d}t = \frac{1}{T}\int UI(1 - \cos 2\omega t)\,\mathrm{d}t = UI = I^2 R = \frac{U^2}{R} \tag{3—15}$$

二、电感元件交流电路

1. 电压与电流关系

设电路的电流为参考相量，即 $i = I_m \sin \omega t$，该电流通过电感 L 时，其端电压为同频率

的正弦量。按图 3—8（a）的参考方向，由电感元件的伏安关系 $u = L \dfrac{\mathrm{d}i}{\mathrm{d}t}$，则有

$$u = L \frac{\mathrm{d}(I_m \sin\omega t)}{\mathrm{d}t} = I_m \omega L \cos\omega t = U_m \sin(\omega t + 90°)$$

可见，电压与电流频率相同，电压超前电流 $90°$，由此得

$$\frac{U_m}{I_m} = \frac{U}{I} = \omega L = X_L$$

$$\varphi_u - \varphi_i = 90°$$

X_L 称为感抗（inductive reactance），当电压一定时，X_L 越大，则电流越小，可见电感对交流电流起阻碍作用。即

$$X_L = \omega L = 2\pi f L \tag{3—16}$$

所以，感抗 X_L 与 L 和 f 成正比，而对直流电路，$f = 0$，$X_L = 0$，电感视为短路。

上述关系用相量形式可以表示为

$$\dot{U} = U\mathrm{e}^{\mathrm{j}90°}, \dot{I} = I\mathrm{e}^{\mathrm{j}0°}$$

$$\dot{U} = \mathrm{j}X_L\dot{I} = \mathrm{j}\omega L\dot{I} \tag{3—17}$$

图 3—8（c）是电感元件中电压、电流的相量图。

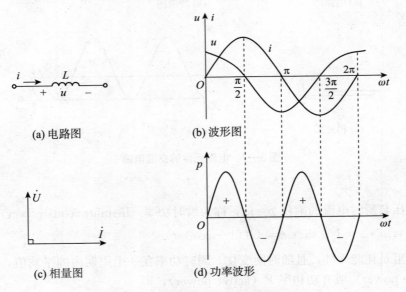

(a) 电路图 (b) 波形图

(c) 相量图 (d) 功率波形

图 3—8 电感元件的正弦交流电路

2. 功率

瞬时功率为

$$p = u \cdot i = U_m I_m \sin\omega t \sin(\omega t + 90°)$$

$$= U_m I_m \sin\omega t \cos\omega t = U I \sin 2\omega t$$

由功率波形可知，$p > 0$ 时，电感存储从电源取用电能并转换为磁场能；$p < 0$ 时，电感中存储的磁场能转换为电能返回电源。

如前所述，平均功率或有功功率为

$$P = \frac{1}{T} \int_0^T p\, dt = \frac{1}{T} \int_0^T UI\sin 2\omega t\, dt = 0$$

表明电感不耗能，存在电源与电感进行能量交换，这种能量交换的规模往往用无功功率（reactive power）来衡量，即

$$Q = UI = I^2 X_L = \frac{U^2}{X_L} \tag{3—18}$$

因此，电感是储能元件。

【例 3—2】 已知某电感线圈的电感为 0.318 H，加在元件上的是电压为 10 V 的交流电源，当电源频率分别为 50 Hz 和 200 Hz 时，试求元件中的电流。

解 $X_L = \omega L = 2 \times 3.14 \times 50 \times 0.318\ \Omega \approx 100\ \Omega$

$I = \dfrac{U}{X_L} = \dfrac{10}{100}\ \text{A} \approx 0.1\ \text{A}$

$X_L = \omega L = 2 \times 3.14 \times 200 \times 0.318\ \Omega \approx 400\ \Omega$

$I = \dfrac{U}{X_L} = \dfrac{10}{400}\ \text{A} \approx 0.025\ \text{A}$

三、电容元件交流电路

1. 电压与电流关系

设电压为参考相量，即 $u = U_m \sin\omega t$，该电压加于电容两端时，流过电容 C 的电流为同频率的正弦量。按图 3—9（a）中的参考方向，由电容元件的伏安关系 $i = C\dfrac{du}{dt}$，则

$$i = C\frac{d(U_m \sin\omega t)}{dt} = \omega C U_m \cos\omega t = I_m \sin(\omega t + 90°)$$

可见，电压与电流频率相同，电流超前电压 90°，由此得出

$$\frac{U_m}{I_m} = \frac{U}{I} = \frac{1}{\omega C} = X_C$$

$$\varphi_i = \varphi_u + 90°$$

X_C 称为容抗（capacitive reactance），当电压一定时，X_C 越大，则电流越小，可见电容对高频电流呈现的容抗很小。即

$$X_C = \frac{1}{\omega C} = \frac{1}{2\pi f C} \tag{3—19}$$

容抗 X_C 与 C 和 f 成反比，而对直流电路，$f = 0$，$X_C \to \infty$，电容视为开路，有隔断直流的作用。

上述关系用相量形式可以表示为

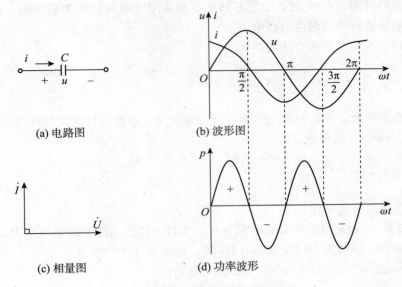

(a) 电路图 (b) 波形图

(c) 相量图 (d) 功率波形

图 3—9 电容元件的正弦交流电路

$$\dot{U} = U\mathrm{e}^{\mathrm{j}0°},\ \dot{I} = I\mathrm{e}^{\mathrm{j}90°}$$

$$\dot{U} = \frac{1}{\mathrm{j}\omega C}\dot{I} = -\mathrm{j}X_{\mathrm{C}}\dot{I} \tag{3—20}$$

图 3—9（c）是电容元件中电压、电流的相量图。

2. **功率**

瞬时功率为

$$p = u \cdot i = U_{\mathrm{m}}I_{\mathrm{m}}\sin\omega t \sin(\omega t + 90°)$$
$$= U_{\mathrm{m}}I_{\mathrm{m}}\sin\omega t \cos\omega t = UI\sin2\omega t$$

由功率波形可知，$p>0$ 时，电容从电源取用电能并转换为电场能；$p<0$ 时，电容中存储的电场能转换为电能返回电源。

如前所述，平均功率或有功功率为

$$P = \frac{1}{T}\int_0^T p\mathrm{d}t = \frac{1}{T}\int_0^T UI\sin2\omega t\,\mathrm{d}t = 0$$

表明电容不耗能，与电感类似，也存在电源与电容进行能量交换。这种能量交换的规模用无功功率衡量，即

$$Q = UI = I^2 X_{\mathrm{C}} = \frac{U^2}{X_{\mathrm{C}}} \tag{3—21}$$

因此，电容也是储能元件。

由线性电阻、电感、电容电压电流关系的相量形式不难看出，它们与电阻的欧姆定律形式完全相似，所以称为相量形式的欧姆定律。分析与计算中往往采用元件的相量模型，图 3—10 是电阻、电容和电感元件的相量模型。

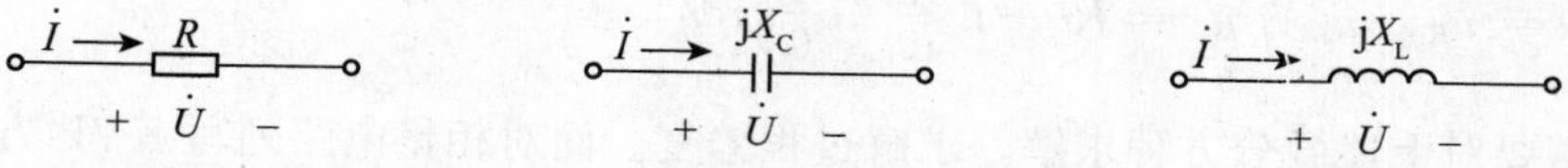

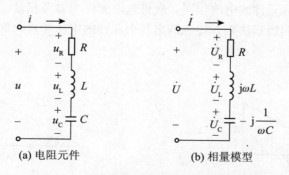

(a) 电阻元件　　　　(b) 电容元件　　　　(c) 电感元件

图 3—10　电阻、电容和电感元件的相量模型

【例 3—3】　已知某电容元件的电容为 $10\ \mu\text{F}$，加在元件上的电压为 24 V，当电源频率分别为 50 Hz 和 150 Hz 时，试求元件中的电流。

解　当电源频率为 50Hz 时：$X_C = \dfrac{1}{2\pi fC} = \dfrac{1}{2 \times 3.14 \times 50 \times 10 \times 10^{-6}}\ \Omega \approx 318.3\ \Omega$

$$I = \frac{U}{X_C} = \frac{24}{318.3}\ \text{A} = 0.075\ \text{A}$$

当电源频率为 150Hz 时：$X_C = \dfrac{1}{2\pi fC} = \dfrac{1}{2 \times 3.14 \times 150 \times 10 \times 10^{-6}}\ \Omega \approx 106.1\ \Omega$

$$I = \frac{U}{X_C} = \frac{24}{106.1}\ \text{A} = 0.226\ \text{A}$$

练习与思考

3.3.1　一只电容的耐压值为 300 V，将其接到 220 V 正弦交流电源上，能否安全使用？为什么？

3.3.2　已知某电容元件的电容为 $0.05\ \mu\text{F}$，加在元件上的电压为 10 V，初相为 $30°$，角频率是 10^6 rad/s。试求元件中的电流，写出其瞬时值三角函数表达式，并画出相量图。

3.4　*RLC* 串联交流电路

一、电压电流关系

RLC 串联正弦交流电路及相量模型如图 3—11 所示，电路中各元件流过同一电流，其电流及各电压的参考方向如图。由基尔霍夫电压定律得

(a) 电阻元件　　　　(b) 相量模型

图 3—11　*RLC* 串联正弦交流电路及相量模型

$$u = u_R + u_L + u_C = Ri + L\frac{di}{dt} + \frac{1}{C}\int i\,dt$$

这时需要对上述微分方程求解，求解过程繁复。而对相量电路列写 KVL 方程，则为

$$\dot{U} = \dot{U}_R + \dot{U}_L + \dot{U}_C = R\dot{I} + jX_L\dot{I} - jX_C\dot{I}$$
$$= [R + j(X_L - X_C)]\dot{I} \tag{3—22}$$

将上式写成

$$\frac{\dot{U}}{\dot{I}} = R + j\left(\omega L - \frac{1}{\omega C}\right) = R + j(X_L - X_C) = R + jX \tag{3—23}$$

式中 $R + j(X_L - X_C)$ 称为电路的阻抗（impedance），用 Z 表示。X 称为电路中的电抗（reactance），阻抗的单位也是欧姆（Ω）。故 RLC 串联电路的等效阻抗为

$$Z = \frac{\dot{U}}{\dot{I}} = R + j(X_L - X_C) = \sqrt{R^2 + (X_L - X_C)^2}\,e^{j\arctan\frac{X_L - X_C}{R}} = |Z|e^{j\varphi} \tag{3—24}$$

其中，阻抗模为

$$|Z| = \sqrt{R^2 + X^2} = \sqrt{R^2 + (X_L - X_C)^2} = \sqrt{R^2 + \left(\omega L - \frac{1}{\omega C}\right)^2} \tag{3—25}$$

阻抗角（幅角）为

$$\varphi = \arctan\frac{X}{R} = \arctan\frac{X_L - X_C}{R} = \arctan\left(\frac{\omega L - \frac{1}{\omega C}}{R}\right) \tag{3—26}$$

φ 即为电压电流之间的相位差。可见，$|Z|$、R 和 $X = X_L - X_C$ 三者之间的关系可以用一个直角三角形，即阻抗三角形（impedance triangle）来表示，如图 3—12 所示。

RLC 串联电路的相量图可根据式（3—22）画出。因相量图中所关心的是各个相量之间的相位关系，而各个相量之间的相位差与计时零点和时间无关，所以在作相量图时，一般选择电路中的某个相量作参考相量，设其初相为零，根据与参考相量的关系画出其他相量。由于串联电路中各元件的电流相同，故可选电流作为参考相量，然后从原点 O 起，相对于电流相量按平行四边形法则，逐一画出各个元件的电压相量，如图 3—13 所示。

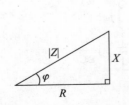

图 3—12　阻抗三角形

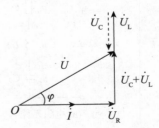

图 3—13　RLC 串联电路的相量图

由图 3—13 可见，相量图直观地显示了各相量之间的关系，并且可以用来辅助电路的分析计算。显然图中 $\dot{U}_R$、$\dot{U}_L+\dot{U}_C$ 和 $\dot{U}$ 三者也构成了一个直角三角形，称为电压三角形（voltage triangle）。利用这个三角形可以求得电压的有效值 U 和电压、电流的相位差 φ，即

$$U = \sqrt{U_R^2+(U_L-U_C)^2} \tag{3—27}$$

$$\varphi = \arctan\frac{U_L-U_C}{U_R} \tag{3—28}$$

不难得出，RLC 串联电路的阻抗三角形和电压三角形为相似三角形。由相量图得知，由于总电压是各部分电压的相量和而不是代数和，因此，总电压的有效值可以小于部分电压（如电容、电感上的电压）的有效值，这一点在直流电路中是不可能的。

由式（3—25）及式（3—27）得

$$\varphi = \arctan\frac{X_L-X_C}{R} = \arctan\frac{U_L-U_C}{U_R}$$

因此，阻抗角 φ 的大小完全是由电路（负载）的参数决定的。对 RLC 串联电路，当 $\varphi>0$，即 $X_L-X_C>0$，$X_L>X_C$ 时，电压超前电流，电路呈电感性；当 $\varphi<0$，即 $X_L-X_C<0$，$X_L<X_C$ 时，电压滞后电流，电路呈电容性；当 $\varphi=0$，即 $X_L-X_C=0$，$X_L=X_C$ 时，电压与电流同相，电路呈纯电阻性。这一特殊现象称为串联谐振，有关电路谐振的问题将在 3.7 节讨论。

【例 3—4】 在图 3—11 电路中，已知 $R = 30\ \Omega$，$L = 127\ \text{mH}$，$C = 40\ \mu\text{F}$，$u = 220\sqrt{2} \cdot \sin(314t+30°)$ V。求：（1）电路中的电流 i；（2）各元件的电压 u_R，u_L，u_C。

解 （1）$X_L = \omega L = 314\times127\times10^{-3}\ \Omega \approx 40\ \Omega$

$$X_C = \frac{1}{\omega C} = \frac{1}{314\times4\times10^{-6}}\ \Omega \approx 80\ \Omega$$

$$Z = R+\text{j}(X_L-X_C) = 30+\text{j}(40-80)\ \Omega = 50\ \underline{/-53.1°}\ \Omega$$

$$\dot{I} = \frac{\dot{U}}{Z} = \frac{220}{50\ \underline{/-53.1°}}\ \text{A} = 4.4\ \underline{/83.1°}\ \text{A}$$

（2）各元件的电压

$$\dot{U}_R = \dot{I}R = 4.4\ \underline{/83.1°}\ \times30\ \text{V} = 132\ \underline{/83.1°}\ \text{V}$$

$$\dot{U}_L = \text{j}X_L\dot{I} = 4.4\ \underline{/83.1°}\ \times40\ \underline{/90°}\ \text{V} = 176\ \underline{/173.1°}\ \text{V}$$

$$\dot{U}_C = -\text{j}X_C\dot{I} = 4.4\ \underline{/83.1°}\ \times80\ \underline{/-90°}\ \text{V} = 352\ \underline{/-6.9°}\ \text{V}$$

以上电压瞬时值分别为

$$u_R = 132\sqrt{2}\sin(314t+83.1°)\ \text{V}$$

$$u_L = 176\sqrt{2}\sin(314t+173.1°)\ \text{V}$$

$$u_C = 352\sqrt{2}\sin(314t-6.9°)\ \text{V}$$

二、功率关系

为了讨论方便，设 RLC 串联交流电路 $u=\sqrt{2}U\sin(\omega t+\varphi)$，$i=\sqrt{2}I\sin\omega t$。其中，$\varphi=$

$\varphi_u - \varphi_i$ 是电压、电流的相位差，电路的瞬时功率为

$$p = u \cdot i = \sqrt{2}U\sin(\omega t + \varphi) \times \sqrt{2}I\sin\omega t$$
$$= UI\cos\varphi - UI\cos(2\omega t + \varphi) \tag{3—29}$$

$p > 0$ 时表示电路吸收功率，$p < 0$ 时表示电路发出功率。但因瞬时功率不便于测量，在工程中通常引用平均功率的概念，平均功率又称有功功率，即

$$P = \frac{1}{T}\int_0^T p\mathrm{d}t = \frac{1}{T}\int_0^T [UI\cos\varphi - UI\cos(\omega t - \varphi)]\mathrm{d}t$$
$$= UI\cos\varphi \tag{3—30}$$

式中 $\cos\varphi$ 称为功率因数（power factor），φ 也称为功率因数角，有功功率的单位是瓦特（W）或千瓦（kW）。式（3—30）表明，正弦电流电路的有功功率是瞬时功率中的恒定分量，它代表电路实际消耗功率。因此，有功功率也是电路中电阻消耗功率，即

$$P = UI\cos\varphi = \frac{U^2}{R} = I^2 R$$

对电容或电感，因 $\varphi = \pi/2$ 或 $\varphi = -\pi/2$，电路中电容元件或电感元件的有功功率恒等于零。

电容元件与电感元件要储放电能，存在电源与电容或电感进行能量交换，用无功功率衡量，根据式（3—18）和式（3—21），并参考图3—13得

$$Q = U_L I - U_C I = I^2 X_L - I^2 X_C = UI\sin\varphi \tag{3—31}$$

无功功率的单位是乏（var）或千乏（kvar），它反映了电路与电源进行能量交换的规模与速率。无功功率不是无用的功率，是能量进行交换的那部分功率，而不是能量转换的那部分功率。而电阻元件因 $\varphi = 0$，无功功率为零，表明电阻与外部电路无能量交换。

将正弦交流电路中电压有效值与电流有效值的乘积称为视在功率（apparent power）或容量，在许多电力设备中，它们的视在功率是由其额定电压和额定电流的乘积所决定的，即

$$S = UI \tag{3—32}$$

为了便于区分，视在功率的单位为伏安（V·A）或千伏安（k·VA）。视在功率不表示交流电路实际消耗的功率，只表示电路可能提供的最大功率或电路可能消耗的最大有功功率。

上述三种功率，即有功功率 P、无功功率 Q、视在功率 S 之间有一定关系，它们也构成了一个直角三角形，称为功率三角形（power triangle），如图3—14所示。

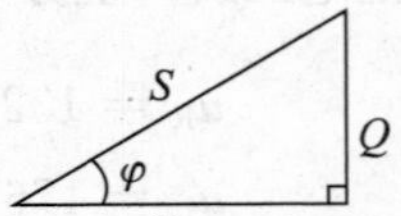

可得

$$P^2 + Q^2 = S^2$$
$$\varphi = \tan^{-1}\frac{Q}{P} \tag{3—33}$$

图3—14 功率三角形

功率表（瓦特表）的读数就等于有功功率，即 $P = UI\cos\varphi$，式中 U 是施加于功率表电压线圈上的正弦电压有效值，I 是流过功率表电流线圈的正弦电流有效值，$\varphi = \varphi_{\mathrm{u}} - \varphi_{\mathrm{i}}$ 是电压与电流的相位差。

【例 3—5】 在图 3—15 所示的电路中，已知 $\dot{I}_1 = 10\ \underline{/-36.9°}$ A，$\dot{I}_2 = 20\ \underline{/53.1°}$ A，$\dot{U} = 100\ \underline{/0°}$ V，$\dot{I} = 22.36\ \underline{/26.56°}$ A。试求电路的 P，Q，S。

解法 1

$$\begin{aligned} P &= UI\cos\varphi = 100 \times 22.36 \times \cos(-26.56°)\ \mathrm{W} \\ &= 2\ \mathrm{kW} \\ Q &= UI\sin\varphi = 100 \times 22.36 \times \sin(-26.56°)\ \mathrm{var} \\ &= -1\ \mathrm{kvar} \\ S &= UI = 100 \times 22.36\ \mathrm{V \cdot A} = 2\ 236\ \mathrm{V \cdot A} \end{aligned}$$

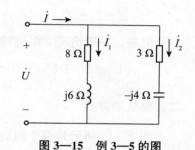

图 3—15　例 3—5 的图

解法 2

$$\begin{aligned} P &= I_1^2 R_1 + I_2^2 R_2 = 10^2 \times 8 + 20^2 \times 3\ \mathrm{W} = 2\ \mathrm{kW} \\ Q &= I_1^2 X_{\mathrm{L}} - I_2^2 X_{\mathrm{C}} = 10^2 \times 6 - 20^2 \times 4\ \mathrm{var} = -1\ \mathrm{kvar} \\ S &= \sqrt{P^2 + Q^2} = \sqrt{2\ 000^2 + (-1\ 000)^2}\ \mathrm{V \cdot A} = 2\ 236\ \mathrm{V \cdot A} \end{aligned}$$

练习与思考

3.4.1　例 3—4 中 $U_{\mathrm{C}} > U$，即分电压大于总电压，为什么？在 RLC 串联交流电路中是否会出现 $U_{\mathrm{L}} > U$？$U_{\mathrm{R}} > U$？

3.4.2　已知某电力变压器的视在功率是 800 kV·A，负载功率因数为 0.8，问此变压器可承载多大负载？

3.5　阻抗的串联与并联

在交流电路中，阻抗的连接形式是多种多样的，其中最简单和最常用的是串联与并联。而且阻抗的串联和并联的计算方法，在形式上与电阻的串联和并联的计算方法相似。

一、阻抗的串联

图 3—16 所示是两个阻抗串联的电路，由 KVL 得

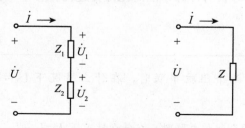

图 3—16　阻抗的串联

$$\dot{U} = \dot{U}_1 + \dot{U}_2 = Z_1\dot{I} + Z_2\dot{I} = (Z_1 + Z_2)\dot{I} \tag{3—34}$$

两个串联的阻抗可以用一个等效的阻抗 Z 来替代，即

$$\dot{U} = Z\dot{I}$$

比较两式，则

$$Z = Z_1 + Z_2$$

但是，一般情况下阻抗的模不能直接相加，即

$$U \neq U_1 + U_2, \ |Z| \neq |Z_1| + |Z_2|$$

二、阻抗的并联

图 3—17 所示是两个阻抗并联的电路，由 KCL 得

$$\dot{I} = \dot{I}_1 + \dot{I}_2 = \frac{\dot{U}}{Z_1} + \frac{\dot{U}}{Z_2} = \dot{U}\left(\frac{1}{Z_1} + \frac{1}{Z_2}\right) \tag{3—35}$$

两个并联的阻抗可以用一个等效的阻抗 Z 来替代，即

$$\dot{I} = \frac{\dot{U}}{Z}$$

比较两式，则

$$\frac{1}{Z} = \frac{1}{Z_1} + \frac{1}{Z_2}$$

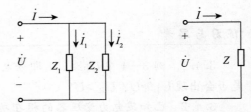

图 3—17　阻抗的并联

但是，一般情况下阻抗的模不能直接相加，即

$$I \neq I_1 + I_2, \ \frac{1}{|Z|} \neq \frac{1}{|Z_1|} + \frac{1}{|Z_2|}$$

通过前面几节的讨论，用相量替代正弦量，复阻抗替代电阻，并引入电路定律的相量形式之后，用相量法分析时，线性电阻电路的各种分析方法和电路定律可推广应用于线性交流电路的分析。其差别在于相量法分析时要把交流电路转换成为相量电路，所得的电路方程是以相量形式表示的代数方程，计算则为复数计算。在相量电路的分析与计算中，可利用相量图进行辅助电路分析与计算，以简化计算过程。

练习与思考

3.5.1　交流电路中两个阻抗串联时，在什么情况下 $U = U_1 + U_2$，$|Z| = |Z_1| + |Z_2|$ 成立？

3.5.2　交流电路中两个阻抗并联时，在什么情况下 $I = I_1 + I_2$，$\frac{1}{|Z|} = \frac{1}{|Z_1|} + \frac{1}{|Z_2|}$ 成立？

【**例 3—6**】 如图 3—18 所示电路，已知电阻 R_1 上的电压为 $u_{R_1} = 100\sqrt{2} \cdot \sin(\omega t - 90°)$ V，$R_1 = 5\ \Omega$，$X_L = 5\ \Omega$，$R = X_C = 10\ \Omega$。试求：（1）电流 $\dot{I}_1$、$\dot{I}_2$、$\dot{I}$ 及电压 $\dot{U}$；（2）有功功率，无功功率；（3）判断该电路的性质。

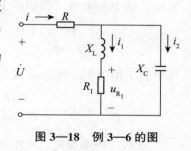

图 3—18　例 3—6 的图

【**解**】 （1）因 $\dot{U}_{R_1} = 100e^{-j90°}$ V，先求 $\dot{I}_1$，$\dot{I}_2$

$$\dot{I}_1 = \frac{\dot{U}_{R_1}}{R_1} = 20\ \underline{/-90°}\ \text{A}$$

$$\dot{I}_2 = \frac{\dot{I}_1(R_1 + jX_L)}{-jX_C} = 10\sqrt{2}\underline{/45°}\ \text{A}$$

由 KCL 得

$$\dot{I} = \dot{I}_1 + \dot{I}_2 = 10\sqrt{2}\underline{/-45°}\ \text{A}$$

由 KVL 得

$$\dot{U} = \dot{I}R + \dot{I}_2(-jX_C) = 200\sqrt{2}\underline{/-45°}\ \text{V}$$

（2）$P = UI\cos\varphi = 200 \times 10 \times \cos0°\ \text{W} = 2\ 000\ \text{W}$

　　　$Q = UI\sin\varphi = 2\ 000 \times 10 \times \sin0°\ \text{var} = 0\ \text{var}$

（3）由于 u、i 之间相位差 $\varphi = 0°$，该电路呈电阻性。

3.6　功率因数的提高

在供电系统的负载中，绝大多数用电设备均属于感性负载。例如工矿企业中大量使用的异步电动机、控制电器中的交流接触器及照明用的日光灯。交流电路中的有功功率一般不等于电源电压 U 和总电流 I 的乘积，还要考虑电压电流的相位 φ 的影响。即

$$P = UI\cos\varphi$$

式中的 $\cos\varphi$ 是电路的功率因数（power factor）。电路的功率因数决定于负载的性质。只有电阻性负载，功率因数才等于 1，其他负载功率因数均小于 1。例如交流异步电动机，当空载时，功率因数只有 0.2～0.3；额定状态时，功率因数约为 0.83～0.85。为了合理使用电能，现行的《国家电网公司电力系统电压质量和无功电力管理规定》规定，100 kV·A 及以上供电的电力用户在用户高峰负荷时变压器高压侧功率因数不宜低于 0.95；其他电力用户功率因数不宜低于 0.90。

负载功率因数不等于 1 时，电路中发生能量互换，存在一定的无功功率 $Q = UI\sin\varphi$，会引起以下问题。

（1）电源设备的容量不能充分利用。负载的功率因数愈低，电路中能量互换规模愈大，供发电机或电变压器输出的有功功率愈小，设备的利用率愈不充分。

（2）增加输电线路上的功率损耗。当发电机的电压 U 和输出的有功功率 P 一定时，

发电机输出的电流（即线路上的电流）为

$$I = \frac{P}{U\cos\varphi}$$

即电流 I 和功率因数 $\cos\varphi$ 成反比。若发电机和输电线的电阻为 r，则输电线上的功率损耗为

$$\Delta P = I^2 r = \frac{P^2}{(U\cos\varphi)^2} r$$

显然，功率损耗 ΔP 和功率因数 $\cos\varphi$ 的平方成反比。因此，功率因数的提高意味着电网内的发电设备得到了充分利用，提高了发电机输出的有功功率和输电线上有功电能的输送量。与此同时，输电系统的功率损失也大大降低，可以节约大量电力。

工业企业用电系统功率因数不高的原因在于大量使用电感性负载。例如，异步电动机、工频炉、交流电焊机等等，据有关的统计，在工矿企业所消耗的全部无功功率中，异步电动机的无功消耗占了 60%～70%，变压器消耗的无功功率一般约为其额定容量的 10%～15%。而在异步电动机空载时所消耗的无功又占到电动机总无功消耗的 60%～70%。要改善异步电动机的功率因数，就要防止电动机的空载运行并尽可能提高负载率。

电感性负载电流滞后电压，提高功率因数的简便而有效的方法，通常是给感性负载并联适当大小的电容，产生一个超前电压的电流 I_C 以补偿电感性负载的无功分量。其电路图和相量图如图 3—19 所示，由于是并联电容，电感性负载的电压不受电容器的影响，感性负载的电流 I_1 仍然不变，这时电源电压和电感性负载的参数并未改变。但对总电流来说，多了一个电流分量 $\dot{I}_C$，因此，总电流减小为 $\dot{I} = \dot{I}_C + \dot{I}_1$。

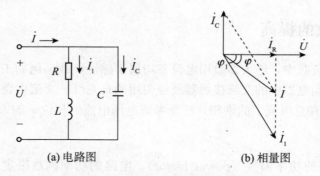

(a) 电路图　　　　　(b) 相量图

图 3—19　感性负载并联电容提高功率因数

由相量图（b）可知，未并联电容器时，总电流（等于电感性负载电流 I_1）与电源电压的相位差为 φ_1；并联电容器之后，I_C 补偿了一部分无功分量，使总电流与电源电压的相位差 φ 减小了。由于 φ_1 减小为 φ，功率因数 $\cos\varphi$ 就提高了。还应当注意以下两点：

（1）这里所说的功率因数提高，是指整个电路系统（包括电容器在内）的功率因数提高，或者说，此时电源的功率因数提高了，而原电感性负载的功率因数并未改变，负载工作本身需要一定的无功功率。

（2）若增加电容量，容抗减小，则 I_C 增大，φ 角随着减小，功率因数逐渐提高。若 C 值选得适当，使电流和电压同相，则 $\varphi=0$，$\cos\varphi=1$，若 C 值选得过大，I_C 增大太多，电

流将超前电压，功率因数反而会减小。因此 C 值必须选择适当，电容 C 的计算公式推导如下。由相量图可知

$$I_C = I_1 \sin\varphi_1 - I\sin\varphi$$

式中 I_C 为电容器中电流，I_1 和 I 分别为功率因数提高前、后的电源电流。电源频率 $\omega = 2\pi f$，I_C 可由电路图求得

$$I_C = U/X_C = \omega CU$$

功率因数提高前电路的有功功率为

$$P = UI_1\cos\varphi_1$$

电容不消耗功率，功率因数提高后电路的有功功率为

$$P = UI\cos\varphi$$

得

$$I_1 = \frac{P}{U\cos\varphi_1}, I = \frac{P}{U\cos\varphi}$$

所以

$$\omega CU = \frac{P}{U\cos\varphi_1} \cdot \sin\varphi_1 - \frac{P}{U\cos\varphi} \cdot \sin\varphi$$

$$C = \frac{P}{\omega U^2}(\tan\varphi_1 - \tan\varphi)$$

练习与思考

3.6.1　提高电路的功率因数为什么只采用并联电容法，而不采用串联电容法？

*3.7　串联谐振电路

谐振（resonance）是正弦交流电路中的一种特有现象。它在无线电和电工技术中得到广泛应用，有的场合下发生谐振可能破坏系统的正常工作，研究谐振现象有重要的实际意义。通常的谐振电路是电阻、电容、电感组成的串联谐振电路或并联谐振电路。

图 3—20 的 RLC 串联电路中，在正弦激励下，其复阻抗为

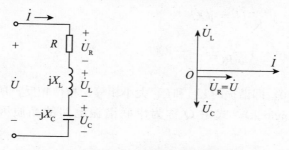

图 3—20　串联谐振电路和相量图

$$Z = R + j\left(\omega L - \frac{1}{\omega C}\right)$$

当 Z 的虚部为 0 时，则

$$X_L = X_C \quad \text{或} \quad \omega L - \frac{1}{\omega C} = 0 \qquad (3—36)$$

即

$$\varphi = \arctan \frac{X_L - X_C}{R} = 0$$

电源电压 u 与电流 i 同相位，工程中将电路的这种工作状态称为谐振，由于是在 RLC 串联电路中发生的，故称为串联谐振（series resonance）。式（3—36）是串联谐振的条件。

通常，可通过调节元件参数 L、C 或外施电源频率 f 使得电路处于谐振，发生谐振时的角频率 ω，称为谐振角频率，常用 ω_0 表示。由谐振条件得

$$\omega_0 = \frac{1}{\sqrt{LC}} \quad \text{或} \quad f_0 = \frac{1}{2\pi\sqrt{LC}} \qquad (3—37)$$

谐振角频率又称为电路的固有角频率，它完全是由电路的结构和参数决定的，从式（3—37）得知谐振角频率由串联电路的 L、C 参数决定，而与电阻 R 的大小无关。如图 3—21 所示。

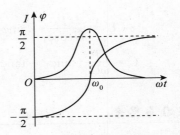

图 3—21 串联谐振的频率特性曲线

串联谐振特征如下：

（1）串联谐振时，电路中的电流为

$$\dot{I} = \frac{\dot{U}}{Z} = \frac{\dot{U}}{R} = \frac{\dot{U}_R}{R}$$

电路发生串联谐振时，阻抗 $Z = R$ 为最小值，电源电压不变，电流 I 和 U_R 为最大值。在实验中可根据此特点判别串联电路是否发生谐振。

（2）在谐振时，电路中各元件的电压分别为

$$\dot{U}_R = R\dot{I} = R\frac{\dot{U}}{R} = \dot{U}$$

$$\dot{U}_L = jX_L\dot{I} = j\frac{\omega_0 L}{R}\dot{U} = jQ\dot{U}$$

$$\dot{U}_C = -jX_C\dot{I} = -j\frac{1}{\omega_0 RC}\dot{U} = -jQ\dot{U}$$

注意：$\dot{U}_L + \dot{U}_C = 0$，即谐振时 $\dot{U}_L$ 和 $\dot{U}_C$ 大小相等、相位相反，所以串联谐振又称为电压谐振（voltage resonance）。式中 Q 称为串联谐振电路的品质因数（quality factor），且有

$$Q = \frac{U_L(\omega_0)}{U} = \frac{U_C(\omega_0)}{U} = \frac{\omega_0 L}{R}$$

$$= \frac{1}{\omega_0 RC} = \frac{1}{R}\sqrt{\frac{L}{C}} \tag{3—38}$$

串联谐振电路的相量图如图 3—20 所示。如果当 $Q \gg 1$ 时，谐振时的电感或电容电压会远大于电源电压，从而产生高电压，称为过电压现象。

当电路的 L 和 C 不变，维持外加电压不变，改变其频率，即得到电流的幅频特性；若改变 R 的大小，则可得出不同 Q 值的电流幅频特性，如图 3—22 所示。电路的品质因素 Q 值与电路参数有关，R 越小，Q 值越大，则串联谐振曲线愈尖锐，电路的选择性愈好，其频带愈窄。

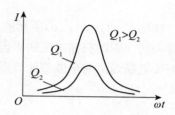

图 3—22 不同 Q 值的电流幅频特性

串联谐振电路对于不同频率的信号具有选择能力，所以在无线电工程中应用较多，例如将微弱信号输入到串联谐振回路中，电感或电容电压获得远大于输入电压的高电压。电力系统中，应避免谐振引起的过电压，使电感线圈或电容器的绝缘击穿，造成元件损坏。

有关 RLC 并联谐振电路的条件和特点，读者可查阅相关资料。

【**例 3—7**】 图 3—23 为收音机的接收电路，各地电台所发射的无线电电波在天线线圈中分别产生各自频率的微弱的感应电动势 e_1、e_2、e_3、…。调节可变电容器，使某一频率的信号发生串联谐振，从而使该频率的电台信号在输出端产生较大的输出电压，以起到选择收听该电台广播的目的。$L = 0.3$ mH，$R = 16\ \Omega$，$f_1 = 640$ kHz。(1) 若要收听 e_1 节目，C 应配多大？(2) 如在调谐电路中感应出电压 $E_1 = 4\ \mu V$，信号在电路中产生的电流有多大？在 C 上产生的电压是多少？

解 (1) $f_0 = f_1 = \dfrac{1}{2\pi\sqrt{LC}}$

则 $C = \dfrac{1}{(2\pi f_0)^2 L}$，故

$$C = \frac{1}{(2\pi \times 640 \times 10^3)^2 \times 0.3 \times 10^{-3}}\ \text{pF} = 204\ \text{pF}$$

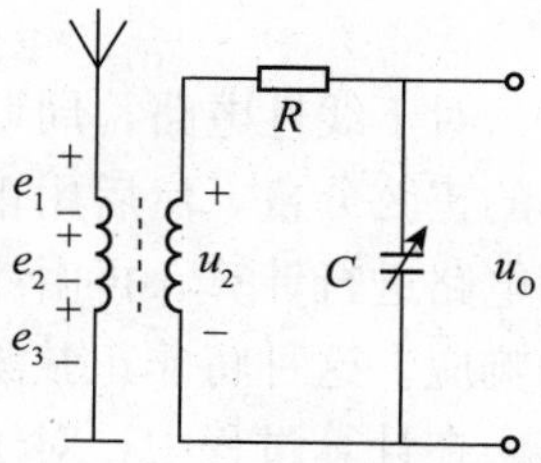

当 C 调到 204 pF 时，可收听到 e_1 的节目。

(2) 这时

$$I = \frac{E_1}{16} = 0.26\ \mu A$$

图 3—23 例 3—7 的图

$$X_L = X_C = \omega L = 2\pi f_1 L = 1\ 200\ \Omega, U_C = IX_C = 312\ \mu V, Q = \frac{U_{C1}}{E_1} = \frac{312}{2} = 156$$

练习与思考

3.7.1 在图 3—20 所示的串联电路中，若 $R = X_C = X_L$，$U = 10$ V，则 U_R、U_L、U_C

各是多少？若 U 不变，改变 f，I 如何变化？

*3.8 非正弦周期信号电路

在电子信息、通信工程、自动控制、计算机等技术领域中经常用到非正弦信号。例如交流发电机的电压严格地说是非正弦量，电路中含有非线性元件的整流电路也是非正弦量。

如图 3—24(a)～(d)所示的电流信号，分别是数字电路、计算机的矩形脉冲，通过显像管偏转线圈的扫描电流的锯齿波，PWM 调制器的时间基准信号的三角波形和桥式或全波整流电路输出的全波整流波形。

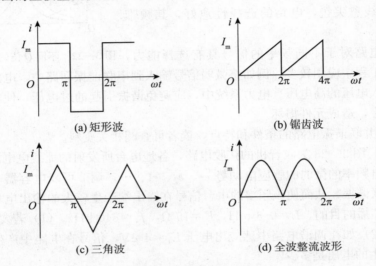

(a) 矩形波 (b) 锯齿波

(c) 三角波 (d) 全波整流波形

图 3—24 非正弦周期量

对于线性电路，周期性非正弦信号可以利用傅里叶级数展开把它分解为一系列不同频率的正弦分量，然后用正弦交流电路相量分析方法，分别对不同频率的正弦量单独作用下的电路进行计算，再由线性电路的叠加定理，把各分量叠加，得到非正弦周期信号激励下的响应。这种将非正弦激励分解为一系列不同频率正弦量的分析方法称为谐波分析法。

在计算过程中，对于直流分量，可用直流电路的计算方法，要注意电容相当于开路，电感相当于短路。对于各次谐波分量，可用交流电路的方法，要注意感抗和容抗与频率的比例关系。非正弦周期信号 u 或 i，可以展开成傅里叶三角级数：

$$u = U_0 + U_{1m}\sin(\omega t + \psi_1) + U_{2m}\sin(\omega t + \psi_2) + \cdots$$

$$= U_0 + \sum_{n=1}^{\infty} U_{nm}\sin(n\omega t + \psi_n) \tag{3—39}$$

式中 U_0 为常数，称为直流分量，它是 u 在一个周期内的平均值；$U_{1m}\sin(\omega t + \psi_1)$ 与时频率为 ω 的正弦分量，称为基波（fundamental wave）或一次谐波（first harmonic）；$U_{2m}\sin(\omega t + \psi_2)$ 是基波频率两倍的正弦分量，称为二次谐波（second harmonic）；以此类推，分别称为三次谐波、四次谐波等等。

非正弦周期信号的有效值即方均根值，计算公式见式（3—1）。经计算得非正弦周期电流 i 的有效值为（证明从略）

$$I = \sqrt{I_0^2 + I_1^2 + I_2^2 + \cdots} \tag{3—40}$$

式中 $I_1 = \dfrac{I_{1m}}{\sqrt{2}}$ ，$I_2 = \dfrac{I_{2m}}{\sqrt{2}}$ ，$\cdots$。

同理，非正弦周期电压 u 的有效值为

$$U = \sqrt{U_0^2 + U_1^2 + U_2^2 + \cdots} \tag{3—41}$$

电路的总有功功率等于直流分量的功率与各次谐波分量的有功功率之和，即

$$P_0 = U_0 I_0 + U_1 I_1 \cos\varphi_1 + U_2 I_2 \cos\varphi_2 + \cdots \tag{3—42}$$

（1）矩形波信号

$$u = \frac{4U_m}{\pi}\left(\sin\omega t + \frac{1}{3}\sin3\omega t + \frac{1}{5}\sin5\omega t + \frac{1}{7}\sin7\omega t + \cdots \right) \tag{3—43}$$

（2）锯齿波信号

$$u = U_m\left(\frac{1}{2} - \frac{1}{\pi}\sin\omega t - \frac{1}{2\pi}\sin2\omega t - \frac{1}{3\pi}\sin3\omega t - \frac{1}{4\pi}\sin4\omega t - \cdots \right) \tag{3—44}$$

（3）三角波信号

$$u = \frac{8U_m}{\pi^2}\left(\sin\omega t - \frac{1}{9}\sin3\omega t + \frac{1}{25}\sin5\omega t - \frac{1}{49}\sin7\omega t + \cdots \right) \tag{3—45}$$

（4）全波整流信号

$$u = \frac{2U_m}{\pi}\left(1 - \frac{2}{3}\cos2\omega t - \frac{2}{15}\cos4\omega t - \frac{1}{35}\cos6\omega t + \cdots \right) \tag{3—46}$$

直流分量、基波及高次谐波是非正弦周期量的主要组成部分。从以上四例中可看出，各次谐波的幅值不相等，频率越高，则幅值越小。这说明傅里叶级数具有收敛性。

【例 3—8】 如图 3—25 所示电路，已知 $R = 10\ \Omega$，$u = 40\sqrt{2}\sin(\omega t + 30°) + 30\sqrt{2}\sin(3\omega t + 60°)$ V，求：（1）电流的瞬时表达式；（2）电压表、电流表的读数；（3）功率表的读数。

解 （1）$I_1 = \dfrac{U_1}{R} = 4$ A

$i_1 = 4\sqrt{2}\sin(\omega t + 30°)$ A

$I_3 = \dfrac{U_3}{R} = 3$ A

$i_3 = 3\sqrt{2}\sin(3\omega t + 60°)$ A

（2）电压表、电流表读数

$I = \sqrt{I_1^2 + I_2^2} = \sqrt{4^2 + 3^2}$ A $= 5$ A

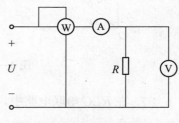

图 3—25 例 3—8 的图

$$U = \sqrt{U_1^2 + U_3^2} = \sqrt{40^2 + 30^2} \text{ V} = 50 \text{ V}$$

（3）功率表读数

$$P = I_1^2 R + I_3^2 R = 160 + 90 \text{ W} = 250 \text{ W}$$

 习 题

一、单项选择题

1. 电流幅值 I_m 与有效值 I 的关系式 $I_m = \sqrt{2}I$ 适用于（   ）。

（1）任何电流   （2）任何周期性电流   （3）正弦电流

2. 与电流相量 $\dot{I} = 4 + \mathrm{j}3$（A）对应的正弦电流可写作 $i =$（   ）。

（1）$5\sin(\omega t + 53.1°) \text{ A}$ （2）$5\sqrt{2}\sin(\omega t + 36.9°) \text{ A}$ （3）$5\sqrt{2}\sin(\omega t + 53.1°) \text{ A}$

3. 用幅值（最大值）相量表示正弦电压 $u = 537\sin(\omega t - 90°) \text{ V}$ 时，可写作 $\dot{U}_m$（   ）。

（1）$\dot{U}_m = 537\mathrm{e}^{-\mathrm{j}90°} \text{ V}$ （2）$\dot{U}_m = 537\mathrm{e}^{\mathrm{j}90°} \text{ V}$ （3）$\dot{U}_m = 537\mathrm{e}^{\mathrm{j}(\omega t - 90°)} \text{ V}$

4. 将正弦电压 $u = 10\sin(314t + 30°) \text{ V}$ 施加于感抗 $X_L = 5 \text{ }\Omega$ 的电感元件上，则通过该元件的电流 i 为（   ）。

（1）$50\sin(314t + 90°) \text{ A}$ （2）$2\sin(314t + 60°) \text{ A}$ （3）$2\sin(314t - 60°) \text{ A}$

5. 如相量图 3—01 所示的正弦电压 $\dot{U}$ 施加于容抗 $X_C = 5 \text{ }\Omega$ 的电容元件上，则通过该元件的电流相量 $\dot{I} =$（   ）。

（1）$2\mathrm{e}^{\mathrm{j}120°} \text{ A}$ （2）$50\mathrm{e}^{\mathrm{j}120°} \text{ A}$ （3）$2\mathrm{e}^{-\mathrm{j}60°} \text{ A}$

6. 在图 3—02 中，$I =$（   ），$Z =$（   ）。

（1）7 A   （2）1 A

（3）$\mathrm{j}(3-4) \text{ }\Omega$ （4）$12\mathrm{e}^{\mathrm{j}90°} \text{ }\Omega$

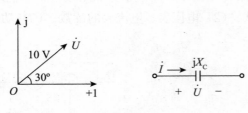

图 3—01

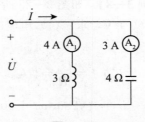

图 3—02

7. 在 RLC 串联电路中，施加正弦电压 u，当 $X_C > X_L$ 时，电压 u 与 i 的相位关系应是 u（   ）。

（1）超前于 i （2）滞后于 i （3）与 i 反相

8. 已知元件的复阻抗为 $Z = (3 - \mathrm{j}4) \text{ }\Omega$，则可判断该元件为（   ）。

(1) 电阻性　　　　　　(2) 电感性　　　　　　　(3) 电容性

9. 已知某负载的电压和电流分别为 $u = -110\sin314t$ V 和 $i = 10\cos314t$ A，该负载为（　　）。

(1) 电阻性　　　　　　(2) 电感性　　　　　　　(3) 电容性

10. 采用并联电容器提高感性负载的功率因数后，测量电能的电度表的走字速度将（　　）。

(1) 加快　　　　　　　(2) 减慢　　　　　　　　(3) 保持不变

11. RLC 串联谐振电路中，减小电阻 R，则（　　）。

(1) 谐振频率降低　　　(2) 电流谐振曲线变尖锐　(3) 电流谐振曲线变平坦

12. 非正弦周期信号分解为傅里叶级数时，谐波频率越高，幅值（　　）。

(1) 越大　　　　　　　(2) 越小　　　　　　　　(3) 不变

13. 某方波信号的周期 T＝5 μs，此方波信号的三次谐波频率为（　　）。

(1) 10^6　　　　　　　(2) 2×10^6　　　　　　(3) 6×10^6

14. RLC 串联电路中，$R = 10$ Ω，$L = 0.25$ H，$C = 4$ μF，该电路发生谐振时的角频率 ω_0 及品质因数 Q 分别为（　　）。

(1) 100 rad/s，40　　　　　　　　　　　　(2) 100 rad/s，25

(3) 1000 rad/s，40　　　　　　　　　　　(4) 1000 rad/s，25

二、分析与计算题

3.1　试计算下列正弦量的周期、频率和初相。

(1) $5\sin(314t + 30°)$　　　(2) $8\cos(\pi t + 60°)$

3.2　将下列各相量所对应的瞬时值函数式写出来（$\omega = 314$ rad/s）。

(1) $\dot{U} = 40 + j80$ V　　　(2) $\dot{I} = 3 - j$ A

3.3　在图 3—03 所示的相量图中，已知 $U = 220$ V，$I_1 = 10$ A，$I_2 = 5\sqrt{2}$ A，它们的角频率是 ω，试写出各正弦量的瞬时值表达式及其相量。

3.4　在图 3—04 所示的电路中，已知 $i_1(t) = 5\sqrt{2}\sin(\omega t + 15°)$ A，$i_2(t) = 12\sqrt{2} \cdot \sin(\omega t - 75°)$ A。试求电流表读数。

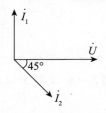 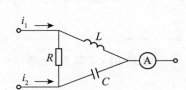

图 3—03　习题 3.3 的图　　　　　　　图 3—04　习题 3.4 的图

3.5　已知复数 $A_1 = 6 + j8$ Ω，$A_2 = 4 + j4$ Ω，试求它们的和、差、积、商。

3.6　已知某电感元件的自感为 10 mH，加在元件上的电压为 10 V，初相为 30°，角频率为 10^6 rad/s。试求元件中的电流，写出其瞬时值三角函数表达式，并画出相量图。

3.7　如图 3—05 所示电路中，电流表和电压表的读数（正弦量的有效值）在图上已标出，试求电路中未标出数值的电流表和电压表的读数。

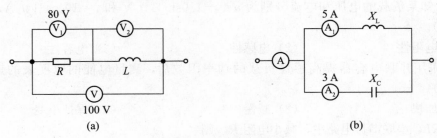

图 3—05 习题 3.7 的图

3.8 (1) 已知电流如图 3—06（a）所示，求 A₂、A 的读数。

(2) 在如图 3—06（a）中，已知 $X_L=X_C=R$，A₁ 读数为 5 A，求 A₂、A₃ 的读数。

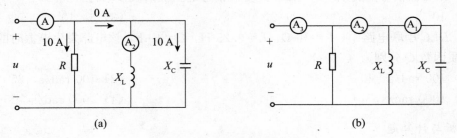

图 3—06 习题 3.8 的图

3.9 如图 3—07 所示电路中，已知 $\dot{U}_2=2e^{j0°}$ V，$\omega=2$ rad/s。试求 $\dot{I}$ 和 $\dot{U}_1$，并画出相量图。

3.10 如图 3—08 所示电路中，电压表的读数为 50 V，已知 $u(t)=100\sqrt{2}\cdot\sin(\omega t+45°)$ V，$i(t)=2\sqrt{2}\sin\omega t$ A。求 Z 的性质及参数 R、X。

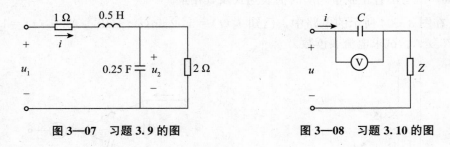

图 3—07 习题 3.9 的图   图 3—08 习题 3.10 的图

3.11 如图 3—09 所示电路中，已知 $\dot{U}=220e^{j0°}$ V，$X_L=X_C=R=4$ Ω，$\omega=314$ rad/s。试求 i_1、i_2 和 i，并画出相量图。

3.12 如图 3—10 所示无源二端网络，若输入电流和电压分别为 $i(t)=10\sin(\omega t+45°)$ A，$u(t)=50\sin\omega t$ V。试求：（1）此网络的等效阻抗 Z 的参数 R、X 及性质；（2）有功功率、无功功率和功率因数。

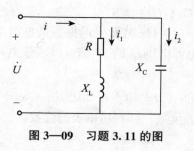

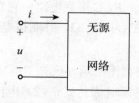

图 3—09　习题 3.11 的图　　　　　图 3—10　习题 3.12 的图

3.13　如图 3—11 所示电路中，已知 $R_1 = R_2 = 15\ \Omega$，$X_L = X_C = 20\ \Omega$，$\dot{U} = 100\mathrm{e}^{\mathrm{j}0°}$ V。试求：(1) $\dot{I}_1$，$\dot{I}_2$，$\dot{I}$，$\dot{U}_{ab}$。(2) P、Q、S。

3.14　如图 3—12 所示电路，电源电压 $u = 100\sin 1\,000t$ V，当开关 S 打开或接通时，电流表 A 的读数不变。求电容 C。

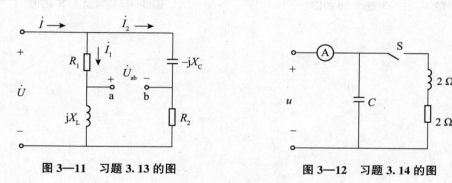

图 3—11　习题 3.13 的图　　　　　图 3—12　习题 3.14 的图

3.15　如图 3—13 所示电路中，已知 $u = 220\sqrt{2}\sin 314t$ V，$R-L$ 支路的功率 $P = 40$ W，$\cos\varphi = 0.5$。要将功率因数提高到 0.9，需并联电容 C 多少微法？并联电容后，电路的总电流 I 为多少？

3.16　电路测量得到如图 3—14 所示无源二端网络的数据为 $P = 500$ W，$U = 220$ V，$I = 5$ A。若并联一个电容 C 后，电流减小，其他参数未变。试确定该网络的性质、参数及功率因数（$f = 50$ Hz）。

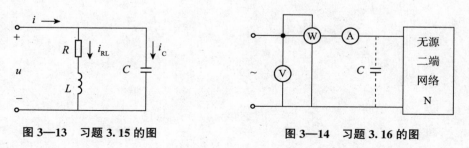

图 3—13　习题 3.15 的图　　　　　图 3—14　习题 3.16 的图

3.17　已知 RLC 串联谐振电路中，$R = 10\ \Omega$，$L = 0.01$ H，$C = 1\ \mu$F，求谐振角频率和电路的品质因数。

3.18　已知 RLC 串联谐振电路中，$R = 10\ \Omega$，$L = 100\ \mu$H，$C = 100$ pF，电源电压

$U = 1$ V，求谐振角频率 ω_0，谐振时电流 I_0 和电压 U_L、U_C。

3.19 有一 RLC 串联电路，它在电源频率 $f = 500$ Hz 时发生谐振。谐振时电流 I 为 0.2 A，容抗 X_C 为 314 Ω，并测得电容电压 U_C 为电源电压 U 的 20 倍。试求该电路的电阻 R 和电感 L。

3.20 电路如图所示，已知 $R = 10\Omega$，$u = 40\sqrt{2}\sin(\omega t + 30°) + 30\sqrt{2}\sin(3\omega t + 60°)$ V，求（1）电流的瞬时表达式；（2）电压表和电流表的读数；（3）功率表的读数。

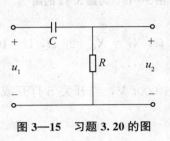

图 3—15 习题 3.20 的图

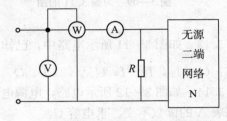

图 3—16 习题 3.20 的图

74

第**4**章
三相交流电路及供电用电

目前，世界各国的电力系统中电能的产生、传输和供配电方式大都采用三相制的电源供电体系。三相电源有两种联结方式，即星形（Y）联结和三角形（△）联结，实用中星形联结的三相电源构成三相四线制，三角形联结构成三相三线制。三相电路中的负载的联结也有星形联结和三角形联结之分，应根据三相负载的额定电压来决定负载需按星形联结还是按三角形联结。本章学习三相负载对称及三相负载不对称时的分析计算、三相电路中功率的分析计算。

4.1 三相电源

所谓三相制（three phase system）就是三个幅值和频率相同、相位不同、按一定方式联结的电源供电体系，前面讨论的正弦交流电路可以认为是三相制的某一相。三相制供电比单相制供电优越，如三相交流发电机比同尺寸的单相交流发电机输出功率大，三相输电线比单相输电线省材料，三相发电机还有结构简单、运行平稳等优点。

一、三相电动势的产生

电网的三相电压是由三相发电机产生的电动势。三相发电机由定子（固定部分）和转子（旋转部分）两部分组成，三相发电机结构如图4—1所示。发电机利用导线切割磁力线感应出电势的电磁感应原理，将原动机的机械能变为电能输出。

定子铁芯由互相绝缘的硅钢片压叠而成，其内圆周有均匀分布的许多线槽，用来嵌放绝缘线圈，称为定子绕组。三相发电机有三组独立的绕组，称三相绕组。绕组之间互成120°的角，对称均匀地嵌放在定子铁芯槽内。三相绕组的首端常用 A、B、C 表示，末端常用 X、Y、Z 表示，三相共六个出线端固定在接线盒内。发电机的转子通常由励磁绕组、铁芯、轴、护环和中心环等组成。

发电机的转子有汽轮机、水轮机及内燃机等驱动磁极，转子的励磁绕组通入直流电流，产生接近于正弦分布磁场。转子旋转时，转子磁场随同一起旋转，每转一周，磁力线顺序切割定子的每相绕组，在三相绕组内感应出三相交流电动势。

75

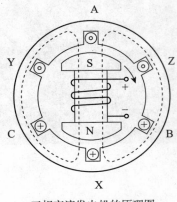
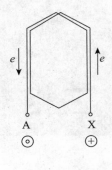

三相交流发电机的原理图　　　　　　　电枢绕组及其中的电动势

图 4—1　三相交流发电机原理及电枢绕组中的电动势

二、三相电源

在图 4—1 中，由于三个绕组结构相同，相互差 120°，因而在 AX、BY、CZ 三相绕组上得到三个频率相同、幅值相等、相位互差 120°的三相对称电压，称为三相对称电动势（symmetrical three-phase electromotive force）。三个电动势依次为 e_{AX}、e_{BY}、e_{CZ}，简写为 e_A、e_B、e_C，即

$$e_A = \sqrt{2}E\sin\omega t$$
$$e_B = \sqrt{2}E\sin(\omega t - 120°) \tag{4—1}$$
$$e_C = \sqrt{2}E\sin(\omega t + 120°)$$

对应的相量形式为

$$\dot{E}_A = E\underline{/0°}$$
$$\dot{E}_B = E\underline{/-120°} = \left(-\frac{1}{2} - j\frac{\sqrt{3}}{2}\right)E$$
$$\dot{E}_C = E\underline{/120°} = \left(-\frac{1}{2} + j\frac{\sqrt{3}}{2}\right)E \tag{4—2}$$

用正弦波形和相量图来表示，如图 4—2 所示。三相对称电动势满足

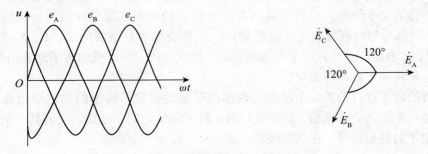

图 4—2　三相对称电源波形及相量图

$$e_A + e_B + e_C = 0$$

相量式为

$$\dot{E}_A + \dot{E}_B + \dot{E}_C = 0 \qquad (4-3)$$

把各相电源电压到达某个指定值（如正最大值）的先后顺序称为相序（phase sequence）。电力系统一般在发电厂的母线上按规定分别为黄、绿、红三种颜色，分别对应上述 A、B、C 三相。上述三相对称电动势即为三相电源（three-phase source），由三相交流电源供电的电路称为三相交流电路，电力系统普遍采用三相电源供电。

三、三相电源的联结方式

从三相电源首端 A、B、C 分别向外引出的导线称为相线（phase wire）或端线、火线。把三相电源尾端 X、Y、Z 联结成一点 N，称为中性点（neutral point），从 N 引出的导线称为中性线（neutral wire），当中点接地时又称为地线（ground wire）或零线。这种联结方法称为三相电源的星形联结或 Y 形联结，如图 4—3（a）所示，构成了三相四线制（three phase four wire system）。

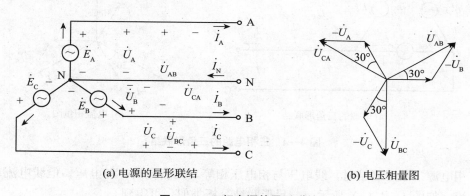

(a) 电源的星形联结 (b) 电压相量图

图 4—3 三相电源的星形联结

把三相电源的每一相对中线的电位差称为相电压（phase voltage），而端线 A、B、C 之间的电位差称为线电压（line voltage）。相线中的电流称为线电流（line current），各相电源中的电流称为相电流（phase current）。

三相电源星形联结时，相电压表达式为式（4—1）和式（4—2），而线电压与相电压显然不相等。设线电压为 $\dot{U}_{AB}$、$\dot{U}_{BC}$、$\dot{U}_{CA}$，相电压为 $\dot{U}_A$、$\dot{U}_B$、$\dot{U}_C$，若忽略输电线路上的压降及发电机绕组的内阻，根据 KVL，线电压与相电压的关系为

$$\dot{U}_{AB} = \dot{U}_A - \dot{U}_B$$
$$\dot{U}_{BC} = \dot{U}_B - \dot{U}_C \qquad (4-4)$$
$$\dot{U}_{CA} = \dot{U}_C - \dot{U}_A$$

以 $\dot{U}_A$ 为参考相量，依据式（4—4）画出相量图，如图 4—3（b）所示。可见，其线

电压也是依序对称的，且线电压有效值 U_L 是相电压有效值 U_P 的 $\sqrt{3}$ 倍，即

$$U_L = \sqrt{3}U_P \tag{4—5}$$

从相量图还可以看出，线电压依次超前相应的相电压 30°。例如，我国城市供电系统的低压公用配电线路中，相电压 $U_P = 220$ V，线电压 $U_L = 380$ V。

三相电源带负载工作时，线电流和相电流的大小、相位与负载有关。显然，电源星形联结时，线电流就等于是相电流，线电流的有效值就等于相电流的有效值，即

$$I_L = I_P \tag{4—6}$$

若把三相电源依次联结形成一个回路，再从端线 A、B、C 引出，如图 4—4 （a）所示，即为三相电源的三角形联结 （delta connection） 或 △ 联结，构成所谓三相三线制 （three phase three wire system）。这时电路无中性线，其线电压和相电压、线电流和相电流的概念与前述相同。

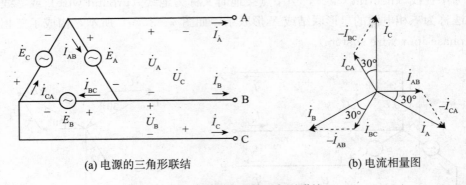

(a) 电源的三角形联结　　　　(b) 电流相量图

图 4—4　三相电源的三角形联结

三相电源三角形联结时，线电压与相电压相等，只能提供一种电压，但线电流却不等于相电流，如图 4—4 （b）所示。与星形联结分析类似，可得到

$$U_L = U_P \tag{4—7}$$

$$I_L = \sqrt{3}I_P \tag{4—8}$$

星形联结的三相电源可以同时提供两种电压，因而实际应用中电源联结成星形居多，很少联结成三角形，三角形联结仅用于工业用户。

4.2　三相负载

交流电器设备种类繁多，须将其接到电源上才能正常工作。三相电路中的负载是由三个阻抗联结而成的，称为三相负载 （three phase load）。其联结方法也有两种：星形 （Y）联结和三角形 （△）联结。当这三个阻抗相等时，称为对称三相负载 （symmetrical three-phase load），否则将是不对称三相负载。如图 4—5 所示为三相负载星形联结电路，图中 Z 为每相负载阻抗，N 和 N′ 分别为电源和负载的中性点，忽略了端线的等效阻抗及中性线的等效阻抗。

三相电路是正弦交流电路的一种特殊类型，它含有多个电源的正弦交流电路。前面讨论的正弦交流电路的基本理论、定理、定律和分析方法对三相电路完全适用。

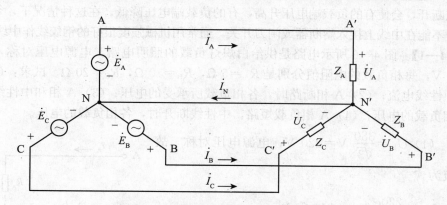

图 4—5 负载星形联结的三相四线制电路

一、三相负载的星形联结

图4—5是具有中性线的对称三相四线制电路，设备相负载的阻抗分别为 $Z_A = |Z_A| e^{j\varphi_A}$、$Z_B = |Z_B| e^{j\varphi_B}$ 和 $Z_C = |Z_C| e^{j\varphi_C}$。由于电源相电压等于各相负载电压，各相负载中的电流分别求出，即

$$\dot{I}_A = \frac{\dot{U}_A}{Z_A} = \frac{U_A e^{j0°}}{|Z_A| e^{j\varphi_A}} = I_A \underline{/\varphi_A}$$

$$\dot{I}_B = \frac{\dot{U}_B}{Z_B} = \frac{U_B e^{-j120°}}{|Z_B| e^{j\varphi_B}} = I_B \underline{/-120° - \varphi_B} \qquad (4—9)$$

$$\dot{I}_C = \frac{\dot{U}_C}{Z_C} = \frac{U_C e^{j120°}}{|Z_C| e^{j\varphi_C}} = I_C \underline{/120° - \varphi_C}$$

再应用基尔霍夫电流定理，中线电流为

$$\dot{I}_N = \dot{I}_A + \dot{I}_B + \dot{I}_C$$

如果负载对称，其阻抗 $Z_A = Z_B = Z_C = |Z| e^{j\varphi}$，则

$$I_A = I_B = I_C = I_P = \frac{U_P}{|Z|}$$

$$\varphi_A = \varphi_B = \varphi_C = \arctan \frac{X}{R}$$

在负载对称星形联结的三相电路中，因中性点 N、N′用短路线相连，使各相电流彼此相互独立。加之各相电源和负载自成回路，且三相电流对称，因此，只要计算三相中的任一相，其余两相的电压、电流就可以根据对称性写出。可见，各相（线）电流是对称的，中线电流为零，即

$$\dot{I}_N = \dot{I}_A + \dot{I}_B + \dot{I}_C = 0$$

由于负载对称的星形联结的三相电路，中线电流为零，因而可以省去中线，也称为三相三线制。工业生产中广泛使用的三相异步电动机就是三相对称负载。如果星形联结负载不对称，中线断开，会使有的负载端电压升高，有的负载端电压降低。在这种情况下，须保证连接中线，不能在中线上接入熔断器或闸刀开关，通常用机械强度很好的钢绞线作中线。

【例 4—1】 图 4—6 所示电路是供给白炽灯负载的照明电路，电源电压对称，线电压 $U_L=380$ V，每相负载的电阻值分别是 $R_A=5$ Ω，$R_B=10$ Ω，$R_C=20$ Ω。试求：（1）各相电流及中性线电流；（2）A 相断路时，各相负载所承受的电压；（3）A 相和中性线均断开时，各相负载的电压；（4）A 相负载短路，中性线断开时，各相负载的电压。

解 （1）$U_P=\dfrac{380}{\sqrt{3}}$ V $=220$ V，电源电压对称，故

各相电流为

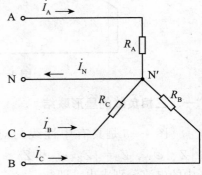

$$\dot{I}_A=\frac{220e^{j0°}}{5}\ \text{A}=44e^{j0°}\ \text{A}$$

$$\dot{I}_B=\frac{220e^{-j120°}}{10}\ \text{A}=22e^{-j120°}\ \text{A}$$

$$\dot{I}_C=\frac{220e^{j120°}}{20}\ \text{A}=11e^{j120°}\ \text{A}$$

中性线电流为

$$\dot{I}_N=\dot{I}_A+\dot{I}_B+\dot{I}_C=44e^{j0°}+22e^{-j120°}+11e^{j120°}\ \text{A}$$
$$=27.5-j9.45\ \text{A}=29.1e^{-j19.1°}\ \text{A}$$

图 4—6　例 4—1 的图

（2）A 相断路，B、C 未受影响，即

$$\dot{U}_A=0\ \underline{/0°}\ \text{V},\dot{U}_B=220\ \underline{/-120°}\ \text{V},\dot{U}_C=220\ \underline{/120°}\ \text{V}$$

（3）A 相和中性线均断开，B、C 等效于串联电路接在线电压上，两相电压的分配取决于两相的电阻。因 $\dot{U}_{BC}=380\ \underline{/-90°}$ V，$\dot{U}_A=0\ \underline{/0°}$ V，所以

$$\dot{U}_B=\frac{1}{3}\dot{U}_{BC}=127\ \underline{/-90°}\ \text{V},\dot{U}_C=-\frac{2}{3}\dot{U}_{BC}=253\ \underline{/90°}\ \text{V}$$

（4）A 相负载短路，中性线断开，B、C 等效于接在线电压上，即

$$\dot{U}_A=0\ \underline{/0°}\ \text{V},\ \dot{U}_B=-\dot{U}_{AB}=380\ \underline{/-150°}\ \text{V},\ \dot{U}_C=\dot{U}_{CA}=380\ \underline{/150°}\ \text{V}$$

二、三相负载的三角形联结

与电源三角形联结类似，每相负载的首端依次与另一相负载的末端连接，形成闭合回路，三个连接点分别接到三相电源的端线上，如图 4—4（a）所示，即三角形联结或△联结，也构成所谓三相三线制。

如果负载的额定电压等于三相电源的线电压，必须把负载按三角形联结。因三相电源的电压对称，三相负载的线电压和相电压也对称。如图 4—7 所示。若以 $\dot{U}_{AB}$ 为参考相量，写成

$$\dot{U}_{AB} = U_L \underline{/30°}$$

$$\dot{U}_{BC} = U_L \underline{/-90°}$$

$$\dot{U}_{CA} = U_L \underline{/150°}$$

式中线电压有效值 U_L 等于相电压有效值 U_P，即 $U_L = U_P$。流过每相负载的电流为相电流，取决于各相负载阻抗，即

$$\dot{I}_{AB} = \frac{\dot{U}_{AB}}{Z_{AB}} = \frac{\dot{U}_{AB}}{|Z_{AB}| e^{j\varphi_{AB}}}$$

$$\dot{I}_{BC} = \frac{\dot{U}_{BC}}{Z_{BC}} = \frac{\dot{U}_{BC}}{|Z_{BC}| e^{j\varphi_{BC}}}$$

$$\dot{I}_{CA} = \frac{\dot{U}_{CA}}{Z_{CA}} = \frac{\dot{U}_{CA}}{|Z_{CA}| e^{j\varphi_{CA}}}$$

这时每相负载电流不一定对称。流过相线的电流为线电流 I_L，用基尔霍夫电流定理得

$$\dot{I}_A = \dot{I}_{AB} - \dot{I}_{CA}$$

$$\dot{I}_B = \dot{I}_{BC} - \dot{I}_{AB}$$

$$\dot{I}_C = \dot{I}_{CA} - \dot{I}_{BC}$$

若三相负载对称，即 $Z_A = Z_B = Z_C = |Z| / e^{j\varphi}$，则负载的线电流和相电流也是对称的。线电流是相电流的 $\sqrt{3}$ 倍，即 $I_L = \sqrt{3} I_P$，且线电流滞后于相应的相电流 $30°$，相量图如图 4—8 所示。

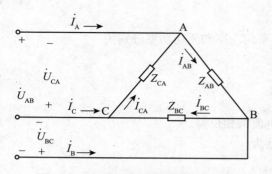

图 4—7 负载三角形联结的三相电路

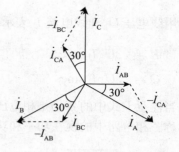

图 4—8 三角形接法负载对称时线电流与相电流的相量图

一般三相电源对称的情况居多，采用何种联结方式取决于三相电源的电压值和每相负载的额定电压，应使一相负载承受的电压等于额定电压。居民用电按三相四线制电路的负载星形联结，且负荷分配尽量使三相平衡。三相异步电动机的定子绕组可以按星形联结，也可以按三角形联结，视绕组的额定电压而定。

4.2.1 在星形联结、三角形联结两种情况下的三相对称负载，若有一相电源线断开了，会有什么情况发生？为什么？

4.2.2 星形联结负载不对称时，中线起什么作用？中线上能不能接入熔断器或闸刀开关？

4.2.3 负载三角形联结时，线电流有效值是相电流有效值的 $\sqrt{3}$ 倍，即 $I_L=\sqrt{3}\,I_P$，对吗？

4.3 三相功率

在三相电路中，不论负载对称与否，也不论负载是星形联结还是三角形联结，其有功功率和无功功率分别是各相的相应功率之和。负载是星形联结时，以有功功率为例，即

$$P=P_A+P_B+P_C=U_AI_A\cos\varphi_A+U_BI_B\cos\varphi_B+U_CI_C\cos\varphi_C \tag{4—10}$$

式中 U_A、U_B、U_C 分别为各相相电压的有效值，I_A、I_B、I_C 分别为各相相电流的有效值，φ_A、φ_B、φ_C 分别为各相相电压与相电流间的相位差或各相负载的阻抗角。同理，无功功率为

$$Q=Q_A+Q_B+Q_C=U_AI_A\sin\varphi_A+U_BI_B\sin\varphi_B+U_CI_C\sin\varphi_C \tag{4—11}$$

而三相电路的视在功率及功率因数分别为

$$S=\sqrt{P^2+Q^2},\cos\varphi=\frac{P}{S} \tag{4—12}$$

若三相负载对称，电路的平均功率和无功功率分别为

$$P=3U_PI_P\cos\varphi$$
$$Q=3U_PI_P\sin\varphi \tag{4—13}$$

当用线电压 U_L 和线电流 I_L 表示时，其平均功率和无功功率分别为

$$P=\sqrt{3}U_LI_L\cos\varphi$$
$$Q=\sqrt{3}U_LI_L\sin\varphi \tag{4—14}$$

应当注意上式中的 φ 仍是相电压与相电流的相位差。

对称三相电路中的视在功率和功率因数为

$$S=\sqrt{P^2+Q^2}=3U_PI_P=\sqrt{3}U_LI_L$$
$$\cos\varphi=\frac{P}{S} \tag{4—15}$$

【例 4—2】 电路如图 4—9 所示，三相对称感性负载接于电路中，测得线电流为 30.5 A，负载的三相有功功率为 15 kW，功率因数为 0.75，求：电源的视在功率、线电压以及负载的电阻和电抗。

解 $P=\sqrt{3}U_LI_L\cos\varphi$ 即 $15\text{ kW}=\sqrt{3}\times U_L\times30.5\times$
0.75，故

$$U_L=380\text{ V}$$

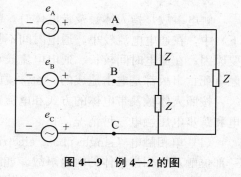

$$S=\sqrt{3}U_LI_L=\sqrt{3}\times380\times30.5\text{ V}\cdot\text{A}$$
$$=20\text{ kV}\cdot\text{A}$$

因 $U_P=380\text{ V}$，则

$$I_P=\frac{1}{\sqrt{3}}I_L=\frac{1}{\sqrt{3}}\times30.5\text{ A}=17.6\text{ A}$$

图 4—9 例 4—2 的图

$$|Z|=\frac{U_P}{I_P}=\frac{380}{17.6}\ \Omega=21.59\ \Omega,\cos\varphi=0.75,\varphi=41.4^\circ$$

所以

$$Z=21.59\ \underline{/41.4^\circ}\ \Omega=16.2+14.3\text{j}\ \Omega$$

故

$$R=16.2\ \Omega,\ X=14.3\ \Omega$$

练习与思考

4.3.1 一般情况下，$S=S_A+S_B+S_C$ 是否成立？

4.4 安全用电

一、电对人身的伤害

1. 电流伤害

电流通过人体造成的伤害，有电击和电伤（电灼）两种。电击（electric shock）是指电流通过人体造成人体内部的伤害，由于电流对人的呼吸、心脏及神经系统的伤害，使人出现痉挛、呼吸窒息、心颤、心跳骤停等症状，严重时会造成死亡；电伤则是使人体表皮烧坏。人体触电，常会电击和电伤同时出现。

2. 电磁场伤害

人体在电磁场作用下，受到辐射有不同程度伤害，主要表现如头晕、头痛、失眠、记忆减退等；高频电磁场对人的心血管有一定影响。电磁场对人体功能的影响，一般是可以恢复的。

3. 静电事故

生产过程中产生的有害静电，可使爆炸性混合物起爆；还可使人遭受电击，妨碍生产。

4. 雷电事故

雷电可能引起建筑设施和电气设备损坏、人畜伤亡、火灾和爆炸。

5．触电事故

触电事故是指人体触及带电体时，电流对人体造成的伤害。低压系统（指 1 000 V 以下）中，在通电电流较小、通电时间不长的情况下，电流引起的心室颤动是电击致死的主要原因；在通电时间较长、通电电流较小的情况下，窒息也会成为致死的原因。绝大部分触电死亡事故都是电击造成的。通常说的触电事故基本上是指电击。

按照人体触及带电体的方式和电流通过人体的途径，触电可以分为单相触电、两相触电和跨步电压触电三种情况。

（1）单相触电（single phase electric shock）是指人们在地面或其他导体上，人体某一部位触及一相带电体的触电事故。如图 4—10 所示。生产中大多数触电事故是单相触电事故，一般都是由于开关、灯头、导线及电动机有缺陷而造成的。

（2）两相触电（two phase electric shock）是指人体同时触及两相带电体的触电事故。如图 4—11 所示。其危险性较大，因为这种情况下加于人体的电压总是比较大的，可以达到 380 V。

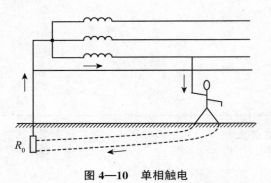

图 4—10　单相触电

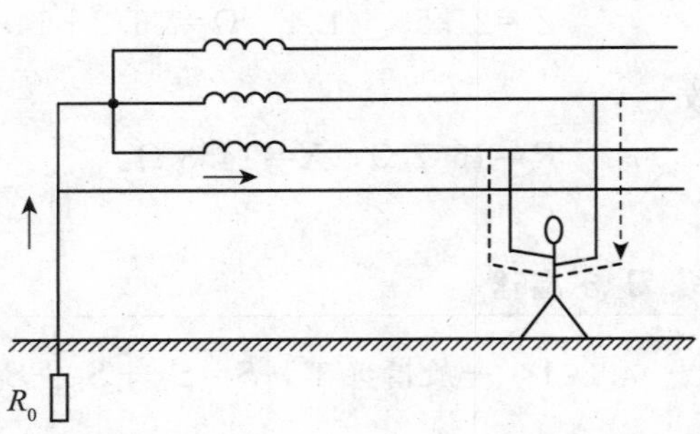

图 4—11　两相触电

（3）跨步电压触电，在高压电线落地时，会在带电体接地点周围的地面上形成电位分布，人的双脚分开站立（约 0.8 m）所承受到地面上不同点之间的电位差（即两脚接触不同的电压），称为跨步电压（step voltage）。如图 4—12 所示。由此引起的触电事故叫跨步电压触电。当跨步电压较高时，会使人双脚抽筋，倒在地上，这样就可能使电流通过人体的重要器官而引起人身触电死亡事故。高压故障接地短路处，或大电流（如雷电电流）流过的接地装置附近都可能出现较高的跨步电压。

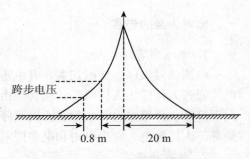

图 4—12　跨步电压示意图

二、触电防护

所谓安全电压（safety voltage），是指为了防止触电事故而由特定电源供电所采用的电压系列。触电时能够自身摆脱的允许电流，一般按 5 mA 考虑。在一定的电压作用下，根据欧姆定律可以得知通过人体电流的大小与人体电阻有关系。人体电阻因人而异，与人的体质、皮肤的潮湿程度、触电电压的高低、年龄、性别等有关，通常为 1 kΩ～2 kΩ，当角质外层破坏时，则降到 0.8 kΩ～1 kΩ。

此外，影响人体电阻的因素很多，如皮肤潮湿出汗，带有导电性粉尘，加大与带电体的接触面积和压力以及衣服、鞋、袜的潮湿油污等情况，均能使人体电阻降低，所以通常流经人体电流的大小是无法事先计算出来的。因此，为确定安全条件，往往不采用安全电流，而是采用安全电压来进行估算：一般情况下，也就是在干燥而触电危险性较大的环境下，安全电压规定为 24 V，对于潮湿而触电危险性较大的环境，安全电压规定为 12 V，这样，触电时通过人体的电流，可被限制在较小范围内，可在一定的程度上保障人身安全。我国规定安全电压为 42 V、36 V、12 V、6 V，一般采用 36 V，但超过 24 V 时，必须有防直接触电的保护措施。特殊环境，如工作地点狭窄，人体会触及大面积接地体（金属容器、隧道、矿井等）及在 2.5 m 以上高空作业时应当用 12 V 电压等级的安全电压。

三、保护接地与保护接零

保护接地是为了保证人身安全的接地，即将正常时不带电，而故障时可能带电的电气装置的金属部分与地有良好的电气连接。按照接线方式的不同，可以分成两种。

1. 保护接地

图 4—13 为说明保护接地（protective ground）作用的原理接线图。图中电网中性点不接地的供电系统，正常工作时设备外壳不带电，对人是安全的。若没有保护接地电阻 R_0，当电气设备内部绝缘损坏发生某一相碰壳时，由于外壳带电，人触及外壳，接地电流 I_e 将经过人体入地后，再经其他两相对地绝缘电阻 R' 及分布电容 C' 回到电源。一般 R' 值较低、C' 较大，通过人体的电流将达到或超过危险值。

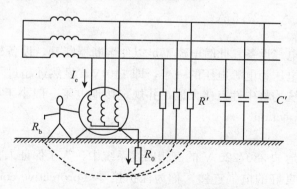

图 4—13 保护接地作用的原理接线图

图 4—13 中有保护接地电阻 R_0，当人触及碰壳的电动机外壳时，接地电流将通过人体和接地装置组成的并联支路流入地中，通过人体的电流为

$$I_b = \frac{R_0}{R_b + R_0 + R_t} I_e \qquad (4—16)$$

式中 I_b 为流过人体的电流，I_e 为单相接地电流，R_b 为人体电阻，R_0 为接地电阻，R_t 为人体与带电体之间的接触电阻。

由式（4—16）可见，欲使通过人体的电流 I_b 足够地小，必须提高 R_b、R_t 或降低 R_0。要提高 R_b 值，就应保证人体在健康、洁净、干燥的状态下参加工作；要提高 R_t 值，安全规程规定了人触及可能漏电的电气装置时，地面应铺设绝缘垫、穿绝缘鞋、戴绝缘手套等。考虑到实际工作情况，降低 I_b 值，防止人体触电的根本技术措施是降低接地电阻 R_0 值，只要 R_0 足够小，是能够保证人身安全的。

采用保护接地后，即使人体接触到漏电的电气设备外壳也不会触电，因为这时的电气设备外壳已与大地作了可靠的连接，接地装置的电阻很小（<4 Ω），而人体的接触电阻却很大（约 1.5 kΩ）。电流绝大部分经接地线流入大地，流经人身的电流很小，从而保证了安全。

中性点直接接地的 380 V/220 V 的三相四线系统中，电气设备的金属外壳若采用保护接地，不能保证安全，如图 4—14 中，设 R_N 和 R_0 为 4 Ω，电源电压为 220 V，则

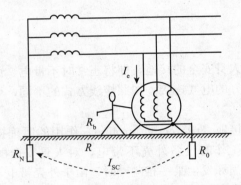

图 4—14　中性点直接接地不宜保护接地

$$I_{SC} = \frac{220}{4+4} \text{ A} = 27.5 \text{ A}$$

对于功率较大的电气设备，此时电流不足以使熔断器断开，设备外壳往往带电。按照分压原理，设备外壳电压为电源电压的一半，即 110 V，显然远超过了安全电压。通常为了安全用电，电力系统均将中性点接大地，并规定接地电阻一般小于 4 Ω，称为工作接地（working ground connection）。

2. 保护接零

在中性点直接接地的 380/220 V 的三相四线系统中，为了保证人身安全，将用电设备的金属外壳与零线作良好的电气连接，称为保护接零（protective connect toneutral），如图 4—15 所示。用电设备若某相绝缘损坏碰壳时，在故障相中会产生很大的单相短路电流，使电源处的熔断器熔断，或低压断路器跳闸，切断电源，可以避免人体触电；即使保护动作之前触及到了绝缘损坏的用电设备的外壳，由于接零回路的电阻远小于人体电阻，短路电流几乎全部通过接零回路，通过人身的电流几乎为零，从而保证人身安全。

为了保证安全必须将正常时不带电而故障时可能带电的电气装置的外露金属部分采用保护接地或保护接零的措施，接地装置设计技术规程对必须接地部分作了明确的规定。

电气设备是采用保护接零还是保护接地要根据供电系统来确定。在同一电网中不允许一部分设备采用保护接地而另一部分设备采用保护接零。当电源变压器离用户较远时，为

防止中线断线或线路电阻过大，应在用户附近将中线再接地，称为重复接地。如图 4—16 所示。

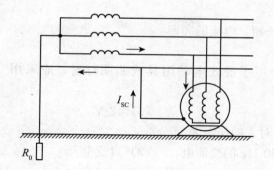

图 4—15　保护接零

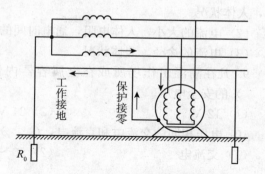

图 4—16　工作接地、保护接零和重复接地

 习　题

一、单项选择题

1. 在三相交流电路中，有三相负载 A、B、C，其对称的条件是（　　）。

（1）$|Z_A|=|Z_B|=|Z_C|$　　　　（2）$\varphi_A=\varphi_B=\varphi_C$　　　　（3）$Z_A=Z_B=Z_C$

2. 某三角形连接的三相对称负载接于三相对称电源，线电流与相电流的相位关系是（　　）。

（1）线电流超前相电流 30°　　　（2）线电流滞后相电流 30°　　　（3）两者同相

3. 在电源对称的三相四线制电路中，不对称的三相负载作星形连接，负载各相相电流（　　）。

（1）不对称　　　　　　　　　（2）对称　　　　　　　　　（3）不一定对称

4. 对称三相电路的有功功率 $P=\sqrt{3}U_LI_L\cos\varphi$，功率因数角 φ 为（　　）。

（1）相电压与相电流的相位差角

（2）线电压与线电流的相位差角

（3）阻抗角与 30°之差

5. 当三相交流发电机的三个绕组接成星形时，若线电压 $u_{BC}=380\sqrt{2}\sin\omega t$ V，则相电压 $u_C=$（　　）。

（1）$220\sqrt{2}\sin(\omega t+90°)$ V　　　（2）$220\sqrt{2}\sin(\omega t-150°)$ V

（3）$220\sqrt{2}\sin(\omega t-30°)$ V

6. 三个额定电压为 380 V 的单相负载，当用线电压为 380 V 的三相四线制电源供电时应接成（　　）。

（1）Y形　　　　　　　　　　（2）△形　　　　　　　　　（3）Y形或△形均可

7. 被电击的人能否获救，关键在于（　　）。

（1）触电的方式　　　　　　（2）人体电阻的大小

（3）能否尽快脱离电源和施行紧急救护

8. 影响电流对人体伤害程度的主要因素有（　　　）。

（1）电流的大小，人体电阻，通电时间的长短，电流的频率，电压的高低，电流的途径，人体状况

（2）电流的大小，人体电阻，通电时间的长短，电流的频率

（3）电流的途径，人体状况

9. 凡在潮湿工作场所或在金属容器内使用手提式电动用具或照明灯时，应采用（　　　）的安全电压。

（1）12 V　　　　　　　　（2）24 V　　　　　　　　（3）42 V

10. 电压相同的交流电和直流电，（　　　）对人的伤害大。

（1）交流电　　　　　　（2）50～60 Hz 的交流电　　　（3）直流电

二、分析与计算题

4.1　如图 4—01 所示电路，在三相电源上接入了一组不对称的 Y 形电阻负载，已知 $Z_1 = 20.17\ \Omega$，$Z_2 = 24.2\ \Omega$，$Z_3 = 60.5\ \Omega$。三相电源相电压 $\dot{U}_{AN} = 220e^{j0°}$ V。求电路中各相电流及中线电流。

4.2　如图 4—02 所示电路中，正弦电压源线电压为 380 V 三相对称，如果图中各相负载阻抗的模都等于 10 Ω，是否可以说负载是对称的？试求各相电流及中线电流，并作相量图。

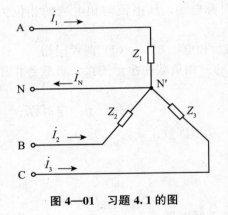

图 4—01　习题 4.1 的图

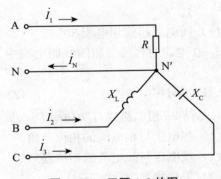

图 4—02　习题 4.2 的图

4.3　如图 4—03 所示负载三角形接法的三相对称电路中，已知线电压为 380 V，$R = 24\ \Omega$，$X_L = 18\ \Omega$。试求线电流 $\dot{I}_A$，$\dot{I}_B$，$\dot{I}_C$，并画出相量图。

4.4　在线电压为 380 V 的三相电源上，接两组电阻性对称负载，如图 4—04 所示，试求线路上的电流 I。

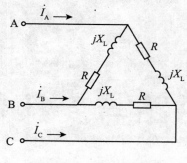

图4—03 习题4.3的图

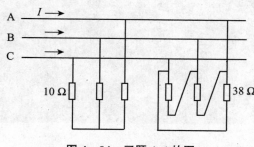

图4—04 习题4.4的图

4.5 电路如图4—05所示，三相对称负载作星形连接，已知每相负载的复阻抗 $Z=3+3j$ Ω，每条输电线路的复阻抗为0，电源相电压为 $\dot{U}_U=220e^{j0°}$ V，$\dot{U}_V=220e^{-j120°}$ V，$\dot{U}_W=220e^{-j240°}$ V。试求：（1）每相负载的相电流 $\dot{I}_U$，$\dot{I}_V$，$\dot{I}_W$；（2）三相负载总的有功功率 P、无功功率 Q 和视在功率 S。

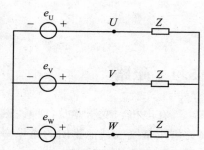

图4—05 习题4.5的图

4.6 三相对称负载作三角形联结，线电压为380 V，线电流为17.3 A，三相总功率为4.5 kW。求每相负载的电阻和感抗。

4.7 三相电阻炉每相电阻 $R=8.68$ Ω。求：（1）三相电阻作 Y 形联结，接在 $U_L=380$ V 的对称电源上，电阻炉从电网吸收多少功率？（2）电阻作三角形联结，接在 $U_L=380$ V 的对称电源上，电阻炉从电网吸收的功率又是多少？

4.8 有一三相异步电动机，其绕组联结成三角形，接在线电压 $U_L=380$ V 的电源上，从电源所取用的功率 $P_1=11.43$ kW，功率因数 $\cos\varphi=0.87$，试求电动机的相电流和线电流。

4.9 某住宅楼有30户居民，设计每户最大用电功率2.4 kW，功率因数0.8，额定电压220 V，采用三相电源供电，线电压 $U_L=380$ V。试将用户均匀分配组成对称三相负载，画出供电线路；计算线路总电流、每相负载阻抗、电阻及电抗，以及三相变压器视在功率。

第5章

磁路与变压器

5.1 磁路

在电机、变压器及各种铁磁元件中常用磁性材料做成一定形状的铁芯。铁芯的磁导率比周围空气或其他物质的磁导率高得多，磁通的绝大部分经过铁芯形成闭合通路，磁通的闭合路径称为磁路（magnetic circuit）。

一、磁场的基本物理量

磁场的性质可用下列基本物理量来表示。

1. 磁感应强度

磁感应强度（magnetic induction intensity）B 是表示磁场内某点的磁场强弱和方向的物理量。它是一个矢量，它与产生磁场的励磁电流的方向关系可用右手螺旋定则来确定。磁感应强度的单位为特斯拉（T），$1\ T=1\ Wb/m^2$。

2. 磁通

磁通可用穿过某一截面积 S 上的磁力线总数来形象地加以表示。穿过截面积的磁力线总数愈多，这个面积上的磁通愈大。因此，常把磁通也称为磁通［量］（magnetic flux）。在均匀磁场中，磁感应强度 B 与垂直于磁场方向的面积 S 的乘积为通过该面积的磁通 $\varPhi$，则

$$\varPhi=BS \quad 或 \quad B=\frac{\varPhi}{S} \tag{5—1}$$

在不均匀磁场中，B 为平均值，在本书中未加说明时，皆指均匀磁场。磁通的单位是伏秒（V·s），通常称为韦伯（Wb）。由此可见，磁感应强度 B 就是与磁场垂直的单位面积上的磁通，故又称为磁通密度（flux density）。

3. 磁场强度

磁场强度（magnetic field intensity）H 是一个与介质无关的物理量，也是矢量，表示励磁电流在空间产生的磁化力，即是磁力线每单位长度路径上的安匝数。根据安培环路定律，则

$$\oint H \mathrm{d}l = \sum I \qquad\qquad (5\text{—}2)$$

式中 $\oint H \mathrm{d}l$ 为磁压降，即磁场强度矢量 H 沿任意闭合回路 l（常取磁力线作为闭合回路）的线积分；$\sum I$ 为穿过该闭合回路所围面积内的电流代数和。励磁电流 I 的方向与磁力线的方向符合右手螺旋定则时，电流 I 取正，反之取负。磁场强度 H 的单位为安/米（A/m）。

4. 磁导率

磁感应强度 B 与磁场中的介质磁性能有关，磁导率（permeability）μ 是表示介质导磁能力的物理量。它与磁场强度的乘积就等于磁感应强度，即

$$B = \mu H \qquad\qquad (5\text{—}3)$$

某物质的磁导率 μ 与真空磁导率 μ_0 的比值，称为该物质的相对磁导率 μ_r，即

$$\mu_r = -\frac{\mu}{\mu_0} \qquad\qquad (5\text{—}4)$$

μ 的单位是亨/米（H/m）。真空（空气也很接近）的磁导率为常数，即 $\mu_0 = 4\pi \times 10^{-7}\,\mathrm{H/m}$。

二、磁性材料的磁性能

从工程应用的观点出发，磁性材料的磁性能常用高导磁性、磁化曲线（magnetizing curve）及其磁饱和性、磁滞回线及其磁滞性来表征。

1. 高导磁性

根据图 5—1 可知，μ 与 H 之间为非线性关系，在一定的磁场强度范围内，磁性材料的相对磁导率 $\mu_r \gg 1$，其值为数百至数万。使磁性材料具有高导磁性，与空心线圈相比，带磁性材料的线圈达到一定的磁感应强度，所需的磁化力（或磁场强度，或励磁电流）会大大降低，应用磁性材料后，电机、电器等的体积和重量大大减小。磁性物质的高导磁性被广泛地应用于电工设备中，如电机、变压器及各种铁磁元件的线圈中都放有铁芯。

2. 磁化曲线及其磁饱和性

当铁芯线圈在励磁电流（或外磁场）的作用下，从零增大时，磁性材料被磁化力（磁场强度）磁化产生磁感应强度，其 B 随 H 变化的曲线如图 5—1 所示。磁化曲线开始时，B 与 H 差不多成正比地增加，之后随 H 增加，B 的增加量很少，最后达到了磁饱和（magnetic saturation）。所有磁性材料都具有磁饱和特性。由式（5—3）可得磁导率 $\mu = \dfrac{B}{H}$，B 与 H 不成正比例关系，$B\text{—}H$ 曲线是非线性的，μ 不是常数，也随 H 而变。

3. 磁滞回线及其磁滞性

当铁芯线圈在交流励磁电流下作用时，铁芯受到反复磁化，磁感应强度 B 随磁场强度 H 的变化关系如图 5—2 所示。由图可知，H 回到零值时，B 还未回到零值。这种磁感应强度滞后于磁场强度变化的性质，称为磁性材料的磁滞性（hysteresis）。具有磁滞性的磁化回线称为磁性材料的磁滞回线（hysteresis loop）。

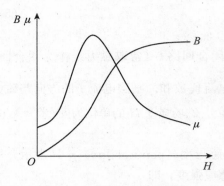

图 5—1　B 和 μ 与 H 的关系

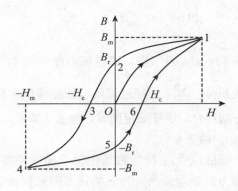

图 5—2　磁滞回线

当 $H=0$ 时，铁芯中保留的磁感应强度（图 5—2 中的 $O2$、$O5$）称为剩磁感应强度 B_r 或剩磁（remanence）；欲使剩磁消失，必须改变励磁电流的方向，以得到反向的磁场强度（图 5—2 中的 $O3$、$O6$），这个磁场称为矫顽磁力 H_c（coercive force）。

磁性材料不同，磁化曲线也不同。实验测得的几种磁性材料的磁化曲线如图 5—3 所示。根据磁性材料的磁滞回线，可将磁性材料分为以下三种类型。

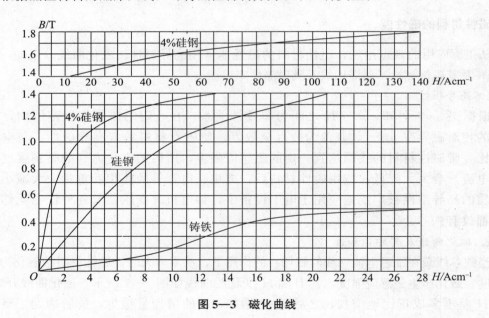

图 5—3　磁化曲线

（1）软磁性材料（magnetically soft material）。磁滞回线很窄，矫顽磁力小，磁滞损耗较小。常用的材料有铸铁、硅钢片、坡莫合金和软磁铁氧体等。一般用来制造电机、电器及变压器等的铁芯。

（2）硬磁性材料（magnetically hard material）或永磁体。磁滞回线很宽，矫顽磁力与剩磁都大，磁滞损耗较大。常用的材料有碳钢、钨钢和铝钴镍合金钢等，一般用于磁记录，如录音磁带、录像磁带、电脑磁盘粉等。近年来，稀土永磁材料是现在已知的综合性能最高的一种永磁材料，它比铁氧体、铝钴镍性能优越得多，比昂贵的铂钴合金的磁性能还高一倍。

（3）矩磁材料（rectangular hysteresis material）。磁滞回线接近于矩形，矫顽磁力小，剩磁大，稳定性良好。常用的材料有锰镁或锂锰矩磁铁氧体系。用它做成的记忆磁心，是电子计算机和远程控制设备中构成存储器的重要元件。

常用磁性材料的最大相对磁导率、剩磁及矫顽磁力如表 5—1 所示。

表 5—1　　　　　　　　常用磁性材料的最大相对磁导率、剩磁及矫顽磁力

材料名称	μ_{rmax}	B_r / T	$H_c / A \cdot m^{-1}$
铸铁		0.475～0.500	880～1 040
硅钢片		0.800～1.200	32～64
坡莫合金（78.5% Ni）	20	1.100～1.400	4～24
炭钢（0.45% C）	8 000～10 000	0.800～1.100	2 400～3 200
钴钢	20 000～200 000	0.750～0.950	7 200～20 000
铁镍铝钴合金		1.100～1.350	40 000～52 000
稀土钴		0.600～1.000	320 000～690 000
稀土钕铁硼		1.100～1.300	600 000～900 000

三、磁路分析方法

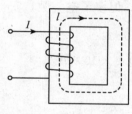

图 5—4　磁路

如图 5—4 所示，由磁性材料（或加入少量气隙）构成，并能使绝大部分（或全部）磁力线通过的闭合路径形成磁路。

在图中的环形线圈中，环管中为均匀磁场，故此种磁场称为均匀磁路。根据式（5—2）可得

$$IN = Hl = \frac{B}{\mu} \cdot l = \frac{\Phi}{\mu S} \cdot l \qquad (5—5)$$

$$\Phi = \frac{IN}{\dfrac{l}{\mu S}} = \frac{F}{R_m} \qquad (5—6)$$

式中 N 是线圈匝数，l 是磁路的平均长度，S 是磁路的横截面积，$F = IN$ 称为磁通势（magnetomotive force），对应于电路中的电动势，R_m 称为磁路的磁阻（magnetic resistance）对应于电路中的电阻。若磁通 Φ 与电路中的电流 I 对应，式（5—6）称为磁路欧姆定律。

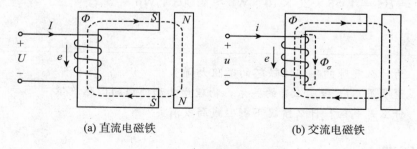

(a) 直流电磁铁　　　　　　　　　(b) 交流电磁铁

图 5—5　直流和交流磁路

因为磁性材料的磁导率 μ 不是常数，故不能直接用磁路欧姆定律来计算磁路，只能根

据预先给定的磁通（或磁感应强度）、磁路各段尺寸及材料的磁化曲线，求出磁路所需要的磁通势 IN（或励磁电流 I）。计算磁路不能应用式（5—6），而要应用式（5—5）。

如果磁路是由不同材料或不同长度和截面积的几段组成，即磁路由磁阻不同的几段串联而成，则

$$IN = H_1l_1 + H_2l_2 + \cdots = \sum (Hl) \qquad (5—7)$$

【例 5—1】 有一线圈，其匝数 $N = 1\,000$ 匝，绕在由硅钢制成的闭合铁芯上，铁芯的截面积 $S = 20\ \text{cm}^2$，铁芯的平均长度 $l = 50\ \text{cm}$。如果要在铁芯中产生磁通 $\Phi = 0.002\ \text{Wb}$，（1）试问线圈中应通入多大的直流？（2）如在所述的铁芯中包含有一段空气隙，其长度为 $l_0 = 0.2\ \text{cm}$，若保持铁芯中磁感应强度不变，试问此时需通入多大的电流？（3）若将线圈中的电流调到 2 A，试求铁芯中的磁通。

解 （1）先计算磁感应强度

$$B = \frac{\Phi}{S} = \frac{0.002}{20 \times 10^{-4}}\ \text{T} = 1\ \text{T}$$

查硅钢的磁化曲线可得 $H = 0.35 \times 10^3\ \text{A/m}$。由 $IN = Hl_{\text{Fe}}$ 得

$$I = \frac{Hl_{\text{Fe}}}{N} = \frac{0.35 \times 10^3 \times 50 \times 10^{-2}}{1\,000}\ \text{A} = 0.175\ \text{A}$$

（2）因为 B 不变，所以铁芯中的 H 亦不变，$H = 0.35 \times 10^3\ \text{A/m}$，但多了空气隙，安培环路定律形式不同。即

$$IN = Hl_{\text{Fe}} + \frac{B_0}{\mu_0}\delta = 0.35 \times 10^3 \times 50 \times 10^{-2} + \frac{1}{4\pi \times 10^{-7}} \times 0.2 \times 10^{-2}\ \text{A}$$

$$\approx 1\,767\ \text{A}$$

$$I = \frac{NI}{N} = \frac{1\,767}{1\,000}\ \text{A} = 1.767\ \text{A}$$

（3）由 $IN = Hl_{\text{Fe}}$ 可得

$$H = \frac{IN}{l_{\text{Fe}}} = \frac{2 \times 1\,000}{50 \times 10^{-2}}\ \text{A/m} = 4\,000\ \text{A/m}$$

查硅钢磁化曲线可得 $B \approx 1.56\ \text{T}$，磁通为

$$\Phi = BS = 1.56 \times 20 \times 10^{-4}\ \text{Wb} \approx 0.003\,1\ \text{Wb}$$

练习与思考

5.1.1 为什么气隙的磁阻比铁芯的磁阻大得多？

5.1.2 说明 B、H 和 μ 三者的关系，物理意义和使用的国际单位。

5.1.3 什么是剩磁？什么情况下剩磁减弱或消失？

5.2 变压器

变压器是利用电磁感应原理制成的，它是传输电能或电信号的静止电器，种类很多，

应用十分广泛。如在电力系统中把发电机发出的电压升高，以达到远距离传输，到达目的地以后用变压器把电压降低供给用户使用。在实验室里用自耦变压器（调压器）改变电压，在测量电路中，利用变压器原理制成各种电压互感器和电流互感器以扩大对交流电压和交流电流的测量范围；在功率放大器和负载之间用变压器连接，可以达到阻抗匹配，即负载上获得最大功率，变压器虽然用途及类型各异，但基本原理是相同的。

一、变压器的结构

变压器由铁芯和绕组两部分组成，如图 5—6 所示，这是一个简单的双绕组单相变压器（single-phase transformer），在一个闭合铁芯上套有两组绕组。与电源相连的称为一次绕组（primary winding）或称为原绕组、原边，与负载相连的称为二次绕组（secondary winding）或称为副绕组、副边。一次绕组的匝数分别为 N_1 和 N_2，通常绕组都用铜或铝制漆包线绕制而成。

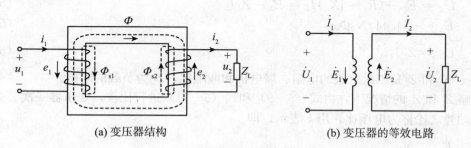

(a) 变压器结构　　　　　　　　　　　　(b) 变压器的等效电路

图 5—6　变压器结构及其等效电路

铁芯是用 $0.35\sim0.5$ mm 的硅钢片叠压而成的，为了降低磁阻，一般用交错叠安装的方式，即将每层硅钢片的接缝处错开，图 5—7 为两种常见的铁芯形状。

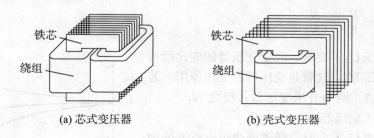

(a) 芯式变压器　　　　　　　　　　(b) 壳式变压器

图 5—7　变压器的铁芯形状

变压器的种类亦很多，按相数分为三相变压器、单相变压器。按每相绕组的个数分为双绕组变压器、三绕组变压器、自耦变压器。按结构分为芯式变压器、壳式变压器。按冷却方式分为干式变压器、油浸式变压器。

二、变压器的工作原理

变压器一次绕组接上交流电压 u_1，绕组通过的电流 i_1，一次绕组的磁通势 $N_1 I_1$ 产生的磁通绝大部分通过铁芯。若二次绕组接有负载，绕组中就有电流 i_2 通过，二次绕组的磁通势 $N_2 I_2$ 产生的磁通也绝大部分通过铁芯。因此，铁芯的磁通是由一次、二次绕组共同产生的合成磁通,称为主磁通 Φ。主磁通穿过一次绕组和二次绕组后在其中产生感应电动势分别为 e_1 和 e_2。此外,一次、二次绕组的磁通势分别产生漏磁通 $\Phi_{\sigma1}$ 和 $\Phi_{\sigma2}$,从而在绕组中分别产生漏磁电动势 $e_{\sigma1}$ 和 $e_{\sigma2}$。

1. 电压变换

根据图 5—6 中标定的各量参考方向,其电压方程为

$$\dot{U}_1 = -\dot{E}_1 + (R_1 + jX_1)\dot{I}_1 = -\dot{E}_1 + Z_1\dot{I}_1 \tag{5—8}$$

$$\dot{E}_1 = -j4.44fN_1\dot{\Phi}_m \tag{5—9}$$

式中 R_1、X_1 和 Z_1 是一次绕组的电阻、漏电抗和漏阻抗。

主磁通 Φ 在一次绕组、二次绕组中产生感应电动势 e_1 和 e_2,从而二次绕组中产生了电流 i_2,二次绕组的负载两端产生电压 u_2。$\Phi_{\sigma2}$ 是电流通过二次绕组时产生的漏磁通。因此

$$\dot{U}_2 = \dot{E}_2 - (R_2 + jX_2)\dot{I}_2 = \dot{E}_2 - Z_2\dot{I}_2 \tag{5—10}$$

$$\dot{E}_2 = -j4.44fN_2\dot{\Phi}_m \tag{5—11}$$

$$\dot{U}_2 = Z_L\dot{I}_2 \tag{5—12}$$

式中 R_2、X_2 和 Z_2 是二次绕组的电阻、漏电抗和漏阻抗,Z_L 为负载的阻抗。

忽略 Z_1 和 Z_2 的情况下,由式(5—9)和式(5—11)进行比较,变压器一次、二次绕组的电动势之比称为电压比,用 k 表示,即

$$\frac{E_1}{E_2} = \frac{N_1}{N_2} = k \tag{5—13}$$

当变压器空载运行时,$I_2=0$,而一次绕组通过的电流 I_{10}(空载电流)很小。因此 $U_{20}=E_2$,$U_1 \approx E_1$,这时一、二次绕组上电压的比值等于两者的匝数比。即

$$\frac{U_1}{U_{20}} \approx \frac{E_1}{E_2} = \frac{N_1}{N_2} = k \tag{5—14}$$

当输入电压 U_1 不变时,改变变压器的变比就可以改变输出电压 U_2,这就是变压器的变压作用。若 $N_1 < N_2$,$k<1$,则为升压变压器;反之 $N_1 > N_2$,$k>1$,则为降压变压器。

当电源电压 U_1 不变时,随着副绕组电流 I_2 的增加(负载增加),原、副绕组阻抗上的电压降便增加,这将使副绕组的端电压 U_2 发生变化。当电源电压 U_1 和负载功率因数 $\cos\varphi_2$ 为常数时,U_2 和 I_2 的变化关系曲线 $U_2=f(I_2)$ 称为变压器的外特性(external characteristic),如图 5—8 所示。从曲线可知,感性和阻性负荷会导致电压降低,而容性负荷会导致电压升高。

通常希望电压 U_2 的变化率愈小愈好,从空载到额定负载,副绕组电压的变化程度用电压调整率 ΔU 来表示,即

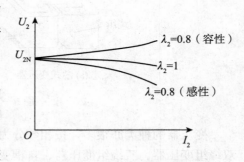

图 5—8 变压器的外特性曲线

$$\Delta U = \frac{U_{20} - U_2}{U_{20}} \times 100\% \tag{5—15}$$

电力变压器中，由于其电阻和漏磁感抗很小，电压变化率也很小，为 2%～3%。

2. 电流变换

如果变压器的二次绕组接有负载，称为负载运行。此时在二次绕组电动势 e_2 的作用下，将产生二次绕组电流 I_2，而一次绕组电流为 I_1，如图 5—6（b）所示。

二次绕组电流 I_2 的大小取决于负载阻抗，一次绕组电流 I_1 的大小取决于 I_2 的大小。空载运行时主磁通由一次绕组的磁通势 $N_1 \dot{I}_0$ 产生，有负载时产生主磁通的一、二次绕组的合成磁通势（$N_1 \dot{I}_1 + N_2 \dot{I}_2$），由于 Z_1 很小，$U_1 \approx E_1$，由式（5—9）可见，电源电压 U_1 和频率 f 不变时，空载和有载时的 Φ_m 近似于常数，两种情况下的磁通势近似相等，即

$$N_1 \dot{I}_1 + N_2 \dot{I}_2 = N_1 \dot{I}_0 \tag{5—16}$$

上式称为变压器的磁通势平衡方程式。

由于空载电流 I_0 很小，它的有效值 I_0 在一次绕组的额定电流的 10% 之内，$N_1 I_0$ 与 $N_1 I_1$ 相比较，可忽略不计。故

$$N_1 \dot{I}_1 = -N_2 \dot{I}_2 \tag{5—17}$$

于是变压器一、二次绕组电流有效值的关系式为

$$\frac{I_1}{I_2} = \frac{N_2}{N_1} = \frac{1}{k} \tag{5—18}$$

由此可知，当变压器负载运行时，一、二次绕组电流之比近似等于其匝数之比的倒数。改变一、二次绕组的匝数就可以改变一、二次绕组电流的比值，这就是变压器的变流作用。

3. 阻抗变换

变压器除了能起变压和变流的作用外，它还有变换阻抗的作用，以实现阻抗匹配，使负载上能获得最大功率。如图 5—9 所示，变压器的原绕组接电源 u_1，副绕组接负载 Z_L，对电源来说，图中点划线内的电路可用另一个等效阻抗 Z_L' 来等效代替。所谓等效，就是它们从电源吸收的电流和功率相等，等效阻抗模型可由下式计算，得

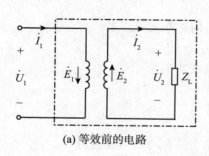
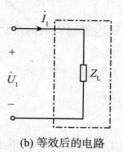

(a) 等效前的电路　　　　　　(b) 等效后的电路

图 5—9　变压器的阻抗变换作用

$$|Z'_L| = \frac{U_1}{I_1} = \left(\frac{N_1}{N_2}\right)^2 |Z_L| = k^2 |Z_L| \qquad (5\text{—}19)$$

匝数不同，实际阻抗 $|Z_L|$ 折算到原绕组的等效阻抗 $|Z'_L|$ 也不同，可用不同的匝数比把实际负载变换为所需的比较合适的数值，这种做法通常称为阻抗匹配。

【例 5—2】 如图 5—10 所示，某交流信号源的输出电压 $U_1 = 120$ V，内阻 $R_0 = 800$ Ω，负载为扬声器，其等效电阻 $R_L = 8$ Ω。试求：（1）若将负载与信号直接连接，负载上获得的功率是多大？（2）若要负载上获得最大功率，用变压器进行阻抗变换，则变压器的匝数比应该是多少？阻抗变换后负载获得的功率是多大？

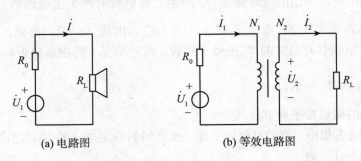

图 5—10　例 5—2 的电路图

解　（1）图 5—10（a）可获得负载上的功率为

$$P = I^2 R_L = \left(\frac{U_1}{R_0 + R_L}\right)^2 R_L = \left(\frac{120}{800 + 8}\right)^2 \times 8 \text{ W} = 0.176 \text{ W}$$

（2）由图 5—10（b）所示，加入变压器后实际负载折算到变压器原绕组的等效负载为 R'_L，由负载获得最大功率条件，即 $R_L = R_0$，则 $R'_L = R_0 = \left(\frac{N_1}{N_2}\right)^2 R_L$。故变压器的匝数比为

$$\frac{N_1}{N_2} = \sqrt{\frac{R'_L}{R_L}} = \sqrt{\frac{800}{8}} = 10$$

此时负载上获得的最大功率为

$$P = I^2 R'_L = \left(\frac{U_1}{R_0 + R'_L}\right)^2 R'_L = \left(\frac{120}{800 + 8}\right)^2 \times 800 \text{ W} = 4.5 \text{ W}$$

可见经变压器的匝数匹配后，负载上获得的功率大了许多。

4. 功率传递

变压器工作时，一次绕组、二次绕组的视在功率为

$$S_1 = U_1 I_1 \qquad (5\text{—}20)$$
$$S_2 = U_2 I_2 \qquad (5\text{—}21)$$

变压器从电源输入的有功功率和向负载输出的有功功率分别为

$$P_1 = U_1 I_1 \cos\varphi_1 \qquad (5\text{—}22)$$

$$P_2 = U_2 I_2 \cos\varphi_2 \qquad (5—23)$$

两者之差就是变压器的损耗,该损耗也是变压器的铜损耗与铁损耗,即

$$P = P_1 - P_2 = P_{Cu} + P_{Fe} \qquad (5—24)$$

式中铜损耗为 $P_{Cu} = R_1 I_1^2 + R_2 I_2^2$,即是铜阻损耗。而铁损耗为 $P_{Fe} = P_h + P_e$,即是铁芯中产生的磁滞损耗和涡流损耗。变压器的效率为

$$\eta = \frac{P_2}{P_1} \times 100\% \qquad (5—25)$$

【例5—3】 一变压器容量为 $10 \text{ kV} \cdot \text{A}$,铁损耗为 300 W,满载时铜损耗为 400 W,求该变压器在满载情况下向功率因数为 0.85 的负载供电时输入和输出的有功功率及效率。

解 忽略电压调整率,则

$$P_2 = S_N \cos\varphi_2 = 10 \times 10^3 \times 0.85 \text{ W} = 8.5 \text{ kW}$$
$$P = P_{Fe} + P_{Cu} = 300 + 400 \text{ W} = 0.7 \text{ kW}$$
$$P_1 = P_2 + P = 8\ 500 + 700 \text{ W} = 9.2 \text{ kW}$$
$$\eta = \frac{P_2}{P_1} \times 100\% = \frac{8.5}{9.2} \times 100\% = 92.4\%$$

练习与思考

5.2.1 变压器是否能用来变换恒定直流电压?为什么?

5.2.2 有一交流铁芯线圈,接在 $f = 50 \text{ Hz}$ 的正弦电源上,在铁芯中得到磁通的最大值为 $\Phi_m = 2.25 \times 10^{-3} \text{ Wb}$。现在在此铁芯上再绕一个线圈,其匝数为 200。当此线圈开路时,求其两端电压。

5.2.3 变压器铁芯中的磁通势,在空载和负载时比较,有哪些不同?

5.3 三相变压器

三相变压器(three-phase transformer)是三个相同的容量单相变压器的组合,三相变压器的结构图如图 5—11 所示。它有三个铁芯柱,每个铁芯柱都绕着同一相的两个线圈,一个是高压线圈,另一个是低压线圈。

根据三相电源和负载的不同,三相变压器初级和次级线圈可接成星形或三角形。三相变压器的每一相,就相当于一个独立的单相变压器。单相变压器的基本公式和分析方法适用于三相变压器中的任意一相。

工作时,将三个高压绕组 U_1U_2、V_1V_2、W_1W_2 和三个低压绕组 u_1u_2、v_1v_2、w_1w_2,分别接成星形或三角形,一次绕组接三相电源,二次绕组接三相负载。绕组的连接方式按国家标准规定的表示方

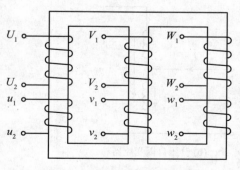

图 5—11 三相芯式变压器

式，见表 5—2。

表 5—2

Y：高压绕组无中性点引出的星形联结	YN：高压绕组有中性点引出的星形联结
D：高压绕组的三角形联结	y：低压绕组无中性点引出的星形联结
yn：低压绕组有中性点引出的星形联结	d：低压绕组的三角形联结

国家标准对三相电力变压器五种标准联结方式为：Y，yn、Y，d、YN，d、Y，y、YN，y。例如：Y，yn0 用于配电变压器，其电压一般低压为 400/230 V，星形联结的低压绕组中性点必须引出。Y，d11 用于中、小容量高压为 10～35 kV，低压为 3～10 kV 电压等级的变压器及较大容量的发电厂厂用变压器。此外，三相变压器的定额参数有以下几种：

（1）额定电压 U_{1N}，U_{2N}。原绕组额定电压 U_{1N} 是根据绕组的绝缘强度和允许发热所规定的应加在原绕组上的正常工作电压的有效值；副绕组额定电压 U_{2N}，在电力系统中是指变压器原绕组施加额定电压时的副绕组空载的电压有效值。

（2）额定电流 I_{1N}，I_{2N}。原、副额定电流 I_{1N} 和 I_{2N} 是指变压器在连续运行时，原、副绕组允许通过的最大电流的有效值。

（3）额定容量 S_N。它是指变压器副绕组额定电压和额定电流的乘积，即副绕组的额定功率为 $S_N=\sqrt{3}U_{1N}I_{1N}=\sqrt{3}U_{2N}I_{2N}$。

三相变压器广泛适用于交流频率 50～60 Hz，电压 660 V 以下的电路中，广泛用于进口重要设备、精密机床、机械电子设备、医疗设备、整流装置，照明等。

*5.4　特殊变压器

特殊变压器的基本原理与普通变压器相同。特殊变压器的种类繁多，本节仅介绍常用的自耦变压器和仪用互感器。

一、自耦变压器

自耦变压器（autotransformer）是一种原、副绕组具有共同绕组的变压器，如图 5—12 所示，N_1 既是原绕组，又兼作副绕组 N_2，因此原、副绕组间不仅存在电磁作用，还有电气

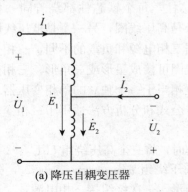
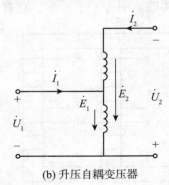

(a) 降压自耦变压器　　　　　　　　(b) 升压自耦变压器

图 5—12　自耦变压器

的直接联系。

自耦变压器的工作原理与普通变压器相同，电压变换与电流变换关系仍为

$$\frac{U_1}{U_2} \approx \frac{E_1}{E_2} = \frac{N_1}{N_2} = k \qquad (5-26)$$

$$\frac{I_1}{I_2} \approx \frac{N_2}{N_1} = \frac{1}{k} \qquad (5-27)$$

自耦变压器比普通变压器省料、效率高，但低压电路和高压电路直接有电的关系，要采用同样的绝缘。因此不能用于变比较大（一般 1.5～2.0）的场合，尤其是万一公共绕组部分断线时，高压侧将直接加在低压侧，容易发生意外。实验室中常用的调压器是一种可以改变副绕组匝数的自耦变压器，其外形和电路如图 5—13 所示。

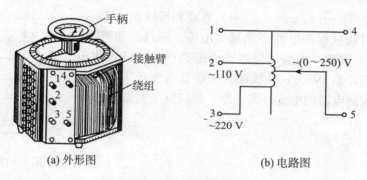

(a) 外形图   (b) 电路图

图 5—13　自耦变压器

图 5—13 是实验室常用的一种可调式自耦变压器，通过改变手柄电刷位置来改变副绕组匝数，从而达到平滑调节输出电压 U_2 的目的。使用时，改变滑动端的位置，便可得到不同的输出电压。使用时应注意：一次、二次绕组千万不能对调使用，以防变压器损坏。

二、仪用互感器

仪用互感器是供测量、控制及保护电路用的一种特殊变压器。按用途不同，分为电压互感器和电流互感器。其作用是使测量电路与被测高压线路在电气上是绝缘的（只有磁的关系），扩大测量仪表的量程和使测量仪表与高压电路隔离，以保护仪表、设备及工作人员的安全。

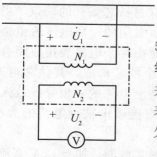

图 5—14　电压互感器

1. 电压互感器

电压互感器（voltage transformer）工作原理和接线如图 5—14 所示，可实现用低量程的电压表测量高电压。它是一台结构精致、绝缘较好、容量很小的变压器，原绕组匝数 N_1 大，并联于待测的高压线路中；副绕组匝数 N_2 小，并联接入电压表和其他仪表（如功率表）与保护电器的电压线圈（过压、欠压）。

由于电压表等负载阻抗非常大，电压互感器工作于空载状态，原、副绕组电压比为

101

$$\frac{U_1}{U_2} = \frac{N_1}{N_2} = k$$

即

$$U_1 = \frac{N_1}{N_2}U_2 = kU_2 \qquad\qquad (5-28)$$

这样就可以通过测 U_2 而测出高压线路电压 U_1。电压互感器的型号规格很多，U_{2N} 取决于高压线路的电压等级，U_{2N} 规定为 100 V，可以由与之配套的电压表盘直接读出 U_1。

电压互感器使用时应注意：二次绕组不能短路，以防产生过流烧坏互感器；铁芯、低压绕组的一端接地，以防在绝缘损坏时，在二次绕组出现高压。

2. 电流互感器

电流互感器（current transformer）原理和接线如图 5—15 所示，可实现用低量程的电流表测量大电流。原绕组匝数 N_1 小（仅 1 匝），导线粗，串联于待测电流的高压或低压大电流线路中；副绕组匝数 N_2 大，导线细，串联接入电流表和其他仪表与保护、控制电器的电流线圈。原、副绕组电流比为

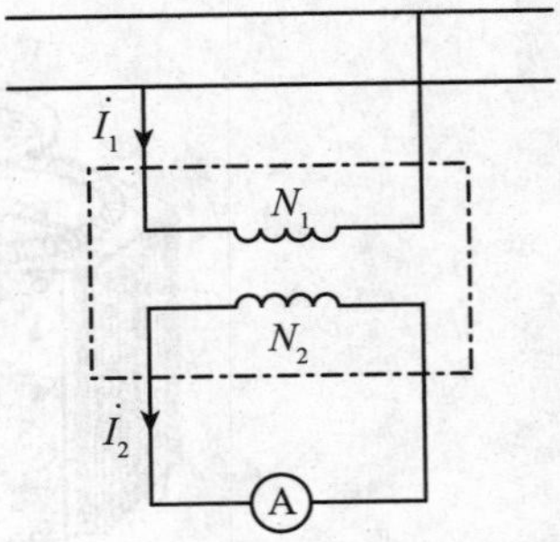

$$\frac{I_1}{I_2} \approx \frac{N_2}{N_1} = \frac{1}{k}$$

即

$$I_1 = \frac{1}{k}I_2 = k_iI_2 \qquad\qquad (5-29)$$

图 5—15　电流互感器

式中 k_i 称为电流互感器的变流比，$k_i = \dfrac{N_2}{N_1} > 1$。这样就可以通过测 I_2 而测出原绕组电路电流 I_1。电流互感器的型号也很多，I_{2N} 规定为 5 A，与之配套的电流表可直接指示出 I_1。

电流互感器使用时应注意：二次绕组不能开路，以防产生高电压；铁芯、低压绕组的一端接地，以防在绝缘损坏时，在二次绕组出现过压。

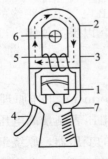

图 5—16　钳形电流表

1—电流表　2—电流互感器　3—铁芯　4—手柄
5—二次绕组　6—被测导线　7—量程开关

3. 钳形电流表

钳形电流表（clip-on ammeter）是由电流互感器和电流表组合而成的。电流互感器的铁芯在捏紧扳手时可以张开；被测电流所通过的导线不必切断就可穿过铁芯张开的缺口，当放开扳手后铁芯闭合。常用的钳形电流表也是一种电流互感器。它是由一个电流表接成闭合回路的次级绕组和一个铁芯构成，其铁芯可开、可合。测量时，把待测电流的一根导线放入钳口中，电流表上可直接读出被测电流的大小，如图 5—16 所示。

【例 5—4】　一铁芯线圈，加上 13 V 直流电

压时，电流为 1.1 A；加上 110 V 交流电压时，电流为 2 A，消耗的功率为 85 W。求后一种情况下线圈的铜损耗、铁损耗和功率因数。

解　由直流电压和电流求得线圈的电阻为

$$R = \frac{U}{I} = \frac{13}{1.1}\ \Omega = 11.8\ \Omega$$

由交流电流求得线圈的铜损耗为

$$P_{Cu} = RI^2 = 12 \times 2^2\ W = 47.2\ W$$

由有功功率和铜损耗求得线圈的铁损耗为

$$P_{Fe} = P - P_{Cu} = 85 - 47.2\ W = 37.8\ W$$

功率因数为

$$\lambda = \cos\varphi = \frac{P}{UI} = \frac{85}{110 \times 2} = 0.39$$

练习与思考

5.4.1　如果错误地把电源电压 220 V 接到调压器（图 5—13（b））的 4、5 端，会出现什么情况？

5.4.2　某电压互感器的额定电压为 6 000/100 V，现由电压表测得副绕组电压为 70 V，则一次绕组被测电压是多少？某电流互感器的额定电流为 100/5 A，现由电流表测得副绕组电流为 3.8 A，则一次绕组被测电流是多少？

 **习题**

一、单项选择题

1. 变压器空载电流小的原因是（　　）。

（1）一次绕组匝数多，电阻很大　　　（2）一次绕组的漏抗很大

（3）变压器的励磁阻抗很大　　　　　（4）变压器铁芯的电阻很大

2. 一台变压器一次侧接在额定电压的电源上，当二次侧带纯电阻负载时，则从一次侧输入的功率（　　）。

（1）只包含有功功率　　　　　　　　（2）既有有功功率，又有无功功率

（3）只包含无功功率　　　　　　　　（4）为零

3. 一台单相变压器，$U_1/U_2 = 220/10$，若原方接在 110 V 的单相电源上空载运行，电源频率不变，则变压器的主磁通将（　　）。

（1）增大　　　　　（2）减小　　　　　（3）不变

4. 将 50 Hz、220/127 V 的变压器，接到 100 Hz、220 V 的电源上，铁芯中的磁通将（　　）。

(1) 减小　　　　　(2) 增加　　　　　(3) 不变　　　　　　(4) 不能确定

5. 用一台电力变压器向某车间的异步电动机供电，当开动的电动机台数增多时，变压器的端电压将如何变化？（　　　　）。

(1) 升高　　　　　　　　　　　　(2) 降低

(3) 不变　　　　　　　　　　　　(4) 可能升高，也可能降低

6. 变压器运行时，在电源电压一定的情况下，当负载阻抗增加时，主磁通将（　　　　）。

(1) 增加　　　　　(2) 基本不变　　　　　(3) 减小

7. 如将额定电压为 220/110 V 的变压器的低压边误接到 220 V 电压上，则变压器将（　　　　）。

(1) 正常工作　　　　　　　　　　(2) 发热但无损坏危险

(3) 严重发热，有烧坏危险

8. 一台变压器原设计的频率为 50 Hz，现将它接到 60 Hz 的电网上运行，当额定电压不变时，铁芯中的磁通将（　　　　）。

(1) 增加　　　　　　　　　　　　(2) 不变

(3) 减少　　　　　　　　　　　　(4) 为零，不能运行

9. 某三相电力变压器带电阻电感性负载运行，负载系数相同的情况下，$\cos\varphi_2$ 越高，电压变化率 ΔU（　　　　）。

(1) 越小　　　　　　　　　　　　(2) 不变

(3) 越大　　　　　　　　　　　　(4) 无法确定

10. 额定电压为 10 000/400 V 的三相电力变压器负载运行时，若副边电压为 410 V，负载的性质是（　　　　）。

(1) 电阻　　　　　　　　　　　　(2) 电阻电感

(3) 电阻电容　　　　　　　　　　(4) 电感电容

二、分析与计算题

5.1　变压器的主磁通与什么因素有关？当原绕组电压不变，副绕组负载变化时，工作磁通的大小会发生变化吗？试分析其过程。

5.2　一台频率 $f=50$ Hz 的变压器，原绕组为 120 匝，副绕组为 60 匝。如果原绕组接在 2 300 V 的电源上，试求：(1) 铁芯中的最大磁通；(2) 空载时副绕组的端电压。

5.3　有一单相照明变压器，容量为 10 kV·A，电压为 3 300/220 V。今欲在副绕组接上 60 W、220 V 的白炽灯，如果要变压器在额定情况下运行，这种白炽灯可接多少个？并求原、副绕组的额定电流。

5.4　一台晶体管收音机的输出端要求匹配阻抗为 450 Ω 时输出最大功率，现负载阻抗为 80 Ω 的扬声器，若用变压器进行阻抗变换，求输出变压器的变比。

5.5　有一台容量为 5 kV·A、额定电压为 10 000/230 V 的单相变压器，如果在原绕组两端加上额定电压，在额定负载情况下测得副绕组电压为 223 V，求此变压器原、副绕组的额定电流及电压变化率。

5.6　一台电力变压器的效率为 95%，接于电压为 6 600 V 的供电线路上，原绕组输入功率 $P_1=33$ kW，变压器副绕组电压为 225 V，副绕组电路的功率因数为 0.84。试求变

压器的变比及副绕组电路的电流。

5.7 某 50 kV·A、6 000/230 V 的单相变压器，试求：（1）变压器的变比；（2）高压绕组和低压绕组的额定电流；（3）当变压器在满载情况下向功率因数为 0.85 的负载供电时，测得二次绕组端电压为 220 V，试求它输出的视在功率、有功功率和无功功率；（4）电压变化率。

5.8 某三相变压器原绕组每相匝数 $N_1 = 2\,080$，副绕组每相匝数 $N_2 = 80$，如果原绕组端所加线路电压 $U_1 = 6\,000$ V，试求在 Y/Y 和 Y/△ 两种接法时副绕组端的线电压和相电压。

5.9 额定容量为 150 V·A 的单相变压器，原绕组的额定电压为 220 V，副绕组有两个，额定电压分别为 127 V 和 36 V。容量的分配如下：36 V 绕组负担 50 V·A，余下的由 127 V 绕组负担，求这三个绕组的额定电流各是多少？

5.10 一台自耦变压器，整个绕组的匝数 $N_1 = 1\,000$，接到 220 V 的交流电源上；副绕组部分的匝数为 500，接到 $R = 4$ Ω、感抗 $X = 3$ Ω 的负载上，略去内阻抗压降，试求：（1）副绕组电压 U_2；（2）输出电流 I_2；（3）输出的有功功率。

5.11 SJL 型三相变压器的铭牌数据如下：$S_N = 180$ kV·A，$U_{1N} = 10$ kV，$U_{2N} = 400$ V，$f = 50$ Hz，连接 Y/Y$_0$。已知每匝线圈感应电动势为 5.133 V，铁芯截面积为 160 cm^2。试求：（1）原、副绕组每相匝数；（2）变压器的变比；（3）原、副绕组的额定电流；（4）铁芯中磁感应强度 B_m。

5.12 如图 5—01 所示的是一电源变压器，一次绕组有 550 匝，接 220 V 电压。二次绕组有两个：一个电压 36 V，负载 36 W；一个电压 12 V，负载 24 W。两个都是纯电阻负载。试求一次侧电流 I_1 和两个二次绕组的匝数。

5.13 如图 5—02 所示的变压器有两个相同的绕组，每个绕组的额定电压为 110 V。副绕组的电压为 6.3 V。试求：（1）电源电压在 220 V 和 110 V 两种情况下，原绕组的四个接线端应如何正确连接？在这两种情况下，副绕组两端电压及其中电流有无改变？每个原绕组中的电流有无改变？（设负载一定）（2）如果把接线端 2 和 4 相连，而把 1 和 3 接在 220 V 的电源上，试分析这时将发生什么情况。

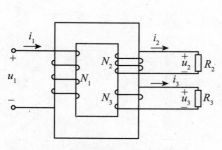

图 5—01 习题 5.12 的图

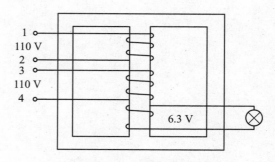

图 5—02 习题 5.13 的图

5.14 为了求出铁芯线圈的铁损，先将它接在直流电源上，从而测得线圈的电阻为 1.75 Ω；然后接在交流电源上，测得电压 $U = 120$ V，功率 $P = 70$ W，电流 $I = 2$ A，试求铜损、铁损和线圈的功率因数。

5.15 将一铁芯线圈接于电压 $U=100$ V、频率 $f=50$ Hz 的正弦电源上，其电流 $I_1=5$ A，$\cos\varphi_1=0.7$。若将此线圈中的铁芯抽出，再接于上述电源上，则线圈中电流 $I_2=10$ A，$\cos\varphi_2=0.05$。试求此线圈在具有铁芯时的铜损和铁损。

第6章

电动机

根据电磁原理把电能转换为机械能的旋转机械称为电动机（electric motor）。电动机可分为直流电动机和交流电动机，直流电动机按励磁方式又分为他励、并励、串励和复励四种，交流电动机有异步电动机（感应电动机）和同步电动机两类。

在工农业生产中如各种机床、水泵、通风机、锻压和铸造机械、传送带、起重机等都以三相异步电动机为动力，其总容量约占各种电动机总容量的85%。异步电动机具有结构简单、价格低廉、坚固耐用、使用维护方便等优点，但其功率因数较低，调速性能较差。直流电动机虽然结构复杂、维修不便、价格高，但因其调速性能好、起动转矩大，故在一些对调速和起动要求高的场所使用。

6.1　三相异步电动机的结构

三相异步电动机（three-phase asynchronous motor）主要由定子（固定部分）和转子（旋转部分）两部分组成。

一、定子

定子由定子铁芯、三相定子绕组、机座等组成。

定子铁芯是电动机磁路的一部分，紧贴机座内壁。为减小涡流损耗，由厚 0.5 mm 互相绝缘的硅钢片压叠而成。定子铁芯的内圆周有均匀分布的许多线槽，用来放置定子绕组。

定子绕组由许多绝缘线圈连接而成，一般用高强度漆包线绕制成对称三相绕组，对称均匀地嵌放在定子铁芯槽内。三个绕组的首端用 U_1、V_1、W_1 表示，末端用 U_2、V_2、W_2 表示，三相共六个出线端固定在接线盒内，定子绕组可以接成星形或三角形。如图 6—1 所示。

机座大多数是用铸铁或铸钢浇铸成形，用于固定和支撑定子铁芯。

二、转子

转子由转子铁芯、转子绕组、转轴和风扇等组成。

转子铁芯由外圆周上冲有均匀线槽的硅钢片叠压而成，并固定在转轴上。转子铁芯的线槽中放置转子绕组。按转子绕组结构的不同，三相异步电动机（图 6—2）分为笼型异步

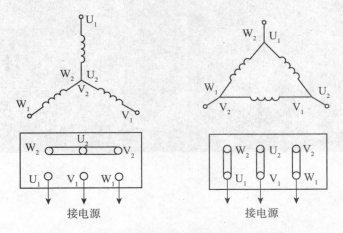

图6—1 定子绕组的星形联结和三角形联结方式

电动机（或称为鼠笼式感应电动机，squirrel-cage induction motor）和绕线型异步电动机（或称为绕线式感应电动机，linear induction motor）。

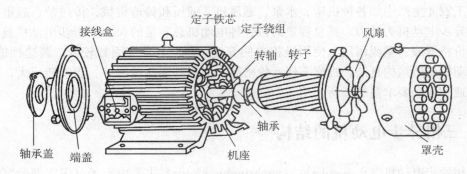

图6—2 三相异步电动机的结构

额定功率100 kW以上的笼型异步电动机，转子结构是以嵌入线槽中的铜条为导体，铜条的两端用短路环焊接起来，如图6—3（a）所示。100 kW以下的笼型异步电动机，将转子导体、短路环和风扇等铸成一体，成为铸铝笼型转子，如图6—3（b）所示。

异步电动机的附件有端盖、机座、风扇、风罩、轴承以及铭牌等。此外，定子转子之间的间隙虽然很小（0.2~1 mm），对电机的性能影响却很大。

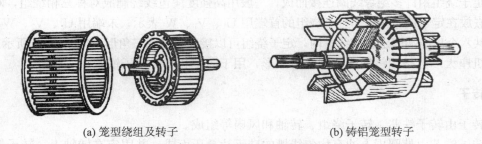

(a) 笼型绕组及转子   (b) 铸铝笼型转子

图6—3 三相异步电动机的笼型转子结构

笼型和绕线式三相异步电动机的工作原理相同，其差别仅在于转子绕组结构的不同。笼型异步电动机具有结构简单、坚固、成本低的特点，但运行性能不如绕线式。绕线式异步电动机结构如图 6—4 所示，绕线转子绕组和定子绕组相似，其转子绕组也是三相的，按星形联结。其每相首端连接在三个互相绝缘的铜质滑环上，滑环固定在转轴上，外接三相对称交流电。环与环、环与转轴相互绝缘，环上用弹簧压着碳质电刷。绕线式异步电动机需通过外串电阻改善电机的起动、调速等性能，就是通过电刷与滑环和转子绕组连接的。

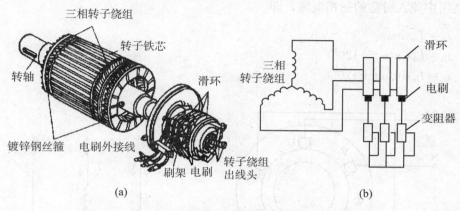

图 6—4　绕线式三相异步电动机的结构

6.2　三相异步电动机的工作原理

如图 6—5 所示是一个装有手柄的 U 形磁铁，磁极间放有一个可以自由转动的铜条转子，铜条两端铜环短接形成闭合的结构。当摇动磁铁时，发现转子跟着磁铁一起同方向转动。磁铁摇得快，转子转得也快，但转子转动的速度比磁铁稍慢。

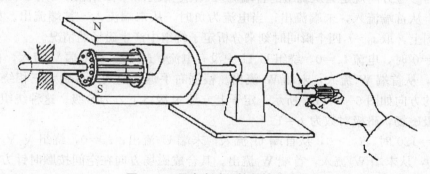

图 6—5　异步电动机转子转动演示

当导体与磁场之间有相对运动时，磁力线切割导体（转子铜条），导体中就会产生感应电势。由于闭合的转子电路中出现电流，转子铜条成为载流导体。载流导体在磁场中将要受到电磁力的作用，故转子在此电磁力的作用下就转动起来，且转子的旋转方向与磁场的旋转方向相同。

实际的异步电动机的转子之所以会转动，是将其定子绕组通入三相对称交流电，产生了旋转磁场。下面分析三相异步电动机定子的旋转磁场如何产生，以及使转子旋转的原理。

一、旋转磁场

1. 旋转磁场的产生

图 6—6 是简化的三相定子绕组接线图（三个单匝线圈构成）。三相对称绕组 U_1—U_2、V_1—V_2、W_1—W_2，在空间互差 120°，对称地嵌放在定子铁芯的槽中。绕组作星形联结，其末端 U_2、V_2、W_2 连于一点，首端 U_1、V_1、W_1 分别连接在对称三相电源 A、B、C 相上。在绕组中流入对称的三相电流，即

$$i_A = I_m \sin\omega t$$
$$i_B = I_m \sin(\omega t - 120°)$$
$$i_C = I_m \sin(\omega t + 120°)$$

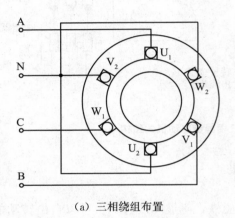

（a）三相绕组布置　　　　　　　　　（b）接线图

图 6—6

电流的参考方向规定为从绕组的首端流入（用 $\otimes$ 表示），末端流出（用 $\odot$ 表示）。当电流为正时，从首端流入，末端流出；当电流为负时，从末端流入，首端流出。如图 6—7 所示波形图上，取 $t_0 \sim t_3$ 四个瞬间时刻来分析定子绕组中产生磁场的情况。

当 $\omega t = 0°$ 时，电流 $i_A = 0$，绕组 $U_1 U_2$ 中没有电流，$i_B < 0$，从末端 V_2 流入，首端 V_1 流出；$i_C > 0$，从首端 W_1 流入，末端 W_2 流出。根据右手螺旋定则，可确定三相绕组产生的合成磁场的方向如图 6—7（b）所示，定子上方是 N 级，下方为 S 级。这种绕组的布置方式产生两极磁场，磁极对数为 $p = 1$。

当 $\omega t = 120°$ 时，$i_A > 0$，从首端 U_1 流入，末端 U_2 流出；$i_B = 0$，绕组 $V_1 V_2$ 中没有电流，$i_C < 0$，从末端 W_2 流入，首端 W_1 流出。其合成磁场方向在空间按顺时针方向旋转了 120°。同理，可画出 $\omega t = 240°$ 和 $\omega t = 360°$ 时合成磁场的方向，与 $\omega t = 0°$ 时的位置相比，它们按顺时针方向分别旋转了 240° 和 360°。

由以上分析可见，当定子三相绕组通入三相交流电流时，它们的合成磁场将随电流的变化而在空间不断地旋转，这就是旋转磁场（rotating magnetic field）。在 $p = 1$ 的两极电动机中，交流电交变一周，合成磁场在空间也旋转一周（360°），三相电流周期性地不断变化，合成的磁场将绕同一方向连续不断地旋转。

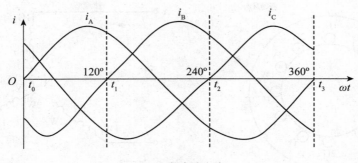

（a）三相交流电流

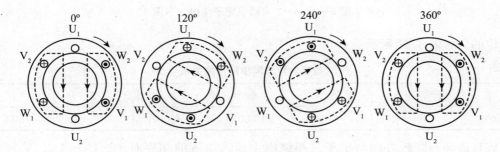

（b）两极三相异步电动机的旋转磁场

图 6—7

2. 旋转磁场的转速和转向

上述 $p=1$ 的两极三相异步电动机中旋转磁场每秒钟的旋转次数，等于电流每秒钟的交变次数（即频率）。设电流频率 $f_1=50$ Hz（工频），旋转磁场每分钟的转数为 n_1，则

$$n_1 = \frac{60f_1}{p} = 60 \times 50 = 3\,000 \text{ r/min（转/分）}$$

式中 n_1 称为旋转磁场的转速，又称为同步转速（synchronous speed）。

$p=2$ 时每相绕组由两个线圈串联而成（一相占 4 个槽，三相共 12 个槽），称为四极三相异步电动机。如第一相绕组由 $1U_1-1U_2$、$2U_1-2U_2$ 串联而成，与 $p=1$ 线圈的始端（或末端）位置彼此相隔 120° 相比，各个线圈的始端（或末端）在空间的位置彼此相隔 60°，四极电动机定子绕组分布如图 6—8 所示。取 $t_0 \sim t_3$ 四个瞬间时刻，用上述同样的方法进行分析，可得到一个具有四个磁极的旋转磁场。因为 $p=2$ 的线圈始端（或末端）位置彼此相隔 60°，故交流电变一周，旋转磁场在空间的位置转 180°。若电流每秒钟交变 f_1 次，旋转磁场的转数为 $f_1/2$。当频率 $f_1=50$ Hz 时，旋转磁场每分钟的转速为 $n_1=\frac{60 \times 50}{2}=1\,500$ r/min。因此，旋转磁场的转速 n_1 与电源频率 f_1 成正比，与磁极对数 p 成反比，即

$$n_1 = \frac{60f_1}{p} \tag{6—1}$$

我国三相交流电源的标准频率 $f_1=50$ Hz，对不同磁极对数 p 的异步电动机，其 n_1 也

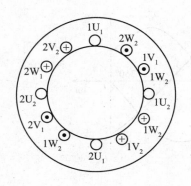 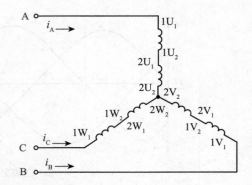

图6—8　p＝2电动机定子绕组分布图

是确定的，如表6—1所示。

表6—1 磁极对数与同步转速的关系

p	1	2	3	4	5	6
n_1（r/min）	3 000	1 500	1 000	750	600	500

　　旋转磁场的旋转方向与定子三相绕组中通入电流的相序有关。U_1-U_2、V_1-V_2、W_1-W_2三相绕组顺序通入三相电流i_A、i_B、i_C，其旋转方向与电流相序（$A \rightarrow B \rightarrow C$）一致，是顺时针方向。如果将电动机接电源的定子三相绕组中任意两相调换一下接线法，电流是逆相序，即 $A \rightarrow C \rightarrow B$，这时旋转磁场将逆时针方向旋转。

二、工作原理

1. 电磁转矩的产生

　　图6—9是三相异步电动机转动原理示意图，设定子三相绕组通入三相交流电流。如前所述，将产生两极旋转磁场，并以转速 n_1 按顺时针方向旋转。于是转子绕组切割磁感线，在转子导体中将感应出电动势 e_2 和电流 i_2，其方向由右手定则决定，转子导体的电流右半部流出，左半部流入。转子电流的有功分量与旋转磁场相互作用而产生电磁力 F，其方向由左手定则决定，F 方向按顺时针方向。

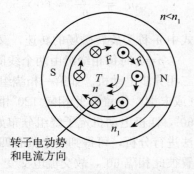

图6—9　异步电动机的转动原理

　　转子导体所受电磁力对转轴形成电磁转矩（electromagnetic torque），转子就在此电磁转矩作用下顺着旋转磁场的方向而转动起来，其速度为 n。但 n 总是小于旋转磁场的同步转速 n_1，否则，两者之间就没有相对运动，不会产生感应电势及感应电流，电磁转矩也无法形成，电动机不可能旋转。由于旋转磁场与转子的转速不同，是异步运行，故这种电动机称为异步电动机。为描述转子转速 n 与旋转磁场同步转速 n_1 相差的程度，引入了转差率 s（slip），即

$$s = \frac{n_1 - n}{n_1} \tag{6—2}$$

因此转子转速为

$$n = (1 - s)n_1 \qquad (6-3)$$

电动机起动瞬间 $n=0$，转差率最大，即 $s=1$；电动机额定负载运行时，其额定转速 n_N 与同步转速 n_1 很接近，故额定转差率 s_N 很小，一般为 $1\%\sim9\%$。电动机空载运行时，$s<0.5\%$；异步电动机在正常工作时，$n_1>n>0$，$0<s<1$。

当电动机正常运行时，转子转速为 n，旋转磁场的磁通为 Φ，它与转子导体间的相对切割速度为 n_1-n。由式（6—1）可求得转子中感应电动势的频率为

$$f_2 = \frac{p(n_1 - n)}{60} = \frac{n_1 - n}{n_1} \cdot \frac{pn_1}{60} = sf_1 \qquad (6-4)$$

上式表明：转子转动时，转子绕组感应电动势的频率 f_2 与转差率 s 成正比。当 s 很小时，f_2 也很小。

【例 6—1】 有一台三相异步电动机，其额定转速 $n_N=975$ r/min，试求电动机的磁极对数和额定负载时的转差率 s_N，电源频率 $f_1=50$ Hz。

解 由于电动机的额定转速接近同步转速而略小于同步转速，因此可判定 $n_1=1\ 000$ r/min，与此相对应的磁极对数为 $p=3$，因此额定转速时的转差率为

$$s_N = \frac{n_1 - n_N}{n_1} = \frac{1\ 000 - 975}{1\ 000} \times 100\% = 2.5\%$$

2. 电磁转矩的转向

电磁转矩的转向与旋转磁场的旋转方向一致，因此，将电动机接电源的定子三相绕组中任意两相调换一下接线法，即可改变电磁转矩的转向，而电磁转矩的转向决定了转子的转向。

3. 电磁转矩的计算

电磁转矩由转子导体中的电流 I_2 与旋转磁场每极的主磁通 Φ 相互作用而产生，电磁转矩的大小与 I_2 及 Φ 成正比。转子电路为感性，其功率因数是 $\cos\varphi_2$。转子电流的有功分量为 $I_2\cos\varphi_2$，其有功分量才能与旋转磁场相互作用产生电磁转矩对外做机械功，即

$$T = C_T \Phi_m I_2 \cos\varphi_2 \qquad (6-5)$$

式中 C_T 是与电动机结构有关的常数。由于主磁通的最大值 Φ_m 与电源电压 U_1 和频率 f_1 有关，电流 I_2 与 U_1 和转差率 s 有关，功率因数 $\cos\varphi_2$ 与转子每相绕组的电阻和漏电抗有关，式（6—5）可以改写为（证明省略）

$$T = K_T \frac{sR_2 U_1^2}{R_2^2 + (sX_2)^2} \qquad (6-6)$$

式中 K_T 为常数，U_1 为定子绕组的相电压，f_1 为转子电流的频率，s 为转差率，R_2 为转子每相绕组的电阻，X_2 为转子静止时每相绕组的感抗。

由此可见，电磁转矩 T 与相电压 U_1 的平方成正比，所以电源电压的波动对电动机的电磁转矩将产生很大的影响。例如 10 kV 及以下三相供电用户，电压允许的偏差范围是额定电压的 $\pm7\%$。

6.2.1 三相异步电动机旋转磁场的转向是由什么决定的？运行中若旋转磁场的转向改变了，转子的转向如何改变？

6.2.2 三相异步电动机的定子端电压降低到额定值的 90% 时，其起动转矩将如何改变？

6.3 三相异步电动机的机械特性

电磁转矩和机械特性是三相异步电动机的重要物理量，它表征一台电动机拖动生产机械能力的大小和运行性能。

一、机械特性

当电源电压 U_1 和频率 f_1 一定，且 R_2、X_2 都是常量时，电磁转矩 T 随转差率 s 变化关系 $T = f(s)$，称为转矩特性（torque characteristics），如图 6—10（a）所示；电动机的转速 n 和电磁转矩 T 之间的关系 $n = f(T)$，称为机械特性（mechanical characteristics），如图 6—10（b）所示。图中把 $T = f(s)$ 曲线连同两根坐标轴顺时针方向转 90° 就得到了 $n = f(T)$ 曲线。

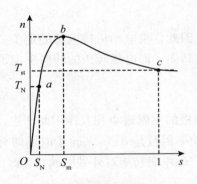
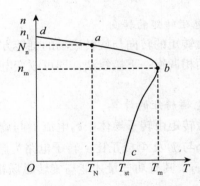

（a）异步电动机的转矩特性曲线　　　　（b）异步电动机的机械特性

图 6—10

利用机械特性来分析电动机的运行情况，以便正确地使用电动机。机械特性上三个不同工作点所对应的三个有特征意义的重要转矩，以下分别介绍。

1. 额定转矩 T_N

电动机额定状态运行时转子上的转矩称为额定转矩（rated torque）T_N，稳定运行时其电磁转矩 T 应与阻转矩 T_C 相平衡。电动机的阻转矩主要是轴上机械负载的转矩 T_2 和电动机的机械损耗转矩 T_0，由于 T_0 一般很小，可忽略不计，所以 $T_C = T_2 + T_0 \approx T_2$。电动机正常运行时，其电磁转矩等于轴上的输出转矩即机械负载转矩，由此可得

$$T \approx T_2 = \frac{P_2}{\omega} = \frac{P_2}{2n\pi/60} = 9\,550\,\frac{P_2}{n} \tag{6—7}$$

式中 P_2 是电动机上输出的机械功率，单位是千瓦（kW），n 是电动机转速，单位是转/分（r/min），T 的单位是牛顿·米（N·m）。

额定转矩 T_N 是电动机在带动轴上的额定机械负载时产生的转矩。这时电动机处于额定状态，即输出功率、转速、转差率均为额定值。根据电动机铭牌上所标志的 P_{2N} 和 n_N，由式（6—7）得

$$T_N = 9\,550\,\frac{P_{2N}}{n_N} \tag{6—8}$$

2. 最大转矩 T_m

最大转矩（maximum torque）T_m 是三相异步电动机所能产生的最大电磁转矩。在特性曲线上为 b 点，它所对应的转速 n_m、转差率 s_m 分别称为临界转速（critical speed）和临界转差率（critical slip）。将式（6—6）对 s 求导，令 $\mathrm{d}T/\mathrm{d}s = 0$，即可得出

$$s_m = R_2/X_2 \tag{6—9}$$

式（6—9）代入式（6—6），可求得最大转矩为

$$T_m = K_T\,\frac{U_1^2}{2f_1 X_2} \tag{6—10}$$

一方面 s_m 与 R_2 有关，R_2 愈大，s_m 也愈大，如图 6—11（a）所示。另一方面 T_m 与 U_1^2 成正比，与 R_2 无关，如图 6—11（b）所示。

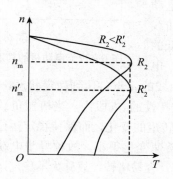

（a）不同转子电阻 R_2 的
$n = f(T)$ 曲线（U_1 为常数）

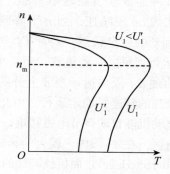

（b）不同电源电压 U_1 的
$n = f(T)$ 曲线（R_2 为常数）

图 6—11

当 U_1 进一步减小，而 T_2 将超过电动机的最大转矩 T_m，即 $T_2 > T_m$ 时，电动机将停转（$n = 0$）。这时电动机的电流马上升高到额定电流的 5～7 倍，电动机将严重过热，甚至烧毁，这种现象称为"闷车"，也称为"堵转"。在较短的时间电动机的负载转矩超过额定负载转矩是允许的，而不致立即过热。为了反映异步电动机短时允许过载的能力，常用过载系数 λ_m 来表示，即

$$\lambda_m = \frac{T_m}{T_N} \tag{6—11}$$

式中 λ_m 是电动机最大转矩 T_N 与额定转矩 T_N 之比，对于普通三相异步电动机，λ_m 为 1.6～

2.5。起重、冶金机械用的三相异步电动机对过载能力要求高，λ_m 还可能更大。

3. 起动转矩 T_{st}

电动机接通电源的瞬间（$n=0$，$s=1$），电动机的电磁转矩称为起动转矩（starting torque），用 T_{st} 表示。电动机的起动转矩 T_{st} 必须大于电动机静止时的负载转矩 T_2 才能起动。T_{st} 大，起动快，起动过程短。通常用 T_{st} 与额定转矩 T_N 之比来表示异步电动机的起动能力，称为起动系数，用 λ_s 表示，即

$$\lambda_s = \frac{T_{st}}{T_N} \tag{6—12}$$

一般三相鼠笼型异步电动机的 λ_s 为 1.0～2.3。

二、电动机的稳定运行

异步电动机接通电源后，只要起动转矩 T_{st} 大于转轴上的负载转矩 T_2，转子便起动旋转。由图 6—12 所示的机械特性曲线，$n=0$ 的 c 点沿 cb 段加速运行，因 cb 段电磁转矩 T 随着转速 n 升高而不断增大，直到临界点 b（$T=T_m$）。经过 b 点后，由于 T 随 n 的增大而减小，故加速度逐渐减小，达到 a 点时，$T=T_2$，电动机以额定转速 n 稳定运行。

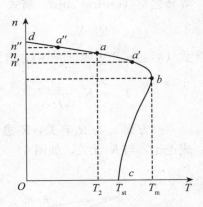

图 6—12　电动机的稳定运行

若由于某种原因使负载转矩增加，即 $T_2'>T_2$，电动机会沿特性曲线 ab 段减速。当 n 下降到 n'，对应于曲线的 a' 点，达到新的稳定状态，$T_2'=T$，电动机将以较低的转速 n' 稳定运行。反之，若负载转矩变小，即 $T_2''<T$，电动机将沿着曲线 ad 段加速，当 n 上升到 n''，对应于曲线的 a'' 点，达到稳定状态，$T_2''=T$，电动机将以较高的转速 n'' 稳定运行。由此可见，在机械特性的 db 段内，当机械负载转矩发生变化时，电动机能自动调节电磁转矩，使之适应负载转矩的变化，而保持稳定运行。这段称为稳定运行区。在 db 段内，较大的转矩变化对应的转速变化很小，故称异步电动机有硬特性（hard characteristic），而机械特性的 bc 段转速较低，容易堵转，故称为不稳定运行区。

练习与思考

6.3.1　为什么三相异步电动机不在最大转矩 T_{max} 或接近最大转矩处运行？

6.3.2　三相异步电动机在额定状态运行时，当负载增大，电压升高，频率增高时，试分别说明其转速和电流如何变化。

6.4　三相异步电动机的起动

电动机接通电源后开始转动，转速逐渐加快，直至达到稳定转速为止，这一过程称为起动（start）。在电动机接通电源后的瞬间，转子尚未转动，即 $n=0$，$s=1$，旋转磁场以同步转速 n_1 切割转子导体，由于相对速度大，在转子导体中产生很大的感应电动势和电

流。与变压器的原理一样，转子电流增大，定子电流必然相应地增大，一般中小型电动机数据为 5～7 倍的额定电流 I_N，这就是电动机的起动电流（starting current）I_{st}。起动电流大，对于起动频繁的电动机，由于热量的积累，会使电动机过热；此外，起动电流大，会在供配电线路上产生较大的电压降，影响接在同一线路上的其他用电设备的正常工作。

根据异步电动机的机械特性，起动时 $s=1$，转子的功率因数低，电动机的起动转矩 T_{st} 不会很大，起动系数只有 1～2.3。这时电动机不能在满载情况下起动，或者起动时间过长。由此可见，异步电动机的主要缺点是起动电流大，起动转矩较小。故必须采用适当的起动方法。笼型异步电动机常用的起动方法有直接起动法和降压起动法。

一、直接起动

利用闸刀开关、交流接触器、空气自动开关等电器将电动机直接接入电源起动，称为直接起动或全压起动。其优点是设备简单、操作方便、起动迅速，但是起动电流大。起动电流虽然很大，但起动时间短，同时随着电动机转速上升，起动电流会迅速减小，故起动不频繁的电动机不致引起过热。只要电网容量足够大，中小型电动机一般不致引起电网电压的明显下降，一般容量在 7.5 kW 以下的三相异步电动机均可采用直接起动。

二、降压起动

如果电动机容量较大，直接起动会引起线路上较大的电压降，电源容量不能满足直接起动的要求时，必须采用降压起动。降压起动是利用起动设备在起动时降低加在定子绕组上的电压。当电动机的转速接近额定转速时，再加全电压（额定电压）运行。由于降低了起动电压，起动电流也就降低了。但因起动转矩正比于起动电压的平方，所以它更显著地减小。因此，降压起动只适用于起动时负载转矩不大的情况，如轻载或空载起动。常用的降压起动方法有以下两种。

1. 星形—三角形（Y—△）换接起动

该方法只适用于正常运行时定子绕组接成三角形的电动机，起动时使定子绕组接成星形，待电动机的转速接近额定转速时，再将定子绕组换接成三角形。

设电源的线电压为 U_L，定子绕组起动时的每相阻抗为 $|Z|$，当定子绕组接成星形降压起动时，线电流 I_{LY} 等于相电流 I_{PY}，即

$$I_{LY} = I_{PY} = \frac{U_L / \sqrt{3}}{|Z|} = \frac{U_L}{\sqrt{3}\,|Z|}$$

当定子绕组接成三角形直接起动时，其线电流为

$$I_{L\triangle} = \sqrt{3}\,I_{P\triangle} = \sqrt{3}\,\frac{U_L}{|Z|}$$

比较以上两式可得

$$\frac{I_{LY}}{I_{L\triangle}} = \frac{1}{3} \tag{6—13}$$

可见采用 Y—△换接起动时，起动电流只是原来按△联结直接起动时的 1/3。如图

6—13 所示。由于起动转矩正比于起动时每相定子绕组电压的平方，故用 Y－△换接起动时，起动转矩也降为全电压起动时的 1/3，即

$$\frac{T_{stY}}{T_{st\triangle}} = \frac{1}{3} \qquad\qquad (6—14)$$

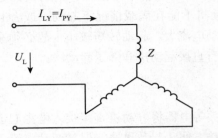 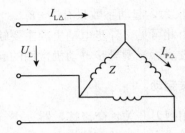

图 6—13　定子绕组星形联结和三角形联结时的起动电流

  Y－△换接起动具有设备简单、体积小、寿命长、动作可靠等优点，这种起动方法通过控制电器即可完成，如图 6—14 所示。目前 Y 系列中小型三相鼠笼式异步电动机（4～100 kW）都已设计为 380 V、△联结，因此 Y－△换接起动得到了广泛的应用。

  2．自耦变压器降压起动

  自耦变压器降压起动是利用三相自耦变压器将电动机起动时的端电压降低，以减小起动电流。如图 6—15 所示。

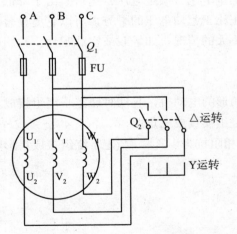 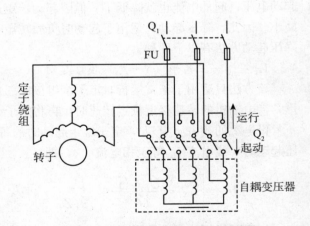

图 6—14　星形－三角形（Y－△）起动电路　　**图 6—15　自耦变压器降压起动接线图**

  起动时，先合上电源开关 Q_1，然后把起动器上的手柄开关 Q_2 扳到"起动"位置，使电动机定子绕组接通自耦变压器的副绕组而降压起动。待电动机转速升高接近额定转速时，再将 Q_2 从"起动"位置迅速扳到"运行"位置，使电动机定子绕组直接接通电源，在额定电压下运行，起动结束。由于降压起动，起动电流减小了，但起动转矩也同时减小，但在相同线路起动电流的条件下，自耦变压器降压起动比 Y－△换接起动时的起动转矩大。

  自耦变压器降压起动用的变压器通常有几个抽头，使其输出电压分别为电源电压的

80%、60%、40%或73%、64%、55%，可供用户根据对起动转矩的要求来进行选择。如自耦变压器降压变压器的变比为 k，则起动电流和起动转矩均减小为直接起动时的 $1/k^2$。

自耦变压器降压起动适合应用于容量较大或正常运行时要求 Y 联结，不能采用 Y—△换接起动的笼型异步电动机。在选用时应使起动器的额定容量大于或等于电动机的额定容量。

三、绕线式异步电动机的起动

绕线式异步电动机的工作原理与笼型异步电动机基本相同，其转子电路可以经过滑环和电刷与外电路接通，故采用在转子电路中串接电阻的办法来改善它的起动性能。

起动时转子通过起动变阻器串入电阻，若该电阻增大，转子电路电流会减小，定子电路电流也减小。如图 6—16 所示，用起动变阻器与转子三相绕组连接。起动时先将全部电阻串接入转子电路，再合上电源开关，电机开始转动。随着电机转速逐渐升高，利用起动变阻器逐渐减小起动电阻。当转速接近额定值时，起动电阻器全部切除，并将转子绕组短接，使电动机正常运行。

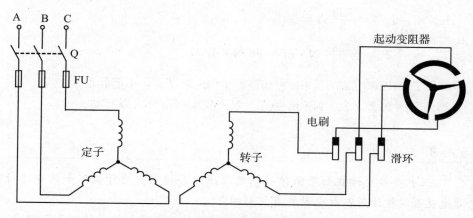

图 6—16　绕线式异步电动机

转子电路串入合适的电阻后，起动电流减小，起动转矩 T_{st} 增加。因此，绕线式异步电动机可以重载起动，对于功率大、起动频繁并要求起动时间短有较大起动转矩的场合，如吊车、卷扬机和冶金机械等都是合适的，但这种机械所需设备多、价格高、结构复杂、运行中维护工作量也比较大。

【例 6—2】　三相异步电动机额定值为：$P_N = 40$ kW，$U_N = 220$ V/380 V，$n_N = 1\ 460$ r/min，$\cos\varphi = 0.89$，△ — Y 接法，$I_N = 19.9$ A，$\eta_N = 0.895$，$I_{st}/I_N = 5.5$，$T_{st}/T_N = 1.1$，$T_m/T_N = 2.0$。试求：（1）P_{1N}，I_N，T_N，s_N，I_{st}，T_{st}，T_m 及 f_{2N}；（2）当线电压为 220 V 时，应采用何种接法？

解　（1）$P_{1N} = \dfrac{P_N}{\eta} = \dfrac{40}{0.895}$ kW = 44.7 kW

$$I_{\triangle N} = \frac{P_{1N}}{\sqrt{3}U_{\triangle N}\cos\varphi_N} = \frac{44.7 \times 1\ 000}{\sqrt{3} \times 220 \times 0.89} \text{ A} = 132 \text{ A}$$

$$I_{YN} = \frac{P_{1N}}{\sqrt{3}U_{YN}\cos\varphi_N} = \frac{44.7 \times 1\ 000}{\sqrt{3} \times 380 \times 0.89} \text{ A} = 76 \text{ A}$$

$$T_N = 9\ 550 \times \frac{P_N}{n_N} = 9\ 550 \times \frac{40}{1\ 460} \text{ N} \cdot \text{m} = 262 \text{ N} \cdot \text{m}$$

$$s_N = \frac{n_1 - n_N}{n_1} = \frac{1\ 500 - 1\ 460}{1\ 500} = 0.027$$

$$I_{st\triangle} = 5.5 I_{N\triangle} = 5.5 \times 132 \text{ A} = 726 \text{ A}$$

$$I_{stY} = 5.5 I_{NY} = 5.5 \times 76 \text{ A} = 418 \text{ A}$$

$$T_{st} = 1.1 T_N = 262 \times 1.1 \text{ N} \cdot \text{m} = 288 \text{ N} \cdot \text{m}$$

$$T_m = 2.0 T_N = 262 \times 2.0 \text{ N} \cdot \text{m} = 524 \text{ N} \cdot \text{m}$$

$$f_{2N} = s_N f_1 = 0.027 \times 50 \text{ Hz} = 1.35 \text{ Hz}$$

（2）当线电压为 220 V 时，应采用△接法。

【例 6—3】 在上例中，电动机若要采用 Y—△变换起动法，则电源线电压应为多少？起动电流及起动转矩各为多少？负载转矩 T_C 为 60% T_N 和 25% T_N 时，能否起动？

解 电源线电压应为 220V，起动时接成 Y 接法，正常运行时接成△接法。

$$I_{stY} = \frac{1}{3} I_{st\triangle} = \frac{726}{3} \text{ A} = 242 \text{ A}$$

$$T_{stY} = \frac{1}{3} T_{st\triangle} = \frac{288}{3} \text{ N} \cdot \text{m} = 96 \text{ N} \cdot \text{m}$$

$T_C = 60\% T_N = 0.60 \times 262 \text{ N} \cdot \text{m} = 157.2 \text{ N} \cdot \text{m} > T_{stY}$，不能起动。

$T_C = 25\% T_N = 0.25 \times 262 \text{ N} \cdot \text{m} = 65.5 \text{ N} \cdot \text{m} < T_{stY}$，可以起动。

练习与思考

6.4.1　三相异步电动机如果断掉一根电源线能否起动？为什么？如果在运行时断掉一根电源线能否继续运行？对电动机有何影响？

6.4.2　三相异步电动机在空载和满载起动时，起动电流和起动转矩是否相同？

6.4.3　在绕线式电动机转子绕组串联电阻起动时，所串电阻愈大，起动转矩是否也愈大？

6.5　三相异步电动机的使用

每一台异步电动机的机座上都安装有一块铭牌（name plate），上面标有这台电动机的主要技术参数。为了正确选择、使用和维护电动机，须熟悉电动机铭牌的含义。

1. 型号

电动机的型号是表示电动机的类型、用途和技术特征的代号。

三相异步电动机		
型号 Y132M—4	功率 7.5 W	频率 50 Hz
电压 380 V	电流 15.4 A	接法△
转速 1 440 r/min	绝缘等级 B	工作方法 连续
年　　月　　日	编号	×××电机厂

2. 功率与效率

功率又称容量，是电动机在额定运行情况下，其轴上输出的机械功率即额定功率，单位是千瓦（kW），通常用 P_{2N}（或 P_N）表示。输出功率 P_{2N} 不等于电动机从电源输入的电功率 P_{1N}，其差值 $P_{1N}-P_{2N}$ 就是电动机的各种损耗。效率就是输出功率与输入功率的比值，一般笼型异步电动机在额定运行时的效率为 72%～93%。

3. 频率

频率指加到定子三相绕组上的电源频率，我国工业用电的标准频率为 50 Hz。

4. 电压

电压指电动机在额定运行时定子绕组上应加的线电压，又称额定电压 U_N。一般异步电动机的额定电压有 380 V、3 000 V、6 000 V 等多种。有时铭牌上标有分子和分母两个电压值，例如 220 V/380 V，当电源的线电压为 220 V 时，电动机定子绕组接成三角形；若电源线电压为 380 V，则接成星形。

5. 电流

电流指电动机在额定运行时定子绕组的线电流，又称为额定电流 I_N。

6. 接法

接法是指电动机定子三相绕组在额定运行时所采用的联结方式。有星形（Y）联结和三角形（△）联结两种，如图 6—1 所示。通常 Y 系列三相异步电动机容量在 4 kW 以上的均采用△联结，以便采用 Y－△变换起动；容量在 3 kW 以下的均采用 Y 形联结。

7. 功率因数

电感性负载的电压和电流的相量间存在着一个相位差 φ，而功率因数就是 $\cos\varphi$。在空载时，功率因数只有 0.2～0.3；在额定负载时，功率因数为 0.7～0.9。

8. 转速

转速是指在电源为额定电压、额定频率和电动机轴上输出额定功率时，电动机每分钟的转速，即额定转速 n_N。额定转速 n_N 与同步转速 n_1 的关系是 $n_N=(1-s_N)n_1$。

9. 绝缘等级

绝缘等级是指电动机绕组所采用的绝缘材料按使用时的最高允许温度而划分的不同等级。常用绝缘材料的等级及其最高允许温度如下：

绝缘等级	A	E	B	F	H
最高允许温度（℃）	105	120	130	155	180

10. 工作方式

工作方式也称为定额，是对电动机在铭牌规定的技术条件下运行持续时间的限制，以保证电动机的温度不超过允许值。电动机的工作方式有连续工作、短时工作和断续工作三种。

连续工作：在额定情况下可长期连续工作，如水泵、通风机、机床等设备所用的异步电动机。

短时工作：在额定情况下持续运行的时间不允许超过规定的时限（分钟）。有 15、30、60、90 四种。否则会使电动机过热。

断续工作：可按一系列相同的工作周期，以间歇方式运行，如吊车和起重机等。

除此以外，还有其他电动机的主要技术参数，如过载系数 λ_m（T_m/T_n）、起动系数

$\lambda_s(T_{st}/T_n)$ 及起动电流与额定电流比 I_{st}/I_n 等。

练习与思考

6.5.1 三相异步电动机铭牌上标有 380/220 V，定子绕组可以接成三角形，也可以接成星形。什么情况采用哪种接法？

6.5.2 电动机在额定功率是输出机械功率还是输入电功率？额定电压是相电压还是线电压？

6.6 三相异步电动机的调速

用人为的方法改变电动机的转速，称为调速（speed regulation）。由 $n_1=(1-s)\dfrac{60f_1}{p}$ 可知：改变电源频率 f_1、磁极对数 p 及转差率 s 三种方法都可以进行调速。调节 f_1 与 p 应用于笼型电动机的调速，调节 s 应用于绕线式电动机的调速。

一、变频调速

通过改变电源频率进行的电动机调速方法，称为变频调速。目前国内主要采用交—直—交变频装置，如图 6—17 所示，它主要由整流器和逆变器两大部分组成。整流器先将频率 f 为 50 Hz 的三相交流电变换为直流电，再由逆变器变换为频率 f_1 可调、电压有效值 U_1 也可调的三相交流电，供给三相笼型电动机。由此可得电动机的无级调速，并具有硬的机械特性，频率的调节范围一般在 0.5～320 Hz。

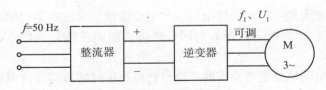

图 6—17 变频调速装置

二、变极调速

通过改变磁极对数进行的电动机调速，称为变极调速。它仅用于笼型电动机，用变极调速的电动机称为多速电动机。多速电动机分为双速、三速和四速三种。极数增加，输出功率降低，例如 YD100L—6/4/2 为 6 极、4 极和 2 极三相异步三速电动机，其输出功率分别为 075/1.3/1.8 kW。

两个线圈串联时如图 6—18（a）所示，$p=2$，同步转速 $n_1=1\,500$ r/min；两个线圈并联时如图 6—18（b）所示，$p=1$，同步转速 $n_1=3\,000$ r/min。由于调速时其转速呈跳跃性变化，因而只用在对调速性能要求不高的场合，如铣床、镗床、磨床等机床上。

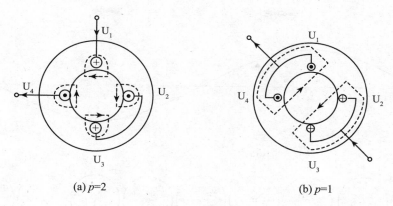

(a) p=2   (b) p=1

图 6—18　变极调速

三、变转子电阻调速

这种调速方法仅适用于绕线转子异步电动机，通过改变转子绕组串联电阻的调速方式称为改变转差率调速。只要在绕线式异步电动机转子电路中接入一个调速电阻（和起动电阻一样接入），改变电阻的大小，就可以得到平滑调速。如增大调速电阻时，转差率 s 上升，而转速 n 下降。这种调速方法的优点是设备简单、投资少，但能量损耗较大。常用于调速时间不长的生产机械，如起重机设备等。

练习与思考

6.6.1　三相异步电动机的调速方法有哪些？各有什么优缺点？

*6.7　单相异步电动机

定子绕组由单相电源供电的异步电动机称为单相异步电动机（monophase asynchronous motor），单相异步电动机由于只需要单相交流电，故使用方便、应用广泛，并且有结构简单、成本低廉、噪声小、对无线电系统干扰小等优点，因而常用于电动工具、家用电器，医用器械和自动化仪器仪表中。单相异步电动机包括电容起动式、电容运转式、电容起动运转式、罩极式和整流子式等。

一、脉振磁场

单相异步电动机的定子绕组是单相的，转子一般为笼型。当定子绕组通入单相交流电流时，产生随时间按正弦规律变化的脉振磁场（pulsating magnetic field），如图 6—19 所示。定子与转子空气隙中的磁感应强度沿气隙弧线也按正弦规律分布。

正弦脉振磁场可以分解成两个幅值相等、转速相同、转向相反的旋转磁场，各时刻对应的旋转磁场如图 6—19 所示。图中表明，合成磁通在任一瞬间与对应的脉振磁通的瞬时值相等。这两个旋转磁场切割转子导体，并分别在转子导体中产生感应电动势和感应电流。

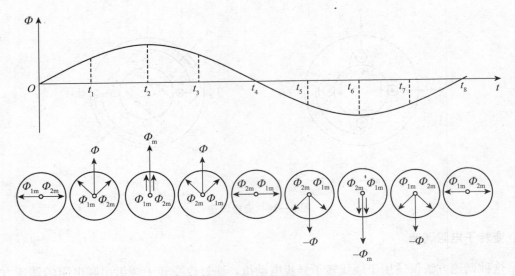

图 6—19 单相异步电动机的脉振磁场

该电流与磁场相互作用产生正、反电磁转矩,正向电磁转矩欲使转子正转;反向电磁转矩欲使转子反转。这两个转矩叠加起来就是推动电动机转动的合成转矩。

二、转动原理

转子不动时,$n=0$,$s=1$,两个旋转磁场与转子合成转矩 $T=0$。由此可知,只有单相绕组的异步电动机是没有起动转矩的,不能自行起动,必须增加产生起动转矩的装置。从图 6—20 中看出,$s=1$ 时,$T=0$。当转子顺时针方向转动时,正向转差率 s' 为

$$s' = \frac{n_1 - n}{n_1} < 1$$

反向转差率 s'' 为

$$s'' = \frac{n_1 + n}{n_1} > 1$$

将 s' 和 s'' 对应的 T' 和 T'' 合成后,合成转矩 $T = T' - T'' > 0$,故电动机仍能顺时针运行。

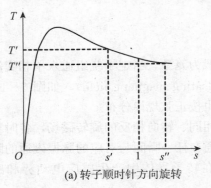

(a) 转子顺时针方向旋转

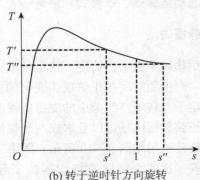

(b) 转子逆时针方向旋转

图 6—20 单相异步电动机的运行转矩

124

当转子逆时针方向转动时，正向转差率 s' 为

$$s' = \frac{n_1 + n}{n_1} > 1$$

反向转差率 s'' 为

$$s'' = \frac{n_1 - n}{n_1} < 1$$

将 s' 和 s'' 对应的 T' 和 T'' 合成后，合成转矩 $T = T' - T'' < 0$，故电动机仍能逆时针运行。

三、起动方法

为了获得起动所需的起动转矩，单相异步电动机的定子采用了特殊的设计，按获得旋转磁场的方式不同，常用的有分相单相异步电动机（两相起动）和罩极单相异步电动机（罩极起动）。它们均为笼型转子，但定子结构不同。

1. 两相起动

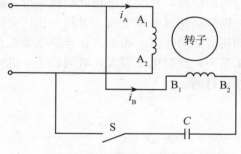

图 6—21　单相电容式电动机

如图 6—21 所示，这种电机在定子槽内，除放置主绕组 $A_1 A_2$ 外，还增加一个副绕组 B_1 B_2，两个绕组的轴线在空间相差 90°，这就是分相。在副绕组中串入一个电容器，只要适当选择电容 C 的数值，可使 i_B 超前 $i_A 90°$。相位相差 90°的两个电流，通过轴线上在空间相差 90°的两个绕组，在电动机内部产生的合成磁场就是一个旋转磁场，读者可参照三相旋转磁场的分析方法自行进行分析。

电动机起动后，其运行方式有两种，即电容起动式和电容运转式。对于电容起动式，当转子的转速升到一定值（一般达到 80％的同步转速）时，离心力将副绕组的离心开关 S 自动断开，只有主绕组通电，使电动机在脉振磁场作用下继续转动。而对电容运转式，在起动及运转时，分别将不同电容量的电容接入副绕组电路。其电容与副绕组在电动机起动后仍参加工作，故电动机接近工作于圆形旋转磁场，因而电动机运行性能较好，效率、功率因数及过载能力都较高。

2. 罩极起动

这种电动机的定子做成凸极形式，上面绕有励磁绕组，在定子一部分磁极的极面上套一个铜环（相当于副绕组），转子仍为笼型，如图 6—22 所示。当电流 i 流过定子绕组时，产生了一部分磁通 Φ_1，同时产生的另一部分磁通与短路环作用生成了磁通 Φ_2。由于短路环中感应电流的阻碍作用，使得环内磁通 Φ_2 在相位上滞后于环外磁通 Φ_1，因而在电动机定子极掌上形成一个向短路环方向移动的磁场，使转子获得所需的起动转矩。

移动磁场是沿着未被包围部分到被环包围部分的方向移动，电动机转子也按此方向转动。该类电动机结构简单、运行可靠，效率通常在 15％～30％，且转差率较大。罩极式单相异步电动机起动转矩较小，转向不能改变，常用于电风扇、吹风机中。电容分相式单相异步电动机的起动转矩大，转向可改变，故常用于洗衣机等电器中。

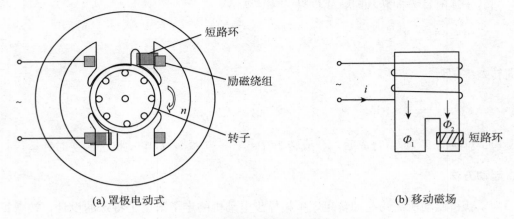

(a) 罩极电动式　　　　　　　　　　　(b) 移动磁场

图 6—22　罩极式单相电动机

3. 三相异步电动机的单相运行

三相异步电动机在运行过程中，若其中一相与电源断开，就成为单相电动机运行。此时电动机仍将继续转动。若此时还带动额定负载，则势必超过额定电流，时间一长，会使电动机烧坏。这种情况往往不易察觉，在使用电动机时必须注意。如果三相异步电动机在起动前就断了一线，则不能起动，此时只能听到嗡嗡声，这时电流很大，时间长了，也会使电动机烧坏。所以三相电动机一般是不允许单相运行的。

练习与思考

6.7.1　没有起动装置的单相异步电动机为什么不能起动？

6.7.2　单相电动机能否反转？能够反转的单相电动机如何实现反转？

*6.8　直流电动机

直流电动机是将直流电能转换为机械能的电动机，因其良好的调速性能而在电力拖动中得到广泛应用。例如铁路机车直流牵引电机、矿用机车直流牵引电机、船用直流电机、轧钢电机等等。

一、基本结构

直流电动机由定子和转子构成，如图 6—23 所示。

1. 定子

定子包括主磁极、换向磁极、机座、端盖和电刷装置等，主磁极由铁芯和励磁绕组组成，励磁绕组通以励磁电流产生主磁场，它可以是一对、两对或多对磁极。换向磁极由换向磁极铁芯和绕组组成，位于两主磁极之间，并与电枢串联，通以电枢电流，产生附加磁场，以改善电动机的换向条件。

机座由铸钢或原钢板制成，用以安装主磁极和换向器等部件，它既是电动机的外壳，又是电动机磁路的一部分。在机座两端各有一个端盖，端盖中心处装有轴承，用来支持转子和转轴；端盖上还固定有电刷架，用以安装电刷。

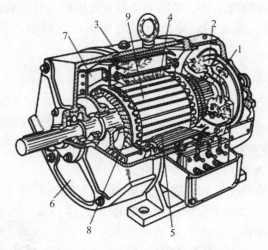

图 6—23　直流电动机的外形和结构
1—换向器　2—刷架　3—机座　4—主磁极　5—换向磁极
6—端盖　7—风扇　8—电枢绕组　9—电枢铁芯

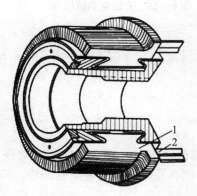

图 6—24　直流电动机的换向器
1—换向片　2—连接部分

2. 换向器

换向器（steering gear）又称整流子，是直流电动机的特有装置，它由许多楔形铜片组成，各片间用云母或其他垫片绝缘，外表呈圆柱形，装在转轴上，在换向器表面压着电刷，使旋转的电枢绕组与静止的外电路一直相通，以引入直流电。如图 6—24 所示。

3. 转子

直流电动机的转子通称电枢（armature），它主要由电枢铁芯、电枢绕组、换向器转轴和风扇等部件组成。如图 6—25 所示。电枢铁芯由硅钢片叠压而成，其表面有许多均匀分布的槽，用来嵌入电枢绕组，通以电流时在主磁场的作用下产生电磁转矩。

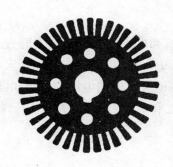

(a)

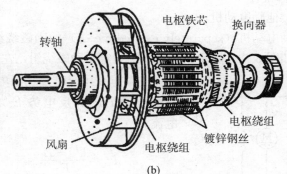

转轴　电枢铁芯　换向器

电枢绕组

镀锌钢丝

风扇　电枢绕组

(b)

图 6—25　直流电动机的电枢

直流电动机的主磁场由励磁绕组中的励磁电流产生，根据不同的励磁方式，直流电动机可分为他励电动机、并励电动机、串励电动机和复励电动机。此外，在小型直流电动机中也有用永久磁铁作为主磁极的，称为永磁电动机，永磁电动机可视为他励电动机的一种。

二、工作原理

1. 转动原理

如图 6—26 所示为直流电动机的模型，可用它模拟其工作原理。当直流电压加在电刷两侧时，直流电流经过电刷 A 换向片 1，电枢电流方向是 a→b→c→d，经换向片 2 和电刷 B 形成回路，线圈 ab 边和 cd 边在磁场中受到电磁力的作用，受力方向由左手定则确定，电磁力 f 使线圈电枢按逆时针方向旋转。当线圈 ab 边从 N 极处转到 S 极处时，换相片 2 脱离电刷 B 而与电刷 A 接触，这时流经线圈的电流方向相反，即电枢电流方向是 d→c→b→a，但 N 极下导体中电流方向始终不变，因此电磁转矩的大小保持不变，直流电动机通电后能按逆时针方向继续旋转。

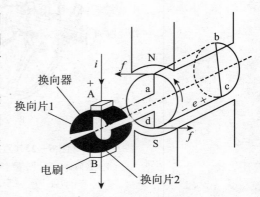

图 6—26　直流电动机模型

直流电动机的电枢绕组通入直流电流 I_a（电枢电流）与每极磁通 Φ 相互作用，因此直流电动机的电磁转矩 T 为

$$T = C_T \Phi I_a \tag{6—15}$$

式中 C_T 为转矩常数，与电动机的结构有关。

当电枢旋转时，电枢绕组中的导体切割磁力线，因此在导体中又要产生感应电动势，其方向由右手定则确定，该电动势的方向与电枢电流的方向相反，因此称为反电动势，即

$$E_a = C_E \Phi n \tag{6—16}$$

式中 C_E 为电动势常数，与电动机结构有关，n 为电枢转速。

2. 机械特性

（1）他励电动机

他励电动机（separately excited motor）的励磁绕组和电枢绕组分别由不同直流电源供电，如图 6—27 所示。右边线圈为定子励磁绕组，左边圆圈为电枢。由基尔霍夫定律可知，电动机在运行时，基于电枢绕组的端电压 U_a 等于电枢电阻 R_a 的压降 $I_a R_a$ 和反电势 E_a 之和，即 $U_a = I_a R_a + E_a$。故电枢电流为

$$I_a = \frac{U_a - E_a}{R_a} \tag{6—17}$$

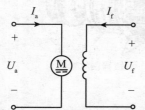

图 6—27　他励直流电动机

根据式（6—16）和式（6—17）得出直流电动机的转速为

$$n = \frac{E_a}{C_E\Phi} = \frac{U_a - I_aR_a}{C_E\Phi} \qquad\qquad (6—18)$$

他励电动机的励磁电流不受负载变化的影响，即当励磁电压一定时，Φ 为常数，式（6—18)可写成

$$n = \frac{U_a}{C_E\Phi} - \frac{R_a}{C_EC_T\Phi^2}T \qquad\qquad (6—19)$$

由于 R_a 很小，故他励电动机的机械特性是一条稍微下倾的直线，如图 6—28 所示，是一条硬特性，这时负载突然增加较大时，转速变化不大。

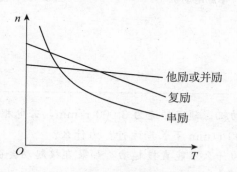

图 6—28   直流电动机的机械特性

式（6—19）表明，他励电动机可以通过改变电枢电压 U_a，改变磁通 Φ 和改变电枢电阻 R_a，以实现宽范围的平滑调速。这也是他励电动机的优点。

（2）并励电动机

并励电动机（shunt motor）的励磁绕组和电枢绕组并联后由同一直流电源供电，如图 6—29 所示。并励电动机与他励电动机只是供电方式不同，相关公式和特性曲线一样。只是电压和电流不同：$U = U_a = U_f$ 及 $I = I_a + I_f$。

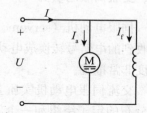

图 6—29   并励直流电动机

（3）串励电动机

串励电动机（series motor）的励磁绕组和电枢绕组串联后由同一直流电源供电，如图 6—30 所示。满足 $I = I_a = I_f$ 和 $U = U_a + U_f$。串励电动机的转速为

$$n = \frac{E_a}{C_E\Phi} = \frac{U - I(R_a + R_f)}{C_E\Phi} = \frac{U}{C_E\Phi} - \frac{R_a + R_f}{C_TC_E\Phi^2}T$$

T 增加，I_a 增加，Φ 也随之增加，引起 n 显著下降。串励电动机的转速随着负载的增加而显著下降，这种特性称为软特性，如图 6—28 所示。这种特点适合于起重机设备，但要注意串励电动机在空载或轻载的情况下运行，它的转速可能会上升到很高的值（这种事故称为"飞车"），所以串励电动机与机械负载之间必须可靠连接。

（4）复励电动机

复励电动机（compound motor）兼有并励和串励两方面的特性，如图 6—31 所示。机械特性介于两者之间，如图 6—28 所示。当并励绕组的作用大于串励绕组的作用时，机械

129

特性接近于并励电动机，反之，接近于串励电动机，这种特性适用于负载变化大，需要起动转矩大的设备中，如轮船和舰艇中的锚机、舵机及电车等。

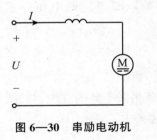

图 6—30　串励电动机

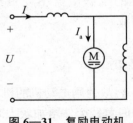

图 6—31　复励电动机

练习与思考

6.8.1　一台直流电动机，额定转速为 3 000 r/min，若电枢电压和励磁电压均为额定值，试问能否允许在 2 500 r/min 下长期运行？为什么？

6.8.2　直流电动机为什么不能直接起动？如果直接起动会引起什么样的后果？

*6.9　控制电动机

一、交流伺服电动机

伺服电动机（servomotor）又称执行电动机，在自动控制系统中，用作执行元件，把所收到的电信号转换成电动机轴上的角位移或角速度输出。伺服电机可以控制速度，位置精度非常准确。

交流伺服电动机实质上是一个两相异步电动机，由一个用以产生磁场的电磁铁绕组或分布的定子绕组和一个旋转电枢或转子组成。如图 6—32 所示。电动机是利用通电线圈在磁场中受力转动的现象而制成的。定子上装有两个在空间相差 90°的绕组：励磁绕组和控制绕组。运行时，励磁绕组始终加上一定的交流励磁电压 u_F，控制绕组则加上控制信号电压 u_C。转子的结构形式主要有笼式转子和空心杯型转子两种，笼式转子交流伺服电动机的结构与普通笼式异步电动机相同，而后者转动惯量小，动作快速灵敏，多用于要求低速运行平滑的系统中。

交流伺服电动机可以有以下几种转速控制方式。

（1）幅值控制：控制电压与励磁电压的相位差保持 90°不变，通过改变控制电压的大小来改变电动机的转速。

（2）相位控制：控制电压与励磁电压的大小保持额定值不变，通过改变它们的相位差来改变电动机的转速。

（3）幅相控制：同时改变控制电压的大小和相位来改变电动机的转速。

图 6—33 是伺服电动机单相运行时的机械特性曲线。负载一定时，控制电压 u_C 愈高，

转速也愈高；在控制电压 u_C 一定时，负载增加，转速 n 下降。

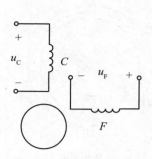

图6—32　交流伺服电动机

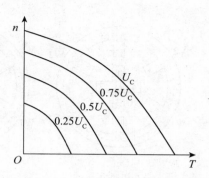

图6—33　单相供电时的机械特性

二、步进电动机

步进电动机（stepmotor）是一种利用电磁铁的作用原理将电脉冲信号转换为线位移或角位移的电机，所以又称为脉冲电动机（pulse motor）。近年来在数字控制装置中的应用日益广泛，例如在数控机床中，加工零件的图形、尺寸及工艺要求编制成一定符号的加工指令，打在穿孔纸带上，输入数字计算机。计算机根据给定的数据和要求进行运算，而后发出电脉冲信号。计算机每发一个脉冲，步进电动机便转过一定角度，由步进电动机通过传动装置所带动的工作台或刀架就移动一个很小距离（或转动一个很小角度），脉冲一个接一个发来，步进电动机便一步一步地转动，达到自动加工零件的目的。

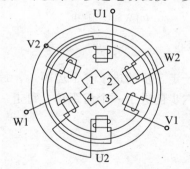

图6—34　反应式步进电动机的结构图

如图6—34所示是反应式步进电动机的结构示意图。它的定子具有均匀分布的六个磁极，磁极上绕有绕组，两个相对的磁极组成一相。假定转子具有均匀分布的四个齿，其上无绕组。

1. m 相单 m 拍

这种通电方式将 m 相绕组轮流单独通电，通电 m 次完成一个通电循环。例如，三相单三拍，按 $U \to V \to W \to U \cdots$ 的顺序轮流通电或反之，则电机转子便顺时针方向一步一步地转动。每次通电时，该相定子磁极吸引转子相应的齿，使转子转过一个角度，如图

6—35所示，每一步的转角为30°，称为步距角（step angle）。如果按 $U \to W \to V \to U \cdots$ 的顺序通电，则电机转子便逆时针方向转动。

2. m 相双 m 拍

这种通电方式每次给两相绕组通电，通电 m 次完成一次循环。例如三相双三拍，如果每次都是两相通电，按 $UV \to VW \to WU \to UV \cdots$ 的顺序通电或反之。从图6—36（b）和图6—36（c）可见，步距角也是30°。

3. m 相 $2m$ 拍

例如三相六拍，按 $U \to UV \to V \to VW \to WU \to U \cdots$ 的顺序通电或反之。通电六次完成一个通电循环。显然，每次通电，转子的位置交替如图6—35和图6—36所示，步距角

为 15°。

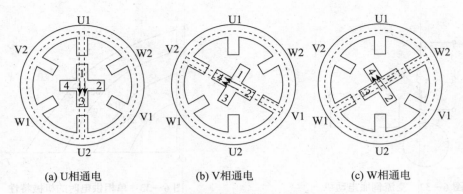

图 6—35　三相单三拍通电方式时转子的位置

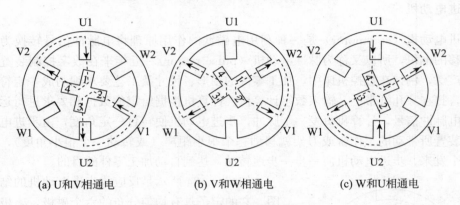

(a) U和V相通电　　　　(b) V和W相通电　　　　(c) W和U相通电

图 6—36　三相双三拍通电方式

由上述可知，采用单三拍方式和双三拍方式时，转子走三步前进了一个齿距角，每走一步前进了三分之一齿距角；采用六拍方式时，转子走六步前进了一个齿距角，每走一步前进了六分之一齿距角。因此步距角 θ 可用下式计算：

$$\theta = \frac{360°}{Z_r m}$$

式中 Z_r 是转子齿数；m 是运行拍数。如双三拍方式，$Z_r=4$、$m=6$，则步距角为 15°。则转子每分钟的转速

$$n = \frac{\theta f}{360°} \times 60 = \frac{60f}{Z_r m} \ (\text{r/min})$$

实际应用中，为保证自动控制系统的精度，转子齿数可以做得很多，一般步进电动机的步距角不是 30°或 15°，而常见的是 3°或 1.5°。例如 $Z_r=40$，$m=3$，则步距角为 3°。

由上面介绍可以看出，步进电动机具有结构简单、维护方便、精确度高、起动灵敏、停车准确等性能。此外，步进电动机的转速决定于脉冲频率，并与频率同步。

根据指令输入的电脉冲不能直接用来控制步进电动机，必须采用脉冲分配器先将电脉冲按通电工作方式进行分配，而后经脉冲放大器放大到具有足够的功率，才能驱动电动机

工作，其中脉冲分配器和脉冲放大器组成步进电动机的驱动电源（图6—37），电动机带动的负载可由传动部件连接。

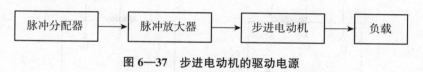

图 6—37　步进电动机的驱动电源

6.9.1　交流伺服电动机有哪几种控制方法？如何使其反转？

习 题

一、单项选择题

1. 三相异步电动机的同步转速决定于（　　）。

（1）电源频率　　　　　　（2）磁极对数　　　　　（3）电源频率和磁极对数

2. 三相异步电动机的转速越高，其转差率（　　）。

（1）越大　　　　　　　　（2）越小　　　　　　　（3）不变

3. 三相异步电动机产生的电磁转矩是由于（　　）。

（1）定子磁场与定子电流的相互作用

（2）转子磁场与转子电流的相互作用

（3）旋转磁场与转子电流的相互作用

4. 鼠笼型、绕线型异步电动机区别在于（　　）。

（1）定子结构　　　　　　（2）转子结构　　　　　（3）定子和转子的结构

5. 三相绕线型异步电动机通常采用的调速方法是（　　）。

（1）改变频率　　　　　　（2）转子外接可调电阻　　（3）改变磁极对数

6. 欲使电动机反转，可采取的方法是（　　）。

（1）将电动机端线中任意两根对调后接电源

（2）将三相电源任意两相和电动机任意两端线同时调换后接电动机

（3）将电动机的三根端线调换后接电源

7. 三相异步电动机的定子端电压降低到额定值的 90% 时，其起动转矩将（　　）。

（1）不变　　　（2）减小到额定值的 81%　　　　　（3）减小到额定值的 90%

8. 三相电动机带额定负载运行，如果在运行中断了一线，则电动机（　　）。

（1）仍将继续转动，电流不变　　　　　　　　　（2）停止转动

（3）仍将继续转动，但电流增大，若时间长会使电机烧坏

二、分析与计算题

6.1　一台三相异步电动机定子绕组的六个出线端 U_1-U_2，V_1-V_2，W_1-W_2，如图

6—01 所示。这台电机△接时，六个出线端应当怎样连接？Y 接时又应当怎样连接？

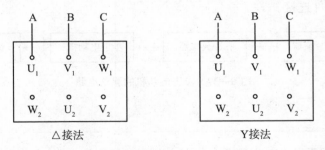

△接法 Y接法

图 6—01 习题 6.1 的图

6.2 一台三相异步电动机，旋转磁场转速 $n_1=1\,500$ r/min，这台电机是几极的？在电机转子转速 $n=0$ r/min 时和 $n=1\,460$ r/min 时，该电机的转差率 s。

6.3 一台 4 极（$p=2$）的三相异步电动机，电源频率 $f_1=50$ Hz，额定转速 $n_N=1\,440$ r/min，计算电动机在额定转速下的转差率 s_N 和转子电流频率 f_2。

6.4 某三相异步电动机 $p=1$，$f_1=50$ Hz，$s=0.02$，$P_2=30$ kW，空载转矩 $T_0=0.51$ N·m。求同步转速、转子转速、输出转矩及电磁转矩。

6.5 一台三相异步电动机，在电源线电压为 380 V 时，电机的三相定子绕组为△接法，电机的 $I_{st}/I_N=7$，额定电流 $I_N=20$ A。（1）求△接法时电动机的起动电流。（2）若起动改为 Y 形接法，起动电流多大？（3）电动机带负载和空载下起动时，起动电流相同吗？

6.6 一台三相异步电动机，功率 $P_N=10$ kW，额定转速 $n_N=1\,450$ r/min，起动能力 $T_{st}/T_N=1.2$，过载系数 $\lambda=1.8$。求：（1）该电动机的额定转矩；（2）该电动机的起动转矩；（3）该电动机的最大转矩；（4）如果电动机采用 Y—△起动，求起动时的转矩。

6.7 一台三相异步电动机，功率 $P_N=10$ kW，电压 $U_N=380$V，电流 $I_N=34.6$ A，电源频率 $f_1=50$ Hz，额定转速 $n_N=1\,450$ r/min，△接法。试求：（1）这台电动机的磁极对数 p、同步转速 n_1。（2）这台电动机能采用 Y—△起动吗？若 $I_{st}/I_N=6.5$，Y—△起动时起动电流多大？（3）如果该电动机的功率因数 $\lambda_N=0.87$，该电动机在额定输出时，输入的电功率 P_1 是多少千瓦？效率 η 是多少？

6.8 Y801—2 型三相异步电动机的额定数据如下：$U_N=380$ V，$I_N=1.9$ A，$P_N=0.75$ kW，$\lambda_N=0.84$，$n_N=2\,825$ r/min，Y形接法。求：（1）在额定情况下的效率 η_N、转差率 s_N 和额定转矩 T_N；（2）若电源线电压为 220 V，该电动机应采用何种接法才能正常运转？此时的额定线电流为多少？

6.9 某三相异步电动机的额定数据如下：$P_N=2.8$ kW，$n_N=1\,370$ r/min，△/Y，220/380 V，10.9/6.3 A，$\lambda_N=0.84$，$f=50$ Hz，转子电压为 110 V，转子绕组Y形连接，转子电流17.9 A。求：（1）额定负载时的效率；（2）额定转矩；（3）额定转差率；（4）转子频率 f_2。

6.10 某 4 极三相异步电动机的额定功率为 30 kW，额定电压为 380 V，三角形接法，频率为 50 Hz。在额定负载下运行时，其转差率为 0.02，效率为 90%，线电流为 57.5 A，试求：（1）转子旋转磁场对转子的转数；（2）额定转矩；（3）电动机的功率因数。

6.11 三相异步电动机如果断掉一根电源线能否起动？为什么？如果在运行时断掉一根电源线能否继续运行？对电动机有何影响？

6.12 直流电动机在转轴卡死的情况下能否加电枢电压？如果加额定电压会有什么后果？

6.13 已知一台直流电动机，电枢额定电压 $U_a = 110$ V，额定运行时的电枢电流 $I_a = 0.4$ A，转速 $n = 3\,600$ r/min，电枢电阻 $R_a = 50$ Ω，空载阻转矩 $T_0 = 15$ N·m。试问电动机的额定转矩是多少？

6.14 有一台直流电动机带动一恒负载转矩，测得始动电压为 4 V，当电枢电压 $U_a = 50$ V 时，其转速 1 500 r/min，若要求转速达到 3 000 r/min，试问要加多大的电枢电压？

第7章
电气自动控制技术

绝大多数生产机械都是由电动机来拖动的，为满足生产过程和加工工艺的要求，常用一定的控制设备组成控制电路。如控制电动机的起动、停止、正反转、制动、行程、运行时间和工作顺序等，以及多台电动机的协同动作控制。

对异步电动机的控制，当前国内广泛采用由继电器、接触器、按钮等有触点电器组成的简单控制电路，称为继电接触器控制系统（relay contactor control system）。其优点是操作简单、价格低廉、维修方便、抗干扰能力强，缺点是体积较大、触点多易出故障，尤其是生产工艺流程改变时需拆除原有电路后重新接线。目前电力拖动控制系统中，已大量采用电子程序控制、数字逻辑控制、可编程控制和计算机控制系统。

7.1　常用控制电器

控制电器的种类很多，按其工作电压可分为高压电器（high voltage apparatus）和低压电器（low voltage apparatus），低压电器工作电压在交流 1.2 kV 或直流 1.5 kV 以下，是一种能根据外界的信号和要求，手动或自动地接通、断开电路的元件或设备。按其动作性质又可分为手动电器（manual electric）和自动电器（automatic electric）。如刀开关、组合开关、按钮等是手动电器，是由操作者手动操作完成动作；另外自动空气开关、交流接触器、时间继电器、行程开关、热继电器等是自动电器，按指令或信号的变化而自动动作。下面介绍几种常用的低压控制电器，其中注意低压电器的用途、功能、基本结构、图形符号和文字符号、型号代号、主要技术指标等。

一、手动控制

1. 刀开关

刀开关（knife switch）是用于接通或断开电源的电器，是最简单的手动控制电器，又称为闸刀开关。它由瓷底板、刀座、刀片以及胶盖等部分组成，如图 7—1 所示。胶盖用来熄灭切断电源时产生的电弧，以保证操作人员的安全。按刀开关级数的不同有单刀、双刀（用于直流和单相交流电路）和三刀（用于三相交流电路）之分。

在继电接触器控制电路中，它主要起隔离电源的作用。它可用于手控不频繁地接通或切断带负载的电路，也可作为容量小于 7.5 kW 的异步电动机的电源开关，用来进行不频

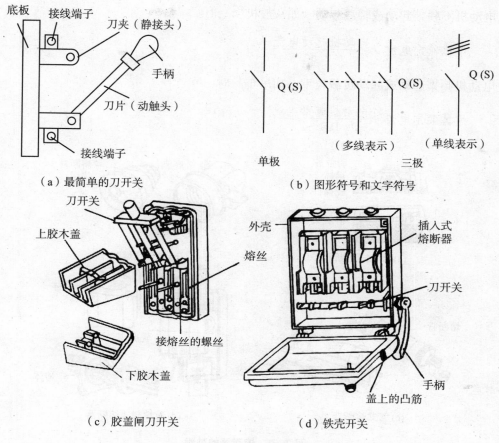

（a）最简单的刀开关

（b）图形符号和文字符号

底板
接线端子
刀夹（静接头）
手柄
刀片（动触头）
接线端子

Q(S)
Q(S)
Q(S)
单极
（多线表示）
三极
（单线表示）

刀开关
上胶木盖
下胶木盖
接熔丝的螺丝

外壳
熔丝
插入式熔断器
刀开关
手柄
盖上的凸筋

（c）胶盖闸刀开关

（d）铁壳开关

图7—1　刀开关

繁地直接起动和停转之用。安装时应注意将电源线接在静触点上方，负载线应接在可动刀闸的下侧。这样当切断电源时，裸露在外面的刀闸就不带电，以防工作人员触电。

2．熔断器

熔断器（fuse）是常用的短路保护电器。它由熔体（熔片或熔丝）和熔管（或熔座）组成。熔体用电阻率较高而熔点较低的合金（如铅、锡、铜、银等）制成，串接于被保护电路中。正常工作时，熔体不会熔断，一旦发生短路或严重过载，熔体就会因过热而自动熔断，使电路切断，从而保护电动机及电路。熔管或熔座用来固定熔体，熔体熔断时，熔管还有灭弧作用。

熔体的额定电流有2～200 A等。熔断器的种类很多，图7—2是几种低压熔断器的外形图。熔断器有多种型号，如插入式（RCA1），螺旋式（RL1、RLS），无填料封闭管式（RM），有填料封闭管式（RT），无填料封闭管式快速熔断器（RS）等。

一般熔体额定电流的选用可按下列公式估算：

（1）保护照明设备、电热设备的熔体

　　熔体额定电流≥电路上所有用电设备工作电流之和

（2）保护一台电动机的熔体

电动机不频繁起动或轻载起动（如一般机床）时

$$熔体额定电流 \geqslant \frac{电动机起动电流}{2.5}$$

电动机频繁起动或起动负载较重（如吊车）时

$$熔体额定电流 \geqslant \frac{电动机起动电流}{1.6 \sim 2}$$

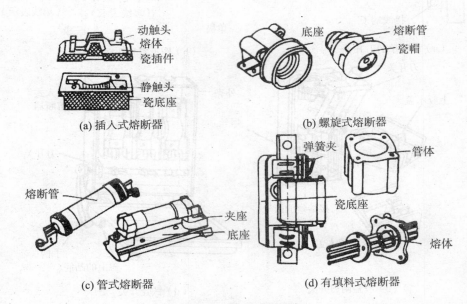

(a) 插入式熔断器　　　　　　　　(b) 螺旋式熔断器

(c) 管式熔断器　　　　　　　　(d) 有填料式熔断器

图 7—2　熔断器的种类

（3）保护一组电动机的熔体

$$熔体额定电流 = (1.5 \sim 2.5) \times 最大容量电动机额定电流$$
$$+ 其余电动机额定电流之和$$

3. 按钮

按钮（push button）是一种简单的手动开关，常用来接通或断开小电流的控制电路。按钮由外壳、按钮帽、触点和复位弹簧组成，如图 7—3 所示。它有两对静触点（固定触点）和一对动触点，动触点的两个触点之间是导通的。正常时（即没有外力作用时），上面的两个静触点与动触点接通而处于闭合状态，称为动断触点或常闭触头（break contact），而与下面的一对静触点则是断开的，称为动合触点或常开触头（make contact）。当手指用力将按钮帽按下时，动断触点断开，常开触点闭合。手指放开后，触点在复位弹簧作用下又恢复到原来状态。

按钮为 LA 系列，L 代表主令电器，A 代表按钮，额定电压 500 V、额定电流 5 A。常见的一种双联按钮由两个按钮组成，一个用于电动机的起动，另一个用于电动机的停止。

二、自动控制

1. 交流接触器

交流接触器（AC contactor）是利用电磁吸力使触点闭合或断开的自动开关。它不仅

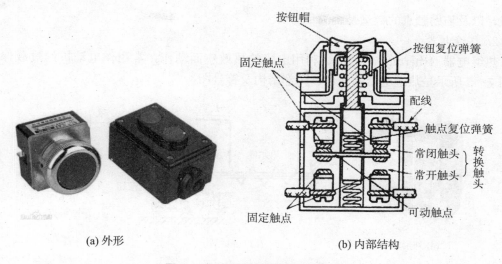

固定触点

按钮帽

按钮复位弹簧

配线

触点复位弹簧

常闭触头

常开触头

转换触头

固定触点

可动触点

(a) 外形

(b) 内部结构

图7—3　按钮的外形及内部结构

可用来频繁地接通或断开带有负载的电路，而且能实现远距离控制，具有失压保护的功能。接触器常用作电动机的电源开关，是自动控制电路的重要电器。

如图7—4所示，它主要由铁芯线圈和触点（触头）组成，线圈装在固定不动的静铁芯上，动铁芯则和若干个动触点联在一起。当铁芯线圈通电时，产生电磁吸力，将动铁芯吸合，并带动动触点向右运动，使动合触点闭合，动断触点断开。当线圈断电时，磁力消失，在反作用弹簧的作用下，使动铁芯释放，各触点又恢复到原来的位置。

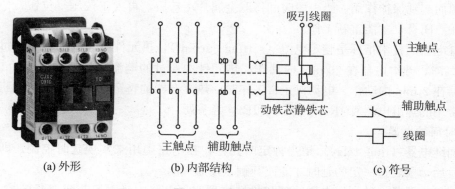

吸引线圈

主触点

辅助触点

线圈

动铁芯静铁芯

(a) 外形

主触点　辅助触点

(b) 内部结构

(c) 符号

图7—4　交流接触器

接触器的触点有主触点和辅助触点之分，接触器有交流和直流之分，主触点接触面积较大，并有灭弧装置，可以通、断较大的电流，常用来控制电动机的主电路；辅助触点额定电流较小，常用来通、断控制电路。

交流接触器的额定工作电压有220 V、380 V、500 V等，额定工作电流有5 A、10 A、20 A、40 A、60 A、100 A、150 A、250 A、630 A等。交流接触器吸引线圈额定电压有交流36 V、110 V、220 V、380 V等，不能将交流吸引线圈接到直流电源上，否则会烧毁吸引线圈。常用的交流接触器是CJ10和CJ20系列。选择交流接触器时，应使主触点的额定电流大于所控制的电动机的额定电流，同时还应考虑吸引线圈额定电压的大小和类型，以及辅助触点的数量是否满足需要。

　　2. 热继电器

　　热继电器（thermal relay）是利用电流的热效应而动作，常用作电动机的过载保护。如图 7—5 所示是热继电器的外形、内部结构及符号图。

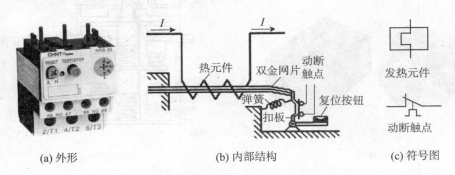

(a) 外形　　　　　　　　　　(b) 内部结构　　　　　　　　(c) 符号图

图 7—5　热继电器的外形、内部结构及符号图

　　图 7—5 中发热元件是一个电阻不大的电阻丝串接在主电路中。双金属片由两层热膨胀系数不同的金属片经热轧黏合而成。其上层热膨胀系数小，下层热膨胀系数大，受热后双金属片膨胀向上弯曲。当电动机正常工作时，双金属片受热而变形的幅度不大，能顶住由弹簧拉紧的扣板。当电动机过负载时，电流增大，经过一定时间后，发热元件温度升高，双金属片受热而向上弯曲，因而脱扣，扣板在弹簧拉力下使动断触点断开。通常利用这个触点去断开控制电动机的接触器吸引线圈的电路，使线圈失电，接触器跳闸，电动机脱离电源而起到保护作用。经一段时间待双金属片冷却后，再人工按压复位钮，使继电器复位，触点闭合，才能重新工作。

　　热继电器的技术指标是整定电流（setting current），热元件中通过的电流超过整定电流的 20% 时，热继电器在 20 min 内动作；热元件中通过的电流超过整定电流的 50% 时，热继电器在 2 min 内动作。电动机正常工作时，热继电器的整定电流应等于电动机的额定电流。常用的热继电器有 JR20、JR15、JR20 等系列。

　　3. 时间继电器

　　时间继电器（time relay）是一种定时元件，在电路中用来实现延时控制，即继电器得到信号后，要经过一定的延时才能使其触点接通或闭合。

　　时间继电器是一种利用电磁原理和机械原理实现电路中延时控制或通断的控制电器，从动作原理上可分为有空气阻尼型、电动型和电子型。时间继电器的电气控制系统是一个非常重要的元器件，按功能又可分为通电延时和断电延时两种类型。

　　以通电延时时间继电器为例，如图 7—6 所示，当线圈通电时，动铁芯及托板被静铁芯吸引而瞬时下移，使微动开关 1 接通或断开。但是活塞杆和杠杆不能同时跟着衔铁一起下落，因为活塞杆的上端连着气室中的橡皮膜。当活塞杆在释放弹簧的作用下开始向下运动时，橡皮膜随之向下移动，上面空气室的空气变得稀薄使活塞杆受到阻尼作用而缓慢下降。经过一定时间，活塞杆下降到一定位置，便通过杠杆推动延时触点（微动开关 2）动作，使动断触点断开，动合触点闭合。从线圈通电到延时触点完成动作，这段时间就是继电器的延时时间。延时时间的长短可以用螺钉调节空气室进气孔的大小来改变。吸引线圈断

140

电后，继电器依靠恢复弹簧的作用而复原，空气经出气孔被迅速排出。延时范围有0.4～60 s和0.4～180 s两种。

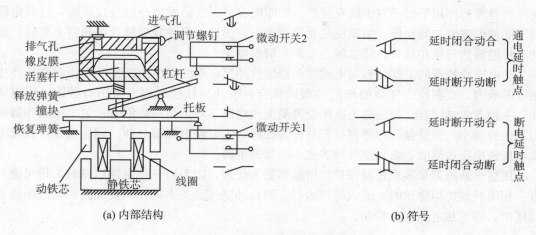

(a) 内部结构　　　　　　　　　　　　　　(b) 符号

图 7—6　通电延时时间继电器

时间继电器也可以做成断电延时的，只需将图 7—6 中静铁芯与动铁芯及托板位置对调即可。

4. 空气断路器

空气断路器（air circuit breaker）也称为自动空气开关或自动开关，是低压配电网络和电力拖动系统中非常重要的一种电器，它集控制和多种保护功能于一身。除了能完成接触和分断电路外，还能对电路或电气设备发生的短路、过载及欠电压等进行保护。

如图 7—7 所示的空气断路器有三对主触点（动触点与静触点），它们串联在被控制的三相电路中。当开关接通电源后，电磁脱扣器、热脱扣器及欠电压脱扣器若无异常反应，则开关运行正常。

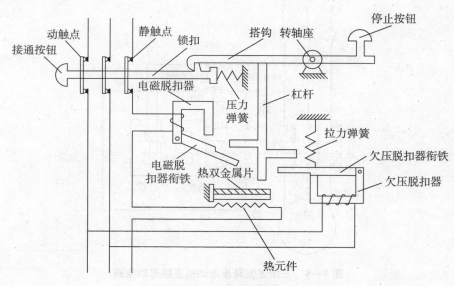

图 7—7　空气断路器

当线路发生短路或严重过载电流时，短路电流超过瞬时脱扣整定电流值，电磁脱扣器产生足够大的吸力，将衔铁吸合并撞击杠杆，使搭钩绕转轴座向上转动与锁扣脱开，锁扣在压力弹簧的作用下将三对主触点分断，切断电源。当线路发生一般性过载时，过载电流虽不能使电磁脱扣器动作，但能使热元件产生一定热量，促使双金属片受热向上弯曲，推动杠杆使搭钩与锁扣脱开，将主触点分断，切断电源。

欠电压脱扣器的工作过程与电磁脱扣器恰恰相反，当线路电压正常时电压脱扣器产生足够的吸力，克服拉力弹簧的作用将衔铁吸合，衔铁与杠杆脱离，锁扣与搭钩才得以锁住，主触点方能闭合。当线路上电压全部消失或电压下降至某一数值时，欠电压脱扣器吸力消失或减小，衔铁被拉力弹簧拉开并撞击杠杆，主电路电源被分断。同样道理，在无电源电压或电压过低时，自动空气开关也不能接通电源。

用空气断路器来实现短路保护比熔断器更为优越，因为当三相电路短路时，很可能只有一相熔断器的熔体熔断，造成缺相运行。而自动空气开关不同，只要短路，空气断路器就跳闸，将三相电路同时切断。

练习与思考

7.1.1 空气断路器具有哪些保护功能？

7.1.2 接触器除具有接通和断开电路的功能外，还具有哪些保护功能？

7.2 直接起动控制

图7—8是中、小型三相笼型异步电动机直接起动的电路图，它由空气断路器 Q、交流接触器 KM、按钮 SB 等电器组成。

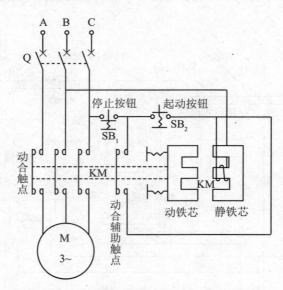

图7—8 三相笼型异步电动机直接起动电路

142

一、直接起动控制

如图 7—9 是直接起动控制的原理图，其工作原理如下。

1. 起动

合上空气断路器 Q 接通电源 → 按下起动按钮 SB_2 → 接触器 KM 的吸引线圈通电。

┌→ KM 主触点闭合 → 电动机 M 通电起动。

└→ KM 辅助触点闭合 → 接触器线圈连续通电。

接触器 KM 的辅助触点与起动按钮 SB_2 并联，当按下 SB_2 使电动机起动后，手松开 SB_2 时，它会在弹簧作用下恢复原来的断开状态，这时接触器的吸引线圈可通过它已闭合的动合辅助触点 KM 而通电，这种作用叫自锁（self locking），该辅助触点称为自锁触点。

2. 停转

按下停止按钮 SB_1 → 接触器 KM 的吸引线圈断电。

┌→ KM 主触点断开 → 电动机 M 断电停转。

└→ KM 辅助触点断开 → 失去自锁作用，只有再次按 SB_2，电动机才能重新起动。

3. 保护

（1）短路保护（short circuit protection）。空气断路器 Q 是短路保护电器，当电路中发生短路事故时，Q 切断电源，电动机停转。

（2）过载保护（overload protection）。热继电器 FR 是过载保护电器。当电动机过载，主电路电流增大，串接在主电路中的热继电器的发热元件因电流大、发热多，经过一定的延时后，使串接在控制电路中的动断触点 FR 断开，接触器的吸引线圈断电，主触点断开，电动机停转，从而保护了电动机。热继电器有两相结构的，两个发热元件串联于任意两相中，不仅对电动机起到过载保护作用，而且当任意一相的熔丝熔断时，仍有一个或两个热元件有电流，电动机得到保护。

（3）失压保护（no-voltage protection）或欠压保护、零压保护。当电源电压严重降低或消失时，接触器 KM 铁芯中的磁通也正比于电压而减小，电磁吸力不够或消失，接触器的所有动合触点（包括主触点和辅助触点）均断开，电动机停转，自锁作用也同时解除。可以保证异步电动机不在电压过低的情况下运行，防止电动机烧毁。当电源电压恢复时，如不重新按下起动按钮，因自锁触头也是断开的，电动机就不会自行转动，避免了事故发生。

当电路所用电器较多时，通常为了读图和分析方便，根据控制原理，将大电流的主电路和小电流的控制电路分开绘制，这称为电路原理图。如图 7—9 就是图 7—8 的电器控制原理图。

二、其他应用

（1）点动控制。在生产机械的运行和位置的调整中，有时需瞬时动作一下。即按下按钮时电动机运行，松开按钮，电动机立刻停止运行。实现这一功能的控制电路称为点动控制电路，如图 7—10 所示。

（2）两地控制。为了操作方便，某些大型机械设备如龙门刨床、万能铣床要求能在两个不同地点控制电动机的起动或停止。实现这一功能的控制电路称为两地控制电路，如图 7—11 所示。

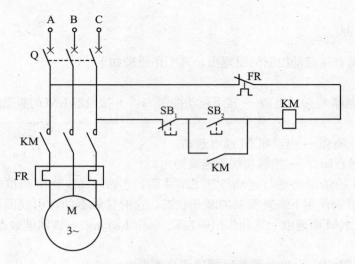

图 7—9 图 7—8 的电器控制原理图

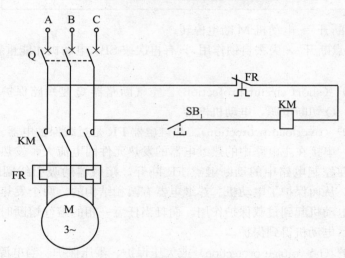

图 7—10 点动控制电路

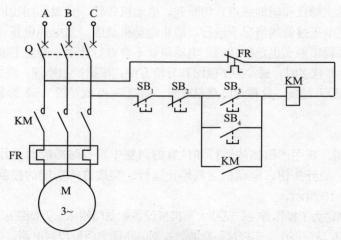

图 7—11 两地控制电路

144

7.3 正反转控制

在工业生产中，有许多生产机械需要有正、反两个方向的运动。例如，起重机的提升与下降，机床工作台的往返运动，主轴的正转与反转等，这些都是通过电动机的正、反转来实现的。由前面分析得知：只要将电动机定子绕组上的三根电源线中的任意两根对调，改变接入电动机的电源的相序，就可以实现异步电动机的正反转。图7—12是三相笼型异步电动机正反转电路原理图。

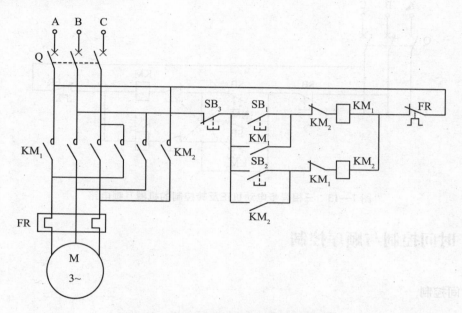

图7—12 三相笼型异步电动机正反转电路

这里采用了两个接触器KM_1和KM_2来实现正反转。若接触器KM_1接通、KM_2断开，则KM_1的三对主触点把三相电源和电动机按相序ABC连接（$A-U_1$、$B-V_1$、$C-W_1$），实现电动机正转。如果KM_2接通、KM_1断开，则KM_2的三对主触点把三相电源和电动机按相序CBA连接（$C-U_1$、$B-V_1$、$A-W_1$），实现电动机反转。

控制电路中，两个接触器的起动控制电路并联，但不允许两个接触器同时工作。由图7—12可知，如果KM_1和KM_2的主触点同时接通，将造成主电路A、C两相电源短路，引起严重事故。为此在控制电路中，将两只接触器的动断辅助触点KM_1和KM_2分别串接在KM_2和KM_1吸引线圈电路中。当KM_1吸引线圈通电，电动机正转时，其动断触点KM_1将反转接触器KM_2吸引线圈的电路断开，这时即使误按反转起动按钮SB_2，KM_2也不会通电动作。同理，在KM_2线圈通电，电动机反转时，KM_2将KM_1吸引线圈的电路断开，这时即使误按正转起动按钮SB_1，KM_1也不会通电动作。这样用两个动断辅助触点互相制约对方的动作称为互锁（mutual interlock）或联锁（electric interlock）。停止按钮SB_3和热继电器动断触点FR是正反转控制电路公用的。该控制电路有个缺点，就是在电动机从一个旋转方向改变为另一个旋转方向时，必须先按停止按钮SB_3，然后再按另一个方向的起动

145

按钮。

　　上述电气互锁电路操作不够方便，在实际生产中常采用另一种互锁电路，借助复合按钮机械动作的先后次序实现互锁作用，故称为机械互锁（mechanical interlock）。

　　如图 7—13 所示，当按下正转按钮 SB_1 时，它的动断触点首先断开反转接触器的线圈电路，然后，其动合触点再接通正转控制电路。当按下反转按钮 SB_2 时，它的动断触点首先断开正转接触器的线圈电路，其动合触点再接通反转控制电路。这样，如果改变电动机的转向，只需按下相应的按钮 SB_1 或 SB_2 即可，而不必按停止按钮 SB_3。

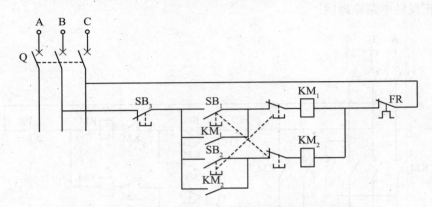

图 7—13　三相异步电动机正反转控制的机械互锁电路

7.4　时间控制与顺序控制

一、时间控制

　　三相异步电动机 Y—△起动的控制电路如图 7—14 所示，为了实现星形到三角形的时间控制（time control），这里采用时间继电器 KT 延时断开的动断触点和动合触点。KM_1、KM_2、KM_3 为交流接触器，起动时 KM_3 工作，使电动机按 Y 形联结；运行时 KM_2 工作，使电动机按△联结。其工作过程如下：

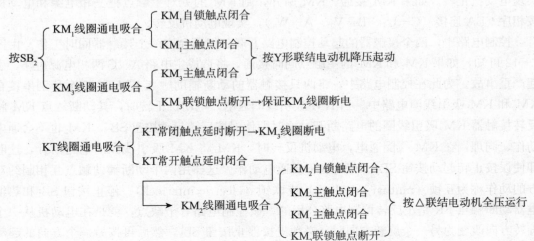

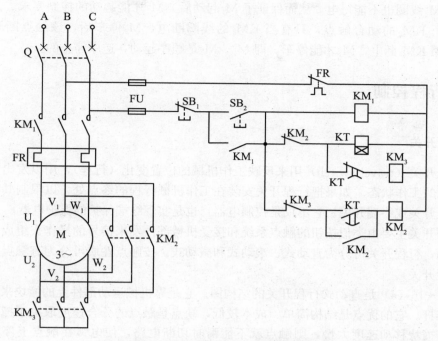

图 7—14　笼型电动机 Y—△起动的控制电路

二、顺序控制

有些生产机械设备有多台电动机,这时,要求几台电动机的起动或停止必须按一定的先后顺序来完成的控制方式,称为电动机的顺序控制(sequential control)。顺序控制可以通过控制电路实现,也可以通过主电路实现。

在控制电路中实现顺序控制电路如图 7—15 所示。在电动机 M_2 的控制电路中串联了接触器 KM_1 的动合触点。显然,只要 M_1 不起动,即使按下 SB_2,由于 KM_1 的动合触点未

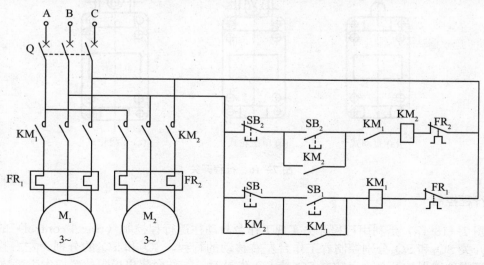

图 7—15　异步电动机顺序控制电路

147

闭合，KM$_2$线圈也不能得电，从而保证了 M$_1$ 起动后，M$_2$ 才能起动的控制要求。停止按钮 SB$_1$ 并联了 KM$_2$ 的动合触点，只有当 KM$_2$ 的线圈断电，M$_2$ 停车后，该触点断开，按下 SB$_1$，线圈 KM$_1$ 断电，M$_1$ 才能停车。即 M$_1$、M$_2$ 是顺序起动，逆序停止的。

7.5 行程控制

一、行程开关

行程开关（travel switch）用来反映工作机械的位置变化（行程），用以发出指令，改变电动机的工作状态。如果把行程开关安装在工作机械行程的终点处，以限制其行程，就称为限位开关或终端开关。它不仅是控制电器，也是实现终端保护的保护电器。

行程开关主要由类似按钮的触点系统和接受机械部件发来信号的操作头组成。根据操作头不同，行程开关可分为直动式、滚动式和微动式。按触点性质可分为有触点和无触点式（接近开关）。

图 7—16（a）是直动式行程开关的结构图。它是靠机械运动部件上的撞块来碰撞行程开关的推杆。它的优点是结构简单、成本较低，缺点是触点的分合速度取决于撞块移动的速度。若撞块移动速度太慢，则触点就不能瞬时切断电路，使电弧在触点上停留时间过长，易于烧蚀触点。为克服直动式行程开关的缺点，还采用能瞬时动作的滚轮旋转式结构，如图 7—16（b）、（c）所示，这类行程开关适用于低速运动的机械。直动式和单滚轮式能够自动复位，双滚轮式不能自动复位，它是依靠来自两个方向的外力来回碰撞滚轮，使其触点不断改变状态。如图 7—17 所示。

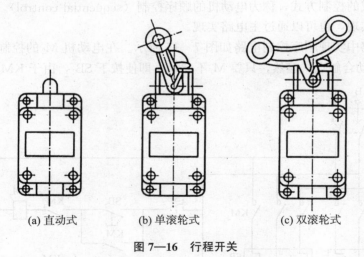

| (a) 直动式 | (b) 单滚轮式 | (c) 双滚轮式 |

图 7—16　行程开关

二、行程控制

图 7—18（a）是利用行程开关实现工作台自动往返行程控制（travel control）的示意图，开关 SQ$_1$ 和 SQ$_3$ 分别控制着工作台左右移动的行程，SQ$_2$ 和 SQ$_4$ 的分别为左右移动的终端极限位置保护开关，以防在 SQ$_1$ 或 SQ$_3$ 失灵时，工作台超出极限位置而发生事故。

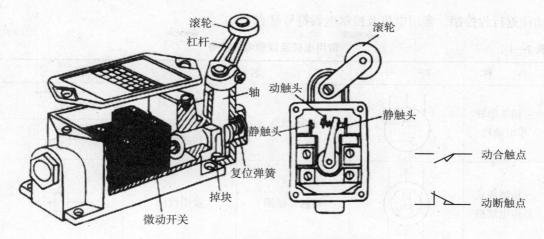

滚轮

杠杆

轴

动触头

静触头

滚轮

静触头

复位弹簧

掉块

微动开关

动合触点

动断触点

图 7—17 滚轮旋转式行程开关及符号

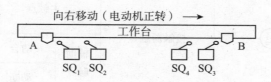

向右移动（电动机正转）➡

工作台

A

SQ₁ SQ₂

SQ₄ SQ₃

B

（a）自动往返行程控制示意图

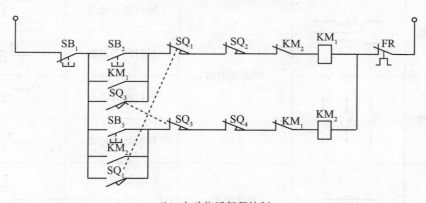

（b）自动往返行程控制

图 7—18

为实现上述要求，控制电路在正反转电路（图 7—12）基础上，分别在正反转控制电路中串联行程开关 SQ_1、SQ_2 和 SQ_3、SQ_4 的动断触点。并在正转、反转起动按钮 SB_2 和 SB_3 分别并联 SQ_3 和 SQ_1 的动合触点。SQ_1 和 SQ_3 的动合触点和动断触点是机械联动的，具有联锁作用。

按下正转起动按钮 SB_2，正转接触器 KM_1 的线圈通电，电动机正转，假设使工作台向右移动。当工作台移动到预定位置时，撞块 A 压下行程开关 SQ_1，SQ_1 的动断触点断开，线圈 KM_1 断电，正转停车。SQ_1 的动合触点和 KM_1 的动断触点闭合，反转接触器 KM_2 的线圈通电，电动机反转，使工作台向左移动。撞块 A 离开后，行程开关 SQ_1 自动复位。

当工作台移动到另一端的预定位置时，撞块 B 压下行程开关 SQ_3，SQ_3 的动断触点断开而动合触点闭合，电动机停止反转后又正转。如此周而复始，实现三相异步电动机的自

149

动往返行程控制。常用电机及控制电器符号见表 7—1。

表 7—1　　　　　　　　　　　　常用电机及控制电器符号

名　称	符　号	名　称		符　号
三相笼型异步电动机		按钮触点	动合触点	
			动断触点	
三相绕线式异步电动机		接触器线圈	吸引线圈	
直流电动机		接触器触点	主触点	
			辅助触点　动合	
			动断	
单相变压器		时间继电器	延时闭合动合	
			延时断开动断	
			延时断开动合	
空气断路器			延时闭合动断	
熔断器		热继电器	发热元件	
			动断触点	
信号灯		行程开关	动合触点	
			动断触点	

*7.6　可编程控制器

继电接触器控制系统长期在生产上得到广泛应用，但由于它的机械触点多，接线复杂、可靠性低、功耗高、通用性和灵活性也较差，所以越来越满足不了现代化生产过程复杂多变的控制要求。

可编程控制器（programmable logic controller，PLC）是以中央处理器为核心，综合了计算机和自动控制等先进技术发展起来的一种新型的工业控制器。可编程控制器采用可编程序的存储器，是用来在内部存储执行逻辑运算、顺序控制、定时、计数和算术运算等操作的指令，并通过数字式或模拟式的输入和输出，控制各种类型的机械或生产过程。它是专门为工业现场应用设计的，具有可靠性高、功能完善、组合灵活、编程简单及功耗低等许多独特优点。

20世纪70年代中末期，可编程控制器进入实用化发展阶段，计算机技术已全面引入可编程控制器中，使其功能发生了飞跃。更高的运算速度、超小型体积、更可靠的工业抗干扰设计、模拟量运算、PID功能及极高的性价比奠定了它在现代工业中的地位。

一、可编程控制器的组成和原理

1. 基本结构及各部分的作用

PLC的类型繁多，功能和指令系统也不尽相同，但其结构和工作原理基本相同。一般由主机、输入输出接口（I/O）、电源、编程器、扩展接口和外部设备接口等几个主要部分构成。如果把PLC看作一个系统，外部的各种开关信号或模拟信号均为输入变量，它们经输入接口寄存到PLC内部的数据存储器中，然后经逻辑运算或数据处理以输出变量的形式送到输出接口，从而控制输出设备。

现以西门子S7系列PLC实现三相异步电动机直接起动控制为例说明其工作原理。图7—19是三相异步电动机直接起动继电接触器控制电路，图7—20是实现这一控制的PLC等效电路。

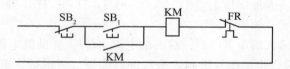

图7—19 三相异步电动机直接起动继电接触器控制电路

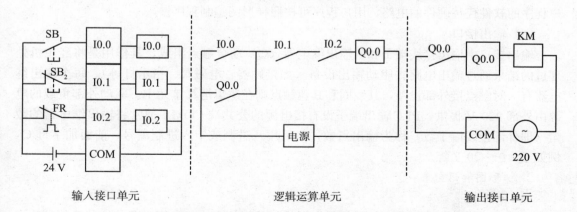

输入接口单元　　　　　逻辑运算单元　　　　　输出接口单元

图7—20 三相异步电动机（直接起动）PLC系统的等效电路

由图7—20的PLC等效电路可分为输入接口单元、逻辑运算单元和输出接口单元三部分。该电路的操作命令由SB_1、SB_2和FR的动断触点，分别连接PLC的三个接线端，接线端又与内部的输入继电器线圈 I0.0～I0.2 相连接。Q0.0 为输出继电器，它有一副动合触点接到输出接线端。FR、SB$_2$正常工作时闭合，I0.1 和 I0.2 动合触点闭合，为 Q0.0 工作做准备。电路动作过程如下：

按 SB$_1$→I0.0 线圈通电→I0.0 的动合触点闭合→Q0.0 的线圈通电——————┐

┌———┘
├→Q0.0 的动合触点闭合,实现自锁；
└→Q0.0 的动合触点闭合,KM 线圈通电→主电路 KM 动合触点闭合,电动机运行。

当 SB$_1$复位后，I0.0 的线圈断电，I0.0 的动合触点复位。但由于 Q0.0 的自锁，KM 线圈仍然通电，电动机仍在运行。

按 SB$_2$→I0.1 线圈断电→I0.1 复位→Q0.0 的线圈断电→Q0.0 的动合触点复位→KM 线圈断电→电动机停止。

当 SB$_2$复位后，I0.1 的线圈通电，I0.1 的动合触点闭合。但由于 I0.0、Q0.0 的动合触点均断开，电动机仍处于停止。

（1）输入接口

输入接口由外部输入电路、输入接线端子和输入继电器（I）组成。负责收集和输入外部设备（如按钮、行程开关、传感器等）的控制信号。输入接线端子是 PLC 与外部控制信号连接的端口，其 COM 为公共端，输入回路的电源可以 PLC 的 24 V 直流电源供电。每一个输入端都与一个输入继电器线圈连接，每个输入继电器提供任意个动合和动断触点供逻辑运算单元编程用。

输入继电器的数量称为输入点数，也是 PLC 的外部输入端子数。输入点数采用八进制或十六进制编号，前面加字母 I，例如 I0.0～I0.7，I1.0～I1.7 等。

（2）逻辑运算单元

逻辑运算单元由输入继电器（I）、输出继电器（Q）、辅助继电器（M）、定时器（T）和计数器（C）等组成，也采用八进制或十六进制编号。逻辑运算单元的作用是按照程序规定的逻辑关系，对输入、输出信号的状态进行逻辑运算，最终得到输出。该部分是由用户程序的软件代替硬件的电路，用户程序可按照梯形图编制程序。

（3）输出接口

输出接口由输出接线端子和各输出继电器（Q）动合触点组成，其作用是将经主机处理过的结果通过输出电路去驱动输出设备（如接触器、电磁阀、指示灯等）。每个输出继电器有一对触点接外部设备，其线圈和其他触点则在逻辑运算单元中。驱动外部负载的电源由外部 220 V 提供，PLC 输出端子设有接电源的公共端 COM。通常将输出继电器的数量（即外部接线端子数）称为输出点数，也采用八进制或十六进制编号。前面加字母 Q，例如 Q0.0～Q0.7 等。

2. 梯形图和语句表

（1）梯形图

继电接触器控制系统是利用导线将电器的相关部件连接起来而实现其控制功能的。在 PLC 中的继电器并非真正的电磁继电器，而是计算机中的软继电器，其内部的各继电器线圈和触点无须用导线连接，利用编程器等设备将程序写入 PLC 来实现。

尽管 PLC 的编程语言很多，但目前绝大多数 PLC 都以梯形图和语句表作为主要编程语言。梯形图（ladder diagram）类似于继电接触器控制系统电气原理图，只是图形符号不同。例如，梯形图中通常用 ┤├、┤╱├ 图形符号表示 PLC 编程元件的动合和动断"触点"，用（）或 ─○─ 表示它们的"线圈"。在绘制梯形图时，一般应遵循以下规则。

①梯形图按自上而下、从左到右的顺序排列。每一继电器线圈为一逻辑行，即一层阶梯。一个逻辑行起于左母线，然后是触点的连接，最后终止于继电器线圈或右母线。左母线与线圈之间一定要有触点，而线圈与右母线之间则不能有任何触点。

②梯形图中的继电器不是物理继电器，每个继电器均为存储器中的一位，因而称为软继电器。当存储器相应位的状态为"1"时，表示该继电器的线圈通电，其动合触点闭合，动断触点断开。

③梯形图是 PLC 形象化的编程手段，母线也并非是实际电源的两端。因此，梯形图中流过的电流也不是实际的物理电流，而是"概念"电流，是用户程序执行过程中满足输出条件的形象表示方式。"概念"电流只能从左到右流动，层次改变只能先上后下。

④一般情况下，在梯形图中某个编号继电器线圈只能出现一次，同一编号的继电器触点可无数次使用。

⑤梯形图中，除了输入继电器没有线圈，只有触点外，其他继电器既有线圈，又有触点。

⑥每一逻辑行中，串联触点多的支路应放在上方，而并联触点多的电路放在左方。

（2）语句表

语句表（statement list）是 PLC 的一种重要编程语言，在中小型 PLC（没有图形编程器的 PLC）中，普遍使用这种语言。对设计者而言，编写语句表，首先应该根据控制要求设计好梯形图（相当于计算机中的流程图），再根据梯形图的编程规则，即由上而下、从左至右，逐行编写语句表（相当于计算机程序），编好语句表后，还需要上机调试、修改，调试通过后才能加载运行。语句表由基本指令组成，见表 7—2。

表 7—2   PLC 的基本指令表

指令种类	助记符号		内 容
	西门子	三菱	
触点指令	LD	LD	动合触点与左母线相连或处于支路的逻辑运算起始位置
	LDI	LDI	动断触点与左母线相连或处于支路的逻辑运算起始位置
	A	AND	动合触点与前面部分串联，用于单个动合触点的串联
	AN	ANI	动断触点与前面部分串联，用于单个动断触点的串联
	O	OR	动合触点与前面部分并联，用于单个动合触点的并联
	ON	ORI	动断触点与前面部分并联，用于单个动断触点的并联
连续指令	OLD	ORB	串联触点组之间的并联
	ALD	ANB	并联触点组之间的串联
特殊指令	=	OUT	驱动线圈指令
	END	END	结束指令

触点指令中变量的数据类型为布尔（BOOL）型，LD、LDI 两条指令用于将接点接到母线上，A、AN、O、ON 指令均可多次重复使用，但当需要对两个以上接点串联连接电

路块的并联连接时，要用 OLD、ALD 指令。

（1）取指令和输出线圈指令

①LD——取指令，用于动合触点与左母线连接，每一个以动合触点开始的逻辑行都要使用这一指令。

②LDI——取反指令，用于动断触点与左母线连接，每一个以动断触点开始的逻辑行都要使用这一指令。

③=——驱动线圈输出指令，用于驱动输出线圈。

（2）触点串联指令

①A——动合触点串联指令，用于单个动合触点与前面触点串联。

②AN——动断触点串联指令，用于单个动断触点与前面触点串联。触点串联的应用如图 7—21 所示。

（3）触点并联指令

①O——动合触点并联指令，用于单个动合触点与前面触点并联。

②ON——动断触点并联指令，用于单个动断触点与前面触点并联。

ALD——两个或两个以上的触点组成的串联。

OLD——两个或两个以上的触点组成的并联。如图 7—22 所示。

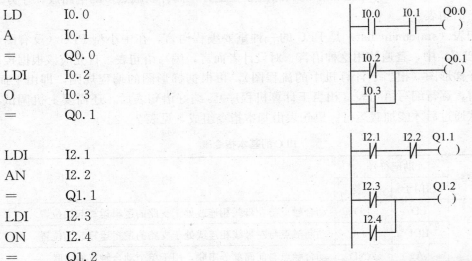

LD	I0.0
A	I0.1
=	Q0.0
LDI	I0.2
O	I0.3
=	Q0.1

LDI	I2.1
AN	I2.2
=	Q1.1
LDI	I2.3
ON	I2.4
=	Q1.2

图 7—21　串联指令与并联指令应用

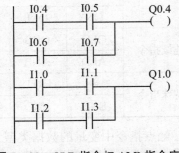

LD	I0.4
A	I0.5
LD	I0.6
A	I0.7
OLD	
=	Q0.4
LD	I1.0
O	I1.2
LD	I1.1

图 7—22　OLD 指令与 ALD 指令应用

154

```
A          I1.3
ALD
=          Q1.0
```

（4）定时指令

PLC 中的定时器相当于继电控制系统中的时间继电器。它可以提供无数对动合、动断延时触点供编程使用。定时器的延时时间由编程时设定的系数 K 决定。

TON——接通延时定时器

TONR——有记忆接通延时定时器

TOF——断开延时定时器

西门子则用不同的编号处理，有的编号的定时器单位设定时间小，而有的大。如 S7－200，其单位时间设定值与定时器编号见表 7－3。

表 7—3   **TON 定时器的编号和最大延时时间**

计时单位/ms	编号	最大延时时间/s
1	T32	32.767
10	T33～T36	327.67
100	T37～T63	3 276.7

例如，编号为 T33～T36 的 TON 定时器，K100 的延时时间为 $100 \times 10 \times 10^{-3}$ （s） ＝ 1 s。

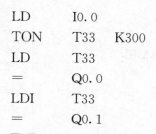
```
LD      I0.0
TON     T33   K300
LD      T33
=       Q0.0
LDI     T33
=       Q0.1
END
```
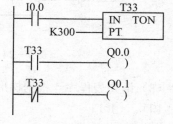

图 7—23   定时器指令应用

（5）保持及结束指令

①S——操作保持置位指令，使辅助继电器接通并自锁。

②R——操作保持复位指令，使辅助继电器的自锁释放。

③END ——程序结束指令，用于程序的终了，可缩短工作周期。

在程序调试过程中，为了便于分步调试，可在程序中插入几个 END 指令，在确认前面的程序动作正确无误之后，再依次删除 END 指令。PLC 除以上基本指令外，还有一些别的指令，可查阅资料了解。

二、基本指令应用举例

【应用举例 1】 设计笼型异步电动机起、停控制的梯形图，图 7—9 所示为笼型异步电动机起、停控制的继电控制电气原理图。

（1）分配输入/输出端子，画出硬件接线图。硬件接线如图7—24所示，SB_1是动断触点，采用PLC控制，则停止按钮SB_1和起动按钮SB_2是输入设备。若按图7—24（a）的接法，将SB_1接成动断，在梯形图中用的是动合触点I0.0。未按SB_1时，输入继电器接通，动合触点I0.0是闭合的。当按下SB_1时，输入继电器断开，I0.0动合触点才断开。若按图7—24（b）的接法，将SB_1接成动合，在梯形图中用的是动断触点I0.0。未按SB_1时，输入继电器断开，动断触点I0.0是闭合的。当按下SB_1时，输入继电器接通，I0.0动断触点才断开。

（2）设计梯形图。用PLC中的编程元件代替原理图中的元件，画出相对应的梯形图，如图7—24所示。

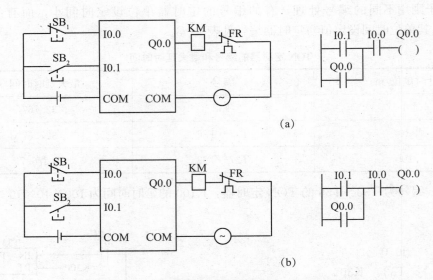

图7—24　电动机起停控制的硬件接线图及梯形图

（3）语句表程序。根据梯形图写出语句表程序如下：

LD	I0.1		LD	I0.1
O	Q0.0		O	Q0.0
A	I0.0		AN	I0.0
=	Q0.0		=	Q0.0

（4）键入语句表程序。通过编程器将语句表程序输入PLC，见表7—4，操作相应的按钮，就能实现对电动机的起、停控制。若电动机过载，FR的输入信号使PLC立即停止输出，起到过载保护作用。

【应用举例2】　三相异步电动机正反转控制。

（1）分配输入/输出端子，画出硬件接线图。停止按钮SB_3、正转按钮SB_1、反转按钮SB_2、热继电器FR接在PLC的四个输入端子上；正转接触器KM_1、反转接触器KM_2接在两个输出端子上，分别分配为Q0.0和Q0.1。I/O连接图如图7—25（a）所示。由电动机起、停控制的分析可知，根据继电器控制电路部分（图7—12），直接画出梯形图，如图7—25（b）所示。

156

表7—4　　　　　　　　　　　输入输出信号与 PLC 地址编号对照表

输入信号			输出信号		
名称	功能	编号	名称	功能	编号
SB₁	正转	I0.0	KM₁	正转	Q0.0
SB₂	反转	I0.1	KM₂	反转	Q0.1
SB₃	停止	I0.2			
FR	过载	I0.3			

自锁和互锁触点是"软"触点，不占用 I/O 点。

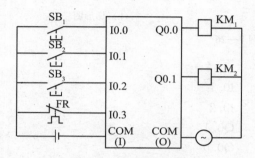

(a) 电动机正反转控制外部连接图　　　　　　　　(b) 梯形图

图 7—25

(2) 根据梯形图写出指令语句如下：

LD　　I0.0
O　　　Q0.0
AN　　Q0.1
A　　　I0.3
AN　　I0.2
＝　　　Q0.0
LD　　I0.1
O　　　Q0.1
AN　　Q0.0
A　　　I0.3
AN　　I0.2
＝　　　Q0.1
END

【应用举例3】　三相异步电动机 Y—△ 起动的电路。

以下将图 7—14 的三相笼型异步电动机 Y—△ 起动的继电器电路改为 PLC 控制。三相异步电动机 Y—△ 起动控制的继电器采用 PLC 控制时，先画出 PLC 的 I/O 连接图，如图 7—26 (a) 所示。再根据 Y—△ 控制要求，画出梯形图，如图 7—26 (b) 所示。

157

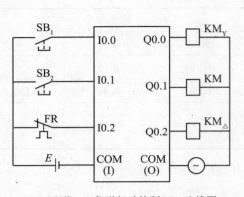 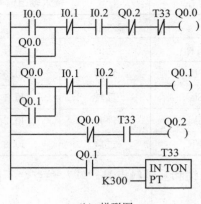

(a) 星形－三角形起动控制 I/O 连线图　　　　　　　　（b) 梯形图

图 7—26

由梯形图写出语句表如下：

LD	I0.0	AN	I0.1
O	Q0.0	A	I0.2
AN	I0.1	=	Q0.1
A	I0.2	LDI	Q0.0
AN	Q0.2	A	T33
AN	T33	=	Q0.2
=	Q0.0	LD	Q0.1
LD	Q0.0	TON	T33　K300
O	Q0.1	END	

练习与思考

7.6.1　PLC 硬件由哪几个部分组成？各有什么作用？

7.6.2　PLC 的输出接口有哪几种形式？

7.6.3　输入继电器与输出继电器的驱动方式有何不同？

7.6.4　PLC 内部的软继电器有无数对触点可以使用，那么它的线圈是否也可以多次使用呢？

 习　题

一、单项选择题

1. 在生产机械的运行和位置的调整中的点动控制电路，如图 7—01 所示，其工作原理是（　　）。

（1）按下 SB₁，线圈 KM 通电，主触点 KM 闭合，电动机 M 运转；放开 SB₁，线圈

KM 断电，主触点 KM 断开，电动机 M 停转

（2）先闭合开关 Q，线圈 KM 通电，主触点 KM 闭合，电动机 M 运转；按下 SB₁，线圈 KM 断电，主触点 KM 断开，电动机 M 停转

（3）按下 SB₁，主触点 KM 闭合，线圈 KM 通电，电动机 M 运转；放开 SB₁，主触点 KM 断开，线圈 KM 断电，电动机 M 停转

（4）先闭合开关 Q，按下 SB₁，主触点 KM 闭合，线圈 KM 通电，电动机 M 运转；放开 SB₁，主触点 KM 断开，线圈 KM 断电，电动机 M 停转

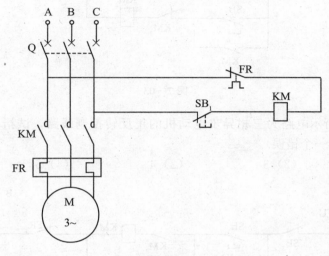

图 7—01

2. 实现三相异步电动机两地控制电路如图 7—02 所示，其两地控制的停止按钮是（　　）。

（1）SB₁，SB₂　　　（2）SB₂，SB₃　　　（3）SB₃，SB₄　　　（4）SB₁，SB₄

3. 实现三相异步电动机两地控制电路如图 7—02 所示，控制电路中具有（　　）。

（1）短路保护　　　（2）过载保护　　　（3）失压保护　　　（4）以上三种保护

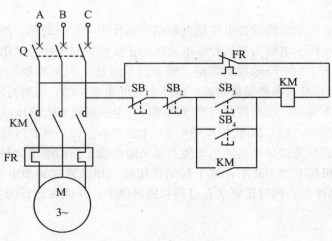

图 7—02

4. 图 7—03 所示电路为三相异步电动机的正反转控制线路，试指出错误有（   ）种（同类型错误算一个错误）并改正。

(1) 2 　　　　(2) 3 　　　　(3) 4 　　　　(4) 5

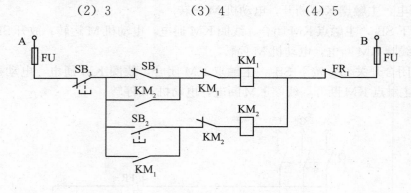

图 7—03

5. 图 7—04 所示电路为三相异步电动机的正反转控制线路，试指出错误有（   ）种（同类型错误算一个错误）。

(1) 2 　　　　(2) 3 　　　　(3) 4 　　　　(4) 5

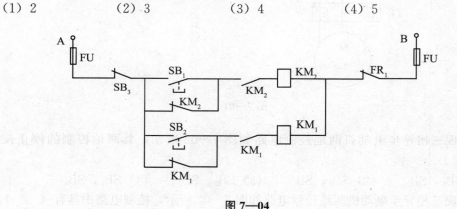

图 7—04

二、分析与计算题

7.1　图 7—05 所示电路的各电路能否控制三相异步电动机的起、停？为什么？

7.2　图 7—06 所示电路为三相异步电动机的正反转控制线路，试指出并改正错误。

7.3　试分析图 7—07 所示控制线路，回答以下问题：（1）控制线路有哪些功能？由什么元件实现？（2）具有哪些保护功能？由什么元件实现？（3）简要写出工作过程。

7.4　根据以下要求，绘出控制线路（M_1 和 M_2 为三相鼠笼式异步电动机）：（1）M_1 先起动然后 M_2 才能起动；（2）M_2 先停车然后 M_1 才能停车；（3）具有过载保护、短路保护。

7.5　画出三相鼠笼式异步电动机既能点动又能连续工作的继电接触器控制线路。

7.6　某生产机械有如下要求：按下起动按钮后三相鼠笼式异步电动机直接起动，经过一段延时后自动停车，同时还要求有过载和短路保护，并能在运行时使其停车。试画出电动机的控制电路。

160

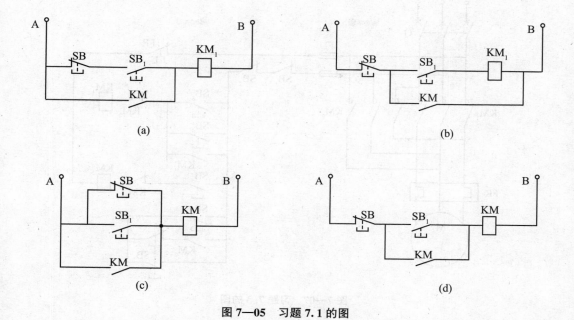

(a)

(b)

(c)

(d)

图 7—05 习题 7.1 的图

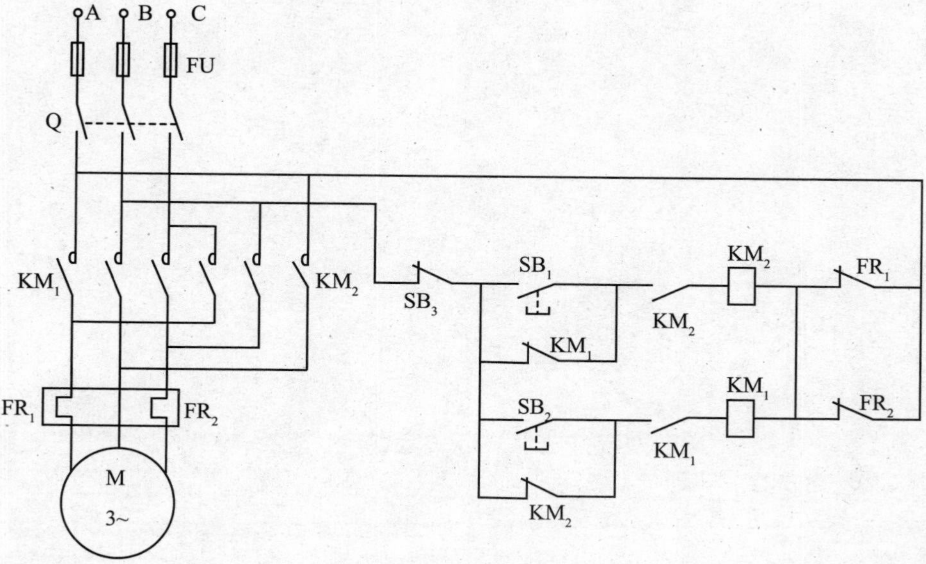

图 7—06 习题 7.2 的图

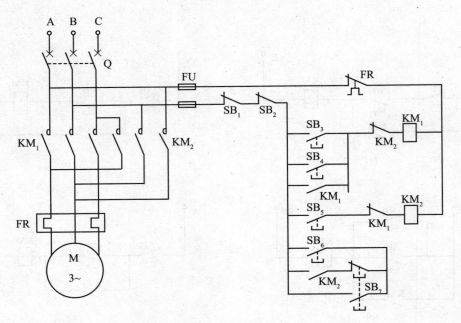

图 7—07　习题 7.3 的图

第8章

常用半导体器件

半导体器件（semiconductor device）具有体积小、重量轻、无触点、寿命长、低功耗等诸多优点，因而获得了广泛的应用，特别适用于集成电路中要求电子元器件微型化。半导体器件是电子电路的核心元件，而 PN 结是构成各种半导体器件的基础。本章介绍 PN 结的单向导电特性，二极管和晶体管等器件的内部结构、外部特性曲线和主要参数，为后续章节的学习打下良好的基础。

8.1 半导体基础知识

一、本征半导体和掺杂半导体

半导体是自然界中存在的电阻率介于导体和绝缘体之间的一类物质。这些材料的电阻率在受外部光照或加热时，导电性能会增加，因而半导体具有光敏性、热敏性。利用这些特性，能制造出各种不同用途的半导体器件，例如光敏电阻、热敏电阻。更重要的是在纯净半导体中掺入少量杂质，导电性能将显著增加，同时导电能力可以控制。这些特殊的性质决定了半导体可以制成各种器件，例如下面介绍的二极管、晶体管、场效应晶体管和晶闸管等。

1. 本征半导体

本征半导体（intrinsic semiconductor）几乎是完全纯净的、具有完整的半导体晶体结构，电子技术中用的最多的是硅、锗和砷化镓等。

（1）原子结构及共价键

大多数半导体器件所用的材料是硅（Si）和锗（Ge），其原子结构如图 8—1 所示。它们各有 4 个价电子。若将锗或硅材料提纯（去掉无用杂质）并形成单晶体后，所有原子便整齐排列成晶体点阵结构。价电子同时受到所属原子核和相邻原子核的作用，为相邻原子核所共有，形成稳定的共价键（covalent bond）。在热力学温度为零度或没有外界激发时，本征半导体基本不导电。

（2）半导体中的载流子

在加热或光照作用下，少数价电子获得足够能量，能克服共价键的束缚成为自由电

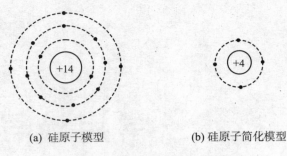

(a) 硅原子模型　　　　　　　(b) 硅原子简化模型

图 8—1　硅原子结构

子。同时这些自由电子原有的位置上留下空位，称为空穴，空穴因失去一个电子而带正电。半导体同时存在着两种载流子：带负电的自由电子和带正电的空穴，而金属导体中只有自由电子一种载流子，这是半导体和金属在导电原理上的本质区别。本征半导体处于外加电场中时，自由电子因定向运动形成自由电子电流，而空穴则逐一被相邻的自由电子填补，形成了空穴的相对运动，即空穴电流。显然，两者运动形成的电流方向是一致的。

本征半导体中的自由电子和空穴总是成对出现，同时又不断复合。在一定温度下，电子、空穴对的产生和复合同时存在并达到动态平衡，此时本征半导体具有一定的载流子浓度。加热或光照会使半导体发生热激发或光激发，从而产生更多的电子、空穴对，这时载流子浓度增加，电导率增加。半导体热敏电阻和光敏电阻等半导体器件就是根据此原理制成的。常温下本征半导体的电导率较小，载流子浓度对温度变化敏感，所以很难对半导体特性进行控制，因此实际应用不多。

2. 杂质半导体

在常温下，本征半导体中的两种载流子数量极少，因而导电能力很差。如果在本征半导体中掺入微量的杂质（杂质和半导体一般按百万分之一数量级的比例掺杂），称为杂质半导体（extrinsic semiconductor），掺杂后其导电性能将大大增强。正是基于这种原因，半导体获得广泛的应用。因掺入的杂质不同而形成了以下两类杂质半导体。

（1）N 型半导体

在硅或锗的晶体中掺入少量五价元素原子（如磷、砷、锑）后，某些硅原子被磷原子取代，它的 5 个价电子有 4 个与周边硅原子组成共价键，多余的价电子因受到的束缚力较弱，在常温下易于受热激发成为自由电子，原子的位置上留下一个固定的、不能移动的正离子，致使半导体呈中性。如图 8—2 所示。这种杂质半导体中因自由电子浓度高于空穴浓度，主要依靠自由电子导电，故称为电子半导体或 N 型半导体（N-type semiconductor）。N 型半导体中自由电子是多数载流子（简称多子），空穴是少数载流子（简称少子）。

（2）P 型半导体

在硅或锗晶体中掺入少量三价元素原子（如硼、铝、铟）等，硼原子和周边硅原子构成共价键时，因缺少一个电子，自然产生一个空穴。如图 8—3 所示。当相邻共价键上的自由电子受到热振动或在其他激发条件下获得能量时，就有可能填补这个空位，硼原子成为不能移动的负离子，相邻的硅原子失去一个价电子而获得一个空穴，半导体呈中性。这种填补过程不断进行，构成空穴运动。这种杂质半导体中空穴浓度高于自由电子浓度，主要依靠空穴导电，故称为空穴半导体或 P 型半导体（P-type semiconductor）。P 型半导体中空穴是多数载流子，自由电子是少数载流子。

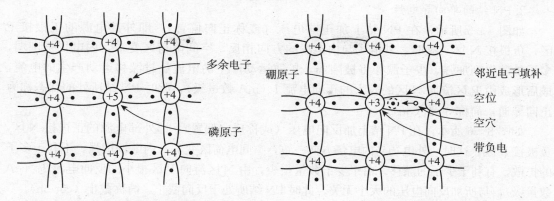

图 8—2　硅晶体中掺磷出现自由电子　　　　图 8—3　硅晶体中掺硼出现空穴

二、PN 结

1. PN 结的形成

当 P 型半导体和 N 型半导体相接触时，例如在单晶硅片上采用不同的掺杂工艺，一边制成 N 型半导体，另一边制成 P 型半导体，在其交界面便会形成 PN 结。

在 P 型和 N 型半导体的交界面两侧，多数载流子由于浓度差将产生扩散运动（diffusive motion），如图 8—4（a）所示。电子与空穴相遇将复合而消失，在交界面两侧形成了一个由不能移动的正、负离子组成的空间电荷区，也就是 PN 结（PN junction），如图 8—4（b）所示。同时，空间电荷区的正、负离子又建立起内电场（internal electric field），内电场会阻碍多子的扩散运动，有利于少数载流子向对方的漂移运动（drift motion）。当扩散运动和漂移运动达到动态平衡时，空间电荷区的宽度基本上稳定下来，PN 结就处于相对稳定的状态。

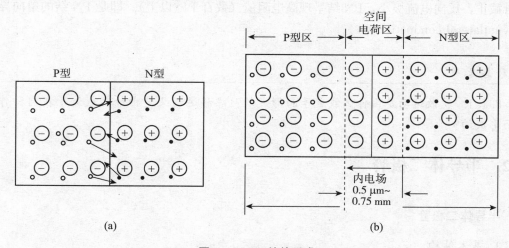

图 8—4　PN 结的形成

PN 结两边带有正、负电荷，这样两个导电区就成了如电容一样的两个电极，这种电容称为结电容（junction capacitance）。二极管的 PN 结之间是存在电容的，而电容是能够通过交流电的。由于结电容通常很小，当加在二极管 PN 结之间的交流电频率较低时，容

165

抗很大，可视为开路。

　　2. PN 结的单向导电性

　　如图 8—5 所示，在 PN 结上加正向电压（或称正向偏置），即外部电源的正极接 P 区，负极接 N 区。这时，外电场与内电场的方向相反，空间电荷区变窄，内电场被削弱，多子扩散得到加强，少子漂移将被削弱，扩散运动产生的电流超过漂移运动产生的电流，最后形成由 P 区流向 N 区的较大的正向电流 I（mA 数量级），此时 PN 结所处的状态称为正向导通，简称导通（on）。

　　如图 8—6 所示，在 PN 结上加反向电压（或称反向偏置），即外部电源的正极接 N 区，负极接 P 区。这时，外电场与内电场方向一致，空间电荷区变宽，内电场增强，不利于多子的扩散，有利于少子的漂移。由于少子数量很少，由 N 区流向 P 区很小的反向电流 I_S（μA 数量级），与所加反向电压的大小无关，此时 PN 结所处于反向截止，简称截止（cut-off）。

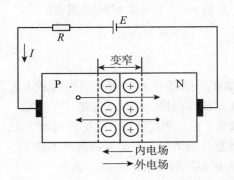

图 8—5　PN 结加正向电压

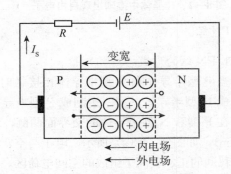

图 8—6　PN 结加反向电压

　　总之，PN 结正向偏置时导通，正向导通电流大，PN 结两端呈现低电阻值；反向偏置时截止，反向电流极小，PN 结呈现高电阻值（数百千欧以上）。即是 PN 结的单向导电性（unilateral conductivity）。

练习与思考

　　8.1.1　扩散运动是由什么载流子而形成的？漂移运动又是由什么载流子在何种作用下而形成的？

8.2　半导体二极管

一、半导体二极管

1. 基本结构

　　把 PN 结两侧各加上一根引线作为电极，并封装起来，就是半导体二极管。根据 PN 结的制作工艺的不同，二极管可分为点接触型、面接触型和平面型三类，如图 8—7 所示。点接触型 PN 结面积小，允许通过的电流小，结电容也小，故可在高频情况下工作，如高频检波、混频等。而面接触型 PN 结面积大，可允许通过的电流大，结电容也大，只能在低频下工作。平面型二极管由扩散工艺制成，截面积小的可作为开关管使用，截面积大的可作为大功率整流元件应用。

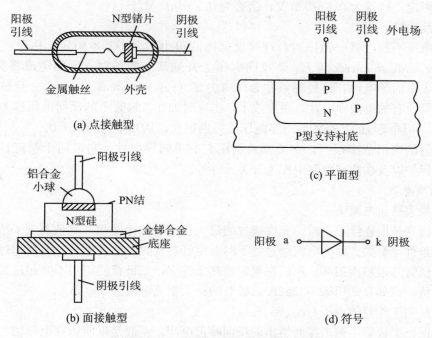

(a) 点接触型

(b) 面接触型

(c) 平面型

(d) 符号

图 8—7　二极管的结构和符号

按材料的不同，二极管可分为硅管和锗管；按用途不同，二极管又分为普通管、整流管和稳压管。

2. 伏安特性

二极管既然是一个 PN 结，它具有单向导电性，其伏安特性如图 8—8 所示。

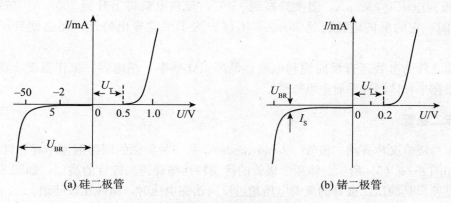

(a) 硅二极管

(b) 锗二极管

图 8—8　二极管的伏安特性

（1）正向特性

当正向电压较小时，正向电流 $I \approx 0$；当正向电压超过一定数值时，电流才明显增大，这个一定数值的正向电压称为死区电压 U_T（dead zone voltage）或阈值电压（threshold voltage)。通常，硅管的死区电压约为 0.5 V，锗管约为 0.1 V。

当正向电压超过死区电压以后，内电场大大削弱，电流迅速增加，二极管导通时正向电压几乎恒定，硅管为 0.6～0.8 V，锗管为 0.2～0.3 V。

（2）反向特性

反向电压不超过某一范围时，这时反向电流很小，大小基本恒定，称反向饱和电流（reverse saturation current）I_S。当反向电压上升到某一数值时，反向电流将突然增大，二极管失去单向导电性，这种现象称为反向击穿（reverse breakdown）。一旦被击穿，一般不能恢复原有的单向导电性，便失效了。击穿时加在二极管上的反向电压称为反向击穿电压U_{BR}。不同型号的二极管的击穿电压值差别很大，从几十伏到几千伏。

二极管的应用范围很广，主要都是利用它的单向导电性。它可用于整流、检波、限幅、元件保护以及在数字电路中作为开关元件等。

3. 主要参数

（1）最大整流电流 I_{OM}

指二极管长期连续工作时，允许通过的最大正向平均电流值，其值与 PN 结的面积及外部散热条件等有关。因为电流通过管子时会使管芯发热，温度上升，温度超过容许限度时，就会使管芯过热而损坏。所以在规定散热条件下，二极管使用中不要超过二极管最大整流电流值。例如，常用的 2CZ52A 二极管的最大整流电流为 100 mA。

（2）反向工作峰值电压 U_{RWM}

它是保证二极管不被击穿而给出的反向峰值电压，一般是反向击穿电压的一半或三分之二。例如，2CZ52A 反向工作峰值电压为 25 V，击穿电压约为 50 V。

（3）反向峰值电流 I_{RM}

反向电流是指二极管在常温（25 ℃）和最高反向电压作用下，流过二极管的反向电流。反向电流越小，管子的单方向导电性能越好。值得注意的是反向电流与温度有着密切的关系，温度大约每升高 10 ℃，反向电流增大一倍。例如，2AP1 型锗检波二极管，在 25 ℃时反向电流为 250 μA，温度升高到 35 ℃，反向电流将上升到 500 μA，依此类推，在 75 ℃时，它的反向电流已达 8 mA，不仅失去了单向导电特性，还会使管子过热而损坏。

除此之外的参数还有反向饱和电流、最高工作频率、结电容、工作温度、动态电阻等，一般在半导体器件手册中可查到。

二、稳压二极管

稳压二极管又称齐纳二极管（Zener diode），是一种特殊的面接触型半导体硅二极管。其符号如图 8—9（b）所示。稳压二极管的伏安特性与普通二极管的类似，如图 8—9（c）所示。其差异是稳压二极管的反向电压超过反向击穿电压时，曲线比较陡峭。

由于采用特殊的工艺，稳压二极管可以工作于反向击穿区，反向电流可在很大范围内变化，但稳压二极管两端的电压变化却很小，利用这一特性，稳压二极管在电路中能起稳压作用和限幅作用。稳压二极管的主要参数如下。

（1）稳定电压U_z：指 PN 结的反向击穿电压，它随工作电流和温度的不同而略有变化。由于制造工艺的差别，同一型号稳压二极管的稳压值也不完全一致，因而稳压值有一

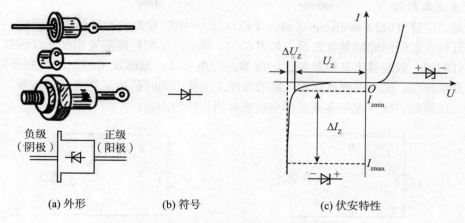

(a) 外形　　　　　(b) 符号　　　　　(c) 伏安特性

图 8—9　稳压二极管外形、符号和伏安特性

定的离散性。例如，2CW14 硅稳压二极管的稳定电压为 6～7.5 V。

（2）稳定电流 I_z：指稳压二极管工作时的参考电流值，其范围如图 8—9（c）中的 I_{zmin}～I_{zmax} 所示。

（3）动态电阻 r_z：指稳压二极管两端电压变化与电流变化的比值，即

$$r_z = \frac{\Delta U_z}{\Delta I_z} \tag{8—1}$$

这个数值会随工作电流的不同而改变。通常工作电流越大，动态电阻越小，稳压性能越好。

（4）电压温度系数 α_U：指稳定电压值受温度变化影响的程度。不同型号的稳压二极管有不同的温度系数，且有正负之分。稳压值低于 6 V 的稳压二极管，稳定电压的温度系数为负值；稳压值高于 6 V 的稳压二极管，稳定电压的温度系数为正值。例如，2CW58 稳压二极管的温度系数是 +0.07%/℃，即温度每升高 1 ℃，其稳压值将升高 0.07%。

选择稳压二极管时应注意：流过稳压二极管的电流 I_z 不能过大，应使 $I_z \leqslant I_{zmax}$，否则会超过稳压二极管的允许功耗，I_z 也不能太小，应使 $I_z \geqslant I_{zmin}$，否则不能稳定输出电压，会使输入电压和负载电流的变化范围都受到一定限制。

三、光电二极管和发光二极管

1. 光电二极管

光电二极管（photo diode）和普通二极管一样，也是由一个 PN 结组成的半导体器件，也具有单方向导电特性。如图 8—10 所示。在电路中不是用它作整流元件，而是通过它把光信号转换成电信号。

普通二极管在反向电压作用下处于截止状态，只能流过微弱的反向电流，光电二极管在设计和制作时尽量使 PN 结的面积相对较大，以便光电二极管接收入射光。光电二极管是在反向电压作用在工作的，没有光照时，反向电流极其微弱，称为暗电流；有光照时，反向电流迅速增大到几十微安，称为光电流。光的强度越大，反向电流也越大。光的变化引起光电二极管电流变化，这就可以把光信号转换成电信号，成为光电传感器件。

2. 发光二极管

发光二极管（light emitting diode，LED）是一种能发光的半导体电子元件，是透过三价与五价元素所组成的复合光源。如图 8—11 所示。早期只能够发出低光度的红光，当作指示灯利用。后发展出其他单色光的版本，时至今日，能够发出的光已经遍及可见光、红外线及紫外线，光度亦提高到相当高的程度。用途由初时的指示灯及显示板等，随着白光发光二极管的出现，近年逐渐发展至被普遍用作照明用途。

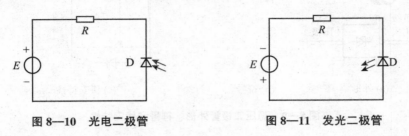

图 8—10 光电二极管   图 8—11 发光二极管

发光二极管正向偏置时，有电流流过产生发光效应，而光线的波长、颜色跟其所采用的半导体物料种类与故意掺入的元素杂质有关。具有效率高、寿命长、不易破损、反应速度快、可靠性高等传统光源不及的优点。

练习与思考

8.2.1 二极管若工作在反向击穿区，是否一定会损坏？

8.2.2 能否利用二极管的正向导通压降对电路进行稳压？

8.2.3 为什么动态电阻越小，稳压性能越好？

8.3 双极型晶体管

双极型半导体晶体管通常简称为晶体管（transistor）或三极管。它由两个 PN 结构成，PN 结之间互相影响，结果表现出不同于单个 PN 结的重要特性，即电流放大作用，从而使晶体管成为现代电子电路的核心元件，被广泛应用于各种电路中。

按 PN 结组合方式不同，晶体管分为 NPN 型和 PNP 型，它们的结构示意图和图形符号如图 8—12 所示。晶体管有三个导电区域：基区、发射区和集电区，三个导电区引出的三个电极分别称为：基极 B（base）、发射极 E（emitter）和集电极 C（collector）。位于基区和发射区之间的 PN 结为发射结（emitter junction），基区和集电区之间的 PN 结为集电结（collector junction）。

晶体管种类很多，按材料分类有硅管和锗管两种。按功率分类有大功率管和小功率管，按工作频率分类有低频管、高频管和开关管等等。外形封装形式也各种各样，然而结构上只有两种，不是 NPN 型晶体管就是 PNP 型晶体管。

晶体管体积小、重量轻、耗电少、寿命长、可靠性高，已广泛用于广播、电视、通信、雷达、计算机、家用电器等领域，起放大、振荡、开关等作用。

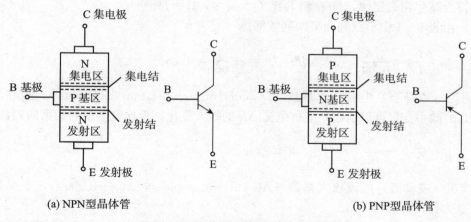

(a) NPN型晶体管

(b) PNP型晶体管

图 8—12　晶体管结构示意图和表示符号

一、晶体管的电流放大作用

晶体管电流放大实验电路如图 8—13 所示。把晶体管接成两个回路：基极回路和集电极回路，公共端是发射极，故称为晶体管共发射极接法。对于 NPN 型晶体管，电源 U_{BB}、U_{CC} 必须按图示极性连接，电源 U_{BB} 使发射结正向偏置，U_{CC} 使集电结反向偏置，才能保证晶体管工作在放大区。

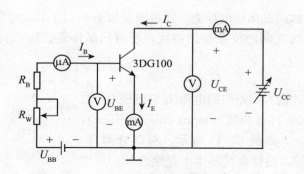

图 8—13　晶体管电流放大的实验电路

设 $U_{CC}=6$ V，调节可变电阻 R_w，则基极电流 I_B、集电极电流 I_C 和发射极电流 I_E 都发生变化。电流方向如图 8—13 所示，测量结果列于表 8—1 中。

表 8—1　　　　　　　　　　　晶体管电流测量数据

I_B/ mA	0	0.02	0.04	0.06	0.08	0.10
I_C/ mA	<0.001	0.70	1.50	2.30	3.10	3.95
I_E/ mA	<0.001	0.72	1.54	2.36	3.18	4.05

由此实验及测量结果可得出如下结论：

（1）观察每一列数据，可得

$$I_E=I_C+I_B$$

其符合基尔霍夫定律，且 I_C 和 I_E 比 I_B 大得多，$I_E \approx I_C$。

（2）由表 8—1 中第三列和第四列数据得

$$\bar{\beta} = \frac{I_C}{I_B} = \frac{1.5}{0.04} = 37.5, \bar{\beta} = \frac{I_C}{I_B} = \frac{2.3}{0.06} = 38.3$$

$\bar{\beta}$ 称为直流（或静态）电流放大系数（DC current amplification coefficient）。同时，基极电流 ΔI_B 的微小变化可以引起集电极电流 ΔI_C 的较大变化，再比较第三列和第四列数据得

$$\beta = \frac{\Delta I_C}{\Delta I_B} = \frac{2.3 - 1.5}{0.06 - 0.04} = 40$$

β 称为交流（或动态）电流放大系数（AC current amplification coefficient），表明晶体管的电流放大作用。

（3）当 $I_B = 0$ 时，$I_C = I_{CEO}$（穿透电流），表 8—1 中 $I_{CEO} < 1 \ \mu A$，计算时往往可以忽略。

（4）发射结加正向偏置电压，集电结加反向偏置电压，晶体管才能起放大作用。

还必须注意，晶体管的电流放大作用实质上是电流控制作用，是用一个较小的基极电流去控制一个较大的集电极电流，该集电极电流是由直流电源 U_{CC} 提供的，这一点可以用能量守恒的观点去分析。

二、特性曲线

为了能直观地反映出晶体管的性能，通过测量如图 8—13 所示的实验电路，将晶体管各电极上的电压和电流之间的关系绘出曲线，便得到晶体管的输入特性曲线和输出特性曲线。

1. 输入特性曲线

当 U_{CE} 为常数时，输入回路中的电流 I_B 与电压 U_{BE} 之间的关系曲线称为输入特性曲线（input characteristic），即 $I_B = f(U_{BE})_{U_{CE}=常数}$，如图 8—14 所示。对硅管而言，当 $U_{CE} \geq 1$ V 以后的输入特性曲线基本上是重合的，所以图中只需画出 $U_{CE} \geq 1$ V 的一条输入特性曲线。

由图 8—14 可见，晶体管输入特性曲线也有一段死区。硅管的死区电压约为 0.5 V，锗管的死区电压约为 0.1 V。在正常工作情况下，NPN 型硅管的发射结电压 $U_{BE} = 0.6 \sim 0.7$ V，PNP 型锗管的 $U_{BE} = -0.2 \sim -0.3$ V。

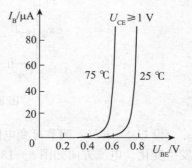

图 8—14　晶体管的输入特性曲线

2. 输出特性曲线

当 I_B 为常数时，输出回路中的电流 I_C 与电压 U_{CE} 之间的关系曲线称为输出特性曲线（output characteristic），即 $I_C = f(U_{CE})_{I_B=常数}$，如图 8—15 所示。通常把晶体管输出特性曲线分为三个工作区，对应晶体管的三种工作状态。

（1）输出特性曲线中近于水平部分的是放大区（amplifier region），此时晶体管具有电流放大作用，即 $I_C = \beta I_B$。可见 I_C 和 I_B 成正比关系，放大区也称为线性区。此时晶体管发射结正偏，集电结反偏，对 NPN 型晶体管，应使 $U_{BE} > 0$，$U_{BC} < 0$。

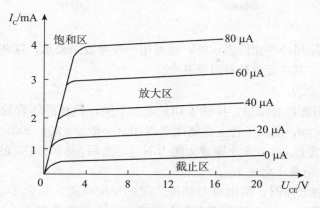

图 8—15　晶体管的输出特性曲线

（2）将 $I_B \le 0$ 以下的区域称为截止区（cut-off region）。当 $I_B = 0$ 时，$I_C = I_{CEO}$（I_{CEO} 的值很小，可忽略）。当 $U_{BC} < 0.5$ V 时，开始截止；当 $U_{BE} \le 0$ 时，可靠截止。在截止区晶体管发射结和集电结都应处于反向偏置。此时，$I_C \approx 0$，$U_{CE} \approx U_{CC}$，晶体管的三个极之间都处于断开状态，晶体管相当于开路。

（3）在图 8—15 中靠近纵坐标轴的附近，此时 $U_{CE} < U_{BE}$，各条输出特性曲线的上升部分属于晶体管饱和区（saturation region）。在饱和区，$I_C \ne \beta I_B$，晶体管失去电流放大能力。此时，晶体管发射结和集电结都处于正向偏置，$I_C \approx U_{CC}/R_C$，$U_{CE} \approx 0$，晶体管相当于短路。

【例 8—1】　电路如图 8—16 所示，已知 $U_{CC} = 12$ V，$U_{BE} = 0.7$ V，$\beta = 60$，晶体管饱和时 $U_{CES} \approx 0$ V。给出以下三组条件：（1）$U_I = 5$ V，$R_B = 10$ kΩ，$R_C = 5$ kΩ；（2）$U_I = 5$ V，$R_B = 150$ kΩ，$R_C = 3$ kΩ；（3）$U_I = -3$ V，$R_B = 150$ kΩ，$R_C = 5$ kΩ，试判断晶体管工作在何种状态？

解　（1）$I_B = \dfrac{U_I - U_{BE}}{R_B} = \dfrac{5 - 0.7}{10}$ mA $= 0.43$ mA

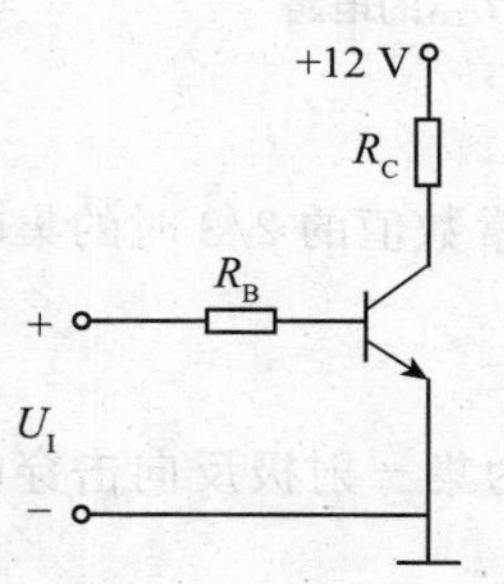

因 $U_{CES} \approx 0$，故

$$I_{CS} = \frac{U_{CC} - U_{CES}}{R_C} = \frac{12 - 0}{5} \text{ mA} = 2.4 \text{ mA}$$

$$I_{BS} = \frac{I_{CS}}{\beta} = \frac{2.4}{60} \text{ mA} = 0.04 \text{ mA}$$

因 $I_B > I_{BS}$ 此时晶体管处于饱和状态。

（2）$I_B = \dfrac{U_I - U_{BE}}{R_B} = \dfrac{5 - 0.7}{150}$ mA ≈ 0.028 mA

$$I_C = \beta I_B = 60 \times 0.028 \text{ mA} = 1.68 \text{ mA}$$

图 8—16　例 8—1 的图

$U_{CE} = U_{CC} - I_C R_C = 12 - 1.68 \times 3$ V ≈ 6.96 V，此时晶体管处于放大状态。

（3）因 $U_I = -3$ V，$I_B = 0$，$I_C \approx 0$，$U_{CE} \approx U_{CC}$，此时晶体管处于截止状态。

三、主要参数

晶体管的特性除用特性曲线表示外，还可用一些参数来表示，这些参数是正确选择与使用晶体管的依据。其主要参数有以下几个。

1. 电流放大系数 $\bar{\beta}$，β

$\bar{\beta}$ 和 β 的定义前面已介绍过，虽然 $\bar{\beta}$ 和 β 定义不同，但在晶体管输出曲线平行等距且 I_{CEO} 较小条件下，$\bar{\beta} \approx \beta$，所以工程上常将两者混用。一般 $\beta = 30 \sim 300$，实际应用中若 β 过大，晶体管工作稳定性差，β 太小则放大能力不足，选用 $\beta = 30 \sim 150$ 的晶体管为宜。

2. 集－基极反向截止电流 I_{CBO}

I_{CBO} 指当发射极开路时，集电极与基极之间的反向电流，测量 I_{CBO} 的电路如图 8—17 所示。小功率锗管的 I_{CBO} 约为几微安到几十微安，小功率硅管在 1 mA 以下。I_{CBO} 受温度的影响大。

3. 集－射极反向截止电流 I_{CEO}

I_{CEO} 指当基极开路时，集电极和发射极之间的电流，又称为穿透电流（penetration current）。测量 I_{CEO} 的电路如图 8—18 所示。I_{CEO} 与 I_{CBO} 的关系：

$$I_{CEO} = (1 + \bar{\beta}) I_{CBO} \tag{8—2}$$

所以 $I_C = \bar{\beta} I_B + I_{CEO}$。

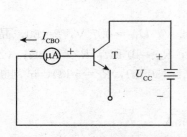

图 8—17　测量 I_{CBO} 的电路

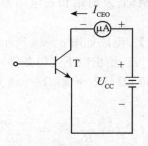

图 8—18　测量 I_{CEO} 的电路

4. 集电极最大允许电流 I_{CM}

当集电极电流 I_C 过大时，晶体管的 β 值要下降。β 值下降到正常数值的 2/3 时的集电极电流，称为集电极最大允许电流 I_{CM}。

5. 集－射极反向击穿电压 $U_{(BR)CEO}$

基极开路时，加在集电极和发射极之间的最大允许电压，称为集－射极反向击穿电压 $U_{(BR)CEO}$。

6. 集电极最大允许耗散功率 P_{CM}

由于集电极电流在流经集电结时产生热量，使结温度升高，从而会引起晶体管参数变化，严重时会导致晶体管烧毁。因此必须限制晶体管的耗散功率，在规定结温不超过允许值（锗管为 70～90 ℃，硅管为 150 ℃）时集电极所消耗的最大功率称为集电极最大允许耗散功率 P_{CM}。

根据晶体管的 P_{CM} 值，由 $P_{CM} = I_C U_{CE}$ 可在晶体管的输出特性曲线上画出 P_{CM} 曲线。由 I_{CM}、$U_{(BR)CEO}$ 和 P_{CM} 三者共同确定晶体管的安全工作区，如图 8—19 所示。

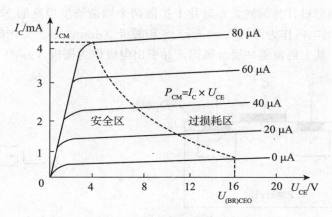

图 8—19 晶体管的安全工作区

以上所讨论的几个参数，其中 β 和 I_{CBO}（I_{CEO}）是表明晶体管优劣的主要指标；I_{CM}、$U_{(BR)CEO}$ 和 P_{CM} 都是极限参数，用来说明晶体管的使用限制。

练习与思考

8.3.1 当晶体管的集电极电流 I_C 超过其最大允许值 I_{CM} 时，晶体管是否一定损坏？

8.3.2 晶体管有哪三种连接方式？画出示意图。

8.3.3 晶体管有哪三种工作状态？其偏置条件是什么？

8.3.4 画出 PNP 管和 NPN 管，并标出处于放大状态时各极电流方向和各极间电压的极性。

*8.4 场效应晶体管

场效应晶体管（field-effect-transistor）是一种新型半导体器件，它具有输入电阻大（可高达 $10^7 \sim 10^{15}$ Ω）、噪声低、热稳定性好、功耗低、动态范围大、易于集成等优点，因此场效应晶体管被广泛应用于各种电子线路中，现已成为双极型晶体管和功率晶体管的强大竞争者。场效应晶体管按其结构不同，可分为结型场效应晶体管（junction field effect transistor）和绝缘栅型场效应晶体管（insulated gate field effect transistor）两大类。后者由于制造工艺简单，目前又已大量集成化，主要应用于集成电路中。这里只以绝缘栅型场效应晶体管为例，介绍其结构、性能和应用。

一、绝缘栅场效应晶体管

绝缘栅场效应晶体管按其制造工艺可分为增强型和耗尽型两类，每类又有 N 型沟道和 P 型沟道之分。

1. 增强型绝缘栅场效应晶体管

（1）N 沟道增强型场效应晶体管

图 8—20 是 N 沟道增强型绝缘栅场效应晶体管的结构示意图和图形符号。它用一块杂

质浓度很低的 P 型薄硅片作衬底，在硅片上扩散两个掺杂浓度很高的 N⁺ 型区。并在两个 N⁺ 型区上分别引出电极作为源极（source）S 和漏极（drain）D。又在硅表面生成一层二氧化硅的绝缘层，其上再覆盖一层金属铝，并引出电极作为栅极（grid）G。

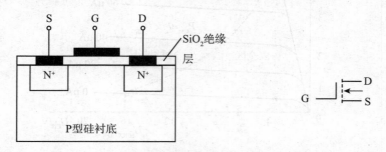

图 8—20 N 沟道增强型绝缘栅场效应晶体管结构及符号

由于这种场效应晶体管的栅极和其他两个电极是彼此绝缘的，故称为绝缘栅型场效应晶体管。又由于它是由金属铝层、二氧化硅和半导体硅组成，故又称为金属—氧化物—半导体场效应晶体管（metal-oxide-semiconductor field effect transistor），简称 MOS 场效应管。

（2）工作原理

当 $U_{GS}=0$ 时，漏极和源极之间，并不存在导电沟道，如图 8—20 所示。当 $U_{GS}=0$ 时，不管在漏极和源极间加上何种极性的电压，漏极和衬底之间总有一个 PN 结处于反向偏置，所以漏极和源极之间不能导通，则 $I_D \approx 0$。

当 $U_{GS}>0$ 时，栅极正电压所产生的电场，与二氧化硅绝缘层中正离子所产生的电场方向相同，从而加强了总的电场。因此，在二氧化硅绝缘层和 P 型衬底的界面层，感应出大量的负电荷。由于二氧化硅绝缘层很薄，即使 U_{GS} 很小，也能产生足够强的电场。当 U_{GS} 继续增加到某一定数值时，由于电场的加强，将开始积累负电荷，如图 8—21 所示。且 U_{GS} 越大积累的负电荷也越多。当积累足够多的负电荷时，将两个分离的高掺杂 N⁺ 区沟通，就是在漏—源极间开始形成导电沟道，由于该导电沟道是由电子形成的，故称为 N 型导电沟道，此时有 I_D 流过，如图 8—22 所示。使漏—源极间开始有电流的栅极电压，称为栅—源开启电压（threshold voltage），用 $U_{GS(th)}$ 表示。

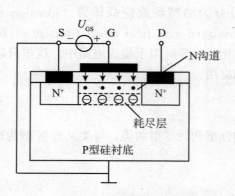

图 8—21 N 沟道增强型绝缘栅场
效应管导电沟道的形成

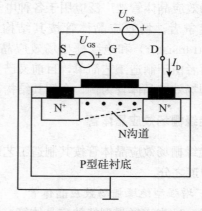

图 8—22 N 沟道增强型绝缘栅场
效应晶体管的导通

176

图 8—23 为 P 沟道增强型绝缘栅场效应晶体管结构及符号，它的工作原理与前一种类似，只需要更换电源的极性，产生的电流方向也相反。

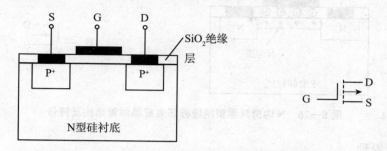

图 8—23　P 沟道增强型绝缘栅场效应晶体管结构及符号

（3）转移特性和输出特性曲线

图 8—24 和图 8—25 分别是 N 沟道增强型场效应晶体管的转移特性和输出特性曲线。从转移特性曲线可见，在 $0 < U_{GS} < U_{GS(th)}$ 的范围内，漏、源极间导电沟道尚未沟通，$I_D \approx 0$。只有当 $U_{GS} > U_{GS(th)}$ 时，随栅极电位的变化 I_D 也随之变化。也就是说，增强型场效应晶体管只有当 $U_{GS} > U_{GS(th)}$ 时，才起控制漏极电流的作用。所谓转移特性曲线（transfer characteristic），就是栅—源电压 U_{GS} 对漏极电流 I_D 的控制特性，输出特性曲线的恒流区就是场效应晶体管的放大工作区。

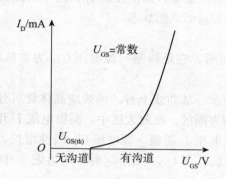

图 8—24　N 沟道增强型管的转移特性曲线

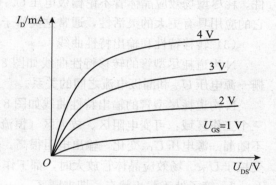

图 8—25　N 沟道增强型管的输出特性曲线

2. 耗尽型绝缘栅场效应晶体管

（1）N 沟道耗尽型场效应晶体管

在制造场效应晶体管时，可在二氧化硅的绝缘层中掺入大量的正离子。如果掺入的正离子浓度足够高，当它产生的正电场足够大时，就会在 P 型衬底的硅表面层排斥多数载流子（空穴），而感应出大量负电荷，此负电荷沟通了漏—源极，在漏—源极间形成了导电沟道。由于该导电沟道是由电子形成的，故为 N 型导电沟道，简称 N 沟道（N channel）。

当 $U_{GS} = 0$ 时，漏—源极之间就存在固有导电沟道，称为耗尽型场效应晶体管，如图 8—26 为它的结构及图形符号。工作时，漏极和源极之间接有正向电压 U_{DS}，源极又常与衬底相连接并接地。

177

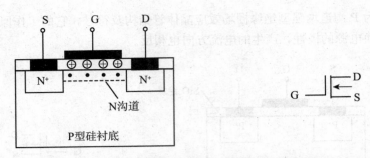

图 8—26 N 沟道耗尽型绝缘栅场效应晶体管结构及符号

（2）工作原理

当 $U_{GS}=0$ 时，漏—源之间已存在导电沟道，此时有很大的漏极电流 I_D，由电源正极流向漏极，称为原始导电沟道的饱和电流 I_{DSS}。当 $U_{GS}>0$ 时，由于绝缘层的存在，并不产生栅极电流 I_G，而在 N 型沟道内感应的负电荷增加，使 I_D 随 U_{GS} 的增加而增大。

当 $U_{GS}<0$ 时，在 N 沟道内，感应的负电荷减小，导电沟道缩小，I_D 减小。U_{GS} 负值愈大，导电沟道越小，I_D 也就愈小。当 U_{GS} 负值达到某一定值时，N 型沟道内载流子耗尽，即 $I_D \approx 0$。此时栅—源极间电压，称为夹断电压（pinch-off voltage），用 $U_{GS(off)}$ 表示。

可见，漏极电流 I_D 的大小，是随栅—源电压 U_{GS} 大小而变化，也就是受控于 U_{GS}。实际上，U_{GS} 的微小变化，便会引起 I_D 明显的变化，因此，场效应晶体管是一种电压控制元件。耗尽型场效应晶体管不论栅极电压 U_{GS} 是正、负或是零，都能控制 I_D。这个特点使得它的应用具有更大的灵活性，通常这类管子工作在 $U_{GS}<0$ 的状态。

（3）转移特性和输出特性曲线

N 沟道耗尽型管的转移特性曲线如图 8—27 所示。它是指漏—源电压 U_{DS} 为常数时，栅—源电压 U_{GS} 和漏极电流之间的关系。

N 沟道耗尽型管的输出特性曲线如图 8—28 所示。从曲线上看，场效应晶体管可分为三个工作区域：可变电阻区、放大区（恒流区）和夹断区。在放大区中，漏极电流 I_D 几乎不随漏—源电压 U_{DS} 变化，输出电阻很高。但漏极电流 I_D 随栅—源电压 U_{GS} 线性增长，即受控于 U_{GS}。场效应晶体管放大时，都工作在放大区。当 $U_{GS}<U_{GS(th)}$ 时，沟道完全夹断，$I_D=0$，管子处于截止状态，即夹断区。

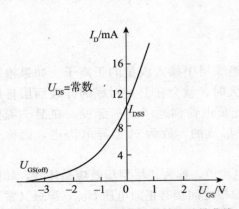

图 8—27 N 沟道耗尽型管的转移特性曲线

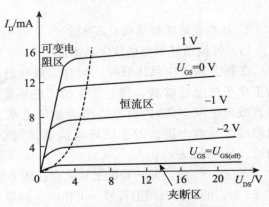

图 8—28 N 沟道耗尽型管的输出特性曲线

实验表明，$U_{GS(th)} \leqslant U_{GS} \leqslant 0$ 时，N 沟道耗尽型管的转移特性可表示为

$$I_D = I_{DSS}\left(1 - \frac{U_{GS}}{U_{GS(off)}}\right) \tag{8—3}$$

N 沟道增强型场效应晶体管和耗尽型场效应晶体管主要区别在于：是否有原始导电沟道，如果判别一个没有型号的绝缘栅型场效应晶体管是增强型还是耗尽型，只要检查它在 $U_{GS}=0$ 时，在漏—源极加正向电压时是否导通，就可做出正确判别。

二、主要参数

绝缘栅场效应晶体管主要参数除了 I_{DSS}、$U_{GS(th)}$、$U_{GS(off)}$ 等外，还有跨导击穿电压和输入电阻。

1. 跨导

当漏—源极间的电压 U_{DS} 为定值时，漏极电流的变化量 ΔI_D 对引起这一变化的栅—源电压的增量 ΔU_{GS} 的比值称为跨导（transconductance），用 g_m 表示，即

$$g_m = \frac{\Delta I_D}{\Delta U_{GS}}\bigg|_{U_{DS}} \tag{8—4}$$

跨导是衡量场效应晶体管放大能力的重要参数。它的大小是转移特性曲线上工作点外切线的斜率。显然，跨导的大小与工作点位置有关，g_m 的单位为西门子（S）。场效应管的跨导不大，一般 $g_m = 1 \sim 5$ mA/V，所以场效应管放大电路的电压放大倍数较晶体管放大电路的电压放大倍数小。

2. 击穿电压

当管子工作时，$U_{(BR)DS}$ 和 $U_{(BR)GS}$ 分别表示漏—源极间和栅—源极间允许加的最高电压值。显然，为了避免管子损坏，正常工作时，不允许超过该值。

3. 输入电阻

在栅—源极间的电压为定值时，栅—源极间的直流电阻值称为输入电阻，用 R_{GS} 表示。一般场效应晶体管的 R_{GS} 都很大。绝缘栅型场效应晶体管输入电阻高达 10^8 Ω 以上。

场效应晶体管使用时还要注意：（1）结型场效应管的栅—源电压不能接反，因为它工作在反偏状态下。（2）MOS 管由于输入阻抗很大，感应电荷不易泄放，绝缘层薄，少量感应电荷足以产生很高电压，易使电极间绝缘层击穿而使管子损坏，所以 MOS 管在保存时务必将各极短路，取用时不要拿它的引线，要拿它的外壳。焊接时，电烙铁外壳必须接电源地线，或电烙铁断开电源后再焊接，焊好后再取下各级间的短路金属环。

表 8—2 是场效应晶体管与双极型晶体管的比较。此外，场效应管的噪声系数很小，在低噪声放大电路的输入级及要求信噪比较高的电路中要选用场效应管。

表 8—2　　　　　　　　　　　场效应晶体管与双极型晶体管的比较

器件 项目	双极型晶体管	场效应晶体管
载流子	有电子和空穴两种载流子	只有一种载流子（电子或空穴）
控制方式	电流控制	电压控制
类型	NPN 型和 PNP 型	N 沟道和 P 沟道

续前表

器件 项目	双极型晶体管	场效应晶体管
放大参数	$\beta=20\sim150$	$g_m=1\sim5$ mA/V
输入电阻	$10^2\sim10^4$ Ω	$10^7\sim10^{15}$ Ω
输出电阻	高	高
热稳定性	差	好
制造工艺	复杂	简单、成本低
对应极	栅极—基极，源极—发射极，漏极—集电极	

习 题

一、单项选择题

1. 对半导体而言，以下说法正确的是（ ）。

(1) N 型半导体因为多数载流子是自由电子，因而带负电

(2) P 型半导体因为多数载流子是空穴，所以带正电

(3) 不论是 N 型半导体还是 P 型半导体都不带电

2. 电路如图 8—01 所示，二极管 D 为理想元件，$U_S=5$ V，则电压 u_O 为（ ）。

(1) U_S　　　(2) $0.5U_S$　　　(3) 零　　　(4) 无法确定

3. 如图 8—02 所示二极管 D 为理想元件，$u_I=10\sin\omega t$ V，$U=5$ V，当 $\omega t=90°$ 瞬间，输出电压 u_O 等于（ ）。

(1) 0 V　　　(2) 10 V　　　(3) 5 V

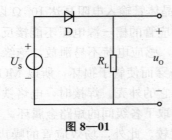

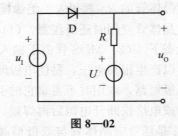

图 8—01　　　　　　　　　　　　　　图 8—02

4. 硅二极管的正向导通电压是（ ）。

(1) 0.1 V 左右　　(2) 0.3 V 左右　　(3) 0.4 V 左右　　(4) 0.7 V 左右

5. 二极管的最高反向工作电压是 100 V，它的击穿电压是（ ）。

(1) 50 V　　　(2) 100 V　　　(3) 150 V

6. 图 8—03 所示电路中，二极管 D_A、D_B、D_C 的工作状态为（ ）。

(1) D_A、D_B 截止，D_C 导通　　　(2) D_A 导通，D_B、D_C 截止

(3) D_A、D_B、D_C 导通

7. 测得各晶体管三个电极对地电位如图 8—04 所示，各晶体管处于放大状态的是（   ）；饱和状态的是（   ）；截止状态的是（   ）。

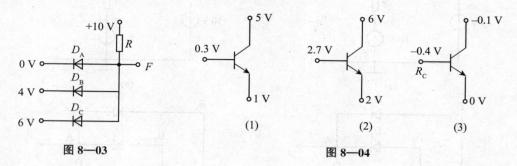

图 8—03   图 8—04

8. 晶体管的穿透电流 I_{CEO} 是表明（   ）。

（1）该管温度稳定性好坏的参数

（2）该管允许通过最大电流的极限参数

（3）该管放大能力的参数

9. 当晶体管的集电极电流 I_C 超过其最大允许值 I_{CM} 时，其后果为（   ）。

（1）晶体管一定损坏   （2）晶体管不一定损坏，但 β 要下降

（3）晶体管不一定损坏，但 β 要升高

10. 晶体管的控制方式为（   ）。

（1）输入电流控制输出电流

（2）输入电流控制输出电压

（3）输入电压控制输出电流

11. 场效应晶体管的控制方式为（   ）。

（1）输入电压控制输出电流

（2）输入电流控制输出电压

（3）输入电压控制输出电压

二、分析与计算题

8.1　二极管电路如图 8—05 所示，判断图中二极管是导通还是截止状态，并确定输出电压 u_O。设二极管的导通压降为 0.7 V。

8.2　如图 8—06 所示的（a）、（b）、（c）电路中，设电压 $u=10\sin\omega t$ V，$U_S=5$ V，D 为硅二极管（视为理想二极管）。画出所示各电路输出电压 u_O 的波形。

8.3　已知图 8—07 中，硅稳压二极管的稳压值 $U_Z=6.3$ V，设正向压降为 0.7V，求每个电路的输出电压 U_O。

8.4　如图 8—08 所示电路，输入电压 $U_I=40$ V，稳压管 $U_Z=7.5$ V，当 $R=600$ Ω 时稳压管电流 $I_Z=15$ mA。求所示电路中，稳压电阻 R_W 的数值与瓦数和负载 R 的电流。

8.5　有两个稳压二极管 D_{Z1} 和 D_{Z2}，稳定电压分别为 5.5 V 和 8.5 V，正向的电压降都为 0.5 V，要得到 0.5 V、3 V、6 V、9 V、14 V 的电压，这两个稳压二极管应如何连接？试画出各电路。

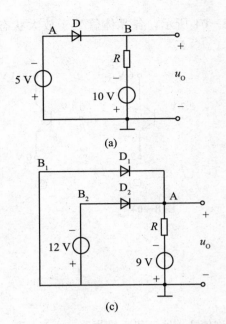

(a)

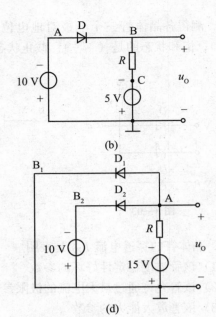

(b)

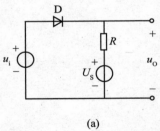

(c)

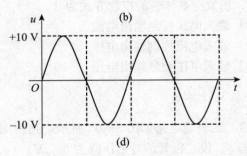

(d)

图 8—05　习题 8.1 的图

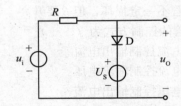

(a)

(b)

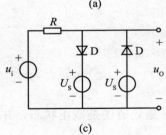

(c)

(d)

图 8—06　习题 8.2 的图

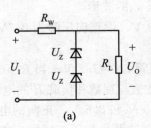

(a)

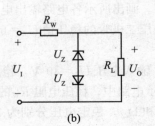

(b)

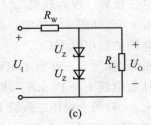

(c)

图 8—07　习题 8.3 的图

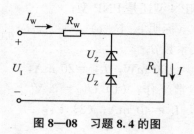

图 8—08 习题 8.4 的图

8.6 在图 8—09 所示电路中，二极管的正向电阻为零，反向电阻为无穷大。试求以下几种情况下输出端的电位 V_F 及各元件中通过的电流：（1）$V_A = 10$ V，$V_B = 0$ V；（2）$V_A = 6$ V，$V_B = 5.7$ V；（3）$V_A = V_B = 5$ V。

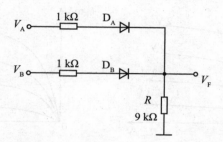

图 8—09 习题 8.6 的图

8.7 今测得工作在放大电路中四个晶体管的三个电极电位 V_1、V_2、V_3 如下表，试判断各晶体管的管型和各电极名称。

	T_1	T_2	T_3	T_4
V_1（V）	3.5	3	−0.7	6
V_2（V）	2.8	2.8	−1	11.8
V_3（V）	12	12	−6	12

8.8 在图 8—10 所示电路中，判断晶体管处于何种状态。

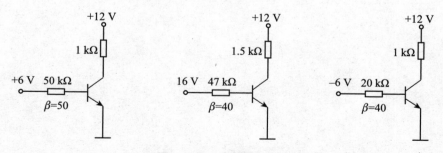

图 8—10 习题 8.8 的图

8.9 某人测得两只晶体管的两个电极的电流如图 8—11 所示。

（1）求另一只电极电流的大小和方向；

（2）判断它们的管型是 NPN 型还是 PNP 型；

（3）标出它们的管脚名称（标明 e、b、c）；

（4）估算它们的电流放大系数 β。

8.10 已知某晶体管 $P_{CM}=100$ mW，$I_{CM}=20$ mA，$U_{(BR)CEO}=15$ V，以下哪个正常工作？（1）$U_{CE}=3$ V，$I_C=10$ mA；（2）$U_{CE}=2$ V，$I_C=40$ mA；（3）$U_{CE}=6$ V，$I_C=20$ mA。

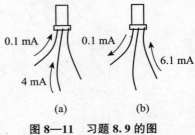

图 8—11 习题 8.9 的图

8.11 图 8—12 为两个 N 沟道场效应晶体管的输出特性曲线。试指出管子的类型；若是耗尽型的，试指出其夹断电压 $U_{GS(off)}$ 的数值和原始漏极电流的值；若是增强型的，试指出其开启电压 $U_{GS(th)}$ 的数值。

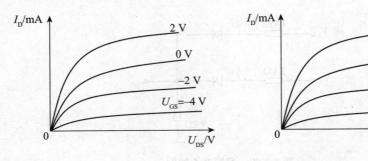

图 8—12 习题 8.11 的图

第9章

基本放大电路

将一个微弱的电信号放大到所要求的数值，这是模拟电路研究的基本内容。完成信号放大任务的电路形式多种多样，它们都是由若干基本放大电路组合而成的。本章主要介绍晶体管基本放大电路的工作原理、主要特点、分析计算方法和应用，包括三种组态的基本放大电路、差动放大电路、功率放大电路和多级放大电路等。

晶体管的主要用途之一就是利用电流放大作用组成各种放大电路（amplifying circuit），也称放大器（amplifier）。放大电路能实现微弱信号的放大，以便人们进行测量和利用。本章讨论的低频小信号放大电路，其频率范围为 20 Hz～20 kHz。放大电路一般由电压放大电路和功率放大电路组成，以便有足够大的电压和电流驱动负载。根据晶体管三个电极的不同连接方式，可以组成三种基本放大电路：共发射极、共集电极和共基极放大电路。

9.1 共发射极放大电路的组成

基本放大电路一般由工作于放大区的放大元件（如晶体管 BJT、FET 等）、电阻、电容和直流电源等构成，电路组成应使放大元件处于放大区。对晶体管来说，应保证晶体管的集电结反向偏置，发射结正向偏置，即满足放大电路的静态工作情况。电路构成应该使放大后的输出信号尽可能多地加在负载上。根据上述原则组成的放大电路如图 9—1 所示，因该电路的发射极为输入回路与输出回路的公共端，故称为共发射极放大电路（common emitter），简称共射极放大电路。该电路中各元件的作用如下。

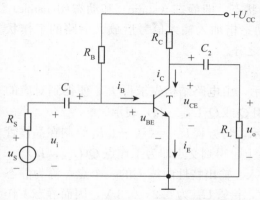

图 9—1　共发射极放大电路原理图

晶体管 T：利用它的电流放大作用，以输入较小的基极电流，在集电极得到放大的电流，即 $i_c = \beta i_b$，集电极电流 i_c 受基极电流 i_b 的控制。

电源 U_{CC}：使晶体管集电结反向偏置，同时为放大电路的输出信号提供能量。U_{CC}一般在几伏到几十伏之间。放大过程实际上是能量的控制过程，即用较小的信号控制晶体管，在负载上获得较大能量的信号。放大过程中能量是守恒的，输出的较大能量来自电源U_{CC}。

电阻R_C：放大后的集电极电流，经R_C转化为输出电压送到负载电阻R_L上以实现电压放大。R_C一般在几千欧到几十千欧之间。

偏置电阻R_B：提供大小合适的基极电流I_B，使发射结正向偏置。R_B一般在几十千欧到几百千欧之间。合理选择R_B、R_C和U_{CC}，使晶体管在正常工作状态，避免输出波形失真。

电容C_1、C_2：一方面起隔断直流作用，C_1隔断了放大电路与信号源的直流通路，C_2隔断了放大电路与负载间的直流通路，使三者间直流信号互不影响。电路不会因为加入u_i或接入R_L而改变晶体管的静态工作状况。另一方面起交流耦合作用，对低频信号而言，C_1、C_2一般为几十微法到几百微法，容抗较小，可视为$X_C \approx 0$，经C_1使输入交流信号电压u_i绝大部分降落在晶体管的b、e之间，引起i_B变化；同时i_C在R_C上产生交流输出电压也经C_2几乎是无衰减地传送到负载电阻R_L上。

显然，如果u_i是一个直流信号或变化很慢的信号，负载由于C_1隔断直流的作用，将不会引起i_B变化，R_L上将得不到输出电压信号。所以，这种放大电路只能放大一定频率的交流信号，故称为交流放大电路。输入交流信号后，应该能有效地引起i_B、u_{BE}的变化，才能使i_C变化，从而用较小的电信号控制较大的电信号，以实现放大的目的。

由图9—1可见，放大电路中同时存在着直流电压源（U_{CC}）和交流电压源（u_S），因而晶体管各极之间的电压、电流既含有直流分量，又含有交流分量。为了分析方便，规定用下列表示方法加以区别：

用大写字母及大写脚标表示直流量，例如：I_B、I_C、U_{BE}、U_{CE}等；

用小写字母及小写脚标表示交流量的瞬时值，例如：i_b、i_c、u_{be}、u_{ce}等；

用大写字母及小写脚标表示交流量有效值，例如：I_b、I_c、U_{be}、U_{ce}等；

用小写字母及大写脚标表示既含有直流分量又含有交流分量的总电压或总电流，例如：$i_B = I_B + i_b$，$i_C = I_C + i_c$，$u_{BE} = U_{BE} + u_{be}$等。

9.2　放大电路的静态分析

对于一个已知的放大电路，通常有两种工作状态，即静态（static）和动态（dynamic）。静态指输入信号为零时放大电路的工作状态，动态指加入输入信号后放大电路的工作状态。因而放大电路的分析有静态分析和动态分析之分。

1. 用图解法确定Q点

（1）在输入特性曲线上，如图9—2（a）所示，由电路结构先求得I_B，便得到对应的U_{BE}，进而确定静态工作点（quiescent point），用Q或$Q(U_{BE}, I_B)$表示。

（2）在输出特性曲线上，如图9—2（b）所示，将方程$U_{CE} = U_{CC} - I_C R_C$绘制在晶体管的输出曲线上，即输出直流负载线，在确定的I_B上，得到交点即为工作点$Q(U_{CE}, I_C)$。

由（I_B，U_{BE}）和（I_C，U_{CE}）分别对应于输入、输出特性曲线上的一个点，称为静态工作点。实际应用时，因硅管U_{BE}为$0.6 \sim 0.7$ V，锗管U_{BE}为$0.2 \sim 0.3$ V，因而静态工作点Q的参数常常指I_B、I_C、U_{CE}。

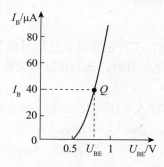

(a) 输入特性曲线求 I_B、U_{BE}

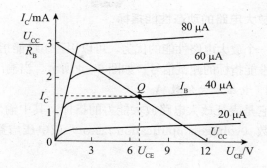

(b) 输出特性曲线求 I_C、U_{CE}

图 9—2

2. 用估算法确定 Q 点

用估算法进行静态分析，首先要画出放大电路的直流通路。其方法是：令输入信号为零（即 $u_s = 0$，保留内阻 R_S），把电容视为开路，电感视为短路。这样处理后的电路称为放大电路的直流通路（direct current path）。对共发射极放大电路（图 9—1）按上述方法处理，得到直流通路如图 9—3 所示。

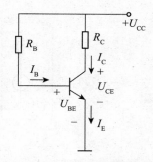

图 9—3 图 9—1 的直流通路

由此直流通路可得

$$I_B = \frac{U_{CC} - U_{BE}}{R_B} \approx \frac{U_{CC}}{R_B} \tag{9—1}$$

$$I_C = \beta I_B \tag{9—2}$$

$$U_{CE} = U_{CC} - I_C R_C \tag{9—3}$$

【例 9—1】 已知 $U_{CC} = 12$ V，$R_C = 4$ kΩ，$R_B = 300$ kΩ，$\beta = 37.5$。试用估算法计算图 9—3 的静态工作点。

解 由式（9—1）～式（9—3），求得

$$I_B \approx \frac{U_{CC}}{R_B} = \frac{12}{300} \text{ mA} = 0.04 \text{ mA}$$

$$I_C \approx \beta I_B = 37.5 \times 0.04 \text{ mA} = 1.5 \text{ mA}$$

$$U_{CE} = U_{CC} - I_C R_C = 12 - 1.5 \times 4 \text{ V} = 6 \text{ V}$$

注意：以上分析中 I_B 和 I_C 的数量级不同。

9.3 放大电路的动态分析

上述放大电路加入交流输入信号后，这时电路在直流电源和交流信号共同作用下，电路中的响应包含直流信号和交流信号。放大电路动态分析的方法有图解法和微变等效电路法。

一、放大电路的动态性能指标

一个放大电路性能的优劣，可以用一组性能指标来描述。工程上常以正弦信号作为测试各项性能指标的测试信号。如图9—4所示。当输出的波形不失真时，动态指标定义如下。

1. 电压放大倍数 A_u

它是表征放大电路放大能力的指标。其中输出电压与输入电压变化之比，称为电压放大倍数（voltage amplification factor）或电压增益（voltage gain），表示为

$$A_u = \frac{\dot{U}_o}{\dot{U}_i} \tag{9—4}$$

式中 $\dot{U}_o$、$\dot{U}_i$ 均为正弦量。

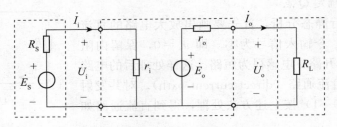

图9—4 放大电路性能指标的测试

2. 输入电阻 r_i

放大电路输入端外加输入电压与输入电流之比称为输入等效电阻，简称输入电阻（input resistance），即

$$r_i = \frac{\dot{U}_i}{\dot{I}_i} \tag{9—5}$$

它对交流信号而言是一个动态电阻。当信号频率不高不低时（中频段），$\dot{U}_i$ 与 $\dot{I}_i$ 同相位，则 $r_i = \frac{U_i}{I_i}$。输入电阻越大，则放大电路从信号源取用电流越小，输入端得到的电压接近信号源电压。因此 r_i 是衡量放大电路对输入信号的衰减程度的指标，通常希望放大电路的输入电阻尽可能高一些，最好能满足 $r_i \gg R_s$。

3. 输出电阻 r_o

对负载 R_L 而言，放大电路输出端相当于一个信号源。如图9—4所示。这个信号源的内阻即为输出电阻（output resistance）r_o，即

$$r_o = \frac{\dot{U}_o}{\dot{I}_o} \tag{9—6}$$

计算 r_o 时，将信号源短路（$\dot{U}_i = 0$，保留其内阻 R_s），负载开路（$R_L = \infty$）的条件下，

在输出端外加电压 $\dot{U}_\text{o}$ 产生输出电流 $\dot{I}_\text{o}$，则

$$r_\text{o} = \frac{\dot{U}_\text{o}}{\dot{I}_\text{o}}\Bigg|_{R_\text{L}=\infty,\ U_\text{i}=0} \tag{9—7}$$

输出电阻越大，接入负载后，输出电压的幅值下降越多。因此 r_o 越小，表明放大电路的带负载能力越强。因此，通常总希望放大电路的输出电阻能低一些，最好能满足 $r_\text{o}\ll R_\text{L}$。

4. 通频带 f_BW

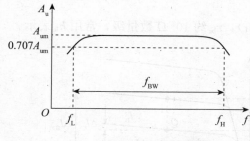

图 9—5　放大电路的通频带

将不同频率的输入信号加在放大电路输入端时，放大电路对不同频率的输入信号呈现不同的放大倍数。这是因为电路中存在电抗元件，晶体管存在极间电容所致。一般情况下，过高或过低频率的输入信号，放大倍数均会下降，只有在中间一段频率内，其放大倍数 A_{um} 基本不变。放大倍数下降到中频段电压放大倍数的 $\dfrac{1}{\sqrt{2}}$ 倍（约 0.707）的频率范围，称为通频带 f_BW（pass-band width）。如图 9—5 所示，$f_\text{BW} = f_\text{H} - f_\text{L}$。通频带越宽，说明放大电路对信号源频率的适应能力越强。

此外，放大电路还有非线性失真、最大输出功率和效率等性能指标。

二、放大电路的微变等效电路

放大电路有输入信号时，晶体管各极间的电流和电压瞬时值既有直流分量，又有交流分量。直流分量是静态值，而放大电路的动态分析可以只考虑其中的交流分量。

1. 建立晶体管微变等效电路模型

晶体管是一种非线性器件，若直接对放大电路进行分析非常困难。观察晶体管的特性曲线，若晶体管的静态工作点 Q 的位置选择合适（处于输入特性曲线中比较直的线性部分），且放大电路的输入信号比较小，此时输出变化范围不超出线性区时，可以把晶体管在 Q 点附近的输入特性曲线近似地用直线代替，用一个线性有源网络来等效晶体管。把非线性晶体管线性化，这就是微变等效电路（micro-variable equivalent circuit）。这里的"微变"是指微小变化信号，即晶体管是在小信号情况下工作。

晶体管的微变等效电路可以将晶体管看成一个二端口网络，根据输入、输出端口的电压、电流关系式，求出相应的参数，从而得到它的等效电路。把晶体管重新画在图 9—6（a）中，用 u_BE、i_B 表示输入端口的电压电流，用 u_CE、i_C 表示输出端口的电压电流。根据晶体管的输入输出特性曲线可以得到：

（1）输入特性曲线如图 9—7（a）所示，在输入小信号时，可以认为是直线，当 U_CE 为常数时，在 Q 点附近，ΔU_BE 与 ΔI_B 之比用一个等效的动态电阻表示为

$$r_\text{be} = \frac{\Delta U_\text{BE}}{\Delta I_\text{B}}\Bigg|_{U_\text{CE}} = \frac{u_\text{be}}{i_\text{b}}\Bigg|_{U_\text{CE}} \tag{9—8}$$

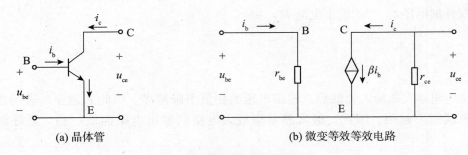

(a) 晶体管   (b) 微变等效等效电路

图 9—6　晶体管及其微变等效电路

称为晶体管输入电阻（input resistance of transistor），r_{be} 约 10^3 Ω 数量级，常用 h_{ie} 表示。

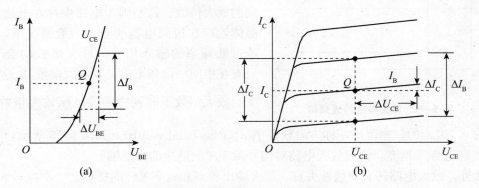

图 9—7　用晶体管的输入特性和输出特性曲线确定 r_{be}、β 和 r_{ce}

由参数的定义可知 r_{be} 是晶体管静态工作点处的参数。它可以用仪器来测量，也可以使用下面的公式近似估算（常温下）

$$r_{be} = 200\Omega + (1+\beta)\frac{26(\text{mV})}{I_E(\text{mA})} \tag{9—9}$$

（2）晶体管工作在放大区，图 9—7（b）中，$\Delta I_C = \beta \Delta I_B$，$\Delta I_C$ 只受 ΔI_B 的控制，与 U_{CE} 无关。用交流分量则表示为

$$i_c = \beta i_b \tag{9—10}$$

β 是晶体管电流放大系数。从电路输出端看，i_c 可以等效为一个受 i_b 控制的电流源 βi_b，即第 1 章提到的受控电流源（controlled current source）。

（3）晶体管输入端 I_B 为一定值时，图 9—7（b）中输出端 ΔU_{CE} 与输出特性曲线上翘的微小变化量 ΔI_C 之比为

$$r_{ce} = \frac{\Delta U_{CE}}{\Delta I_C}\bigg|_{I_B} = \frac{u_{ce}}{i_c}\bigg|_{I_B}$$

r_{ce} 称为晶体管的输出电阻，其数值很大（约为 10^5 Ω 数量级）。一般放大电路的集电极电阻 R_C、负载电阻 R_L 远小于 r_{ce}，故 r_{ce} 可视为开路。

根据以上参数可以画出晶体管的微变等效电路如图 9—6（b）所示。

需要注意的是：因 r_{ce} 比负载电阻大很多，将图 9—7（b）所示的微变等效电路简化为

图 9—8，即微变等效电路简化模型。使用微变等效电路简化模型来求解放大电路各项技术指标所引起的误差一般不超过 10%。

2. 用微变等效模型分析共发射极基本放大电路

已知共发射极基本放大电路如图 9—1 所示，其动态分析的具体步骤如下：

首先，画出放大电路的交流通路（alternating current path），即令 $U_{CC}=0$，并把所有外接的电容视为短路，如图 9—9 所示。其次，把晶体管符号代之以晶体管的微变等效电路模型，便得到此放大电路的微变等效电路，如图 9—10 所示。

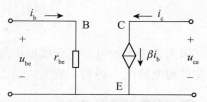

图 9—8　晶体管微变等效电路简化模型

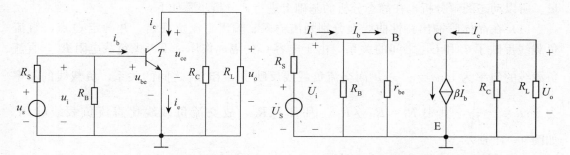

图 9—9　共发射极放大电路的交流通路　　　　图 9—10　共发射极放大电路的微变等效电路

因为研究放大电路一般采用正弦波作为测试和分析信号，以下均用相量符号表示电压、电流。运用求解交流电路的相量分析方法，计算如下技术指标：

（1）由电压放大倍数的定义，得

$$A_u = \frac{\dot{U}_o}{\dot{U}_i} = \frac{-\dot{I}_c R'_L}{\dot{I}_b r_{be}} = \frac{-\beta \dot{I}_b R'_L}{\dot{I}_b r_{be}} = -\beta \frac{R'_L}{r_{be}} \qquad (9-11)$$

式中 $R'_L = R_C /\!/ R_L$，R'_L 称为等效负载电阻。式中负号表示输出电压和输入电压相位相反。

（2）由输入电阻的定义，可得

$$r_i = \frac{\dot{U}_i}{\dot{I}_i} = \frac{\dot{U}_i}{\dfrac{\dot{U}_i}{R_B} + \dfrac{\dot{U}_i}{r_{be}}} = \frac{1}{\dfrac{1}{R_B} + \dfrac{1}{r_{be}}} = r_{be} /\!/ R_B \approx r_{be} \qquad (9-12)$$

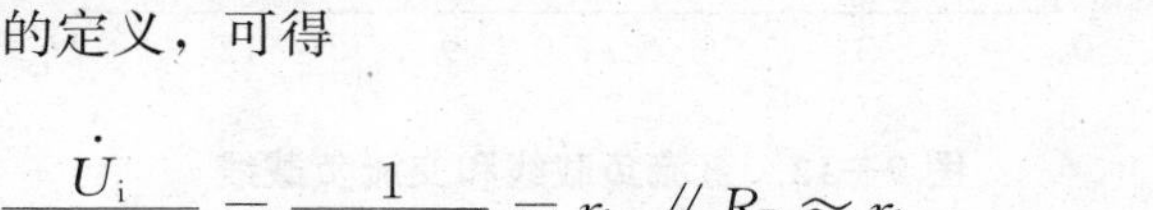

图 9—11　计算输出电阻的简化模型

(3) 根据放大电路输出电阻的定义，可得如图 9—11 所示的简化模型，于是

$$r_{\mathrm{o}} = \left. \frac{\dot{U}_{\mathrm{o}}}{\dot{I}_{\mathrm{o}}} \right|_{\dot{U}_{\mathrm{S}}=0, R_{\mathrm{L}}=\infty} \approx R_{\mathrm{C}} \tag{9—13}$$

因为微变等效电路简化模型中忽略了 r_{ce}，上式中用近似计算。至此，采用近似计算的微变等效电路法，得到了放大电路的三个主要动态参数。

三、动态分析的图解法

加入输入信号 u_{i} 后，晶体管各极之间的电压、电流在直流的基础上叠加了一个交流分量。所以动态图解分析也在静态分析的基础上进行，分析步骤如下：

(1) 在晶体管输出特性曲线上分别画出输入、输出直流负载线，并确定 Q 点。直流负载线反映了 I_{C} 和 U_{CE} 之间的关系，由于电容 C 的隔离作用，不考虑负载电阻 R_{L}，直流负载线的斜率为 $\tan\alpha = -\dfrac{1}{R_{\mathrm{C}}}$。而交流负载线反映了 i_{C} 和 u_{CE} 之间的关系，负载线的斜率为 $\tan\alpha' = -\dfrac{1}{R_{\mathrm{L}}'}$，其中 $R_{\mathrm{L}}' = R_{\mathrm{C}} /\!/ R_{\mathrm{L}}$。因 $R_{\mathrm{L}}' < R_{\mathrm{C}}$，故交流负载线比直流负载线陡峭。如图 9—12 所示。

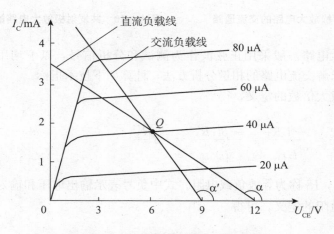

图 9—12　直流负载线和交流负载线

(2) 把输入信号 u_{i} 叠加在 U_{BE} 上，得到 u_{BE} 及 i_{B} 的变化范围。

(3) 把 i_{B} 的变化范围叠加在 $i_{\mathrm{B}} = I_{\mathrm{B}}$ 的输出特性曲线上，从而求出 i_{C} 的变化范围。

(4) 根据 i_{C} 的变化范围确定 u_{CE} 的变化范围。

以上作图过程如图 9—13 (a) 和 (b) 所示。

四、非线性失真

通过上述作图，可以清楚地观察到 Q 点在交流负载线上的位置不同时，对输出信号的影响。如果 Q 点的位置偏向下方，输出信号 u_{ce} 的正半周范围小而负半周大，当 u_{i} 逐渐增加时，输出电压正半周进入截止区，出现电压正半周被削去的现象，称为截止失真

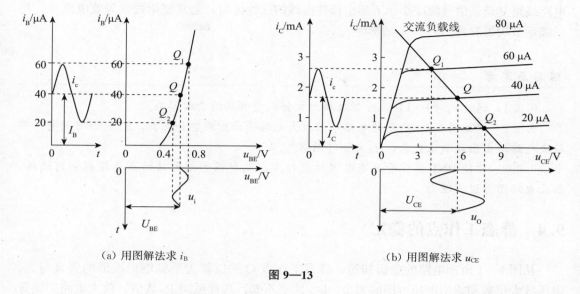

(a) 用图解法求 i_B (b) 用图解法求 u_{CE}

图 9—13

(cut-off distortion)，如图 9—14（b）所示。反之，若 Q 点的位置偏上，当 u_i 逐渐增加时，输出电压负半周进入饱和区，出现电压负半周被削去的现象，称为饱和失真（saturation distortion），如图 9—14（b）所示。同时也可以看出信号之间的相位关系，在共发射极放大电路中，输出电压与输入电压相位相反。

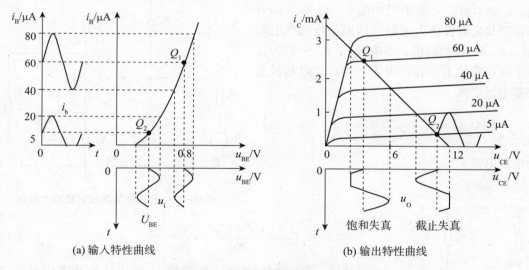

(a) 输入特性曲线   (b) 输出特性曲线

图 9—14　截止失真和饱和失真的图解

综上所述，通过图解分析法可以对放大电路有一个直观全面的了解，能在特性曲线上合理地安排和调整 Q 点，能帮助我们理解电路参数对 Q 点的影响，从而正确选择电路参数。图解分析法一般适用于分析输出幅度大而工作频率不太高的情况。例如功率放大电路的分析就可以采用图解分析法。但也存在不足，例如，需将晶体管的特性曲线测试出来，作图过程麻烦，易产生较大误差。再如，当输出信号很小时，作图也相当困难。而在放大电路线路复杂、信号幅度小、不超出特性曲线的线性区时，通常使用微变等效电路法，在后续章节均可看到。

练习与思考

9.3.1 通过式（9—11），分析电压放大倍数受哪些因素的影响。

9.3.2 对如图 9—1 所示的电路，若放大电路输出出现饱和失真，R_B 应如何调整？若放大电路输出出现截止失真，R_B 又如何调整？

9.3.3 要使 PNP 晶体管具有电流放大作用，发射结和集电结的正负极应如何连接，画出电路图并说明理由。

9.4 静态工作点的稳定

从图 9—1 所示电路的分析知道，静态工作点 Q 的位置关系到输出波形的失真与否、电压放大倍数和输出电压范围的大小。U_{CC} 固定不变，选择适当 R_B 数值，放大电路的偏置电流 I_B 是由式（9—1）决定的。然而这种电路在环境温度变化、电源电压波动时，Q 点也随之移动，使放大电路不能稳定地工作。其中主要的是晶体管的特性参数会随温度变化，例如当温度升高时，集电极电流增加，Q 点会上移。

为了稳定 Q 点，必须做到在温度变化时，I_B、I_C 基本恒定。常采用如图 9—15 所示的分压偏置共发射极放大电路。如果适当选择电阻 R_{B1}、R_{B2} 和 R_E 的数值，图中 R_{B1}、R_{B2} 一般为几十千欧，满足 $I_2 \gg I_B$，则 $I_1 \approx I_2$，这时基极电位基本固定为

$$V_B \approx U_{CC} \cdot \frac{R_{B2}}{R_{B1} + R_{B2}} \qquad (9—14)$$

集电极电流为

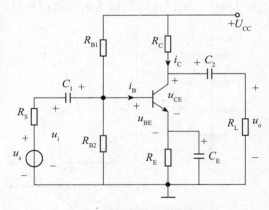

图 9—15 分压偏置共发射极放大电路

$$I_C \approx I_E = \frac{V_B - U_{BE}}{R_E} \approx \frac{V_B}{R_E} \qquad (9—15)$$

若 U_{CC}、R_{B1} 和 R_{B2} 不变，则电位 V_B 可以认为基本恒定不变，假设温度升高，Q 点稳定的过程如下：

$$T^\circ C \uparrow \to I_C \uparrow \to I_E \uparrow \to V_E \uparrow \to U_{BE}(U_{BE} = V_B - V_E) \downarrow \to I_B \downarrow \to I_C \downarrow$$

从而使 I_C 基本保持恒定，这就是后续章节要介绍的负反馈控制原理。

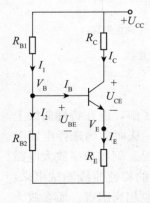

图 9—16 直流通路

1. 静态分析

分压偏置共发射极放大电路的直流通路如图9—16所示。根据直流通路，确定 Q 点计算公式为

$$V_B \approx U_{CC} \cdot \frac{R_{B2}}{R_{B1} + R_{B2}}$$

$$I_E = \frac{V_B - U_{BE}}{R_E}$$

$$I_B = \frac{I_E}{1 + \beta}$$

$$U_{CE} = U_{CC} - I_C R_C - I_E R_E \tag{9—16}$$

2. 动态分析

画出分压偏置共发射极放大电路的微变等效电路，如图9—17所示。

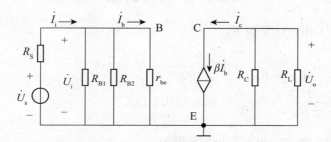

图9—17 分压偏置共发射极放大电路的微变等效电路

由此可推导出电压放大倍数、输入电阻和输出电阻等参数。

$$A_u = \frac{\dot{U}_o}{\dot{U}_i} = \frac{-\beta \dot{I}_b R'_L}{\dot{I}_b r_{be}} = -\beta \frac{R'_L}{r_{be}}$$

$$r_i = R_{B1} \ // \ R_{B2} \ // \ r_{be} \approx r_{be} \tag{9—17}$$

$$r_o \approx R_C$$

式中 $R'_L = R_C \ // \ R_L$，与图9—10所示的共发射极放大电路相比，电压放大倍数一样。

如果考虑电源内阻 R_S 时，电压放大倍数为

$$A_{us} = \frac{\dot{U}_o}{\dot{U}_S} = \frac{\dot{U}_i}{\dot{U}_S} \times \frac{\dot{U}_o}{\dot{U}_i} = \frac{R_i}{R_i + R_S} \times A_u \tag{9—18}$$

注意式（9—18）与式（9—11）定义不同。

通过上述分析可见，由于发射极电容 C_E 的存在，使发射极电阻 R_E 交流短路，一般为几十微法到几百微法。分压偏置共发射极放大电路的各项动态参数与基本共发射极放大电路没有什么区别，但静态工作点得到稳定，这也是该电路被广泛应用的原因。

【例9—2】 在图9—18所示的放大电路中，已知 $\beta = 50$，$U_S = 15 \text{ mV}$，$R_{B1} = 60 \text{ k}\Omega$，$R_{B2} = 20 \text{ k}\Omega$，$R_C = 6 \text{ k}\Omega$，$R_{E1} = 0.3 \text{ k}\Omega$，$R_{E2} = 2.7 \text{ k}\Omega$，$R_L = 6 \text{ k}\Omega$，$U_{BE} = 0.6 \text{ V}$。试求：

（1）静态值；（2）画出微变等效电路，计算放大电路的 A_u、r_i 和 r_o；（3）若 C_E 将 R_E1、R_E2 同时接地，再计算 A_u、r_i 和 r_o。

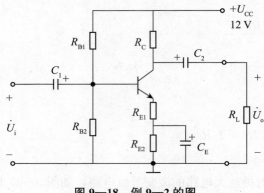

图 9—18 例 9—2 的图

解　（1）静态工作点计算如下：

$$V_\mathrm{B} \approx U_\mathrm{CC} \cdot \frac{R_\mathrm{B2}}{R_\mathrm{B1} + R_\mathrm{B2}} = 12 \times \frac{20}{60 + 20}\ \mathrm{V} = 3\ \mathrm{V}$$

$$I_\mathrm{E} = \frac{V_\mathrm{B} - U_\mathrm{BE}}{R_\mathrm{E1} + R_\mathrm{E2}} = \frac{3 - 0.6}{3}\ \mathrm{mA} = 0.8\ \mathrm{mA}$$

$$I_\mathrm{B} = \frac{I_\mathrm{E}}{1 + \beta} = \frac{0.8}{51}\ \mathrm{mA} = 0.016\ \mathrm{mA}$$

$$U_\mathrm{CE} = U_\mathrm{CC} - I_\mathrm{C}R_\mathrm{C} - I_\mathrm{E}(R_\mathrm{E1} + R_\mathrm{E2}) = 4.9\ \mathrm{V}$$

（2）画出微变等效电路如图 9—19 所示，再计算动态参数：

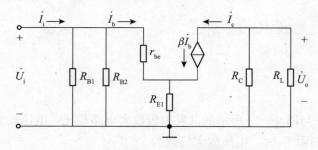

图 9—19 图 9—18 的微变等效电路

$$r_\mathrm{be} = 200 + \beta \frac{26(\mathrm{mV})}{I_\mathrm{C}(\mathrm{mA})} = 200 + 50 \times \frac{26}{0.64}\ \mathrm{k\Omega} \approx 1.585\ \mathrm{k\Omega}$$

$$A_\mathrm{u} = -\frac{\beta(R_\mathrm{C} /\!/ R_\mathrm{L})}{r_\mathrm{be} + (1 + \beta)R_\mathrm{E1}} = -\frac{50 \times (6 /\!/ 6)}{1.585 + 51 \times 0.3} \approx -8.88$$

$$r_\mathrm{i} = R_\mathrm{B1} /\!/ R_\mathrm{B2} /\!/ [r_\mathrm{be} + (1 + \beta)R_\mathrm{E1}]$$

$$= 60 /\!/ 20 /\!/ [1.585 + 51 \times 0.3]\ \mathrm{k\Omega} \approx 7.94\ \mathrm{k\Omega}$$

$$r_\mathrm{o} = R_\mathrm{C} = 6\ \mathrm{k\Omega}$$

（3）若 C_E 将 R_E1、R_E2 同时接地，动态参数如下：

$$A_u = -\frac{\beta(R_C \mathbin{/\!\!/} R_L)}{r_{be}} = -\frac{50 \times (6 \mathbin{/\!\!/} 6)}{1.585} = -94.6$$

$$r_i = R_{B1} \mathbin{/\!\!/} R_{B2} \mathbin{/\!\!/} r_{be} = 60 \mathbin{/\!\!/} 20 \mathbin{/\!\!/} 1.585 \text{ k}\Omega \approx 1.43 \text{ k}\Omega$$

$$r_o = R_C = 6 \text{ k}\Omega$$

练习与思考

9.4.1 说明图 9—19 中发射极电阻 R_E 和旁路电容 C_E 的作用。

9.5 射极输出器

前面介绍的放大电路都是共发射极放大电路，如图 9—20 所示的放大电路，它的输出电压从发射极取出，故称为射极输出器（emitter follower）。对交流信号而言，电源 U_{CC} 对交流信号相当于对地短路，集电极是输入回路与输出回路的公共端，所以对交流信号是共集电极放大电路（common collector），如图 9—20 所示。

一、静态分析

如图 9—21 所示为射极输出器的直流通路，由 KVL 方程可得

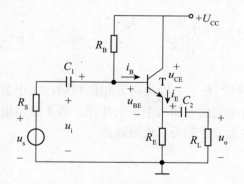

图 9—20　射极输出器

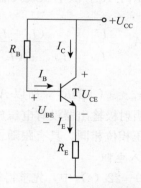

图 9—21　射极输出器的直流通路

$$I_B = \frac{U_{CC} - U_{BE}}{R_B + (1+\beta)R_E} \tag{9—19}$$

$$I_C = \beta I_B \tag{9—20}$$

$$U_{CE} = U_{CC} - I_E R_E \tag{9—21}$$

由此可求出放大电路的静态值。

二、动态分析

根据图 9—20 画出微变等效电路如图 9—22 所示，便可得出其电压放大倍数、输入电阻和输出电阻。

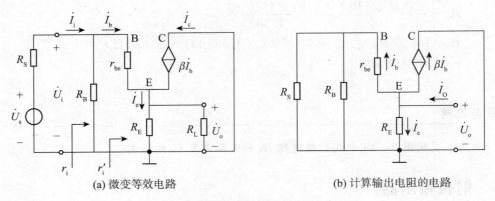

(a) 微变等效电路　　　　　　　　　　　(b) 计算输出电阻的电路

图 9—22　射极输出器的微变等效电路

1. 电压放大倍数

先由图 9—22 所示的微变等效电路，可得输出电压和输入电压如下：

$$\dot{U}_{\mathrm{o}} = \dot{I}_{\mathrm{e}}R'_{\mathrm{L}} = (\dot{I}_{\mathrm{b}} + \dot{I}_{\mathrm{c}})R'_{\mathrm{L}} = \dot{I}_{\mathrm{b}}(1+\beta)R'_{\mathrm{L}}$$

$$\dot{U}_{\mathrm{i}} = \dot{I}_{b}r_{\mathrm{be}} + (\dot{I}_{\mathrm{b}} + \dot{I}_{\mathrm{c}})R'_{\mathrm{L}} = \dot{I}_{b}r_{\mathrm{be}} + \dot{I}_{\mathrm{b}}(1+\beta)R'_{\mathrm{L}}$$

式中 $R'_{\mathrm{L}} = R_{\mathrm{E}} \ // \ R_{\mathrm{L}}$，故电压放大倍数为

$$A_{\mathrm{u}} = \frac{\dot{U}_{\mathrm{o}}}{\dot{U}_{\mathrm{i}}} = \frac{(\dot{I}_{\mathrm{b}} + \dot{I}_{\mathrm{c}})R'_{\mathrm{L}}}{\dot{I}_{b}r_{\mathrm{be}} + (\dot{I}_{\mathrm{b}} + \dot{I}_{\mathrm{c}})R'_{\mathrm{L}}} = \frac{(1+\beta)R'_{\mathrm{L}}}{r_{\mathrm{be}} + (1+\beta)R'_{\mathrm{L}}} \tag{9—22}$$

因为 $r_{\mathrm{be}} \ll (1+\beta)R'_{\mathrm{L}}$，所以 $A_{\mathrm{u}} \approx 1$，即 $\dot{U}_{\mathrm{o}} \approx \dot{U}_{\mathrm{i}}$。输入、输出两者相位相同，大小基本相等。说明射极输出器没有电压放大作用，但有电流放大和功率放大作用。由于输出电压和输入电压相位相同，具有跟随特性，故射极输出器也称为射极跟随器。

2. 输入电阻

在图 9—22 (a) 中，先求得等效电阻 r'_{i}：

$$r'_{\mathrm{i}} = \frac{\dot{U}_{\mathrm{i}}}{\dot{I}_{\mathrm{b}}} = \frac{\dot{U}_{\mathrm{i}}}{\dot{U}_{\mathrm{i}} \times [r_{\mathrm{be}} + (1+\beta)R'_{\mathrm{L}}]^{-1}} = r_{\mathrm{be}} + (1+\beta)R'_{\mathrm{L}}$$

故输入电阻为

$$r_{\mathrm{i}} = R_{\mathrm{B}} \ // \ r'_{\mathrm{i}} = R_{\mathrm{B}} \ // \ [r_{\mathrm{be}} + (1+\beta)R'_{\mathrm{L}}] \tag{9—23}$$

一般 R_{B} 的阻值很大（几十千欧至几百千欧），R_{B} 与 $[r_{\mathrm{be}} + (1+\beta)R'_{\mathrm{L}}]$ 有相同的数量级。因此，射极输出器的输入电阻较高，可达几十千欧至几百千欧。

3. 输出电阻

如图 9—22 (b) 所示，将输入信号源短路，保留其内阻 R_{S}；同时，输出端负载断开，从外部加入交流电压 $\dot{U}_{\mathrm{o}}$，产生电流 $\dot{I}_{\mathrm{o}}$，对节点 E 列出 KCL 方程，即

$$\dot{I}_o = \dot{I}_b + \beta \dot{I}_b + \dot{I}_e = \frac{\dot{U}_o}{r_{be} + R'_S} + \beta \frac{\dot{U}_o}{r_{be} + R'_S} + \frac{\dot{U}_o}{R_E}$$

整理得

$$r_o = \frac{\dot{U}_o}{\dot{I}_o} = \frac{1}{\dfrac{1+\beta}{r_{be} + R'_S} + \dfrac{1}{R_E}} = R_E \ // \ \frac{r_{be} + R'_S}{1+\beta} \qquad (9—24)$$

式中 $R'_S = R_B \ // \ R_S$，共集电极放大电路的输出电阻数值很小，一般为几欧到几十欧。

通常 $R_E \gg \dfrac{r_{be} + R'_S}{1+\beta}$，故式（9—24）可简化为

$$r_o \approx \frac{r_{be} + R'_S}{1+\beta} \qquad (9—25)$$

由于 β 一般都较大，因而射极输出器的输出电阻是很小的，远远小于共发射极放大电路的输出电阻，所以它具有恒压输出特性。

射极输出器的应用十分广泛，主要是由于它具有高输入电阻和低输出电阻的特点。其输入电阻高，常被用作多级放大电路的输入级，可以提高放大电路的输入电阻，减少信号源的负担；其输出电阻低，带负载能力强，射极输出器也常用作多级放大电路的输出级。利用它的输入电阻高、输出电阻低的特点，还可把它接在两级共发射极放大电路之间，起阻抗变换的作用，使前后级放大电路阻抗匹配，从而实现信号的最大功率传输。

练习与思考

9.5.1 简要说明射极输出器的应用。

9.5.2 当负载 R_L 变化较大时，比较共发射极放大电路和射极输出器输出电压的不同之处。

*9.6 场效应管放大电路

场效应晶体管（FET）放大电路也和双极型晶体管放大电路一样，只要对它设置了合适的静态工作点，就能起到良好的放大作用。所不同的是场效应管是电压控制器件，没有静态偏置电流，只能设置静态偏置电压。就电路结构而言，与双极型晶体管相对应，也有三种基本组态，即共源、共漏和共栅放大电路。以 NMOS 场效应晶体管为例，共源极放大电路的两种常见形式如图 9—23 和图 9—24 所示。

一、静态分析

在如图 9—23 所示电路中，N 沟道耗尽型 NMOS 管的夹断电压 $U_{GS(off)}$ 为负，在 $U_{GS} = 0$ 时已经存在沟道，一旦加入电源 U_{DD}，就会产生漏极电流 I_D，流经电阻 R_S 产生电位 $V_S = I_D R_S$。由于栅极不取电流，R_G 上没有压降，栅极电位 $U_G = 0$，所以

$$U_{GS} = V_G - V_S = -I_D R_S \qquad (9—26)$$

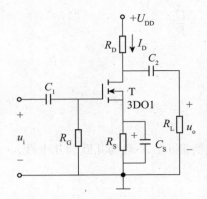

图 9—23　自给偏压共源极放大电路

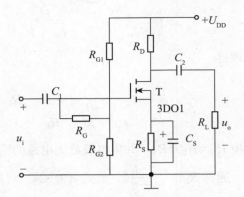

图 9—24　分压偏置共源极放大电路

可见，这种栅极偏压是依靠场效应管自身电流 I_D 产生的，故称为自给偏压（self-biased）放大电路。显然，这种偏压方式只适用于耗尽型 MOS 管和结型场效应管，因为 N 沟道增强型 MOS 管放大电路工作时 U_{GS} 为正，无法提供自给偏压放大电路。

图 9—24 所示的偏压方式是在自偏压放大电路的基础上，加接分压电阻后组成的分压偏置共源极放大电路。与分压式偏置共射放大电路相似，它能够稳定电路的静态工作点 Q。其栅源电压为

$$U_{GS} = V_G - V_S = \frac{R_{G2}}{R_{G1} + R_{G2}} U_{DD} - I_D R_S \tag{9—27}$$

显然，只要适当选取 R_{G1}、R_{G2} 和 R_S 的数值，就可得到场效应管放大工作时所需要的正、零或负的静态偏置。对 N 沟道耗尽型 MOS 管，$I_D R_S > V_G$；对 N 沟道增强型 MOS 管，$I_D R_S < V_G$。

对于图 9—23 和图 9—24 所示电路的 Q 点计算，可采用估算法计算。画出直流通路后，写出上述栅极回路偏压方程，以及场效应管转移曲线方程：

$$I_D = I_{DSS}\left(1 - \frac{U_{GS}}{U_{GS(off)}}\right)^2 \tag{9—28}$$

式中 I_{DSS} 和 $U_{GS(off)}$ 为已知参数，对式（9—26）、式（9—28）联立求解，可得到 I_D 和 U_{GS}。对于栅极分压偏压放大电路的 Q 点估算与基本自给偏压放大电路相同，只是把栅极偏压方程换为式（9—27）即可。

二、动态分析

场效应晶体管放大电路的分析方法与双极型晶体管放大电路的分析方法基本相同，均可以用图解法和低频小信号微变等效电路法分析。

由于场效应管为电压控制器件，栅极 G 与源极 S 之间的动态电阻 r_{gs} 很大，实际使用时 G、S 之间可以作开路处理；漏极 G 与源极 S 之间可以

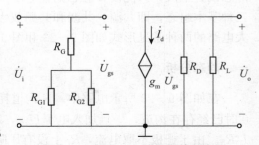

图 9—25　图 9—24 的微变等效电路

视为一个电压控制的电流源 $g_m\dot{U}_{gs}$，其微变等效电路模型如图 9—25 所示。故电压放大倍数为

$$A_u = \frac{\dot{U}_o}{\dot{U}_i} = \frac{-\dot{I}_d R_L'}{\dot{U}_{gs}}$$

$$= \frac{-g_m\dot{U}_{gs}R_L'}{\dot{U}_{gs}} = -g_m R_L' \tag{9—29}$$

式中 $R_L' = R_D /\!/ R_L$，负号表示输出电压与输入电压反相。

输入电阻

$$r_i = \frac{\dot{U}_i}{\dot{I}_i} = R_G + R_{G1} /\!/ R_{G2} \tag{9—30}$$

因栅极电阻 R_G 很大，可大大提高放大电路的输入电阻。由式（9—29）看出，R_G 对电压放大倍数无影响，且静态时无电流通过 R_G，也不会影响静态工作点。

输出电阻的求解与共发射极放大电路类似，即

$$r_o = \frac{\dot{U}_o}{\dot{I}_o}\Bigg|_{\dot{U}_i=0,\,R_L=\infty} \approx R_D \tag{9—31}$$

以上讨论了场效应管放大电路的组成、静态工作点的计算及微变等效电路产生及应用等基本内容。一般而言，分析和设计场效应管放大电路应考虑到以下特点：

（1）场效应管放大电路具有输入电阻高（可达 $10^9 \sim 10^{15}$ Ω）、噪声低等一系列优点；然而，放大能力比晶体管放大电路差一些。若两者结合使用就可大大提高和改善电子电路的某些性能指标。

（2）在场效应管放大电路中，U_{DS} 的极性决定于沟道的性质，N 沟道为正，P 沟道为负。为了建立合适的偏置电压 U_{GS}，不同类型的场效应管对偏置电压的极性有不同的要求：结型场效应管的 U_{GS} 和 U_{DS} 的极性相反；增强型 MOS 管 U_{GS} 和 U_{DS} 的极性相同；耗尽型 MOS 管的 U_{GS} 可正、可负也可为零。

（3）共源极电路和共发射极电路类同，输出电压与输入电压反相，有较高的电压放大倍数。共漏极电路和共集电极电路相仿，输出电压与输入电压同相，电压放大倍数略等于1，输出电阻较低。

练习与思考

9.6.1　图 9—24 电路中如果没有栅极电阻 R_G，考虑场效应管输入电阻 r_{gs}，放大电路的输入电阻是多少？

9.6.2　比较共源极场效应晶体管放大电路与共发射极双极型晶体管电路，电路结构有何相似？性能指标有何异同？

9.7 多极放大电路

前面介绍了一个放大元件构成的放大电路，也称为单级放大电路。它们的放大倍数一般为几十倍。然而，把微弱的毫伏甚至微伏级信号放大到伏特级需要几十万倍，仅用单级放大通常是不够的，为此需要把若干基本的单级放大电路连接起来组成多级放大电路来实现。下面将讨论多级放大电路的级间耦合方式及作相应的静态和动态分析。

一、级间耦合

放大电路的连接方式称为耦合（coupling），常见的耦合方式有阻容耦合、变压器耦合和直接耦合三种方式，近年来光电耦合也得到了广泛的应用。

1. 阻容耦合

阻容耦合方式如图 9—26 所示。图中前级输出信号通过电容传递到下级的输入端。只要电容的数值足够大，就可以在一定频率下把信号几乎不衰减地传递到下一级。同时，由于电容的隔直流作用，各级放大电路的静态工作点互不影响，Q 点设置和估算与单级放大电路一样，非常方便。阻容耦合方式的缺点是不能传递直流信号，故不能用于集成电路，因为集成电路内部无法制造数值较大的电容。

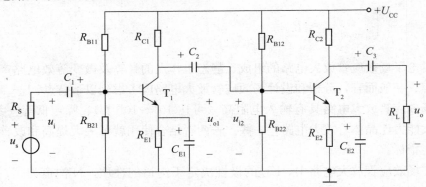

图 9—26　阻容耦合两级共射放大电路

2. 变压器耦合

变压器耦合方式能使输出信号通过变压器副边传递到下级的输入端。这种耦合方式的优点是可以进行阻抗变换，缺点也是明显的，它不能传递直流信号，而且体积庞大，工艺复杂，不能集成化，目前在音像设备中仍在使用。

3. 直接耦合

直接耦合方式如图 9—27 所示。图中前级输出信号通过导线传递到下级的输入端。显然，直接耦合方式既可以传递交流信号又可以传递直流信号，目前被广泛用于集成电路中。这种耦合方式的主要缺点是各级放大电路的 Q 点互相影响，容易造成零点漂移（zero draft）现象。由于受温度变化、电源电压不稳等因素的影响，静态工作点发生变化，并被逐级放大和传输，导致电路输出端电压偏离原固定值而上下漂动的现象称为零点漂移。因此，零点漂移也叫温漂。解决方法是下节介绍的差动放大电路结构，使零点漂移降至最小，以保证放大电路正常工作。

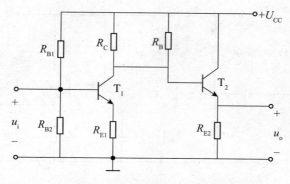

图 9—27 直接耦合放大电路

二、静态分析

对阻容耦合放大电路和变压器耦合放大电路，各级 Q 点互相独立，由直流通路分别按单级放大电路计算即可，前面已经讲过，不再赘述。

直接耦合放大电路通常前后级间相互影响，需要列方程组联立求解。零点漂移是由于温度的变化、电源电压的不稳定等原因引起的，这与 9.4 节中讲到的静态工作点不稳定因素一样。例如，在图 9—27 中，当温度上升时，I_{C1} 增加，U_{CE1} 下降，这一变化直接传递到下一级而且放大，在输出端形成一定幅度的干扰信号。

三、动态分析

1. 电压放大倍数

多级放大电路的电压放大倍数等于各级放大倍数的乘积，例如，两级放大电路的电压放大倍数为

$$A_u = \frac{\dot{U}_o}{\dot{U}_i} = \frac{\dot{U}_{o1}}{\dot{U}_{i1}} \times \frac{\dot{U}_{o2}}{\dot{U}_{o1}} = A_{u1} \times A_{u2} \tag{9—32}$$

计算各级放大倍数时，两级的放大倍数视该级的具体电路而定，必须考虑各级之间的相互影响。例如，两级放大电路，后级输入电阻 r_{i2} 就是前级的负载电阻 R_{L1}，前级的输出电阻 r_{o1} 就是后级的信号源内阻 R_{S1}。

2. 输入电阻和输出电阻

多级放大电路的输入电阻就是第一级的输入电阻，而多级放大电路的输出电阻就是末级的输出电阻。即

$$r_i = r_{i1} \tag{9—33}$$
$$r_o = r_{on} \tag{9—34}$$

【例 9—3】 两级放大电路如图 9—28 所示。已知 $\beta_1 = \beta_2 = 100$，$r_{be1} = 6 \text{ k}\Omega$，$r_{be2} = 1.5 \text{ k}\Omega$，$R_S = 1 \text{ k}\Omega$，$R_{B11} = 91 \text{ k}\Omega$，$R_{B12} = 30 \text{ k}\Omega$，$R_C = 12 \text{ k}\Omega$，$R_{E1} = 5.1 \text{ k}\Omega$，$R_{B2} = 180 \text{ k}\Omega$，$R_{E2} = R_L = 3.6 \text{ k}\Omega$，设所有电容容抗均可忽略不计。试计算：（1）输入电阻 r_i 和

203

输出电阻 r_o；（2）电压放大倍数 A_u 及 A_{us}。

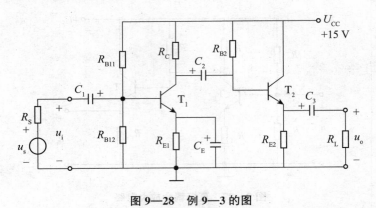

图 9—28　例 9—3 的图

解　画出此放大电路的微变等效电路，如图 9—29 所示。

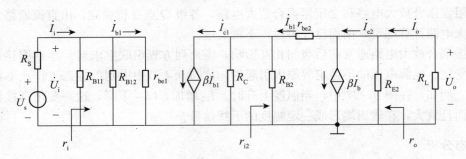

图 9—29　两级放大电路的微变等效电路

（1）$r_i = R_{B11} /\!/ R_{B12} /\!/ r_{be1} = 91 /\!/ 30 /\!/ 6 \text{ k}\Omega = 4.7 \text{ k}\Omega$

$$r_o = R_{E2} /\!/ \frac{r_{be2} + r_{o1} /\!/ R_{B2}}{1 + \beta_2} = 3.6 /\!/ \frac{1.5 + 12 /\!/ 180}{1 + 100} \text{ k}\Omega$$

$$= 3.6 /\!/ \frac{12.75}{101} \text{ k}\Omega \approx 122 \text{ }\Omega$$

$$r_{i2} = R_{B2} /\!/ [r_{be2} + (1 + \beta_2)(R_{E2} /\!/ R_L)]$$

$$= 180 /\!/ [1.5 + (1 + 100)3.6 /\!/ 3.6] \text{ k}\Omega \approx 91 \text{ k}\Omega$$

（2）$A_{u1} = -\dfrac{\beta_1(R_C /\!/ r_{i2})}{r_{be1}} = -\dfrac{100 \times (12 /\!/ 91)}{6} \approx -176.7$

$$A_{u2} = -\frac{(1 + \beta_2)(R_{E2} /\!/ R_L)}{r_{be2} + (1 + \beta_2)(R_{E2} /\!/ R_L)} = \frac{101 \times 1.8}{1.5 + 101 \times 1.8} = 0.99$$

$$A_u = A_{u1} \times A_{u2} = -176.7 \times 0.99 = -175$$

$$A_{us} = \frac{r_i}{R_S + r_i} \times A_u = \frac{4.7}{1 + 4.7} \times (-175) = -144$$

9.8　差动放大电路

前面已经述及直接耦合放大电路的主要缺点是存在零点漂移，在多级放大电路中，第一级的输出漂移电压，经过逐级放大，虽然输入信号为零，仍有一定幅度的漂移电压输出。当漂移电压的大小可以和有效信号相比时，就无法区分输出是有效信号还是噪声漂移电压，严重时甚至把有效信号淹没了使放大电路无法工作。产生漂移电压的原因主要是温度变化引起晶体管参数变化所致，为了解决放大电路的零点漂移问题，引入差动放大电路（differential amplifier）。

差动放大电路是一种直接耦合放大电路，输出电压正比于两个输入端电位之差，它具有良好的抑制零漂的效果，被广泛运用于线性集成电路之中。

图 9—30 是用两个晶体管组成的最简单的差动放大电路。信号电压由两管基极输入，输出电压则取自两管的集电极间。在理想的情况下，电路结构对称，两晶体管的特性及对应电阻元件的参数值都相同，因而它们的静态工作点也必然相同。

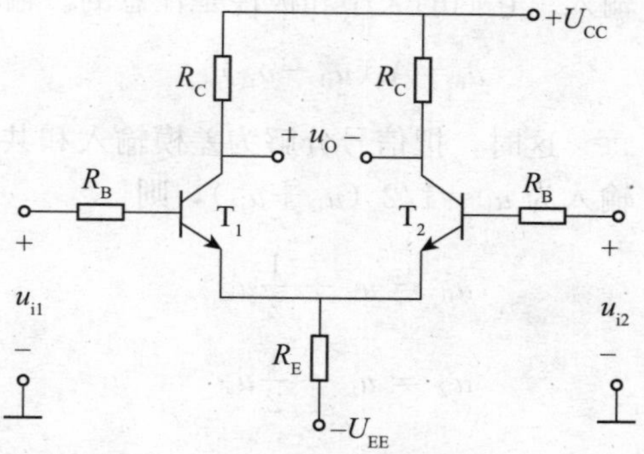

一、工作原理分析

1. 零点漂移的抑制

在静态时，两输入端对地短路，即 $u_{i1} = u_{i2} = 0$，因电路对称，两管的集电极电流和电压都相等，则

$$I_{C1} = I_{C2}, V_{C1} = V_{C2}$$

故输出电压

$$u_o = V_{C1} - V_{C2} = 0$$

如果环境温度变化，例如当温度升高时，两管的集电极电流都增大，集电极电位都下降，则两管的变化量相等，即

$$\Delta I_{C1} = \Delta I_{C2}, \Delta V_{C1} = \Delta V_{C2}$$

故

$$u_o = \Delta V_{C1} - \Delta V_{C2} = 0$$

可见，在理想情况下电路对称，零点漂移完全被抑制住了。

2. 信号输入

动态分析时，输入信号不为零，可分为以下三种输入方式。

（1）共模输入

两个输入电压信号的大小相等、极性相同的信号称为共模输入（common mode input）或共模信号，即 $u_{i1} = u_{i2}$。对于完全对称的差动放大电路来说，两管集电极对地的电压相等 $u_{c1} = u_{c2}$，则 $u_o = u_{c1} - u_{c2} = 0$。所以，它对共模信号没有放大作用，共模放大倍数 $A_C = 0$。差动电路抑制共模信号能力的大小，也反映出它对零点漂移的抑制水平。

（2）差模输入

两个输入电压信号的大小相等，而极性相反的信号称为差模输入（difference-mode

图 9—30　差动放大原理电路

205

input）或差模信号，即 $u_{i1} = -u_{i2}$。因电路对称，$u_{c1} = -u_{c2}$，则

$$u_o = u_{c1} - u_{c2} = 2u_{c1}$$

可见，差模信号的作用下，差动放大电路的输出电压为两管各自输出电压变化量的两倍，即差模放大倍数 $A_d \neq 0$。

（3）比较输入

一般而言，两个输入电压信号既非共模输入，又非差模输入，即 $u_{i1} \neq u_{i2}$，称为比较输入。它们的大小和极性是任意的。输出电压为

$$u_o = A_u(u_{i1} - u_{i2}) \tag{9—35}$$

这时，把信号分解为差模输入和共模输入两部分。即差模输入为 $u_{id} = u_{i1} - u_{i2}$；共模输入为 $u_{ic} = 1/2 (u_{i1} + u_{i2})$，则

$$u_{i1} = u_{ic} + \frac{1}{2}u_{id}$$

$$u_{i2} = u_{ic} - \frac{1}{2}u_{id}$$

对差动放大电路的动态参数的计算，与前述共发射极放大电路相似，读者可自行分析。

3. 共模抑制比

对差动放大电路来说，差模输入信号是有用信号，要求对它有差模放大倍数；而共模输入信号是需要抑制的，因此对它的放大倍数要越小越好。为了全面衡量差动放大电路放大差模信号和抑制共模信号的能力，通常用共模抑制比 K_{CMRR}（common mode rejection ratio）来表征。其定义为放大电路对差模信号的放大倍数 A_d 和对共模信号的放大倍数 A_c 之比，即

$$K_{CMR} = \frac{A_d}{A_c}$$

或用对数形式表示

$$K_{CMR} = 20\lg\frac{A_d}{A_c}(dB)$$

其单位为分贝（dB）。双端输出差动电路，若电路完全对称（理想情况），则 $A_c = 0$，$K_{CMRR} \to \infty$。而实际情况是，要使电路完全对称往往不可能，故共模抑制比也不可能趋于无穷大。

二、典型差动放大电路

实际上，完全对称的理想情况并不存在，所以单靠提高电路的对称性来抑制零点漂移是有限的；另外，上述差动电路中的每个晶体管的集电极电位的漂移并未受到抑制，如果采用单端输出（输出电压从一个管的集电极与"地"之间取出），漂移根本无法抑制。为此，常采用如图 9—31 所示的电路。

为了从根本上抑制零点漂移，在电路中引入发射极电阻 R_E 和负电源 $-U_{EE}$。R_E 的主要

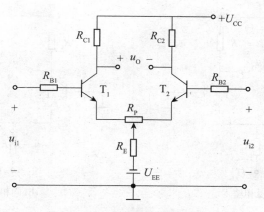

图 9—31 典型差动放大电路

作用是限制每个晶体管的漂移范围，进一步减小零点漂移，稳定电路的静态工作点。抑制漂移的过程如下所示：

温度 ↑ → I_{C1}（或 I_{C2}）↑ → I_E ↑ → U_{RE} ↑ → U_{BE1}（或 U_{BE2}）↓ → I_{B1}（或 I_{B2}）↓

I_{C1}（或 I_{C2}）↓ ←

可见，R_E 上的电压 U_{RE} 增大，使得每个晶体管的漂移得到抑制。显然 R_E 的阻值越大，电路抑制零点漂移的能力就越强。在 $+U_{CC}$ 一定时，过大的 R_E 会使集电极电流过小，而影响静态工作点和电压放大倍数。为此接入负电源 $-U_{EE}$ 来抵偿 R_E 两端的直流电压降，从而获得合适的静态工作点。

由于差模信号使两管的集电极电流产生异向变化，只要电路的对称性足够好，两管电流一增一减，其变化量相等，通过 R_E 中的电流就近于不变，不会影响差模信号的放大效果。

电位器 R_P 是调节平衡用的，因为电路不会完全对称，可以通过调节 R_P 来改变两管的初始工作状态，当输入电压为零时，输出电压也等于零。但 R_P 阻值不宜过大，一般取在几十欧到几百欧之间。

三、输入和输出方式

前述差动放大电路为双端输入—双端输出方式，此外差动放大电路还有单端输入（一端对地输入）—双端输出、双端输入—单端输出（一端对地输出）、单端输入—单端输出共四种方式。

以单端输入—单端输出为例，有反相输入和同相输入两种形式（图 9—32），这两种形式应用于第 9 章的集成电路中。

练习与思考

9.8.1　图 9—31 所示差动放大电路，采用了哪些抑制零点漂移的方法？

9.8.2　差动放大电路对共模输入信号与差模输入信号如何区分？

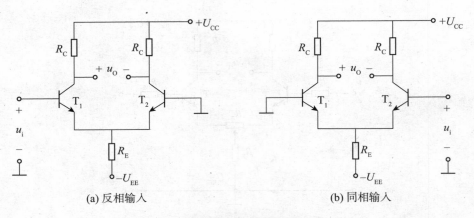

(a) 反相输入   (b) 同相输入

图 9—32　单端输入—单端输出差动放大电路

9.9　功率放大电路

功率放大电路的作用是将经过多级放大的前置电压放大级放大后的电压信号再进行功率放大，以便驱动如扬声器、继电器、指示仪表等需要一定功率的负载工作。能够提供给负载足够大的信号功率为目的的放大电路称为功率放大电路（power amplifier）。电压放大电路的目的是将信号电压进行不失真地放大，需要有足够大的输出电压，而功率放大电路要求输出大的功率，前者工作在小信号状态下，而后者则工作在大信号状态下。

一、功率放大电路的特殊问题

要求放大电路有足够大的输出功率，对功率放大电路主要考虑以下几个方面的问题：

（1）不失真的情况下输出功率尽可能大。要得到尽可能大的输出功率，则输出电压和电流都要足够大，这就要求功率放大电路有很大的电压和电流的变化范围，它们往往在接近极限状态下工作。

（2）输出功率大，同时要求效率要高。即负载得到的信号功率与直流电源提供的功率之比要大，否则既浪费电能，使元件严重发热，又使得功率放大电路的潜力得不到充分发挥。

（3）非线性失真要小。由于功率放大电路是在大信号状态下工作的，电压和电流摆动的幅度很大，很容易超出晶体管的线性范围，产生非线性失真。因此，要采取措施减少失真，使之满足负载的要求。

效率、失真和输出功率之间互有影响，根据功率放大电路中晶体管导通的时间不同，把功率放大电路分为三种工作状态，如图 9—23 所示。

甲类功率放大电路是指在输入信号的整个周期内，晶体管均导通，有电流流过，因 I_C 较大，输出波形不会失真。但是甲类功率放大电路最高效率只能达到 25%。乙类功率放大电路是指在输入信号的整个周期内，晶体管仅在半个周期内导通，有电流流过，输出波形失真严重。乙类功率放大电路最高效率能达到 78.5%。甲乙类功率放大电路是指在输入信号的整个周期内，晶体管导通时间大于半个周期而小于整个周期，输出波形会失真。

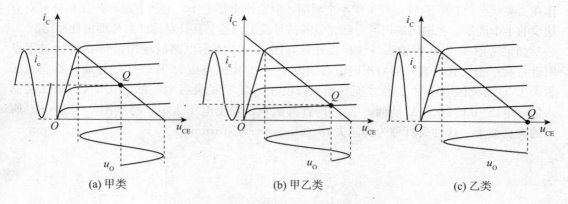

(a) 甲类   (b) 甲乙类   (c) 乙类

图 9—33　放大电路工作状态

从效率来看甲类功率工作状态效率最低；甲乙类和乙类工作状态虽然减小了静态功耗，提高了效率，但产生了严重的失真。

下面介绍工作于甲乙类或乙类状态的互补对称放大电路，它既能提高效率，又能减小信号波形的失真。目前应用最广泛的是无输出变压器的功率放大电路（OTL 电路）和无输出电容器的功率放大电路（OCL 电路）。

二、OCL 互补对称功率放大电路

在功率放大电路中，希望输出功率大、电源功率的消耗小、效率高。静态工作点下移能使静态管耗下降，因而提高了效率，但从图形上看输出波形已经严重失真了。因此，为了得到乙类工作状态下效率高的优点，又能克服削波失真的缺点，采用互补对称放大电路（complementary symmetry amplifying circuit）。

双电源互补对称电路又称无输出电容电路，简称 OCL（output capacitor less）电路，如图 9—34 所示。在 OCL 电路中 T_1、T_2 特性对称，采用双电源供电。

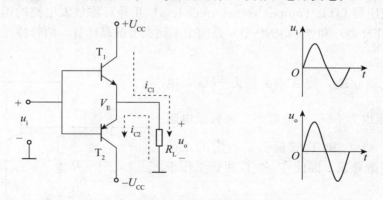

图 9—34　乙类放大互补对称电路

假设 T_1（NPN）和 T_2（PNP）管特性对称，静态时，$V_E=0$，T_1、T_2 管截止，$i_{C1}=i_{C2}=0$，电路中无功率损耗。动态时，在 u_i 的正半周内，T_1 管导通、T_2 管截止，R_L 得到的 u_o 为正；在 u_i 的负半周内，T_1 管截止、T_2 管导通，R_L 得到的 u_o 为负。电路中尽管晶体管工

作在乙类状态，T_1、T_2管都只工作半个周期，但它们交替工作，上、下对称，互相补充对方缺少的半个周期，在输出端仍可得到完整的信号波形，乙类互补对称的名称即由此而得。

如果考虑 T_1、T_2 管输入特性存在死区，图 9—34 所示电路的输出波形在信号过零点附近将会产生失真。输入信号正向值必须大于 T_1 的死区电压时 T_1 管才能导通，负向值必须大于 T_2 的死区电压时 T_2 管才能导通。假设 T_1、T_2 管的死区电压都是 0.6 V，那么在输入信号电压 $|u_i| \leqslant 0.6$ V 期间，T_1、T_2 管都截止，输出电压为零，得到图 9—35（b）所示的失真波形，这种失真称为交越失真（crossover distortion）。

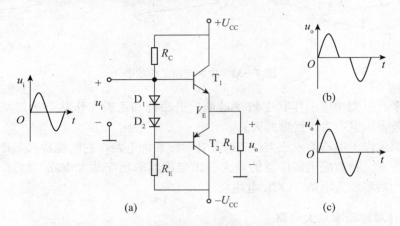

图 9—35　甲乙类互补对称电路及其交越失真的消除

消除上述电路交越失真的方法是使晶体管工作于甲乙类状态，即甲乙类状态互补对称电路如图 9—35（a）所示。由于在基极间加入二极管（或电阻），给 T_1 和 T_2 管提供了一定的正偏压，使 T_1 和 T_2 管在静态时轻微导通，便可以得到如图 9—35（c）所示的正常波形。

三、OTL 互补对称功率放大电路

无输出变压器 OTL（output transformer less）互补对称放大电路的组成如图 9—36 所示。T_1（NPN 型）和 T_2（PNP 型）是两个不同类型的晶体管，两管特性基本相同，采用单电源供电。

静态时，调节 R_3，使 A 点电位为 $\frac{1}{2}U_{CC}$，电容 C_L 上的电压也为 $\frac{1}{2}U_{CC}$；电源经二极管及电阻 R_3、R_1、R_2，给 T_1 和 T_2 管提供了一定的正偏压，使它们轻微导通。因此 T_1 和 T_2 两管工作于甲乙类状态。

当输入交流信号 u_i 正半周时，T_1 管导通，T_2 管截止，U_{CC} 供电，电流为 i_{C1}，由 T_1 和 R_L 电阻构成的电路为射极输出形式；当 u_i 负正半周时，T_2 管导通，T_1 管截止，电容 C_L 放电，电流为 i_{C2}，由 T_2 和 R_L 电阻构成的电路也为射极输出形

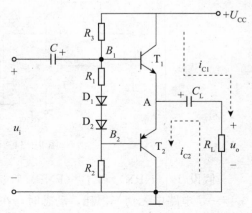

图 9—36　OTL 互补对称功率放大电路

式。这样，在输入信号的一个周期内，电流 i_{C1} 和 i_{C2} 以正反方向交替流过负载电阻 R_L，负载电阻上得到一个完整的交流输出电压 u_o。电路由两组射极输出器组成，输入电阻高和输出电阻低，电容 C 容量足够大（几千微法），电路的低频特性好。

四、集成功率放大电路

随着线性集成电路的发展，集成功率放大电路运用日益广泛。集成功率放大电路的种类很多，可分为通用型和专用型两大类。通用型是指可用于多种场合的电路，如 FX0021，FX0021 是一种高输出功率的通用型集成运放。专用型是指用于某些特定场合的电路，如集成音频功率放大电路，常用的音频功率放大集成电路有 TA7227、TDA1512、TDA2003、TDA7250 等等。广泛应用于音响电路，如收音机、录音机等。

 习 题

一、单项选择题

1. 共发射极放大电路输出电压的波形如图 9—01 所示，此电路产生了（　　）。

(1) 饱和失真　　　　(2) 截止失真　　　　(3) 交越失真

(4) 频率失真

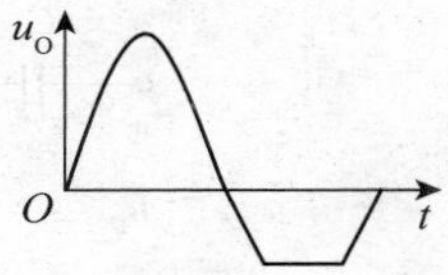

2. 如果负载电阻值减小，放大器输出电阻将（　　）。

(1) 增大　　　　　(2) 减小　　　　　(3) 不变

图 9—01

3. 射极输出器电路中，输出电压与输入电压之间的关系是（　　）。

(1) 两者反相，输出电压大于输入电压

(2) 两者同相，输出电压近似等于输入电压

(3) 两者相位差 90°，且大小相等

4. 就放大作用而言，射极输出器是一种（　　）。

(1) 有电流放大作用而无电压放大作用的电路

(2) 有电压放大作用而无电流放大作用的电路

(3) 电压和电流放大作用均没有的电路

5. 为了放大变化缓慢的信号或直流信号，多级放大电路级与级之间必须采用（　　）。

(1) 阻容耦合　　　　(2) 变压器耦合　　　　(3) 直接耦合

6. 在直接耦合放大电路中，采用差动式电路结构的主要目的是（　　）。

(1) 提高电压放大倍数　　(2) 抑制零点漂移　　(3) 提高带负载能力

7. 已知两级放大电路的电压放大倍数分别是 $A_{u1}=-10$，$A_{u2}=20$，则此放大电路总的电压放大倍数应是（　　）。

(1) $A_u=-30$　　　　(2) $A_u=10$　　　　(3) $A_u=-200$

8. 两级阻容耦合放大电路中，第二级的输入电阻是第一级的（　　）。

（1）输入电阻　　　　（2）输出电阻　　　　（3）负载电阻　　　（4）信号源内阻

9. 两级阻容耦合共射极放大电路，若将第二级换成射极输出器，则第一级电压放大倍数将（　　　）。

（1）提高　　　　　　（2）降低　　　　　（3）不变

10. 在画放大电路的交流通路时常将耦合电容视为短路，直流电源也视为短路，这种处理方法是（　　　）。

（1）正确的　　　　　（2）不正确的

（3）耦合电容视为短路是正确的，直流电源视为短路则不正确

11. 图 9—31 所示的差动放大电路中，电阻 R_E 对（　　　）有抑制作用。

（1）差模输入　　　　（2）共模输入　　　　（3）既非共模输入，又非差模输入

二、分析与计算题

9.1　判断如图 9—02 所示电路是否能够放大交流信号，请简要说明理由。

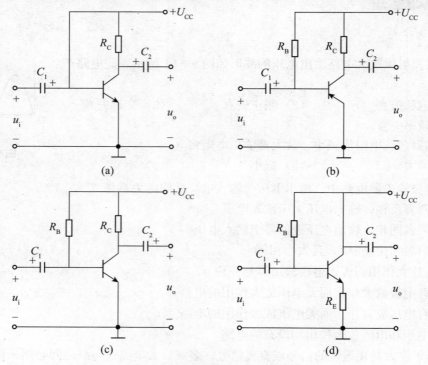

图 9—02　习题 9.1 的图

9.2　已知某电路的直流通路如图 9—03（a）所示，晶体管的输入曲线和输出曲线绘于图 9—03（b）、（c）中，$R_C=5\ \mathrm{k\Omega}$。当 R_B 分别为 10 MΩ、560 kΩ 和 150 kΩ 时，试用图解法分析：（1）晶体管分别处于什么状态，在输出曲线上标出 Q 点的位置和数值。（2）如果 $R_B=560\ \mathrm{k\Omega}$，$R_C$ 改为 20 kΩ。问 Q 点如何变化？

9.3　在图 9—04 中，若 $U_{CC}=10\ \mathrm{V}$，今要求 $U_{CE}=5\ \mathrm{V}$，$I_C=2\ \mathrm{mA}$，晶体管的 $\beta=40$，试求 R_C 和 R_B 的阻值。

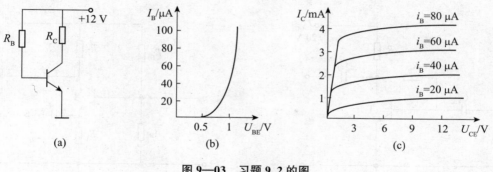

图 9—03　习题 9.2 的图

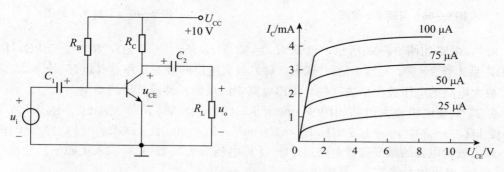

图 9—04　习题 9.3 的图

9.4　如图 9—05 所示电路中，$R_{B1}=50$ kΩ，$R_{B2}=10$ kΩ，$R_C=5$ kΩ，$R_E=1$ kΩ，$\beta=80$。求：(1) 电路的静态工作点；(2) 画出所示电路的微变等效电路，计算电压放大倍数 A_u 和输入电阻 r_i、输出电阻 r_o；(3) 若放大电路接入有负载 $R_L=10$ kΩ 时，再计算 A_u、r_i 和 r_o；(4) 若输入端作用有 $u_i=5\sin\omega t$ mV 的信号电压时，带负载 $R_L=10$ kΩ，求输出电压 u_o。

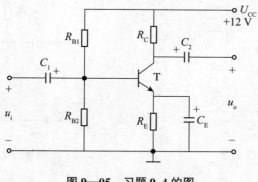

图 9—05　习题 9.4 的图

9.5　已知放大电路如图 9—06 所示。已知 $U_{BE}=0.7$ V，$\beta=100$，$R_B=330$ kΩ，$R_C=3.9$ kΩ，$r_{bb'}=20$ Ω。所有电容可以为交流短路。(1) 确定静态工作点；(2) 试说明其稳定静态工作点的物理过程。

9.6　电路如图 9—07 所示，已知 $R_{B1}=100$ kΩ，$R_{B2}=50$ kΩ，$R_C=R_E=2$ kΩ，$\beta=80$。若 $u_i=500\sin\omega t$ mV，求电压 u_{o1} 和 u_{o2}。

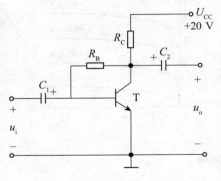

图 9—06 习题 9.5 的图

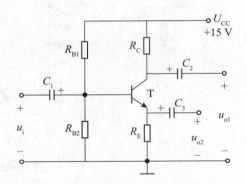

图 9—07 习题 9.6 的图

9.7 电路如图 9—08 所示，已知 $R_{B1}=22$ kΩ，$R_{B2}=4.7$ kΩ，$R_C=2.5$ kΩ，$R_E=1$ kΩ，晶体管 $\beta=50$，$r_{be}=1$ kΩ，试求：（1）放大电路的静态工作点（设 $U_{BE}=-0.3$ V）；（2）放大电路的电压放大倍数；（3）指出电路中的反馈元件及其反馈类型。

9.8 共集电极放大电路如图 9—09 所示，$U_{CC}=12$ V，$R_B=220$ kΩ，$R_E=2.7$ kΩ，$R_L=2$ kΩ，$\beta=80$，$r_{be}=1.5$ kΩ，$U_S=200$ mV，$R_S=500$ Ω。试求：（1）静态工作点；（2）画出放大电路的微变等效电路；（3）计算电压放大倍数 A_u、输入电阻 r_i、输出电阻 r_o；（4）源电压放大倍数 A_{uS} 及输出 u_o。

9.9 在图 9—10 所示的电路中，已知 $\beta=60$，$r_{be}=1.8$ kΩ，$U_S=15$ mV，$R_{B1}=120$ kΩ，$R_{B2}=39$ kΩ，$R_C=3.9$ kΩ，$R_F=100$ Ω，$R_E=2$ kΩ，$R_L=3.9$ kΩ，$R_S=0.6$ kΩ。试求：（1）静态值；（2）画出微变等效电路；（3）计算放大电路的输入电阻 r_i 和输出电阻 r_o；（4）计算电压放大倍数 A_u、A_{uS}（$A_{uS}=\dot{U}_o/\dot{U}_S$）和输出电压 U_o。

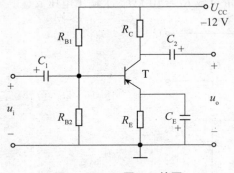

图 9—08 习题 9.7 的图

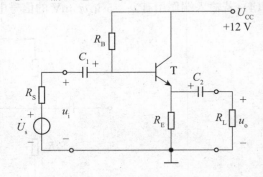

图 9—09 习题 9.8 的图

9.10 在图 9—24 所示的放大电路中，已知 $U_{DD}=20$ V，$R_D=10$ kΩ，$R_S=10$ kΩ，$R_{G1}=200$ kΩ，$R_{G2}=51$ kΩ，$R_G=1$ MΩ，并将其输出端接入负载电阻 $R_L=10$ kΩ。所用的场效应管为 N 沟道耗尽型，其参数 $I_{DSS}=0.9$ mA，$U_{GS(off)}=-4$ V，$g_m=1.5$ mA/V。试求：（1）静态值；（2）电压放大倍数。

9.11 已知两级放大电路如图 9—11 所示，且 $U_{CC}=20$ V，$U_{BE}=0.6$ V，$\beta_1=\beta_2=50$，$R_{B1}=51$kΩ，$R_{B2}=8$ kΩ，$R_B=120$ kΩ，$R_C=7.5$ kΩ，$R_{E1}=2$ kΩ，$R_{E2}=2$ kΩ，$R_L=$

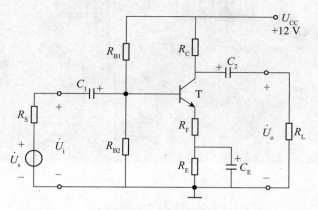

图 9—10 习题 9.9 的图

2 kΩ，$r_{be1}=1.65$ kΩ，$r_{be2}=0.57$ kΩ。所有电容可以为交流短路。试求：（1）确定两管的静态工作点；（2）电压放大倍数、输入电阻和输出电阻。

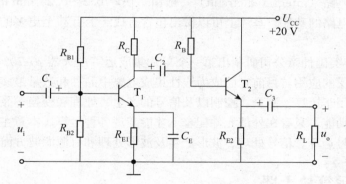

图 9—11 习题 9.11 的图

9.12 设如图 9—12 所示电路中 R_W 的动端处于中点，三极管的 $r_{be}=10.3$ kΩ，$\beta=100$，$R_C=36$ kΩ，$R_B=2.7$ kΩ，$R_W=100$ Ω，$R_E=27$ kΩ，$R_L=18$ kΩ。试求：（1）静态工作点；（2）差模电压放大倍数；（3）差模输入电阻和输出电阻；（4）和上题的调零方式相比本题的调零方式有何特点？

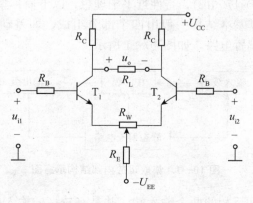

图 9—12 习题 9.12 的图

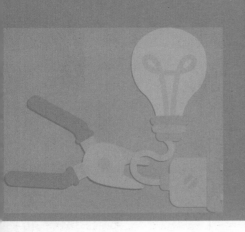

第*10*章
集成运算放大器

前面讨论的电路是由各种单个元件（晶体管、二极管、电阻和电容等）组成的分立元件电路，而集成电路（integrated circuit）一般由一块厚 0.2～0.25 mm 的 P 型硅片制成，这种硅片是集成电路的基片。基片上可以做出包含有成千上万甚至更多的晶体管、电阻和连接导线的电路。

自从 1964 年美国仙童公司研制出第一个单片集成运算放大器 μA702 以来，集成运算放大器得到了广泛的应用，目前它已成为线性集成电路中品种和数量最多的一类。其性能优良，广泛地应用于运算、测量、控制以及信号的产生、处理和变换等领域。运算放大器本身不具备计算功能，只有在外部元件配合下才能实现各种运算。本章主要介绍集成运算放大器在模拟信号运算、信号处理、波形产生及波形处理和有源滤波方面的一些应用。

10.1 集成运算放大器

一、集成运算放大器的组成

集成运算放大器（integrated operational amplifier）是一种多级直接耦合放大器，它具有高电压放大倍数（可达 60～180 dB）、高输入电阻（几兆欧以上）、低输出电阻（几十欧），共模抑制比高（60～170 dB），特性近乎于理想，以下简称集成运放。集成运放型号繁多，内部线路各异，其基本结构一般由四个部分组成，即差动输入级、中间电压放大级、功率输出级和静态偏置电路，如图 10—1 所示。

图 10—1 集成运放内部结构示意图

输入级能提供同相和反相的两个输入端，并具有较高的输入电阻和一定的放大倍数，同时还要尽量减小零点漂移和共模信号的干扰，故都采用差动放大电路。

中间级的作用主要是提供足够高的电压放大倍数，故采用共发射极放大电路。

输出级为负载提供一定幅度的信号电压和信号电流，并具有一定的保护功能。一般采用输出电阻很低、带负载能力很强的射极输出器或由射极输出器组成的互补对称放大电路。

偏置电路的作用是为各级电路提供稳定和合适的偏置电流，决定各级的静态工作点，一般由各种恒流源电路构成。

在应用集成运放时，并不需要知道它的内部结构，只需了解它的引脚的含义及主要技术参数即可。集成运放的电路符号如图 10—2（c）所示。图中 A_{uo} 表示放大电路的电压放大倍数，集成运放为单向器件，▷表示其信号的输入到输出方向。

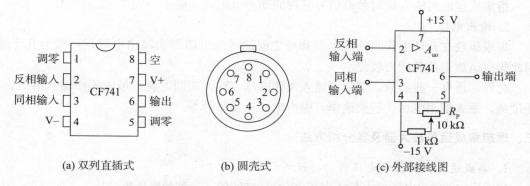

(a) 双列直插式　　　(b) 圆壳式　　　(c) 外部接线图

图 10—2　F007 集成运算放大器引脚图及外部接线图

由于集成运放的输入级为差动输入，它有两个输入端。反相输入端为"—"，当信号由此端与地之间输入时，输出信号与输入信号相位相反，即为反相输入（inverted input）；同相输入端为"+"，当信号由此端与地之间输入时，输出信号与输入信号相位相同，即为同相输入（non-inverting input）；如果将两个信号从左侧的两个端口与地之间同时输入，这种输入方式为差动输入（differential input）。

如图 10—2 所示是典型集成运放 F007（或 CF741）的引脚图及外部接线图。它有双列直插式如图 10—2（a）所示和圆壳式如图 10—2（b）所示两种封装形式，通过 7 个引脚与外电路连接。产品型号不同，技术参数不同，相应的引脚编号也不相同，使用时可查阅相关资料。

集成运放有通用型和专用型两大类。通用型集成运放各项指标适中，线路较为简单，生产技术成熟，可以大规模生产，价格便宜。目前广泛使用的有 F007、μA741 等型号。专用型集成运放则侧重追求某一项指标，例如，高阻型集成运放要求输入电阻很高（$>10^6$ kΩ），低功耗型则要求集成运放最大功耗非常小（<6 mW），高压型集成运放要求输出功率或输出电压很高等。

二、集成运算放大器的主要参数

集成运放的性能可用一些参数来表示。为了合理选用和正确使用集成运放，须了解各主要参数的意义。

1. 最大输出电压 U_{OM}

指能使输出电压和输入电压保持不失真关系的最大输出电压。例如型号为CF741的运放，其最大输出电压为±15 V。

2. 开环电压放大倍数 A_{uo}

指运放在开环状态（没有外接反馈时）下，所测得的差模电压放大倍数。A_{uo}越高运算电路越稳定，一般为$10^4 \sim 10^7$，即80～140 dB。

3. 最大共模输入电压 U_{ICM}

指在线性工作范围内集成运放能够承受的最大共模输入电压值，其数值可达±15 V。所加电压超过此值，集成运放的共模抑制比将显著下降，甚至造成永久损坏。

4. 差模输入电阻 r_{id}

指集成运放两输入端对差模信号呈现的动态电阻，一般$10^5 \sim 10^{11}$ Ω。

5. 输出电阻 r_o

集成运放在开环工作时，输出端和地之间的等效电阻即为输出电阻，一般为几十欧。因此集成运放带负载能力较强。

此外，还有一些参数，例如：输入失调电压、输入失调电流、最大差模输入电压、开环带宽、最大输出电压、转换速率、噪声电压、功耗等等。

三、理想集成运算放大器及其分析方法

1. 集成运算放大器的电压传输特性

集成运放的输出电压 u_O 与输入电压 $u_+ - u_-$ 之间的关系称为电压传输特性，如图10—3(b)所示。它包括线性区和非线性区（饱和区）两部分，它们的关系为

$$u_O = A_{uo}(u_+ - u_-) \tag{10—1}$$

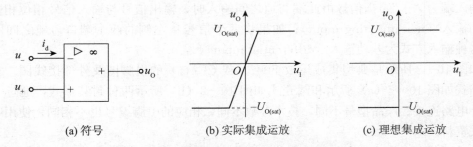

(a) 符号　　　　(b) 实际集成运放　　　　(c) 理想集成运放

图 10—3　集成运算放大器的电压传输特性

线性区内斜线的斜率由 A_{uo} 决定。由于集成运放的放大倍数很大，即使很小的输入信号（包括噪声干扰）也能使输出达到饱和值。实际应用中的干扰信号，很容易使得集成运放将无法稳定工作，必须接入深度负反馈才能使其稳定工作于线性状态（详见 10.2 节）。同时，集成运放的饱和区也可以利用，如后面介绍的电压比较器。

2. 理想集成运算放大器

在分析集成运放应用电路时，一般可将集成运放作为理想集成运放来处理。所谓理想集成运放，指的是将各种技术指标理想化的运放，其主要技术指标如下：

(1) 开环电压放大倍数为无穷大 $A_{uo} = \infty$。

(2) 输入电阻为零 $r_{id} = \infty$。

(3) 共模抑制比为无穷大 $K_{CMRR} = \infty$。

(4) 输出电阻为零 $r_{od} = 0$。

随着集成电路制造技术的发展，集成运放的性能越来越好，在一般场合，使用时完全可以将集成运放当作理想器件来处理，而不会造成很大误差。其电压传输特性如图 10—3（c）所示。

3. 集成运放工作在线性区

在分析信号运算和信号处理电路时，集成运放通常处于深度负反馈的线性区，可以得到以下三个重要结论。

(1) 因理想集成运放的输出电压 u_O 为有限值，开环电压放大倍数 A_{uo} 为无穷大，根据式（10—1）输入电压为

$$u_+ - u_- = \frac{u_O}{A_{uo}} \approx 0$$

$$u_+ \approx u_-$$

$$(10—2)$$

两个输入端之间几乎没有电位差，故称为"虚短"。如果反相有输入，同相输入端接"地"，即 $u_+ \approx u_- \approx 0$，称为"虚地"。

(2) 理想集成运放在输入电阻 $r_{id} \to \infty$ 时，其净输入电流为零 $i_d \approx 0$，两个输入端之间的电流为零，故称为"虚断"。

(3) 因理想集成运放的输出电阻为零，即 $r_{od} \to 0$。外接负载电阻 R_L 的大小对输出电压没有影响，空载电压 u_{OC} 与负载电压 u_{OL} 近似相等。

$$u_{OL} = \frac{R_L}{R_L + r_{od}} u_{OC} \approx u_{OC}$$

在后面的分析中，集成运放常应用"虚短"和"虚断"这两个概念来进行分析，十分简便。

4. 集成运放工作在非线性区

当集成运放处于开环或外围电路构成正反馈时，式（10—1）已经不成立。这时只有两种可能，即：

(1) 当 $u_+ > u_-$ 时，$u_O = +U_{O(sat)}$，运放处于正饱和；

(2) 当 $u_+ < u_-$ 时，$u_O = -U_{O(sat)}$，运放处于负饱和。

此外，集成运放工作在饱和区时，两个输入端的输入电流也等于零，"虚断"仍然成立。

练习与思考

10.1.1 集成运放工作在饱和区与晶体管工作在饱和区有何区别？

10.1.2 集成运放工作在饱和区时，是否满足"虚短"？

10.2 负反馈的基本概念

电子线路中反馈现象十分普遍，如自动调节控制系统、放大电路静态工作点的稳定电路中已采用反馈概念。反馈理论首先在电子技术领域提出，之后反馈概念的应用已不仅限于工程领域。反馈几乎存在于一切自动调节控制系统中，例如温度自动调节系统等。

一、反馈的基本概念及反馈类型

将放大电路输出信号（电压或电流）的一部分或全部，通过反馈电路送回到输入回路，从而影响输入信号的过程称为反馈（feedback）。要明确一个电路中是否存在有反馈，只需在电路中找出连接输出与输入信号的通路或元件即可。在放大电路的设计中，反馈是要达到某种目的而引入的，例如9.4节讨论静态工作点稳定问题时，通过在放大电路的发射极接入了电阻 R_E 来稳定静态工作点，该电阻的作用就是反馈。

如图10—4（b）所示为负反馈放大电路的原理框图，它由基本放大电路 A、反馈网络 F 和比较环节⊗三部分组成。基本放大电路由单级或多级组成，完成信号从输入端到输出端的正向传输；反馈网络一般由电阻元件组成，完成信号从输出端到输入端的反向传输，通过它来实现反馈；比较环节实现外部输入信号与反馈信号的叠加，以得到净输入信号。

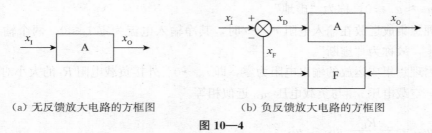

（a）无反馈放大电路的方框图　　　（b）负反馈放大电路的方框图

图 10—4

图10—4（a）表示无反馈时，放大电路处于开环（open loop）状态；图10—4（b）存在反馈，放大电路处于闭环（closed loop）状态。用 x 表示一般信号，它可以是直流信号或交流信号，用带箭头的线条连接各部分，箭头为信号流向。x_I 为输入信号，x_O 为输出信号，x_F 为反馈信号，x_D 为净输入信号；⊗为反馈信号 x_F 与输入信号 x_I 的比较环节。

无反馈时，放大电路的放大倍数称为开环放大倍数，即

$$A = \frac{x_O}{x_D} \tag{10—3}$$

有反馈时，放大电路的放大倍数称为闭环放大倍数，即

$$A_f = \frac{x_O}{x_I} \tag{10—4}$$

反馈信号与输出信号之比称为反馈系数（feedback coefficient），即

$$F = \frac{x_F}{x_O} \tag{10—5}$$

按图 10—4（b）中所标的极性，反馈的净输入信号为

$$x_{\mathrm{D}} = x_{\mathrm{I}} - x_{\mathrm{F}} \tag{10—6}$$

可得闭环放大倍数与开环放大倍数的关系

$$A_{\mathrm{f}} = \frac{x_{\mathrm{O}}}{x_{\mathrm{I}}} = \frac{Ax_{\mathrm{D}}}{x_{\mathrm{D}} + x_{\mathrm{F}}} = \frac{Ax_{\mathrm{D}}}{x_{\mathrm{D}} + AFx_{\mathrm{D}}} = \frac{A}{1 + AF} \tag{10—7}$$

表明在引入反馈后，放大电路的放大倍数的变化与 $1+AF$ 有关，通常把 $|1+AF|$ 称为反馈深度，它是衡量反馈程度的一个重要指标，在后面的分析中，放大电路的性能改善往往用反馈深度来衡量。如果对式（10—7）取模，得

$$|A_{\mathrm{f}}| = \frac{|A|}{1 + |A||F|} \tag{10—8}$$

（1）若 $|1+AF| > 1$，则 $|A_{\mathrm{f}}| < |A|$，当引入反馈后放大倍数下降，应为负反馈（negative feedback）。当 $|1+AF| \gg 1$ 时，称为深度负反馈，得

$$|A_{\mathrm{f}}| \approx \frac{1}{|F|} \tag{10—9}$$

表明引入深度负反馈后，放大电路的放大倍数只取决于反馈网络，而与放大电路无关。由于反馈网络一般是性能稳定的线性无源元件，因此放大电路处于闭环工作状态比较稳定。

（2）若 $|1+AF| < 1$，则 $|A_{\mathrm{f}}| > |A|$，当引入反馈后放大倍数增加，放大电路引入的是正反馈（positive feedback）。正反馈虽然能增加放大电路的放大倍数，但电路性能却不稳定，目前已很少使用。

（3）若 $|1+AF| = 0$，$|A_{\mathrm{f}}| \to \infty$，即使没有输入信号，放大电路也会有输出信号，此时的放大电路产生了自激振荡（self-oscillation），自激振荡在反馈放大电路中会破坏正常工作，应当避免。但在有的电路中利用来产生正弦波信号，这一问题将在 10.5 节中讨论。

*二、反馈的分类及其判别方法

1. 反馈正负的判别

按反馈引入后对输入信号和输出信号产生影响的效果不同，反馈有正负之分。若引入反馈信号与输入信号比较使净输入信号减小，输出信号也减小，故为负反馈；若反馈信号使净输入信号增大，输出信号也增大，故为正反馈。可见电路中引入负反馈后，其放大倍数降低；反之，电路中引入正反馈后，电路放大倍数升高。

判别反馈的正负常采用瞬时极性法：将反馈通路在适当的地方断开，电路由闭环变为开环，假设输入信号的极性，（＋）表示正向变化，（－）表示负向变化，通过逐级分析，判断此变化经反馈后对净输入信号是增大还是减小，由此确定反馈的正、负。例如，在图 10—5 所示的电路中，按瞬时极性，净输入信号为 $u_{\mathrm{be}} = u_{\mathrm{I}} - u_{\mathrm{f}}$，因反馈电压 u_{f} 削

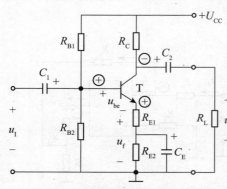

图 10—5　放大电路中反馈的判别

弱了净输入电压，故为负反馈。

若反馈信号是直流量，仅对输入信号的直流成分产生影响，称为直流反馈（DC feedback），图 10—5 中电阻 R_{E1}、R_{E2} 引入的反馈为直流反馈。有时恰好相反，若反馈信号是交流量，仅对输入信号的交流成分产生影响，称为交流反馈（AC feedback）。由于 R_{E2} 两端并联了电容 C_E，对交流信号短路，其反馈仅为直流反馈。而电阻 R_{E1} 对交流、直流反馈都存在。此外，若反馈元件跨接于两级放大电路之间，称为级间反馈；而反馈电阻 R_{E1}、R_{E2} 仅存在于单级放大电路中，称为本级反馈。

2. 反馈放大电路的组态

反馈放大电路由基本放大电路和反馈网络组成，其中多数情况下是针对交流信号进行的，从基本放大电路和反馈网络的输出、输入连接方式不同，交流负反馈可划分为以下四种类型，即串联电压负反馈、并联电流负反馈、并联电压负反馈和串联电流负反馈。这些不同的连接方式对电路的性能会产生不同的影响，研究它们对掌握负反馈电路的特点和性能，在电路中合理引入负反馈有实际意义。

（1）串联电压负反馈。

电路如图 10—6 所示，图中集成运放为基本放大电路，电阻 R_1、R_F 组成电阻反馈网络。设同相输入端加电压 u_I，引起放大电路中正向变化，记为 $\oplus$，而 u_O 经过反馈网络产生的反馈电压 u_F 与 u_I 同相，因 $u_D = u_I - u_F$，引入反馈后使电路净输入电压减小，该电路为负反馈。

反馈电压 u_F 与输入电压 u_I 在输入端以串联方式连接，故为串联反馈（series feedback）；反馈电压从输出电压取样，即 $u_F = \dfrac{R_1}{R_1 + R_F} u_O$，且是输出电压的一部分，应是电压反馈（voltage feedback）。可见，该电路是一个串联电压负反馈。此外电压反馈的输出电压为恒定值，相当于恒压源，能稳定输出电压。判别电压反馈还有另一种方法：把放大电路输出端对地短路时，若反馈消失（$u_F = 0$），则为电压反馈。

（2）并联电流负反馈。

电路如图 10—7 所示，在电路反相端输入电压 u_I 为正时，从瞬时极性看，在电路中引起的电流方向按图中所示，其净输入电流 $i_D = i_1 - i_F$，与未接反馈时相比 i_D 将减小，故电路引入了负反馈。反馈电流 i_F 是输出电流的一部分，若输出端 R_L 开路，$i_O = 0$，反馈将消失，故为电流反馈（current feedback）。另一方面反馈信号与输入信号在输入端以电流形式比较，i_F 和 i_D "并联"，故为并联反馈（parallel feedback），可见，该电路是并联电流负反馈。电流反馈能稳定输出电流，相当于恒流源。

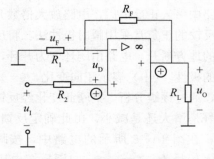

图 10—6　串联电压负反馈

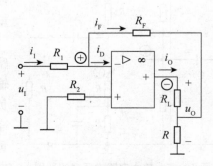

图 10—7　并联电流负反馈

（3）并联电压负反馈。

电路如图 10—8 所示，电路反相端输入电压 u_I，经运算放大电路后，u_O 的瞬时极性为（一），在反馈回路产生电流 i_F，因 i_I 与 i_F 同相，其净输入电流为 $i_D = i_I - i_F$，电路在引入反馈后会减弱净输入电流，电路引入了负反馈。若把放大电路输出端对地短路，反馈消失（$i_F = 0$），故为电压反馈。由于反馈信号与输入信号在输入端以并联方式连接，为并联反馈，可见，该电路是电压并联负反馈。从（2）和（3）分析中注意到，并联反馈时反馈信号与输入信号适用于电流形式进行比较。

（4）串联电流负反馈。

用上述分析方法，可判定如图 10—9 所示的电路为串联电流负反馈，留给读者自己分析。分析中注意到（1）与（4）均为串联反馈，串联反馈时反馈信号与输入信号适用于电压形式进行比较。

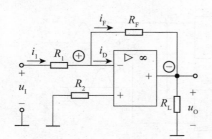 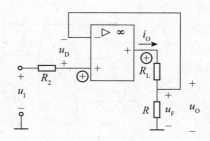

图 10—8　并联电压负反馈　　　　图 10—9　串联电流负反馈

三、负反馈对放大电路性能的影响

1. 提高放大倍数的稳定性

在实际使用中，放大电路的放大倍数会因温度、元器件的老化、电源电压波动及负载变化等原因而发生变化。当输入信号一定时，引入负反馈后，电压负反馈可以稳定输出电压，电流负反馈可以稳定输出电流，总之，负反馈能稳定放大倍数。

放大电路放大倍数稳定性可以用它的相对变化率表示，无须考虑相位，因此用正实数 A 和 F 表示。对式（10—7）等号两边求导数得

$$\frac{\mathrm{d}A_f}{A_f} = \frac{1}{1 + AF} \cdot \frac{\mathrm{d}A}{A} \tag{10—10}$$

引入负反馈后，闭环放大倍数相对变化量 $\dfrac{\mathrm{d}A_f}{A_f}$ 是开环放大倍数相对变化量 $\dfrac{\mathrm{d}A}{A}$ 的 $\dfrac{1}{1 + AF}$ 倍。

【例 10—1】 已知某个负反馈放大电路的开环放大倍数 $A = 1\,000$，$F = 0.009$，求：（1）放大电路的闭环放大倍数 A_f；（2）由于某种原因使开环放大倍数发生了 $\pm 10\%$ 的变化，问闭环放大倍数的相对变化量为多少？

解　（1）根据式（10—7），可得闭环放大倍数为

$$A_f = \frac{A}{1 + AF} = \frac{1\,000}{1 + 1\,000 \times 0.009} = 100$$

（2）根据式（10—10），可得

$$\frac{\mathrm{d}A_\mathrm{f}}{A_\mathrm{f}} = \frac{1}{1+AF} \cdot \frac{\mathrm{d}A}{A} = \frac{1}{1+1\,000 \times 0.009} \cdot \pm 10\% = \pm 1\%$$

可见，引入负反馈后，放大倍数从原来的 1 000 降低到 100，但放大倍数的相对变化率却从 ±10% 减小到了 ±1%，即放大倍数的稳定性提高了。

2. 减小非线性失真

放大电路中含有源器件，由于静态工作点选择不合适，或者输入信号过大，使有源器件工作于非线性区时，输出波形容易产生非线性失真。引入负反馈能减小放大电路的非线性失真，假设输入信号为正弦波，输出波形因有源器件的非线性而失真，反馈信号是输出信号的一部分或全部，反馈信号也会失真，因此净输入信号发生某种程度的失真，这时输出波形会得到一定程度的修正，从而改善了波形的失真，如图 10—10 所示。

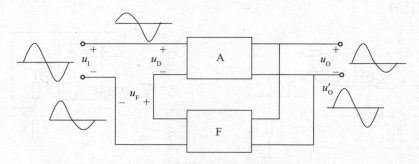

图 10—10　负反馈能减小放大电路的非线性失真

应当注意，负反馈的引入能减小非线性失真，不能完全消除失真。如果输入信号本身已失真，负反馈引入也无能为力。

3. 展宽通频带

在放大电路中引入负反馈能有效展宽通频带，如图 10—11 所示。引入负反馈后，放大倍数 $|A|$ 下降至 $|A_\mathrm{f}|$，显然，放大电路引入负反馈后能展宽通频带。在中频段，开环放大倍数 $|A|$ 较高，反馈信号也较大，因而使闭环放大倍数 $|A_\mathrm{f}|$ 降低得较多；而在低频段和高频段，$|A_\mathrm{f}|$ 降低得较少；这样就将放大电路的通频带展宽了。

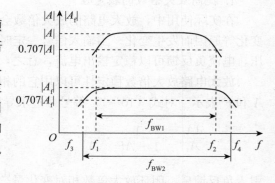

图 10—11　展宽通频带

4. 对输入电阻和输出电阻的影响

(1) 输入电阻

输入电阻与输入端的电压、电流有关，因此闭环后放大电路输入电阻只与反馈网络在放大电路输入端连接方式有关，与反馈在输出端的取样方式无关。

在图 10—6 和图 10—9 的串联负反馈电路中，u_F 与 u_I 反相串联，输入电压的一部分被反馈电压抵消，信号源供给输入电流 i_I 会减小，因此输入电阻比无反馈时增大。在图 10—7 和图 10—8 的并联负反馈电路中，信号源除了供给 i_D，还要增加一个分量 i_F，会使输入电流 i_I 增加，因此输入电阻比无反馈时减小。

（2）输出电阻

闭环后放大电路输出电阻只与反馈在输出端的取样方式有关，与反馈网络在放大电路输入端连接方式无关。电压反馈在输入电压或电流一定时，能维持输出电压的恒定不变，相当于恒压源，恒压源的内阻较低，故输出电阻 r_o 比无反馈时减小。电流反馈在输入电压或电流一定时，能维持输出电流的恒定不变，相当于恒流源，恒流源的内阻较高，故输出电阻 r_o 比无反馈时增大。

从以上几个方面的分析看出，放大电路性能的改善和提高还与反馈深度有关。一般说来，反馈愈深，放大电路性能改善愈明显，性能的改善和提高往往是以放大倍数的牺牲为代价的。负反馈能对放大电路性能改善，原因在于反馈网络把输出量送回输入端与输入量进行比较，从而对输出量的变化及时调节，这一思想广泛应用于自动控制系统。反之，若要对放大电路性能改善，可以按以上几个方面引入相应的负反馈，例如要稳定直流量，引入直流负反馈；要改善交流性能，引入交流负反馈；要提高输入电阻，引入串联负反馈等等。

应当注意的是，反馈并不是愈深愈好，否则容易使电路不稳定，某些电路（如多级放大电路），在一定频率下其附加相移会使负反馈变为正反馈，甚至出现自激振荡。改善放大电路性能也可以通过引入正反馈来实现，如早期的再生式收音机就利用正反馈来提高放大倍数，但是放大倍数并不稳定，目前已很少使用。

10.3 基本运算电路

集成运放接入深度负反馈放大电路后，可以对输入信号进行比例、加减、积分、微分等运算。分析这些电路时，利用深度负反馈电路的近似条件及理想集成运放的"虚短""虚断"来简化计算。当集成运放工作于线性区，并处于深度负反馈时，其输入输出关系由反馈电路和输入电路的结构与参数决定，而与集成运放本身的参数无关，通过改变电路的形式及参数可实现不同的运算关系。

一、比例运算电路

1. 反相比例运算电路

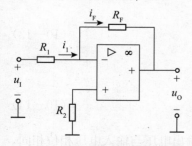

图 10—12 反相比例运算电路

反相比例运算电路（inverting amplifier）如图 10—12所示，信号从集成运放的反相输入端加入。设集成运放的反相输入端电压为 u_-，同相输入端电压为 u_+。

因为"虚断"，流过平衡电阻 R_2 的电流为零，则同相输入端电压为零；由于"虚地"，即 $u_- \approx u_+ \approx 0$。因净输入电流为零，$i_1 \approx i_F$，则

$$i_1 = \frac{u_I}{R_1} \approx i_F = \frac{u_- - u_O}{R_F} = -\frac{u_O}{R_F}$$

故输出电压为

$$u_O = A_{uf} u_I \approx -\frac{R_F}{R_1} u_I \qquad (10—11)$$

225

闭环电压放大倍数为

$$A_{uf} = \frac{u_O}{u_1} \approx -\frac{R_F}{R_1} \qquad (10\text{—}12)$$

可见，只要 R_F 和 R_1 的电阻值足够精准，电路的输出电压与输入电压成比例，改变比例系数 R_F/R_1 便可改变闭环电压放大倍数，负号表示输出电压与输入电压反相。

当 $R_F = R_1$ 时，$u_O = -u_I$，放大电路的闭环电压放大倍数为 -1，输出电压与输入电压大小相等、相位相反，故称为反相器。R_2 是一个平衡电阻，因集成运放输入级为差动放大电路，R_2 的作用是使差动放大电路的两个输入端参数对称以保持电路处于静态平衡，一般取 $R_2 = R_F /\!/ R_1$。

2. 同相比例运算电路

同相比例运算电路（non-inverting amplifier）如图 10—13（a）所示，输入信号从同相输入端加入。根据 $u_1 = u_+ \approx u_-$ 和 $i_1 \approx i_F$，又因

$$i_1 = -\frac{u_-}{R_1} = -\frac{u_1}{R_1}$$

$$i_F = -\frac{u_- - u_O}{R_F} = -\frac{u_1 - u_O}{R_F}$$

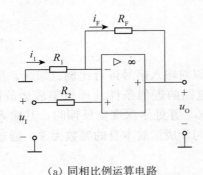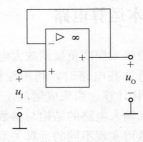

(a) 同相比例运算电路   (b) 电压跟随器

图 10—13

联立解得

$$u_O = A_{uf} u_I = \left(1 + \frac{R_F}{R_1}\right) u_I \qquad (10\text{—}13)$$

闭环电压放大倍数为

$$A_{uf} = \frac{u_O}{u_I} = 1 + \frac{R_F}{R_1} \qquad (10\text{—}14)$$

由此可见，同相比例放大电路的电压放大倍数大于 1，输出电压与输入电压相位相同，通过改变 R_F/R_1 的比值，可以调整电压放大倍数和输出电压的大小。

如果 $R_F = 0$ 或 $R_1 = \infty$，则有 $A_{uf} = 1$，$u_O = u_I$，此时这种放大电路的闭环电压放大倍数为 1，且输出电压与输入电压大小相等、相位相同，称为电压跟随器（voltage follower），如图 10—13（b）所示。由集成运放构成的电压跟随器不仅结构简单，其性能也要比晶体

管构成的射极输出器好得多。

二、加法运算电路

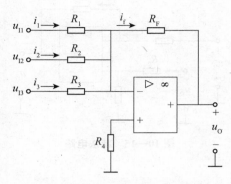

图 10—14 反相加法电路

反相比例放大电路构成的加法运算电路（addition circuit）如图 10—14 所示。设三路信号电压分别为 u_{I1}、u_{I2}、u_{I3}，从集成运放的反相输入端输入；同相输入端经平衡电阻 R_4 接地，故 $u_- \approx u_+ \approx 0$。又因"虚断"，则三路输入电流之和等于反馈电流，即

$$i_1 + i_2 + i_3 = i_F$$

其中 $i_1 = \dfrac{u_{I1}}{R_1}$，$i_2 = \dfrac{u_{I2}}{R_2}$，$i_3 = \dfrac{u_{I3}}{R_3}$，$i_f = -\dfrac{u_O}{R_F}$，所以

$$\frac{u_{I1}}{R_1} + \frac{u_{I2}}{R_2} + \frac{u_{I3}}{R_3} = -\frac{u_O}{R_F}$$

输出电压为

$$u_O = -\left(\frac{R_F u_{I1}}{R_1} + \frac{R_F u_{I2}}{R_2} + \frac{R_F u_{I3}}{R_3} \right) \tag{10—15}$$

上式表明，三路输入信号电压各以一定的比例参与求和运算。为了保证运算精度，要求平衡电阻 $R_4 = R_1 /\!/ R_2 /\!/ R_3 /\!/ R_F$，负号表示输出电压与输入电压相位相反。当 $R_1 = R_2 = R_3 = R_F$ 时，式（10—15）变为

$$u_O = -(u_{I1} + u_{I2} + u_{I3}) \tag{10—16}$$

该电路可进行三路（或多路）输入信号的反相加法运算。如果想得到同相输出电压，在图 10—14 电路的后面加一级反相器即可。

【例 10—2】 在某个控制系统中，通过传感器将温度、压力、速度三个物理量分别转换为模拟电压 u_{I1}、u_{I2}、u_{I3}，要求该系统的输出电压为 $u_O = -3u_{I1} - 10u_{I2} - 0.53u_{I3}$，所用求和电路如图 10—14 所示，试选择有关电阻参数以实现上述运算关系。

解 将题中的式子与式（10—15）比较，则

$$\frac{R_F}{R_1} = 3, \frac{R_F}{R_2} = 10, \frac{R_F}{R_3} = 0.53$$

取 $R_F = 100$ kΩ，可得

$$R_1 = \frac{R_F}{3} = 33.33 \text{ kΩ}, R_2 = \frac{R_F}{10} = 10 \text{ kΩ}, R_3 = \frac{R_F}{0.53} = 188.7 \text{ kΩ}$$

$$\begin{aligned} R_4 &= R_1 /\!/ R_2 /\!/ R_3 /\!/ R_F \\ &= 33.33 /\!/ 10 /\!/ 188.7 /\!/ 100 \text{ kΩ} \\ &= 6.88 \text{ kΩ} \end{aligned}$$

为了保证运算精度，应选用精密电阻。

三、减法运算电路

用集成运放构成的减法运算电路（subtraction circuit）如图 10—15 所示，两路信号 u_{I1}、u_{I2} 分别从同相输入端和反相输入端加入。可以按照上述集成运放"虚短""虚断"的分析方法，也可以应用叠加定理分析。当 u_{I1} 单独作用时的输出电压为

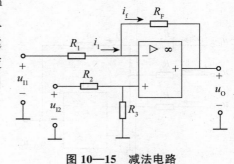

图 10—15　减法电路

$$u_{O1} = -\frac{R_F}{R_1} u_{I1}$$

当 u_{I2} 单独作用时的输出电压为

$$u_{O2} = \left(1 + \frac{R_F}{R_1}\right) u_+ = \left(1 + \frac{R_F}{R_1}\right) \frac{R_3}{R_2 + R_3} u_{I2}$$

则 u_{I1} 和 u_{I2} 同时作用时的输出电压为

$$u_O = u_{O1} + u_{O2} = \left(1 + \frac{R_F}{R_1}\right) \frac{R_3}{R_2 + R_3} u_{I2} - \frac{R_F}{R_1} u_{I1} \tag{10—17}$$

取 $\dfrac{R_F}{R_1} = \dfrac{R_3}{R_2}$，则

$$u_O = \frac{R_F}{R_1} (u_{I2} - u_{I1}) \tag{10—18}$$

可实现两路输入信号电压按一定比例的减法运算。当 $R_F = R_1$ 时，则

$$u_O = u_{I2} - u_{I1}$$

为了保证运算精度，应当使同相输入端与反相输入端的电阻相等，即 $R_2 /\!/ R_3 = R_F /\!/ R_1$。

【例 10—3】　电路如图 10—16 所示，图中集成运放均是理想元件。试求电压 u_{O1}、u_{O2} 和 u_{O3}，平衡电阻 R_2。

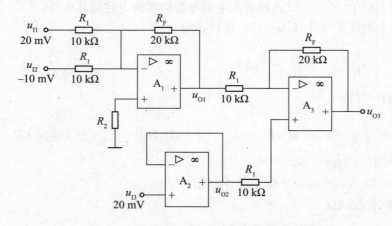

图 10—16　例 10—3 的电路

228

解 A_1 为反向输入加法运算，A_2 为跟随器，A_3 为减法运算，因此

$$u_{O1} = -\frac{R_F}{R_1}u_{I2} - \frac{R_F}{R_1}u_{I1} = -\frac{20}{10} \times 20 - \frac{20}{10} \times (-10) = -20 \text{ mV}$$

$$u_{O2} = 20 \text{ mV}$$

$$u_{O3} = \left(1 + \frac{R_F}{R_1}\right)u_{O2} - \frac{R_F}{R_1}u_{O1} = \left(1 + \frac{20}{10}\right) \times 20 - \frac{20}{10} \times (-20) = 100 \text{ mV}$$

平衡电阻为

$$R_2 = 10 /\!/ 10 /\!/ 20 \text{ k}\Omega = 4 \text{ k}\Omega$$

四、积分运算电路

积分运算电路（integrating circuit）是模拟计算机的基本单元电路之一，也是测控系统中的重要单元电路，这种电路利用电容器的充电和放电作用可实现延时、定时和波形变换等多种功能。

用集成运放构成的积分电路如图 10—17（a）所示，积分电容 C 为电路的反馈元件。

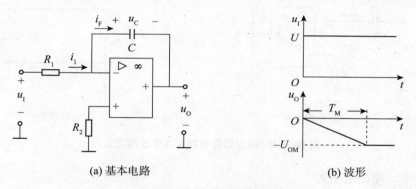

(a) 基本电路　　　　　　　　　　　　(b) 波形

图 10—17　积分运算电路及其阶跃响应波形

因 $i_1 \approx i_F$ 和 $u_- \approx 0$，故

$$i_F = i_1 = \frac{u_I - u_-}{R_1} = \frac{u_I}{R_1}$$

所以

$$u_O = -u_C = -\frac{1}{C}\int i_F \mathrm{d}t = -\frac{1}{R_1 C}\int u_I \mathrm{d}t \qquad (10—19)$$

上式表明积分电路的输出电压与输入电压对时间的积分成正比，比例系数为积分时间常数（$\tau = RC$）的倒数，负号表示输出电压与输入电压反相，平衡电阻取 $R_1 = R_2$。

当输入为阶跃电压且 $t \geqslant 0$ 时，输入电压 U_I 为常数，则

$$u_O = -\frac{1}{R_1 C}\int u_I \mathrm{d}t = -\frac{U_I}{R_1 C}t$$

上式表明，输出电压从零开始随时间往负值方向线性增长，当增大到运放的反相饱和电压

U_{OM}时，集成运放已进入饱和区，如图 10—17（b）所示。积分电路应避免这种情况，积分应在时限 T_{M} 内完成。

五、微分运算电路

将积分电路中的电阻与电容调换位置便可得到微分运算电路（differentiating circuit），如图 10—18（a）所示。根据 $u_- \approx u_+ \approx 0$ 和 $u_1 = u_{\text{C}}$，则

$$i_1 = C \frac{\mathrm{d}u_{\text{C}}}{\mathrm{d}t} = C \frac{\mathrm{d}u_1}{\mathrm{d}t}$$

流过电阻 R_{F} 的电流

$$i_{\text{F}} = \frac{u_- - u_{\text{O}}}{R_{\text{F}}} = \frac{u_{\text{O}}}{R_{\text{F}}}$$

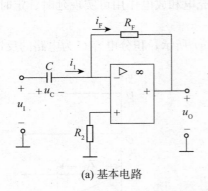 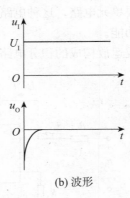

(a) 基本电路　　　　　　　　　　(b) 波形

图 10—18　微分运算电路及其阶跃响应波形

由 $i_{\text{F}} = i_1$，输出电压为

$$u_{\text{O}} = -R_{\text{F}}C \frac{\mathrm{d}u_i}{\mathrm{d}t} \tag{10—20}$$

上式表明，输出电压与输入电压的微分成正比。其中微分时间常数为 $\tau = R_{\text{F}}C$。在微分电路中平衡电阻取 $R_2 = R_{\text{F}}$。当输入为阶跃电压时，输出为尖脉冲，如图 10—18（b）所示。

10.4　电压比较器

集成运放处于开环或正反馈运用状态时，工作在饱和区，其分析方法与前面介绍的线性应用电路是不同的。电压比较器（voltage comparator）的基本功能是对输入端两个电压的大小进行比较，并在输出端得出比较结果。因此，可以作为模拟电路和数字电路的接口，并广泛用于模拟信号与数字信号的变换、自动控制与检测、波形产生及数字仪表等领域。

一、基本电压比较器

基本电压比较器又称为单门限电压比较器（single threshold voltage comparator），如

图 10—19（a）所示，集成运放的同相输入端接参考电压 U_R（或基准电压），反相输入端接输入电压 u_I。由于理想集成运放处于开环状态，开环电压放大倍数为无穷大，其电压传输特性如图 10—19（b）所示。

图 10—19（a）中，因 $u_- = u_I$，$u_+ = U_R$，当 $u_I < U_R$（即 $u_+ > u_-$）时，$u_O = U_{O(sat)}$；当 $u_I > U_R$（即 $u_+ < u_-$）时，$u_O = -U_{O(sat)}$。可见，电压比较器的输入信号一般为连续变化的模拟信号，而输出信号只有高低电平两种状态。

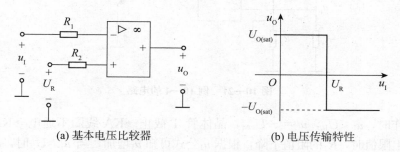

(a) 基本电压比较器　　　　　　　　(b) 电压传输特性

图 10—19　基本电压比较器及其传输特性

图 10—20（a）是另一种形式的基本电压比较器，与图 10—19 的分析方法相似。因 $u_+ = u_I$，$u_- = U_R$，当 $u_I > U_R$（即 $u_+ > u_-$）时，$u_O = +U_{O(sat)}$；当 $u_I < U_R$（即 $u_+ < u_-$）时，$u_O = -U_{O(sat)}$。

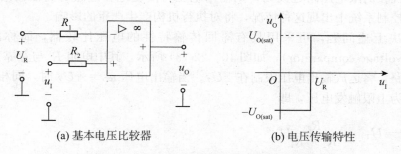

(a) 基本电压比较器　　　　　　　　(b) 电压传输特性

图 10—20　基本电压比较器及其电压传输特性

当基本电压比较器的输出电压由正跳变为负或由负跳变为正时，相应的输入电压称为门限电压（参考电压）。$U_R = 0$ 的单门限电压比较器称为过零电压比较器（zero voltage comparator），这时输入电压每次过零时输出电压都会产生正负跳变。

一些大功率器件或模块在工作时会产生较多热量使温度升高，一般采用散热片并用风扇来冷却以保证正常工作。例 10—4 介绍了一种极简单的温度控制电路。

【例 10—4】　如图 10—21 所示是利用运放组成的过温保护电路，R_3 是负温度系数的热敏电阻，温度升高时，阻值变小，KA 是继电器，要求该电路在温度超过上限值时，继电器动作，自动切断加热电源。试分析该电路的工作原理。

解　从图 10—21 中可得

$$u_I = \frac{R_4}{R_3 + R_4} U_{CC}$$

$$U_{\mathrm{R}} = \frac{R_2}{R_1 + R_2} U_{\mathrm{CC}}$$

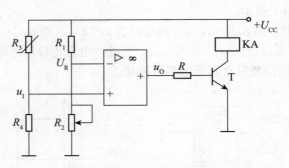

图 10—21 例 10—4 的电路

正常工作时，$u_{\mathrm{I}} < U_{\mathrm{R}}$，$u_{\mathrm{O}} = -U_{\mathrm{OM}}$，晶体管 T 截止→KA 线圈不通电→KA 不会动作。当温度超过上限值时，R_3 的阻值下降，根据 u_{I} 公式可知 u_{I} 增加，当 $u_{\mathrm{I}} > U_{\mathrm{R}}$ 时，$u_{\mathrm{O}} = +U_{\mathrm{O}}\mathrm{M}$，晶体管 T 饱和导通→KA 线圈通电→KA 产生动作→切除加热电源→实现过温保护。

*二、滞回电压比较器

单门限电压比较器的优点是电路简单、灵敏度高，缺点是抗干扰能力差，如果输入信号受到的干扰在门限电压附近波动，则输出电压将反复地在运放的高低输出电平之间摆动。如果在控制系统中出现这种情况，将对执行机构产生严重的影响。

为了解决上述问题，可采用具有滞回传输特性的电压比较器，简称滞回比较器（hysteresis voltage comparator），如图 10—22（a）所示。其中电阻 R_3 与背靠背稳压管 D_Z 组成限幅电路，将运放输出电压限制在 $\pm U_Z$。当输出电压 $u_{\mathrm{O}} = +U_Z$ 时，同相输入端的正反馈电压称为上限触发电压，即

$$u_+ = U_{\mathrm{T}+} = \frac{R_2}{R_2 + R_{\mathrm{f}}} U_Z$$

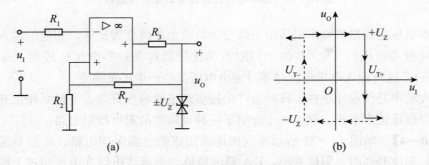

(a)   (b)

图 10—22 滞回比较器电路及传输特性

当输出电压 $u_{\mathrm{O}} = -U_Z$ 时，同相输入端的正反馈电压称为下限触发电压，即

$$u_- = U_{\mathrm{T}-} = -\frac{R_2}{R_2 + R_{\mathrm{f}}} U_Z$$

如图 10—22（b）所示。由于这种传输特性曲线与磁滞回线相似，所以称为滞回比较器。上限触发电压与下限触发电压之差称为回差电压，即

$$\Delta U_T = U_{T+} - U_{T-} = \frac{2R_2}{R_2 + R_f} U_Z \tag{10—21}$$

由上式可见，改变 R_f、R_2、U_Z 的数值可改变回差电压的大小。

滞回比较器可构成非正弦波信号发生器，产生矩形波、三角波和锯齿波（图 10—29），也可用于波形变换电路。用于自动控制系统时，通过改变回差电压的大小可调节电压比较器的抗干扰能力。

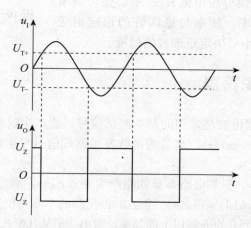

图 10—23　滞回比较器输入和输出波形

*三、矩形波信号发生器

矩形波电压常作为时钟脉冲用于数字电路系统，能产生矩形波的电路称为矩形波信号发生器，由于矩形波中含有丰富的谐波成分，因此这种电路又称为多谐振荡器。

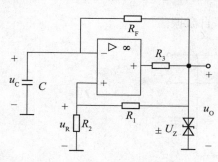

图 10—24　矩形波信号发生器

图 10—24 为一个滞回比较器和一个 RC 充放电回路组成的矩形波信号发生器电路。集成运放与电阻 R_1、R_2 组成滞回比较器，R_1、R_2 组成正反馈电路，稳压管和限流电阻 R_3 起限幅作用，将滞回比较器输出电压 u_O 的幅值限制在稳压管的稳定电压值 $\pm U_Z$。R_2 的反馈电压为

$$U_R = \pm \frac{R_2}{R_1 + R_2} U_Z \tag{10—22}$$

电阻 R_F 与电容 C 构成的积分电路为负反馈，以电容电压 u_C 作为滞回电压比较器的输入电压，由 u_C 和 U_R 相比较来决定 u_O 的极性，u_O 的频率为

$$f = \frac{1}{2R_F C \ln\left(1 + \dfrac{2R_2}{R_1}\right)} \tag{10—23}$$

电路稳定工作后，当 u_O 为 $+U_Z$ 时，U_R 也为正值，此时 $u_C < U_R$，通过对电容充电，按指数规律增长；当 u_C 增长到 U_R 时，u_O 即由 $+U_Z$ 变为 $-U_Z$，U_R 也变为负值，电容开始通过 R_F 放电，而后反向充电；当充电到 u_C 等于 $-U_R$ 时，u_O 即由 $-U_Z$ 又变为 $+U_Z$。如此周期性变化，在输出端得到的是矩形波，而在电容器两端产生的是三角波，如图 10—25 所示。

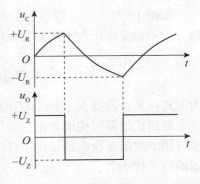

图 10—25　电容电压 u_C 与输出电压 u_O 的波形

由图 10—25 可见，通过改变电容的充放电时间常数 RC 或滞回比较器的正反馈分压电阻 R_1、R_2，便可调节矩形波信号发生器的频率。频率与稳压管的稳定电压值 $\pm U_Z$ 无关，$\pm U_Z$ 的大小只决定矩形波的幅度。

10.5　*RC* 正弦波振荡器

正弦波、矩形波和锯齿波是常用的基本测试信号，能产生这些信号的振荡电路称为波形发生器（waveform generator），也称为函数发生器或信号发生器。利用集成运放很容易构成各种波形产生器。

不需要外加输入信号，只靠电路本身就能产生并输出一定频率和幅度的正弦交流信号，称为正弦波振荡器（sinusoidal oscillator）。正弦波振荡器的本质是把直流电能转换为交流电能，它能产生范围从 1 赫以下到几百兆赫以上的频率，输出功率从几毫瓦到几十千瓦的正弦波信号，广泛应用于通信及无线电广播、工业生产、检测技术、遥控技术、热处理、电加工等领域。

一、产生正弦波振荡的条件

正弦波振荡器是一种带选频网络的正反馈放大电路，如图 10—26 所示。该电路是利用反馈网络的反馈电压作为放大电路的输入电压，即 $\dot{U}_i = \dot{U}_f$。此时没有输入电压信号，而输出电压 $\dot{U}_o$ 产生一定频率的正弦电压，放大电路产生了自激振荡。

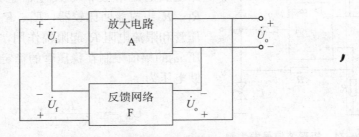

图 10—26　正弦波振荡器原理电路

在图 10—26 中，放大电路的电压放大倍数为

$$A = \frac{\dot{U}_o}{\dot{U}_i} = \frac{\dot{U}_o}{\dot{U}_f}$$

反馈网络的反馈系数为

$$F = \frac{\dot{U}_f}{\dot{U}_o}$$

当 $\dot{U}_i = \dot{U}_f$ 时，则产生正弦波振荡的条件是

$$AF = 1 \tag{10—24}$$

上式可分别表示为幅度平衡条件和相位平衡条件

$$|AF| = 1 \tag{10—25}$$

$$\varphi_A + \varphi_F = 2n\pi \,(n \text{ 取整数}) \tag{10—26}$$

故产生自激振荡的条件有两个：（1）反馈电压与输入电压要同相，即反馈网络形成正反馈；（2）反馈电压等于输入电压，使 $|AF| = 1$。

值得注意的是，$|AF| = 1$ 是产生振荡后电路维持稳幅振荡的条件，而不是起振条件。为了在接通电源时电路能起振，必须使 $|AF| > 1$，这时在噪声或其他干扰信号的作用下，通过正反馈，使输出电压不断增大。当输出达到一定幅度时，因受到电路中非线性元件的限制，使 AF 逐步下降，最终达到为 1 的稳幅振荡条件。

二、RC 正弦波振荡器

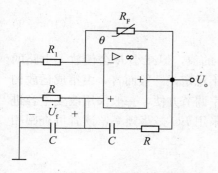

图 10—27　RC 正弦波振荡器

RC 正弦波振荡器如图 10—27 所示。图中集成运放、负反馈电阻 R_f 及反相端接地电阻 R_1 组成同相比例运算电路，RC 串并联网络组成正反馈选频网络。输出电压经 RC 串、并联网络分压后得到反馈电压 $\dot{U}_f$，接入集成运放同相输入端。

由图 10—27 的 RC 串并联选频网络得

$$\frac{\dot{U}_f}{\dot{U}_o} = \frac{R \mathbin{/\mkern-5mu/} \dfrac{1}{j\omega C}}{\left(R + \dfrac{1}{j\omega C}\right) + \left(R \mathbin{/\mkern-5mu/} \dfrac{1}{j\omega C}\right)}$$

化简为

$$\frac{\dot{U}_f}{\dot{U}_o} = \frac{1}{3 + j\left(\omega RC - \dfrac{1}{\omega RC}\right)} \tag{10—27}$$

要满足 $\dot{U}_f$ 与 $\dot{U}_o$ 同相位，则式（10—27）中分母的虚部应等于零。即 $\omega = \dfrac{1}{RC}$ 或 $f = \dfrac{1}{2\pi RC}$，这时，$|F| = \dfrac{U_f}{U_o} = \dfrac{1}{3}$，而同相比例运算电路的放大倍数为

$$|A_u| = \frac{U_o}{U_i} = 1 + \frac{R_F}{R_1} \tag{10—28}$$

根据上述起振幅值条件，起振时要使放大电路的放大倍数略大于 3 或 $R_f > 2R_1$，使之满足 $|\dot{A}_u F| > 1$，之后逐渐减小到稳定振荡时放大倍数等于 3 或 $R_F = 2R_1$，满足 $|\dot{A}_u F| = 1$。实际电路中，因为电阻器的实际值与标准值间存在一定误差，例如取 $R_1 = 10\ \text{k}\Omega$，可用 $18.2\ \text{k}\Omega$ 的电位器与 $4.7\ \text{k}\Omega$ 的电位器串联作为 R_F，便于通过试验调节，使电路容易起振。

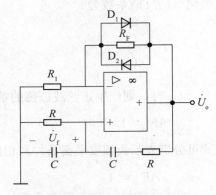

图 10—28　RC 正弦波振荡器的稳幅措施

稳幅的措施很多，通常采用在放大电路的负反馈回路中利用非线性元件自动调节反馈强弱以维持输出电压的恒定。例如，选择负温度系数的热敏电阻为反馈电阻 R_F，当 $\dot{U}_\circ$ 增大时，反馈回路的电流增大而使 R_F 功率增加，温度上升，R_F 下降，从而使放大倍数减小，$\dot{U}_\circ$ 幅值下降。如果参数合适，使输出电压幅值基本稳定，且波形失真较小。同样，选用有正温度系数的热敏电阻替代 R_1 可以自动调节反馈强弱实现稳幅。

图 10—27 电路中，集成运放构成同相比例放大电路，其输出电阻近似为零，输入电阻比 RC 串、并联网络中的阻抗大得多，可忽略不计。整个 RC 正弦波振荡器的振荡频率近似等于 RC 串并联网络的频率 f_0，即

$$f = f_0 = \frac{1}{2\pi RC} \tag{10—29}$$

由上式可知，要求振荡频率 f_0 高时，应减小 R 和 C 的值，但减小 R 会使放大电路的负载加重；此外 C 值太小，f_0 容易受寄生电容的影响而不稳定，一般而言，由集成运放构成的 RC 正弦波振荡器振荡频率不超过 1 MHz。振荡频率调节方便，一般采用改变电容进行粗调，改变电阻实现细调。如果要产生更高频率，可采用 LC 振荡频率，读者可查阅相关资料。

*10.6　有源滤波器

滤波器（filter）是一种能使有用频率信号顺利通过而同时又使无用频率信号大幅度衰减的电子装置。在无线电通信、自动测量及控制系统中，常常利用滤波电路进行模拟信号的处理，如用于数据传送、抑制干扰等等。由电阻、电容等无源元件构成的简单滤波电路称为无源滤波器（passive filter），用无源滤波器和运算放大器便可组成有源滤波电路（active filter）。

按其工作频率范围，滤波器可分为低通滤波器（LPF）、高通滤波器（HPF）、带通滤波器（BPF，允许某一频带范围内的信号通过，将此频带以外的信号衰减）、带阻滤波器（BEF，阻止某一频带范围内的信号通过，而允许此频带以外的信号通过）。以上各种滤波电路的幅频响应如图 10—29 所示，ω_L 为低端截止角频率，ω_H 为高端截止角频率，ω_0 为中心角频率。

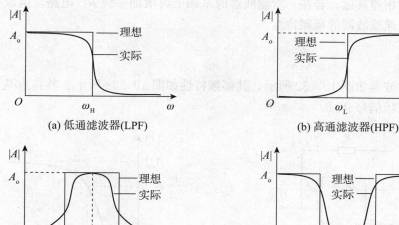

(a) 低通滤波器(LPF)

(b) 高通滤波器(HPF)

(c) 带通滤波器(BPF)

(d) 带阻滤波器(BEF)

图 10—29　各种滤波器的幅频特性

一、低通滤波器

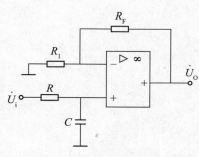

图 10—30　一阶低通滤波器

一阶低通滤波器如图 10—30 所示，图中集成运放为同相比例放大电路，RC 滤波网络接至同相输入端。其特点是允许低频信号通过，将高频信号衰减。

电路的同相输入端电压为

$$\dot{U}_+ = \dot{U}_C = \frac{\dot{U}_i}{R + \dfrac{1}{j\omega C}} \cdot \frac{1}{j\omega C} = \frac{1}{1 + j\omega RC}\dot{U}_i$$

输出电压为

$$\dot{U}_O = \left(1 + \frac{R_F}{R_1}\right)\dot{U}_+$$

电路的放大倍数为

$$A_u = \frac{\dot{U}_O}{\dot{U}_i} = \left(1 + \frac{R_F}{R_1}\right)\frac{1}{1 + j\omega RC}$$

当 $\omega = \omega_H = \dfrac{1}{RC}$ 时，有

$$|A_u| = \frac{1}{\sqrt{2}}|A_{um}| = \frac{1}{\sqrt{2}}\left(1 + \frac{R_F}{R_1}\right)$$

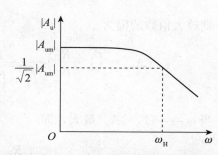

图 10—31　一阶低通滤波器的幅频特性

一阶低通滤波器的幅频特性如图 10—31 所示。可见，该电路允许低频信号通过而抑制高频信号通过，故为低通滤波器。一阶电路的缺点是当 $\omega \geqslant \omega_0$ 时，幅频特性衰减太慢，

与理想幅频特性相差甚远。若在一阶滤波器的基础上再增加一级 RC 电路，组成二阶滤波电路，可改善低通滤波器的幅频特性。

二、高通滤波器

一阶高通滤波器如图 10—32 所示，其幅频特性如图 10—33 所示。其特点是允许高频信号通过，将低频信号衰减。

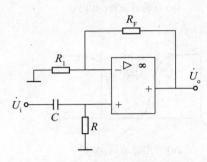

图 10—32　一阶高通滤波器

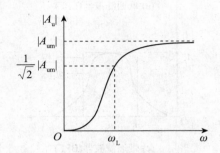

图 10—33　一阶高通滤波器的幅频特性

输出电压为

$$\dot{U}_\text{o} = \left(1 + \frac{R_\text{F}}{R_1}\right)\dot{U}_+$$

而同相输入端电压

$$\dot{U}_+ = \dot{U}_\text{R} = \frac{R\dot{U}_\text{i}}{R + \frac{1}{\text{j}\omega C}} = \frac{1}{1 - \text{j}\frac{1}{\omega RC}}\dot{U}_\text{i}$$

电路的放大倍数为

$$A_\text{u} = \frac{\dot{U}_\text{o}}{\dot{U}_\text{i}} = \left(1 + \frac{R_\text{F}}{R_1}\right)\frac{1}{1 - \text{j}\frac{1}{\omega RC}}$$

则放大倍数的模为

$$|A_\text{u}| = \left(1 + \frac{R_\text{F}}{R_1}\right)\frac{1}{\sqrt{1 + \left(\frac{1}{\omega RC}\right)^2}}$$

当 $\omega \to \infty$ 时，$|A_\text{u}|$ 最大，即

$$|A_\text{u}| = |A_\text{um}| = 1 + \frac{R_\text{F}}{R_1}$$

当 $\omega = \omega_\text{L} = \dfrac{1}{RC}$ 时，有

$$|A_u| = \frac{1}{\sqrt{2}}|A_{um}| = \frac{1}{\sqrt{2}}\left(1 + \frac{R_F}{R_1}\right)$$

可见，该电路允许高频信号通过而抑制低频信号通过，故为高通滤波器。与低通滤波器类似，一阶电路在低频处衰减太慢，为此可再增加一级 RC 滤波电路，组成二阶高通滤波器，使幅频特性更接近理想特性。

如果将低通滤波器与高通滤波器串联起来，可以组成带通滤波电路，这里不作详细介绍。

10.7 集成运算放大器使用时应注意的问题

随着集成电路技术的发展，集成运放的种类越来越多，应用十分广泛。为了正确合理地使用集成运放，在电路设计时，必须注意使用中的一些问题。

一、选件和调零

1. 选件

目前集成运放的型号很多，性能各异，有通用型和专用型之分。使用时，应根据具体应用情况，如负载性质、电路的精度要求、输入信号特点、电源等查阅相关的产品手册，了解运放的主要技术参数，选择适当型号的集成运放。一般情况下，应首先选择通用型产品，因为其价格便宜、便于购买。如果某些性能指标不能满足要求，再选择专用型产品，它们的特点如表 10—1 所示。

表 10—1　　　　　　　　　各类运算放大电路的特点和应用

类　型		特　点	应　用　场　合
通用型		种类多、价格便宜、便于购买	一般测量和运算电路
专用型	高精度	测量精度高、零点漂移小	毫伏级以下微弱信号的测量
	低功耗	功耗低	遥测和遥感电路
	高输入阻抗	对输入信号的影响小	生物医电等信号的提取和放大
	高速带宽	转换速率高、频带宽	高频振荡、视频放大电路
	高压	电源电压高	高输出电压和大输出功率

选择好集成运放后，要根据引脚图和符号图连接外部电路，包括电源、外接偏置电阻、消振电路及调零电路等。

2. 调零

由于集成运放的内部参数不可能完全对称，故当输入信号为零时，集成运放的实际输出一般不为零。为此，在使用时需要通过外接调零电路来调零。如图 10—2 所示的 F007 集成运放，它的调零电路由 -15 V 电源、1 kΩ 电阻和 10 kΩ 调零电阻组成。不同型号的集成运放应按产品手册的规定接入调零电位器。调零时应将电路接成闭环状态：一种是在无输入时调零，即将两个输入端接"地"，调节调零电位器，使输出电压为零；另一种是在有输入时调零，即按已知输入信号电压预先计算输出电压，然后再将实际值调整到计算值。

对于无调零端的运放，可以在运放输入端施加一个补偿电压，以抵消运放本身的失调电压，达到调零的目的。

二、消振和保护

1. 消振

由于集成运放的增益很大，内部晶体管的各种寄生电容都有可能引起自激振荡，其表现为当输入信号为零时，输出端也会有高频的交流信号输出，会破坏集成运放的正常工作。其原因是在电路中形成了正反馈。通常消除自激振荡的方法是利用集成运放所提供的频率补偿端子，引入某种 RC 网络，改变其固有的频率特性，人为地破坏自激振荡的相位平衡条件。不同类型的集成运放具有不同的补偿方法，最好的方式是按生产厂家的说明来进行补偿。

判断是否已消振，可将输入端接"地"，然后用示波器来观察输出端有无自激振荡。目前由于集成工艺水平的提高，集成运放内部已包含有消振元件，则无须外部消振。在制作电路板时，合理的元件排列和布线也有助于消除自激振荡。

2. 保护

集成运放在使用中，很可能会因为一些不恰当操作方式而被损坏，因此在设计和制作电路时如果能采取一些措施，就能够确保电路甚至在过载情况下也能正常工作。

（1）输入保护

当集成运放输入端所加的差模或共模电压超过其最大值时，可能会损坏输入级晶体管。最常用的保护措施就是在输入端接入反向并联二极管，如图 10—34 所示，将输入电压限制在二极管的正向压降以下。

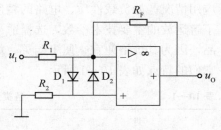

图 10—34 输入保护

（2）输出保护

为防止输出电压过大，可利用稳压二极管来保护，如图 10—35 所示，将两个稳压二极管反向串联。正常工作时，稳压二极管不起作用；U_Z 是稳压二极管的稳定电压，U_D 是它的正向压降。当输出电压出现过压时，利用稳压二极管可以将输出电压限制在 U_Z+U_D 的范围内，以防止输出端误接到外部电压而造成过流或击穿。

（3）电源保护

为防止正、负电源接反而损坏集成运放，可利用二极管的单向导电性，在电源接线中串接二极管来实现保护，如图 10—36 所示。

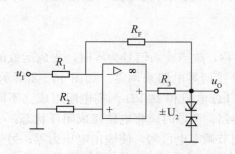

图 10—35 输出保护

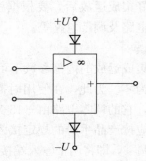

图 10—36 电源保护

一、单项选择题

1. 集成运放是一种高放大倍数、（　　）的多级放大电路。

(1) 直接耦合　　　　　(2) 阻容耦合　　　　　　(3) 变压器耦合

2. 集成运放对输入级的要求是（　　）。

(1) 尽可能高的电压放大倍数

(2) 尽可能大的带负载能力

(3) 尽可能高的输入电阻，尽可能小的零点漂移。

3. 共模抑制比 K_{CMRR} 越大，表明电路（　　）。

(1) 放大倍数越稳定　　(2) 交流放大倍数越大　　(3) 抑制零漂的能力越强

4. 集成运放采用直接耦合的原因是（　　）。

(1) 便于设计　　　　　(2) 放大交流信号　　　　(3) 不易制作大容量的电容

5. 在运算放大电路中，引入深度负反馈的目的之一是使运放（　　）。

(1) 工作在线性区，降低稳定性　　　　(2) 工作在非线性区，提高稳定性

(3) 工作在线性区，提高稳定性　　　　(4) 工作在非线性区，降低稳定性

6. 电路如图 10—01 所示，设输入为 u_I，则输出 u_O 为（　　）。

(1) u_I　　　　　　　(2) $2u_I$　　　　　　　　(3) 0

7. 电路如图 10—02 所示，R_F 引入的反馈为（　　）。

(1) 串联电压负反馈　　　　　　　　　(2) 并联电压负反馈

(3) 串联电流负反馈　　　　　　　　　(4) 并联电流负反馈

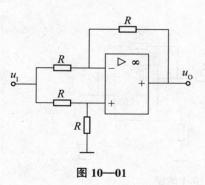

图 10—01

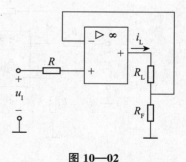

图 10—02

8. 电路如图 10—03 所示，集成运放的电源电压为 ±12 V，稳压管的稳定电压为 8 V，正向压降为 0.6 V，当输入电压 $u_i = -1$ V 时，则输出电压 u_o 等于（　　）。

(1) −12 V　　　　　　(2) 0.6 V　　　　　　　　(3) −8 V

9. 电路如图 10—04 所示，集成运放的饱和电压为 ±12 V，晶体管 T 的 $\beta = 50$，为了使灯 HL 亮，输入电压 u_i 应满足（　　）。

(1) $u_i > 0$　　　　　　(2) $u_i = 0$　　　　　　　(3) $u_i < 0$

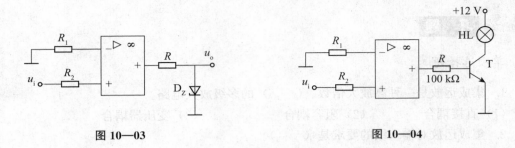

图 10—03   图 10—04

10. 由集成运算放大电路构成的电压比较器工作在运放电压传输（　　）。

(1) 线性区　　　　　　　　　　　　　　(2) 正饱和区或负饱和区

(3) 截止区　　　　　　　　　　　　　　(4) 全部范围均可

11. 一个正弦波振荡器的开环电压放大倍数为 A_u，反馈系数为 F，该振荡器要能自行建立振荡，其幅值条件必须满足（　　）。

(1) $|A_u F| = 1$　　　　(2) $|A_u F| < 1$　　　　(3) $|A_u F| > 1$

12. 一个正弦波振荡器的反馈系数 $F = \frac{1}{5} e^{j180°}$，若该振荡器能够维持稳定振荡，则开环电压放大倍数 A_u 必须等于（　　）。

(1) $\frac{1}{5} e^{j360°}$　　　　(2) $\frac{1}{5} e^{j0°}$　　　　(3) $\frac{1}{5} e^{-j180°}$

二、分析与计算题

10.1 在图 10—05 所示电路中，$R_1 = 20$ kΩ，$R_3 = 180$ kΩ，$R_4 = 10$ kΩ，$R_6 = 390$ kΩ，A_1、A_2 均为理想器件。当 $U_1 = 2$ mV 时，试求 U_{O1} 和 U_O。电阻 R_2、R_5 取多大比较合适？

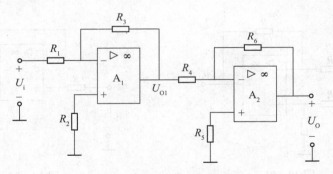

图 10—05　习题 10.1 的图

10.2 (1) 在图 10—06（a）电路中，已知 $R_F = 2R_1$，$u_1 = -2$ V，试求输出电压 u_O。(2) 求图 10—06（b）所示电路的 u_1 和 u_O 的运算关系式。

10.3 如图 10—07 为 T 型电阻网络深度负反馈放大电路，求输出电压与输入电压之间的运算关系。

10.4 如图 10—08 所示电路，其中 A_1、A_2 均为理想运放，试求输出电压与输入电压的传输关系。

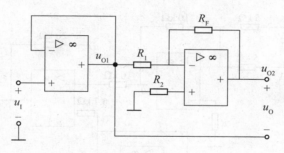

(a) 习题 10.2 (1) 的图

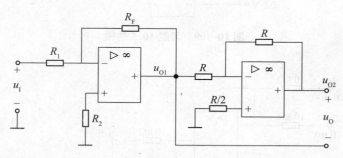

(b) 习题 10.2 (2) 的图

图 10—06

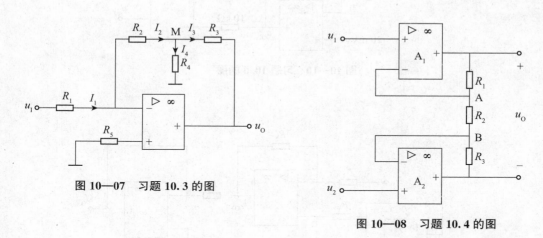

图 10—07　习题 10.3 的图

图 10—08　习题 10.4 的图

10.5　电路如图 10—09 所示，图中集成运放均是理想元件。求电路的电压 u_{O1}、u_{O2} 和 u_{O3}，如何选取电阻 R?

10.6　电路如图 10—10 所示，图中集成运放均是理想元件，$U_{OPP}=\pm 12$ V，求电压 u_{O1}、u_{O2} 和 u_{O3}，平衡电阻 R。

10.7　图 10—11 所示电路中，$R_1=10$ kΩ，$R_2=20$ kΩ，$C=0.1$ μF，接入输入电压 $U_{I1}=1.1$ V，$U_{I2}=1$ V 后，求输出电压 U_{O1}、U_{O2}、U_{O3}；输出电压 U_{O3} 由 0 V 增加 10 V 所需的时间。

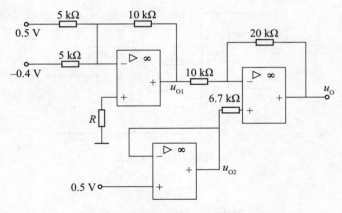

图 10—09   习题 10.5 的图

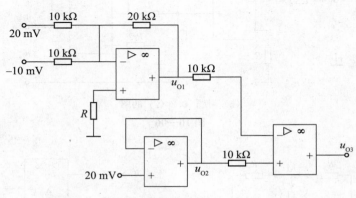

图 10—10   习题 10.6 的图

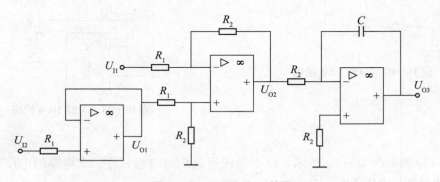

图 10—11   习题 10.7 的图

10.8   图 10—12 所示电路中，集成运放的最大输出电压 $U_{OM}=\pm12$ V，稳压管的稳定电压 $U_Z=6$ V，其正向压降 $U_D=0.7$ V，$u_i=12\sin\omega t$ V。在参考电压 $U_{REF}=\pm3$ V 两种情况下，试画出传输特性和输出电压 u_O 的波形。

10.9   如图 10—13 所示的电路是应用集成运放测量电压的原理电路，图中集成运放为理想元件，输出端接有满量程为 5 V、500 μA 的电压表，欲得到 50 V、10 V、5 V、0.1 V 四种量程，试计算各量程 $R_1 \sim R_4$ 的阻值。

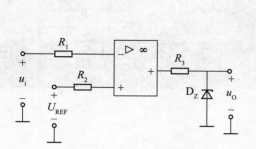

图 10—12　习题 10.8 的图

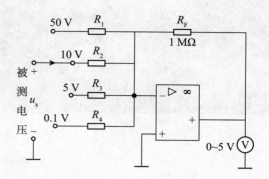

图 10—13　习题 10.9 的图

10.10　如图 10—14 所示电路是应用集成运算放大器测量电阻的原理电路，设图中集成运放为理想元件。当输出电压为 5 V 时，试计算被测电阻 R_x 的阻值。

10.11　如图 10—15 所示电路是测量小电流的原理电路，设图中的集成运放为理想元件，输出端接有满量程为 5 V、500 μA 的电压表。试计算各量程电阻 R_1、R_2、R_3 的阻值。

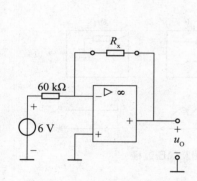

图 10—14　习题 10.10 的图

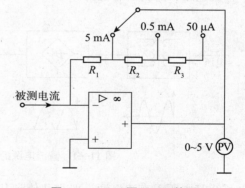

图 10—15　习题 10.11 的图

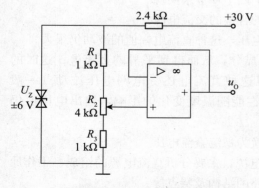

图 10—16　习题 10.12 的图

10.12　由电压跟随器组成的电压变换电路如图 10—16 所示，试求输出电压 u_o 的表达式及调节范围。

10.13　设计出实现如下运算功能的运算电路图。

（1）$u_o = -3u_i$；

（2）$u_o = 2u_{i1} - u_{i2}$；

（3）$u_o = -(u_{i1} + 0.2u_{i2})$；

（4）$u_o = -10\int u_{i2}\,dt - 2\int u_{i1}\,dt$。

第**11**章
直流稳压电源

电网提供的是交流电源，而工农业生产及科学实验中，特别是前几章介绍的电子线路需直流电源供电，例如：电解、电镀、直流电动机、电子仪器和设备等，大多数情况下采用电网提供的交流电源经转换后得到直流电源。目前，在不可控流整流电路中，广泛采用各种半导体整流电源。直流稳压电源的组成和稳压过程如图 11—1 所示，它一般由电源变压器、整流电路、滤波器和稳压环节四个部分组成。

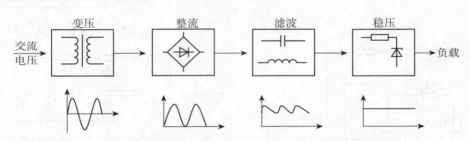

图 11—1　直流电源的原理框图及稳压过程

电子线路中所需直流电源一般为几伏到几十伏，而电网一般为 50 Hz、220 V 的交流电源。要得到所要求的直流稳压电源，一般需以下四个环节来实现。

（1）整流变压器：将电网交流电变换为所需的合适的交流电压。

（2）整流电路：将交流电变成单向脉动直流电压，这种直流电幅值的波动仍很大。

（3）滤波电路：将交流成分滤掉，保留直流成分，从而得到平滑的直流电；这时的直流电已经可运用于某些要求不严的场合，但这种直流电还受电网电压波动（一般有±10％的波动）、负载变化及半导体整流器件性能随温度变化的影响，输出电压值仍不稳定。

（4）稳压环节：将上述不稳定的直流电压变换为稳定直流电压。

本章介绍单相小功率（200 W 以下）的直流电源，主要分析直流电源的组成、工作原理、性能指标，以及各部分电路的不同类型、电路的结构及特点等。

11.1 整流电路

将交流电能变成单向脉动的直流电能的电路为整流电路（rectifier circuit）。整流电路有单相、三相之分，前者适用于小功率场合，后者适用于大功率场合。常见的单相整流电路有半波、全波、桥式和倍压整流之分，本节对单相桥式整流电路作详细分析，其余整流电路可通过表 11—1 的比较和相关习题来掌握。

表 11—1　　　　　　　　　　　　　常见的单相整流电路比较

整流类型	单相半波	单相全波	单相桥式
电路结构			
整流电压波形			
整流输出电压平均值 U_O	$0.45U_2$	$0.9U_2$	$0.9U_2$
流过每管电流平均值 I_D	I_O	$0.5I_O$	$0.5I_O$
每管承受的最高反向电压 U_{DRM}	$\sqrt{2}U_2$	$2\sqrt{2}U_2$	$\sqrt{2}U_2$
电路特点	输出电压低，脉动大，转换效率低，电路简单	输出电压高，脉动小，转换效率高，反向电压高，变压器带中心抽头	输出电压高，脉动小，转换效率高，二极管数量多

1. 单相桥式整流电路

单相桥式整流电路如图 11—2 所示。设变压器副边交流电压为 $u_2 = \sqrt{2}U_2\sin\omega t$，四个二极管均视为理想二极管。图中 T_r 为电源变压器，其作用是将电网电压 u_1 变成整流电路所要求的交流电 u_2，R_L 为负载电阻。

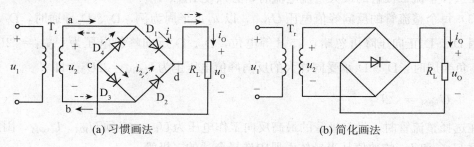

(a) 习惯画法　　　　　　　　　　(b) 简化画法

图 11—2　单相桥式整流电路

当 u_2 为正半周时，a 点电位高于 b 点电位，D_1、D_3 导通，D_2、D_4 截止，电流由 a 经 $D_1 \rightarrow R_L \rightarrow D_3 \rightarrow b \rightarrow a$ 形成通路，产生的电压全部降在负载上。当 u_2 为负半周时，b 点电位高于 a 点电位，D_2、D_4 导通，D_1、D_3 截止，电流由 b 经 $D_2 \rightarrow R_L \rightarrow D_4 \rightarrow a \rightarrow b$ 形成通路，产生的电压同样全部降在负载上。

由此可见，尽管 u_2 是交流信号，经过二极管整流后流过负载电阻 R_L 的电流方向始终一致，在负载上得到大小变化而方向不变的单向脉动直流电，其波形如图 11—3 所示。

2. 单相桥式整流电路的主要参数

整流电路的主要参数是衡量直流电源电路性能的重要指标，通常有输出电压平均值 U_O、每个整流管整流电流平均值 I_D 和每个整流管的反向峰值电压 U_{DRM} 等，它们也是设计整流电路时选择二极管的主要依据，以下给出这些参数的定义及其单相桥式整流电路中的计算方法。

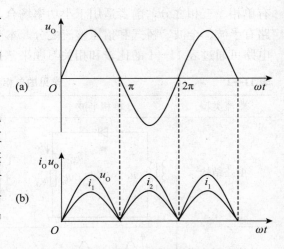

图 11—3   单相桥式整流的波形图

（1）根据图 11—3 可知，输出电压是单相脉动电压，通常用它的平均值与直流电压等效。输出电压平均值

$$U_O = \frac{1}{\pi} \int_0^{\pi} \sqrt{2} U_2 \sin\omega t \, \mathrm{d}(\omega t) = \frac{2\sqrt{2}}{\pi} U_2 = 0.9 U_2 \qquad (11\text{—}1)$$

负载上的平均电流

$$I_O = \frac{U_O}{R_L} \qquad (11\text{—}2)$$

（2）每个整流管电流平均值 I_D，由于每个二极管只在半个周期导通，因此流经每个二极管的电流平均值是负载平均电流的一半，即

$$I_D = \frac{1}{2} I_O = \frac{U_O}{2 R_L} \qquad (11\text{—}3)$$

在选择整流二极管的最大整流电流时，必须使 $I_{OM} > I_D$。

（3）每个整流管的反向峰值电压 U_{DRM}，以 u_2 正半周为例，D_1、D_3 导通时，D_2、D_4 截止，因 D_1、D_3 正向压降可忽略，a、d 等电位，D_2、D_4 反向峰值电压为 $U_{DRM} = \sqrt{2} U_2$；同理，u_2 负半周时，D_1、D_3 承受同样大的反向峰值电压也为 $U_{DRM} = \sqrt{2} U_2$。即

$$U_{DRM} = \sqrt{2} U_2 \qquad (11\text{—}4)$$

在选择整流管时，设二极管的最高反向工作电压为 U_{RM}，必须 $U_{RM} > U_{DRM}$。因此，可以根据 U_{DRM} 和 I_{OM} 的数值从半导体手册中选择合适的二极管。

【例 11—1】   如图 11—2（a）所示电路，若变压器副边电压 $U_2 = 30$ V，负载电阻

$R_\text{L} = 100\ \Omega$。求输出电压及输出电流平均值、二极管的平均电流 I_D 及 U_DRM，并选用合适的整流二极管。

解 根据式（11—1）～式（11—4）得

$$U_\text{O} = 0.9U_2 = 27\ \text{V}$$

$$I_\text{O} = \frac{U_\text{O}}{R} = \frac{27}{100} = 0.27\ \text{A}$$

$$I_\text{D} = \frac{I_\text{O}}{2} = \frac{0.27}{2} = 0.135\ \text{A}$$

$$U_\text{DRM} = \sqrt{2}U_2 = \sqrt{2} \times 30 \approx 42.3\ \text{V}$$

查附录可选型号为 2CZ53B 的整流二极管，其参数为 $I_\text{D} = 300\ \text{mA}$，$U_\text{DRM} = 50\ \text{V}$。

练习与思考

11.1.1　有一单相半波整流电路，负载电阻 $R_\text{L} = 750\ \Omega$ 变压器副边电压 $U_2 = 20\ \text{V}$，试求 U_O、I_O 及 U_DRM，并选用整流二极管。

11.1.2　在图 11—1 单相桥式整流电路中，如果：（1）有一个二极管正、负极接反；（2）有一个二极管因虚焊而短路；（3）有一个二极管被击穿而短路，分别说明其后果如何。

11.2　滤波电路

通过整流电路后变成单向脉动直流电，这种直流电幅值变化仍会很大，不能适应大多数电路和设备的需要。因而引入滤波电路（filter circuit），能抑制电路中的交流成分、保留直流成分，一般用无源元件组成滤波电路。此处介绍的滤波电路与第 9 章中的 RC 有源滤波电路不同，RC 有源滤波电路的目的是保持一定信号频率范围。

一、电容滤波电路

滤波原理是利用电容器两端的电压和流过电感器的电流不能突变的特性，把电容器与负载电阻并联或电感器与负载电阻串联，构成多种形式的滤波电路，使输出波形达到基本平滑的目的。

1. 工作原理

图 11—4 所示为单相桥式整流滤波电路。设 $u_2 = \sqrt{2}U_2\sin\omega t$，$t = 0$ 时刻接通电源，在 u_2 为正半周，二极管 D_1、D_3 导通，对电容充电，同时向负载 R_L 供电。由于二极管正向电阻很小，认为 $u_\text{C} \approx u_2$，当 u_2 达到最大值（曲线上的 p 点）时，电容充电达最大值。此后随 u_2 开始下降，当 $u_\text{C} > u_2$ 时，二极管 D_1、D_3 因承受反向电压而截止，此时电容只能通过负载电阻 R_L 放电，即 u_C 以 $R_\text{L}C$ 为时间常数按指数规律下降。同理，当 u_2 为负半周，二极管 D_2、D_4 导通，直到 $u_\text{C} = u_2$ 时（曲线上的 n 点），对电容重新充电，充电到 $u_\text{C} > u_2$ 时，二极管 D_2、D_4 又截止，电容通过负载电阻 R_L 放电，如此重复上述过程。

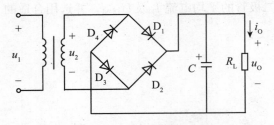

图 11—4 桥式整流滤波电路

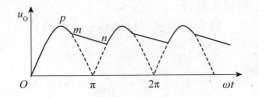

图 11—5 输出电压电流波形

当空载时，$R_L \rightarrow \infty$，在 u_O 达到峰值后，u_2 下降使二极管截止，电容因无释放能量的回路，u_O 仍得保持在 $\sqrt{2}U_2$ 数值上（图 11—5 中未画出）。

随着负载电阻 R_L 减小，$\tau = R_L C$ 减小，输出 U_O 下降。一般整流内阻不会太大，而 τ 较大时，U_O 值应在 $\sqrt{2}U_2$（$R_L \rightarrow \infty$）与 $0.9U_2$ 之间，工程上采用以下经验公式计算：

半波整流滤波 $U_O = U_2$ (11—5)

桥式整流滤波 $U_O = 1.2U_2$ (11—6)

2. 电容滤波的特点

（1）输出电压平均值提高，交流成分减小，且 $\tau = R_L C$ 越大，放电越慢，U_O 脉动越小。为了得到较平滑的直流电压，一般取 $\tau = R_L C \geqslant (3 \sim 5) \dfrac{T}{2}$，其中 T 为电源交流电压的周期。

（2）整流二极管导通时间变短，因整流电路内阻小，而冲击电流大，如图 11—6 所示。故应选用大电流容量的整流管。此外电路中还应接一定的电阻防止损坏二极管。

（3）输出电压随负载电流的增加而下降得较快，如图 11—7 所示，电路的输出特性差，仅适用于输出电压高、负载电流小且负载变化小的场合。

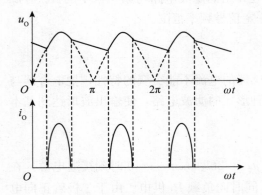

图 11—6 电容滤波原理

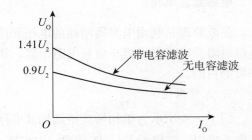

图 11—7 单相桥式整流电路纯电阻负载和电容滤波的外特性曲线

【**例 11—2**】 有一单相桥式整流电容滤波电路，如图 11—4 所示。电源频率 $f = 50$ Hz，负载电阻 $R_L = 100$ Ω，要求 $U_O = 15$ V。试选择整流二极管及滤波电容。

解 选择整流二极管

$$I_D = \frac{1}{2} I_O = \frac{1}{2} \cdot \frac{U_O}{R_L} = \left(\frac{1}{2} \times \frac{15}{0.1} \right) \text{ mA} = 75 \text{ mA}$$

变压器副边电压有效值

$$U_2 = \frac{U_O}{1.2} = \frac{15}{1.2} \text{ V} = 12.5 \text{ V}$$

故 $U_{DRM} = 1.41 U_2 = 17.7$ V，因此可选型号为 2CZ52B 的二极管，其参数为 $I_{OM} = 100$ mA，$U_{RM} = 50$ V。

选择滤波电容，根据式 $\tau = R_L C \geqslant (3 \sim 5) \dfrac{T}{2}$，取 $R_L C = 2T$，得

$$C = \frac{2T}{R_L} = \frac{2}{100 \times 50} = 400 \ \mu\text{F}$$

故电容可选用 430 μF 耐压为 50 V 的电解电容器。

二、其他滤波电路

除电容滤波电路外，还有电感电容滤波（图 11—8）、π 型 LC 滤波（图 11—9）及 π 型 RC 滤波等电路（图 11—10）。图 11—8 为电感滤波电路，它利用电感 L 对交流信号的阻碍作用，即感抗 $X_L = \omega L$ 频率越高，阻抗越大，jX_L 与 R_L 分压后，交流信号大部分降在电感上，剩余直流信号降在负载上。当忽略线圈电阻时，对全波整流电路而言，一般取 $U_O = 0.9 U_2$。这类电路适用于低电压、负载电流大，对输出脉动要求不太高的大功率电源，其缺点是电感铁芯较笨重，体积大，易产生电磁干扰。

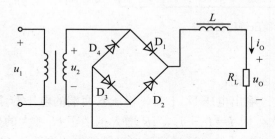

图 11—8　电感电容滤波电路

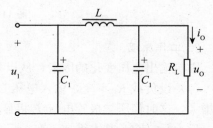

图 11—9　π 型 LC 滤波电路

要得到较好的滤波效果，用一级电容滤波需要很大电容量，往往采用多级滤波的办法。因电感铁芯笨重，可采用如图 11—10 所示的 π 型 RC 滤波电路，u_1 经整流后先通过电容 C_1 滤波得到的脉动直流电仍有交流成分，再经过 R 和 C_2 进一步滤波，一般取 R、C_2 足够大，使得 $\dfrac{1}{\omega C_1} \ll R_L$，$\dfrac{1}{\omega C_2} \ll R$，由于 C_2 具有较强的旁路分流作用，

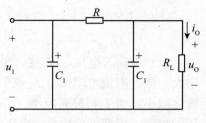

图 11—10　π 型 RC 滤波电路

故 R_L 两端的电压交流成分可以基本滤除，该电路适用于负载电流较小且要求输出电压脉动小的小功率直流电源。

11.2.1 比较图 11—7 中纯电阻负载与电容滤波的外特性曲线的差异。

11.2.2 试比较上述各种滤波电路的特点与应用场合。

11.3 稳压二极管稳压电路

交流电经过整流、滤波得到平滑的直流电，在一些要求不太严的场合（如电镀、蓄电池充电）已经可以使用，而精密的电子测量仪器、计算机设备等都要求有较稳定的直流电源。影响输出电压稳定的有温度变化、电网电压波动、负载变化等因素，其中后两个是主要因素，稳压电路的作用是在电网电压和负载变化时，将输出电压值稳定在一个固定数值上。

1. 电路构成

如图 11—11 所示的直流稳压电路采用稳压二极管来稳定输出电压，由变压器、整流、滤波、稳压四个环节构成的直流稳压电源，称为稳压二极管稳压电路（voltage stabilizing circuit）。图中 D_Z 为稳压管，它与负载电阻 R_L 并联，R 为限流电阻。

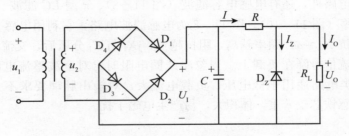

图 11—11 稳压管稳压电路

2. 工作原理

影响输出电压变化的因素，从以下两方面讨论：

（1）设负载 R_L 不变，输入电压 U_I 增大。输出电压 U_O 上升，稳压管两端的电压 U_Z 随之增大，这时稳压二极管电流 I_Z 将显著增大，因 $I = I_O + I_Z$，IR 增大抵消了 U_I 增大的变化（增大），使 U_O 基本维持不变。反之，当 U_I 减小时，通过稳压二极管的电流调整使 I 减小，同样维持输出电压 U_O 基本不变。即

$$U_I\uparrow \to U_O\uparrow \to U_Z\uparrow \to I_Z\uparrow \to I\uparrow \to U_O = U_I - IR$$
$$U_O\downarrow \longleftarrow$$

（2）设输入电压 U_I 不变，负载变化。例如负载电阻 R_L 减小，提供给出负载的电流 I_O 增大，流过限流电阻 R 的电流 I 也增大，故输出电压下降。这时稳压二极管两端压降 U_Z 随之减小，而 I_Z 将显著减小，I_Z 的减小使 I 也减小，IR 减小使 U_O 回升，从而维持输出电压的稳定。同理可分析负载电阻 R_L 增大时的情况。

$$R_L\downarrow \to I_O\uparrow \to U_O\downarrow \to U_Z\downarrow \to I_Z\downarrow \to I\downarrow \to U_O = U_I - IR$$
$$U_O\uparrow \longleftarrow$$

从上面分析可知，稳压二极管稳压电路是利用稳压二极管的电流调节作用来满足负载

电流的变化，从而保持输出电压的稳定，并与限流电阻配合将电流变化转换为电压变化以适应电网电压的波动和负载的变化。由于起控制作用的元件 D_Z 与负载电阻 R_L 并联，故这种电路称为并联式稳压电路。

稳压二极管稳压电路结构简单，使用元件少，调试方便，但是输出电压不可调节，输出电流受稳压二极管电流调节范围（$I_{zmin} \sim I_{zmax}$）的限制，负载取用的电流不能太大（几毫安~几十毫安）。若要求较高精度和较大的输出电流（几百毫安到几安），可采用带放大器的串联反馈式稳压电路，相关电路读者可查阅资料学习。

【例 11—3】 整流滤波稳压电路如图 11—11 所示，已知 $U_I = 30$ V，$U_O = 12$ V，$R = 2$ kΩ，$R_L = 4$ kΩ，稳压二极管的稳定电流 $I_{zmin} = 5$ mA 与 $I_{zmax} = 18$ mA。试求：（1）通过负载和稳压管二极管的电流；（2）变压器副边电压的有效值；（3）通过二极管的平均电流和二极管承受的最高反向电压。

解 （1）$I_O = \dfrac{U_O}{R_L} = \dfrac{12}{4}$ mA $= 3$ mA

通过限流电阻 R 的电流

$$I = \frac{U_I - U_O}{R} = \frac{18}{2} \text{ mA} = 9 \text{ mA}$$

通过稳压二极管的电流

$$I_z = I - I_O = 6 \text{ mA}$$

（2）$U_2 = \dfrac{U_I}{1.2} = \dfrac{30}{1.2}$ V $= 25$ V

（3）$I_D = \dfrac{1}{2} I = \dfrac{1}{2} \times 9$ mA $= 4.5$ mA

$U_{DRM} = \sqrt{2} U_2 = \sqrt{2} \times 25$ V $= 35.35$ V

练习与思考

11.3.1　在图 11—11 的电路中，电阻 $R = 0$ 是否可以起稳压作用？有何后果？

11.3.2　在图 11—11 的电路中，电阻 R 改接到 D_Z 与 R_L 之间，能否起稳压作用？会产生何种后果？

11.4　集成稳压电路

随着半导体工艺的发展，出现了稳压电路的集成器件，这类器件具有精度高、体积小、使用方便、性能稳定等优点。集成稳压器是模拟集成电路的一种，其种类繁多，下面介绍三端集成稳压器（integrated three-terminal voltage regulator），并应掌握其使用方法。

一、外形结构及型号

常见的固定输出三端集成稳压器型号有：输出为正电压 W78×× 系列和输出为负电压 W79×× 系列。型号中 ×× 代表输出电压的绝对值。每个系列都有一些固定输出电压等级，一般为 5 V、6 V、9 V、12 V、15 V、18 V 和 24 V 七个挡。它们的输出电流各有差异，W78 和 W79 系列输出电流为 1.5 A；W78M 和 W79M 系列输出电流为 0.5 A；W78L 和 W79ML 系列输出电流为 0.1 A。

三端集成稳压电源，有三个引线端，即不稳定电压输入端、稳定电压输出端和公共端，其外型及符号表示如图 11—12 所示。

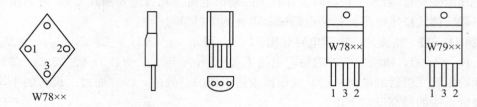

图 11—12　三端集成稳压器外形图

二、集成稳压器的应用

1. W78×× 系列基本应用电路

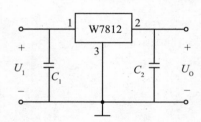

图 11—13　输出正电压稳压电路

输出固定正电压的稳压电路如图 11—13 所示，1 端为输入端，2 端为输出端，3 端为公共端。其中电容 C_1 是在输入线较长时抵消其电感效应，以防止产生自激振荡，C_2 用来削弱电路的高频噪音，以改善负载的瞬态效应。例如，要输出 12 V 电压，可根据负载电流的大小，选用 W7812 集成稳压器接入电路。如图 11—13 所示为输出正电压稳压电路，其电路典型参数为：$U_I \geqslant 1.2U_O$，$C_1 = 0.33\ \mu F$，$C_2 = 0.1\ \mu F$，U_I 为待稳定电压。

为保证集成稳压器正常工作，使用时必须注意：U_I 和 U_O 之间的关系。以 W7812 为例，该三端稳压器的固定输出电压是 12 V，而输入电压至少大于 15 V，这样输入、输出之间有 3 V 的压差。

2. W79×× 系列基本应用电路

输出负电压的稳压电路如图 11—14 所示，3 端为输入端，2 端为输出端，1 端为公共端。只需注意电容极性，其参数选择与输出正电压的集成稳压器电路相同。如果要组成同时输出正负电压稳压电路，只需将上述两类电路进行组合即可，电路如图 11—15 所示。

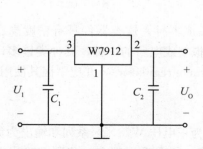

图 11—14　输出负电压稳压电路

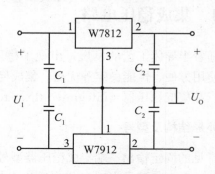

图 11—15　输出正负电压稳压电路

3. W117 基本应用电路

除了固定输出的集成稳压器，还有另一类输出电压可调的三端可调稳压器，例如，W117/217/317 系列集成稳压器，其输出电压实现 1.25～37 V 之间可连续调节，最大输出电流可达 1.5 A。与此对应的负电压输出集成稳压器为 W137/237/337 系列，输出电压可调范围为－1.25～－37 V。其三个接线端只需外接较少元件就能工作，接线简单，工作方便。W117 基准电压约为 1.25 V，输入电压范围大（2～40 V），其输出电压为

$$U_O = 1.25 \times \left(1 + \frac{R_2}{R_1}\right)$$

选择同类型的电阻 R_1、R_2，它们的精度一致，C_2 为消除电阻 R_2 上波纹而设置，二极管作用如下：当输出短路时，C_2 将通过调整端 1 向输出端放电，对 W117 起保护作用。为了使电路正常工作，例如取 $R_1 = 240\ \Omega$，负载开路时输出电流为 1.25/240≈5.2 mA，其输出电流不应小于 5 mA。

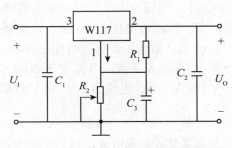

图 11—16　W117 基本应用电路

三、应用举例

图 11—17 是一个对偶式直流稳压电源，其输出直流电压 $U_O = \pm 15$ V，最大输出电流 $I_O = 1$ A。该直流稳压电源选 W7815 和 W7915 集成稳压器组成同时输出正、负电压的稳压电路，采用桥式整流、电容滤波电路。

稳压电路组件选用 W7815 和 W7915 各一块，输出电压±15 V，输出电流 1.5 A。组件的输入电压－输出电压差 2.5 V，并小于最大输入电压 35 V 的要求，故组件的输入电压 23 V。组件的输入、输出电容选用 $C_1 = C_2 = 0.33\ \mu F$，$C_3 = C_4 = 1\ \mu F$，耐压为 50 V。

整流滤波电路元件参数的确定。因每一组件的输入电压 $U_{i1} = U_{i2} = 23$ V，$U_i = 46$ V，故变压器副边电压值为 $U_2 = U_i/1.2 = 38$ V。流过整流二极管的平均电流为 $I_D = I_O/2 = 0.5$ A，当电网电压有 10% 波动时，整流管最大反向电压 $U_{DRM} = \sqrt{2}U_2 \times 1.1 = 59$ V。因此可选用 4 只硅整流管 2CZ55C（2CZ11A），其最大整流电流 $I_{OM} = 1$ A；最高反向工作电压 $U_{RM} = 100$ V。使用时要加铝散热板，也可以选用硅桥堆，如 QL—6 型。

选择滤波电容，$\Delta U_C = \frac{1}{C}\int i_C dt = \frac{1}{C}\int I_C dt = \frac{I_C}{C}t$，$t$ 为电容放电时间，在桥堆整流时，取电容放电时间为输入电压的半周期，即 1/100 秒；ΔU_C 为滤波电容上电压在平均值上下的波动量，取 $\Delta U_C = 2 \times 2.5$ V＝5 V。I_C 为滤波电容的放电电流，一般取最大负载电流，

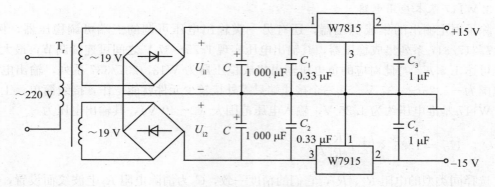

图 11—17　对偶式直流稳压电源

即 $I_C = I_O = 1$ A，则 $C = \dfrac{I_C}{\Delta U_C} t = 2\ 000\ \mu\mathrm{F}$。因电容承受的最大反向电压 $U_{DRM} = \sqrt{2} U_2 \times 1.1 = 59$ V，故可选容量 1 000 μF、耐压为 100 V 的电解电容两个。

最后确定变压器的容量。变压器副边电压 $U_2 = 38$ V，在桥堆整流电容滤波时，变压器副边电流有效值取 $I_2 = 2I_O = 2$ A，则变压器副边的视在功率 $S_2 = 76$ V·A，查表得 $\eta = 0.8$，变压器原边的视在功率 $S_1 = 95$ V·A，因此变压器的容量为 $S_N = (S_1 + S_2)/2 = 86$ V·A。故可选额定容量为 100 V·A、电压为 220/38 V 且副边有中心抽头的变压器。

练习与思考

11.4.1　用两个 W7815 稳压器能否构成输出：（1）＋30 V，（2）－30 V，（3）±15 V 的电路？

11.4.2　试用 W7809 和 W7909 构成一个输出±9 V 的稳压电路？

11.5　晶闸管及其应用

晶体闸流管简称晶闸管（thyristor），也称为可控硅整流元件（SCR），是由三个 PN 结构成的一种大功率半导体器件。1957 年美国通用电器公司开发出世界上第一款晶闸管产品，并于 1958 年将其商业化。在性能上，晶闸管不仅具有单向导电性，而且还具有比硅整流元件更为可贵的可控性，它只有导通和关断两种状态。

晶闸管具有硅整流器件的特性，能在高电压、大电流条件下工作，且其工作过程可以控制，被广泛应用于可控整流、交流调压、无触点电子开关、逆变及变频等电子电路中。晶闸管的弱点：静态及动态的过载能力较差，容易受干扰而误导通等。

晶闸管从外形上分类主要有：螺栓形、平板形和平底形。晶闸管还可分为单向晶闸管、双向晶闸管、光控晶闸管、逆导晶闸管、可关断晶闸管、快速晶闸管等等。单向晶闸管也就是常说的普通晶闸管。

一、普通晶闸管

1. 基本结构

晶闸管是四层三端器件，它有三个 PN 结，对外有三个电极。第一层 P 型半导体引出的电极叫阳极 A，第三层 P 型半导体引出的电极叫控制极 G，第四层 N 型半导体引出的电极叫阴极 K。从晶闸管的电路符号看到，它和二极管一样是一种单方向导电的器件，区别是多了一个控制极 G。晶闸管的外形、结构及图形符号如图 11—18 所示。

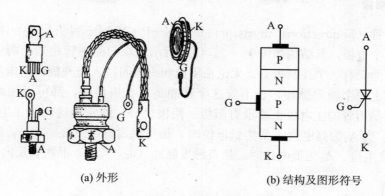

(a) 外形   (b) 结构及图形符号

图 11—18　晶闸管的外形、结构及图形符号

与二极管相比，其差别在于晶闸管正向导通受控制极电流的控制；与晶体管相比，其差别在于晶闸管对控制极电流没有放大作用。

2. 工作原理

晶闸管结构可以把它中间的 NP 分成两部分，构成一个 PNP 型晶体管和一个 NPN 型晶体管的复合管，得到如图 11—19 所示的晶闸管等效图解，其中 β_1、β_2 分别为 T_1、T_2 的电流放大系数。晶闸管的工作原理如图 11—20 所示。

（1）晶闸管截止时，若 $u_{AK}>0$，$u_G \leq 0$，下面两个 PN 结处于反向偏置，晶闸管仍然截止。

（2）晶闸管截止时，若 $u_{AK}>0$，$u_G>0$，晶闸管将由截止变为导通。每个晶体管的集电极电流同时就是另一个晶体管的基极电流。若在控制极 G 与阴极 K 之间加正向电压，门极电流 I_G 达到一定数值，应用 T_2 的放大作用，$I_{B2}=I_G$，则 $I_{C2}=\beta_2 I_{B2}=\beta_2 I_G$，此时 T_1 尚未导通；因 $I_{C2}=I_{B1}$，故又使 T_1 导通，对 T_1 管，$I_{C1}=\beta_1 I_{B1}=\beta_1 I_{C2}=\beta_1 \beta_2 I_{B2}$。电流 I_{C1} 与 I_G 一起进入 T_2 的基极后再次放大，就会形成正反馈，造成两晶体管饱和导通。

（3）晶闸管导通时，若 $u_{AK}>0$，$u_G \leq 0$，晶闸管仍然导通。因 $I_{C1}+I_G=I_{B2}\gg I_G$，即使 $u_G \leq 0$，$I_G=0$，但仍有 $I_{C1}=I_{B2}$，所以晶闸管仍保持导通。

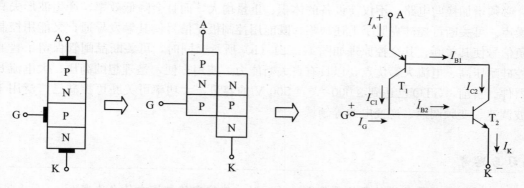

图 11—19　晶闸管等效图解　　　　**图 11—20　晶闸管的工作原理**

（4）晶闸管导通时，在 $u_{AK} \leqslant 0$，T_1 管阳极电流 I_A 小于一定值 I_H（维持晶闸管导通的最小电流）情况下，PNP 管和 NPN 管均处于截止，故晶闸管最终截止。

*二、双向晶闸管

双向晶闸管（bi-directional thyristor）是由 N－P－N－P－N 五层半导体材料制成的，对外也引出三个电极，其结构如图 11—21（a）所示。双向晶闸管相当于两个单向晶闸管的反向并联，但只有一个控制极 G。无论在阳极和阴极间接入何种极性的电压，只要在它的控制极上加上一个触发脉冲，也不管这个脉冲是什么极性的，都可以使双向晶闸管导通。因此双向晶闸管的主电极也就没有阳极、阴极之分，通常把这两个主电极称为 A_1 电极和 A_2 电极。当 A_2 为高电位、A_1 为低电位时，加正触发脉冲（$u_{GA1} > 0$），晶闸管正向导通；当 A_1 为高电位、A_2 为低电位时，加负触发脉冲（$u_{GA1} < 0$），晶闸管反向导通。

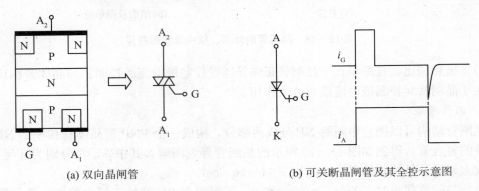

(a) 双向晶闸管   (b) 可关断晶闸管及其全控示意图

图 11—21　双向晶闸管和可关断晶闸管

*三、可关断晶闸管

上述普通晶闸管是半控器件，只能通过控制使其导通而不能控制其关断。可关断晶闸管 GTO（gate turn-off thyristor）亦称门控可控硅。既能通过控制使其导通，又可当门极加负向触发信号时可控硅能自行关断（截止），这就是全控器件。

普通可控硅靠门极正信号触发之后，撤掉信号亦能维持导通。欲使之关断，必须切断电源，使正向电流低于维持电流，或施以反向电压强行关断。某些设备若要关断晶闸管时，必须增加换向电路，不仅使设备的体积、重量增大，而且会降低效率，产生波形失真和噪声。可关断可控硅克服了上述缺陷，既能用控制极正信号使其触发导通，又能用控制极负信号使其关断，其全控原理如图 11—21（b）所示。同时，可关断晶闸管保留了普通可控硅耐压高、电流大等优点，以具有自关断能力，使用方便，是理想的高压、大电流开关器件。目前，GTO 已达到 3 000 A、4 500 V 的容量，大功率可关断可控硅已广泛用于斩波调速、变频调速、逆变电源等领域。

练习与思考

11.5.1　晶闸管导通的条件是什么？导通时，流过它的电流由什么决定？

11.5.2 晶闸管导通后，为什么控制极就失去控制作用？在什么条件下晶闸管才能由导通转变为截止？

11.6 可控整流电路

本章11.1节所介绍的是以二极管作为整流元件的整流电路，称为不可控流整流电路（non—controlled rectifier circuit）。使用晶闸管作为整流元件的整流电路，其输出大小是可以调节的，称为可控流整流电路（controlled rectifier）。

一、单相桥式半控整流电路

如图11—22所示，在 u_2 正半周内，T_2 和 D_1 承受反向阳极电压而截止，T_1 和 D_2 承受正向阳极电压，因 T_1 在 $\omega t = \alpha$ 时加入控制电压，故在 $\alpha \leqslant \omega t \leqslant \pi$ 区间，T_1 和 D_2 导通，经过 a $\rightarrow T_1 \rightarrow R_L \rightarrow D_2 \rightarrow$ b，负载上得到电流 i_O。

在 u_2 负半周内，T_1 和 D_2 承受反向阳极电压而截止，T_2 和 D_1 承受正向阳极电压，因 T_2 在 $\omega t = \alpha + \pi$ 时加入控制电压，故在 $\alpha + \pi \leqslant \omega t \leqslant 2\pi$ 区间，T_2 和 D_1 导通，经过 b $\rightarrow T_2 \rightarrow R_L \rightarrow D_1 \rightarrow$ a，负载上得到电流 i_O。

可见，负载上得到不完整的全波脉动电压，每个半波均切去 α 前的一部分，α 是晶闸管在正向阳极电压作用下开始导通的角度，称为控制角。θ 为晶闸管在一个周期内的导通范围，称为导通角。控制电压 u_G 为尖脉冲电压，由专门的触发电路提供。控制产生 u_G 的时间，即改变 α 角的大小，便改变了输出电压有效值的大小。

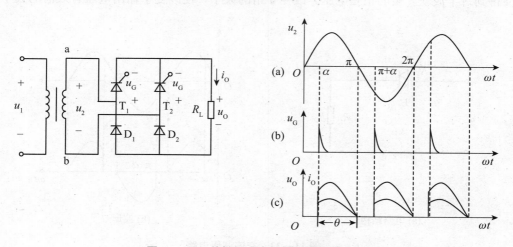

图 11—22 单相桥式半控整流电路及波形

当整流电路接电阻性负载时，设 $u_2 = \sqrt{2} U_2 \sin\omega t$，单相桥式半控整流电路输入、输出各电量关系如下：

（1）输出直流电压

$$U_O = \frac{1}{\pi} \int_{\alpha}^{\pi} \sqrt{2} U_2 \sin\omega t \, \mathrm{d}(\omega t) = \frac{1 + \cos\alpha}{2} \cdot 0.9 U_2 \tag{11—7}$$

故输出直流电流为 $I_O = \dfrac{U_O}{R_L}$。

(2) 二极管和晶闸管平均电流

由于每个二极管和晶闸管通过的电流为负载电流的一半，故

$$I_D = I_T = \frac{1}{2} I_O \tag{11—8}$$

(3) 晶闸管电流有效值

$$I = \sqrt{\frac{1}{\pi} \int_\alpha^\pi i_T^2 \mathrm{d}(\omega t)} = \sqrt{\frac{1}{\pi} \int_\alpha^\pi \frac{u_O}{2R_L} \mathrm{d}(\omega t)} \tag{11—9}$$

(4) 晶闸管正向阳极电压最大值 $U_{TFM} = \sqrt{2}U_2$。

(5) 晶闸管反向阳极电压最大值 $U_{TRM} = \sqrt{2}U_2$。

(6) 二极管反向电压最大值 $U_{DRM} = \sqrt{2}U_2$。

*二、交流调压电路

如图 11—23 所示，在电源 u_1 的正半周内，晶闸管 T_1 承受正向电压，当 $\omega t = \alpha$ 时，触发 T_1 使其导通，则负载上得到缺 α 角的正弦半波电压；当电源电压过零时，T_1 管电流下降为零而关断。在电源电压 u 的负半周内，晶闸管 T_2 承受正向电压，当 $\omega t = \pi + \alpha$ 时，触发 T_2 使其导通，则负载上又得到缺 α 角的正弦负半波电压。持续这样的控制，在负载电阻上便得到每半波缺 α 角的正弦电压。改变 α 角的大小，便改变了输出电压有效值的大小。

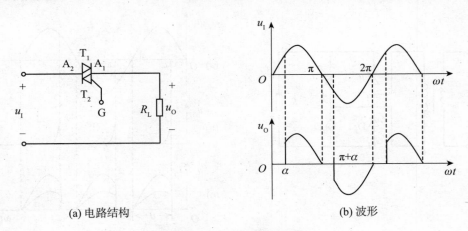

(a) 电路结构　　　　　　　　　　　(b) 波形

图 11—23　交流调压电路

设 $u_1 = \sqrt{2}U_1 \sin\omega t$，忽略晶闸管的管压降，则负载电压的有效值为

$$U_O = \sqrt{\frac{1}{\pi} \int_\alpha^\pi u_O^2 \mathrm{d}(\omega t)} = U_I \sqrt{\frac{\pi - \alpha}{\pi} + \frac{1}{2\pi} \sin 2\alpha} \tag{11—10}$$

故输出交流电流有效值为 $I_O = \dfrac{U_O}{R_L}$。

从上式中可以看出，随着 α 角的增大，U_O 逐渐减小；当 $\alpha = \pi$ 时，$U_O = 0$。因此，单相交流调压器对于电阻性负载，其电压的输出调节范围为 $0 \sim \sqrt{2} U_I$，控制角 α 的移相范围为 $0 \sim \pi$。

*三、直流调压电路

如图 11—24 所示是利用可关断晶闸管组成的直流调压电路，也称直流斩波电路（DC chopping circuit）。

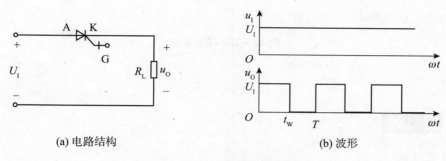

(a) 电路结构　　　　　　　　　　　(b) 波形

图 11—24　直流调压电路

图中 U_I 为直流电压，晶闸管的阳极电压始终大于零，当 $t = 0$ 时，加上正向控制电压，晶闸管导通，$u_O \approx U_I$；当 $t = t_w$ 时，加上反向控制电压，晶闸管截止，$u_O \approx 0$。如此反复，负载上得到图 11—24（b）所示的间断的矩形波电压。只要改变 t_w 与 T 之比（称为占空比）即可调节输出直流电压（u_O 平均值）大小。

*四、逆变电路

逆变电路（inverter circuit）的作用与整流电路相反，是把直流电变成交流电的电路。它的基本作用是在控制电路的作用下，将直流电源转换为频率和电压都任意可调的交流电源。

逆变电路由可关断晶闸管 $T_1 \sim T_4$ 组成，如图 11—25（a）所示。它们的开关状态由加于其控制极的电压信号决定。设桥式电路的输入端接入直流电压 U_I，输出端接负载 R_L。在 $0 \sim \dfrac{T}{2}$ 期间，开关 T_1、T_3 闭合而 T_2、T_4 断开，则 $u_O = U_I$；相反，在 $\dfrac{T}{2} \sim T$ 期间，当 T_2、T_4 闭合而 T_1、T_3 断开，则 $u_O = -U_I$。最终把直流电变成了交变的方波，u_O 的频率取决于开关切换的频率。

练习与思考

11.6.1　在桥式整流电路中，把二极管都换成晶闸管是不是就成了可控整流电路了呢？

11.6.2　交流调压电路输入电压为 U_I，试分析控制角 α 为 $0° \sim 90°$ 时的输出电压有效值。

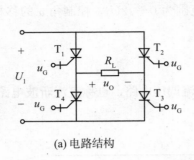

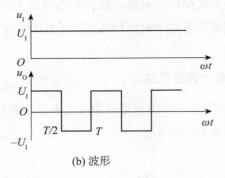

(a) 电路结构　　　　　　　　　　(b) 波形

图 11—25　逆变电路

一、单项选择题

1. 半波整流电路如图 11—01 所示，变压器副边电压有效值 U_2 为 10 V，则输出电压的平均值 U_O 是（　　　）。

(1) 9 V　　　　　　　　(2) 4.5 V　　　　　　　　(3) 14.1 V

2. 桥式整流电路如图 11—02 所示，输出电压平均值 U_O 是 18 V，若因故一只二极管损坏而断开，则输出电压平均值 U_O 是（　　　）。

(1) 10 V　　　　　　　(2) 20 V　　　　　　　(3) 40 V　　　　　　　(4) 9 V

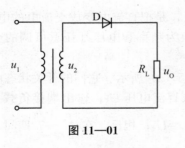

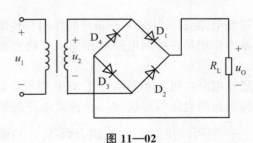

图 11—01　　　　　　　　　　　　　　　　**图 11—02**

3. 在整流电路中，用 U_O 表示输出电压平均值，U_2 表示变压器副边电压有效值，U_{DRM} 表示二极管承受的最高反向电压，在单相桥式整流电路中，关系式正确的是（　　　）。

(1) $U_{DRM}=1.41U_2$　　(2) $U_{DRM}=U_2$　　(3) $U_O=0.9U_{DRM}$　　(4) $U_O=1.1U_2$

4. 在整流、滤波电路中，负载电阻为 R_L。若采用电容滤波器，则输出电压的脉动程度只决定于（　　　）。

(1) 电容 C 的大小　　　　　　　　　　(2) 负载电阻 R_L 的大小

(3) 电容 C 与负载电阻 R_L 乘积的大小

5. 如图 11—03 所示的稳压电路中，若 $U_Z=6$ V，则 U_O 为（　　　）。

(1) 6 V　　　　　　　　(2) 12 V　　　　　　　　(3) 18 V

262

6. 如图 11—04 所示的可调稳压电路中，若 $R_1 = 0.33 \ \text{k}\Omega$，则 U_O 为（　　）。

(1) 6.8 kΩ 　　(2) 3.3 kΩ 　　(3) 2.84 kΩ

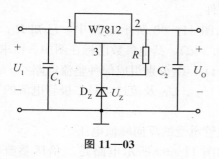

图 11—03

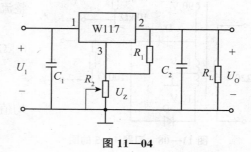

图 11—04

二、分析与计算题

11.1　在如图 11—05 所示的电路中，已知直流电压表 V_2 的读数为 90 V，负载电阻 $R_L = 100 \ \Omega$，二极管的正向压降忽略不计。试求：（1）直流电流表 Ⓐ 的读数；（2）交流电压表 Ⓥ₁ 的读数；（3）变压器二次侧电流有效值。

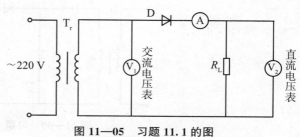

图 11—05　习题 11.1 的图

11.2　如图 11—06 所示的电路为变压器二次侧绕组有中心抽头的单相整流电路，二次侧电压有效值为 U，试分析：

(1) 标出负载电阻 R_L 上电压 u_O 和滤波电容 C 的极性。

(2) 分别画出无滤波电容和有滤波电容两种情况下 u_O 的波形。整流电压平均值 U_O 与变压器二次侧电压有效值 U 的数值关系如何？

(3) 有、无滤波电容两种情况下，二极管上所承受的最高反向电压 U_{DRM} 各为多大？

(4) 如果二极管 D_2 虚焊、极性接反、过载损坏造成短路，电路分别会出现什么问题？

(5) 在变压器二次侧中心抽头虚焊、输出端短路两种情况下电路又会出现什么问题？

11.3　如图 11—07 所示电路，电压 $U_2 = 120 \ \text{V}$，$R_L = 40 \ \Omega$。求整流电压平均值 U_O、负载电流 I_O、二极管的平均电流 I_D 及 U_{DRM}。

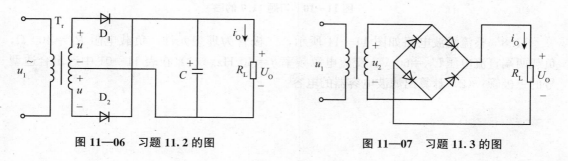

图 11—06　习题 11.2 的图　　　　　图 11—07　习题 11.3 的图

11.4　已知交流电源电压为 220 V，频率 $f = 50 \ \text{Hz}$，负载要求输出电压平均值为

263

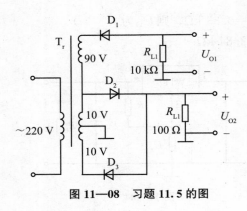

图 11—08 习题 11.5 的图

20 V，输出电流平均值为 50 mA，试设计单相桥式整流电容滤波电路，求变压器变比及容量，并选择整流、滤波元件。

11.5 如图 11—08 所示电路中，已知 $R_{L1} = 5\ \text{k}\Omega$，$R_{L2} = 0.3\ \text{k}\Omega$，其他参数已标在图中。试求：

(1) D_1、D_2、D_3 分别组成何种整流电路？

(2) 计算 U_{O1}、U_{O2} 及流过三只二极管电流的平均值。

(3) 二极管承受的反向峰值电压。

11.6 如图 11—09 所示电路是二倍压整流电路，试标出输出电压 U_O 的极性，证明：$U_O = 2\sqrt{2}U$。

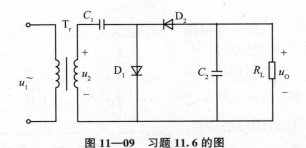

图 11—09 习题 11.6 的图

11.7 单相桥式整流滤波电路如图 11—10 所示，变压器副边 $u_2 = 28.2\sin\omega t$ V，$R_L = 200\ \Omega$，$R_L C = (3\sim5)\ T/2$，求：(1) 负载电流 I_O，每个二极管的平均电流 I_D，二极管承受的反向峰值电压 U_{DRM}；(2) 当 D_1 管发生虚焊短路时负载电流 I_O 和 D_4 管的电流 I_{D4} 分别为多少？

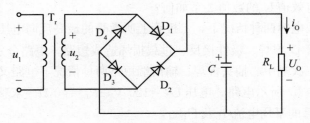

图 11—10 习题 11.7 的图

11.8 整流滤波电路如图 11—11 所示，二极管为理想元件，负载电阻 $R_L = 400\ \Omega$，负载两端直流电压 $U_O = 60$ V，交流电源频率 $f = 50$ Hz。(1) 在表 11—01 中选出合适型号的二极管；(2) 计算出滤波电容器的电容。

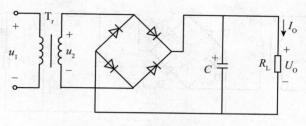

图 11—11　习题 11.8 的图

表 11—01

型号	最大整流电流平均值/mA	最高反向峰值电压/V
2CZ52B	100	50
2CZ52C	100	100
2CZ52D	100	200

11.9　电路如图 11—12 所示，合理连线，使其构成 5 V 的直流电源。

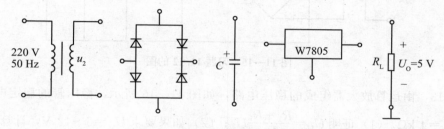

图 11—12　习题 11.9 的图

11.10　整流滤波电路如图 11—13 所示，二极管是理想元件，正弦交流电压有效值 $U_2 =$ 20 V，负载电阻 $R_L = 400\ \Omega$，电容 $C = 1\ 000\ \mu F$，当直流电压表 Ⓥ 的读数为下列数据时，分析哪个是合理的？哪个表明出了故障？并指出原因。（1）28 V；（2）24 V；（3）20 V；（4）18 V；（5）9 V（设电压表 Ⓥ 的内阻为无穷大）。

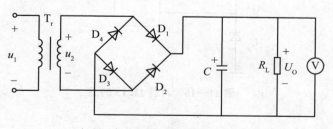

图 11—13　习题 11.10 的图

11.11　整流滤波电路如图 11—14 所示，已知 $U_I = 30\ V$，$U_O = 12\ V$，$R = 2\ k\Omega$，$R_L = 4\ k\Omega$，稳压管的稳定电流 $I_{zmin} = 5\ mA$ 与 $I_{zmax} = 18\ mA$。试求：（1）通过负载和稳压管的电流；（2）变压器副边电压的有效值；（3）通过二极管的平均电流和二极管承受的最高反向电压。

265

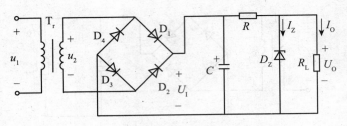

图 11—14　习题 11.11 的图

11.12　某稳压电路如图 11—15 所示，试问：（1）输出电压 U_O 的大小及极性如何？（2）电容 C_1、C_2 的极性如何？它们耐压应选多高？（3）负载电阻 R_L 的最小值约为多少？（4）稳压管接反，后果如何？

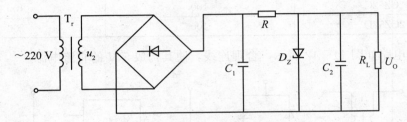

图 11—15　习题 11.12 的图

11.13　由运算放大器组成的稳压电路，如图 11—16 所示，稳压管的稳定电压 $U_Z=$ 4 V，$R_1=4$ kΩ。（1）证明 $U_O=\dfrac{R_1+R_F}{R_1}U_Z$；（2）如果要求 $U_O=5\sim12$ V，计算电阻 R_F；（3）如果 U_Z 改由反相端输入，试画出电路图，并写出输出电压 U_O 的计算公式。

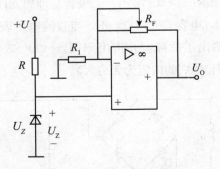

图 11—16　习题 11.13 的图

第*12*章

门电路与组合逻辑电路

前面四章讨论的电路是模拟电路,其电路中信号是在时间上或数值上连续变化的模拟信号。接下来介绍的是数字电路(digital circuit),也称为逻辑电路或开关电路,其电路中信号是在时间上或数值上不连续变化的数字信号。

例如,热电偶在工作时输出的电压信号就是模拟信号,热电偶被测温度不发生突变,测得的电压信号无论在时间上还是数量上都是连续的,而且这个电压信号在连续变化过程中的任何一个取值都有具体的物理意义,即表示一个相应的温度。用电子电路记录从自动生产线上输出的零件数目时,每送出一个零件便给电子电路一个信号,使之计"1",而平时没有零件时加给电子电路的信号是"0",所以不计数。可见,零件数目这个信号无论在时间上还是数量上都是不连续的。

模拟电路和数字电路都是电子技术的重要基础。数字电路广泛应用于电子计算机、通信、电子工程、数字式仪表和数控装置中。

12.1 脉冲信号

数字信号是一个脉冲信号(pulse signal),持续时间短暂,可以短到微秒(μs)甚至纳秒(ns)数量级,最常见的是矩形波和尖顶波(图12—1)。而实际的矩形波与理想情况有一定区别,如图12—2是脉冲信号的一些参数。

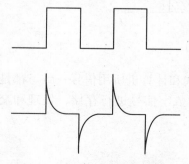

图12—1 矩形波和尖顶波

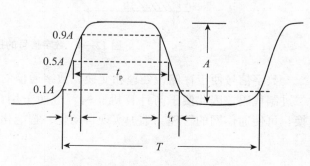

图12—2 实际的矩形波

(1) 脉冲幅度 A：脉冲信号变化的最大值。

(2) 脉冲前沿 t_r：从脉冲幅度的 10% 上升到 90% 所需的时间。

(3) 脉冲后沿 t_f：从脉冲幅度的 90% 下降到 10% 所需的时间。

(4) 脉冲宽度 t_p：从前沿的脉冲幅度的 50% 到后沿的脉冲幅度的 50% 所需的时间。

(5) 脉冲周期 T 和脉冲频率 f：周期性脉冲信号相邻两个前沿（或后沿）的脉冲幅度的 10% 处两点之间的时间间隔。脉冲频率 f 为单位时间的脉冲数，则 $f=1/T$。

逻辑电平指数字电路中输入、输出信号的大小均以逻辑值表示，电路电位高于某个值（如 2.4 V）称为高电平 1，电路电位低于某个值（如 0.4 V）称为低电平 0。数字电路中的脉冲信号分为正脉冲和负脉冲。波形如图 12—3 所示。在数字电路中通常有两种逻辑约定：高电平为 1，低电平为 0，这种表示方法称为正逻辑；高电平为 0，低电平为 1，这种表示方法称为负逻辑。本书中采用的都是正逻辑。

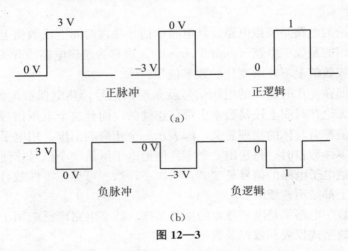

图 12—3

脉冲信号有许多的参数，在数字电路中常常根据脉冲信号的有无、个数、宽度和频率来进行工作，所以数字信号的抗干扰能力（图 12—4）较强，准确度较高。

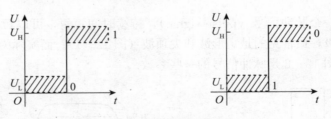

图 12—4　数字信号的抗干扰能力

数字信号便于存储、处理和交换。数字通信的信号形式和计算机所用信号一致，都是二进制代码，因此便于与计算机联网，也便于用计算机对数字信号进行存储、处理和交换，可使通信网的管理、维护实现自动化、智能化。

12.2 分立元件门电路

在数字电路中，门电路（gate circuit）是最基本的逻辑电路，它有两种工作状态，分别是开和关。所谓"门"就是一种开关，满足条件的信号就可以通过，否则就不能通过，正好与1、0相对应。最基本的逻辑运算有"与""或""非"，常用门电路来实现，即与门、或门和非门三种。

这里的0和1已不再表示数量的大小，只代表两种对立的逻辑状态。例如：灯亮用1表示，灯灭用0表示；开关接通用1表示，开关断开用0表示；高电平用1表示，低电平用0表示等等。

一、与门电路

1. 与逻辑电路

与逻辑（AND Logic）指决定一个事件的几个条件都满足时，该事件发生。如图12—5所示，开关 A 或 B 单独闭合时，灯 F 不亮，只有 A 和 B 全部闭合时，灯 F 亮。这两个开关组成了一个最简单的与门电路，其或逻辑关系可表示为 $F=A \cdot B$。

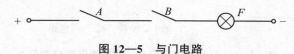

图 12—5　与门电路

2. 二极管与门电路

如图12—6所示电路，A、B 为两个输入端，F 为输出端。设高电平为3 V，用1表示；低电平为0 V，用0表示。

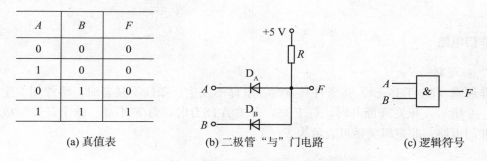

A	B	F
0	0	0
1	0	0
0	1	0
1	1	1

(a) 真值表　　　　(b) 二极管"与"门电路　　　　(c) 逻辑符号

图 12—6　二极管与门电路、真值表及逻辑符号

当 A、B 两个输入端不全为1时，电位为0 V的输入端对应的二极管先导通，则 F 点的电位就比0 V略高，约为0 V，所以 F 为0。

当 A、B 两个输入端全为1时，对应的两个二极管 D_A、D_B 均导通，则 F 的电位比3 V略高，约为3 V，所以 F 为1。对应逻辑关系可表示为 $F=A \cdot B$。

二、或门电路

1. 或逻辑

或逻辑（OR Logic）指决定一个事件的几个条件中，只要有一个条件满足时，该事件就发生。如图 12—7 所示，开关 A 和 B 全部断开时，灯 F 不亮，只要其中一个灯闭合，灯 F 亮。这两个开关组成了一个最简单的或门电路，或逻辑关系可表示为 $A+B=F$。

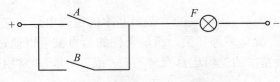

图 12—7　或门电路

2. 二极管或门电路

如图 12—8（b）所示，A、B 为两个输入端，F 为输出端。当 A、B 两个输入端全为 0 时，两个二极管 D_A、D_B 均截止，F 点的电位约为 0 V，则 F 为 0。

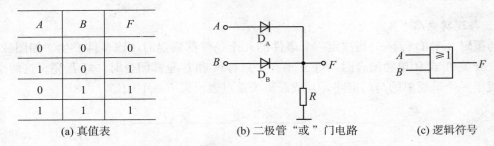

A	B	F
0	0	0
1	0	1
0	1	1
1	1	1

(a) 真值表　　　　　　(b) 二极管"或"门电路　　　　(c) 逻辑符号

图 12—8　二极管或门电路、真值表及逻辑符号

当 A、B 两个输入端不全为 0 时，即输入至少有一个为 1。例如 A 为 1，B 为 0，则 D_A 优先导通，导通二极管使 F 点的电位箝位在 3 V，则 F 为 1。其逻辑关系式为 $F = A+B$。

三、非门电路

1. 非逻辑

非逻辑（NOT Logic）指条件具备时，事件不发生；条件不具备时，事件却发生。如图 12—9 所示，开关 A 断开时，灯 F 亮，开关 A 闭合时，灯 F 不亮。这个开关组成的是一个非门电路，非逻辑关系可表示为 $F = \overline{A}$。

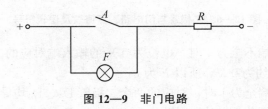

图 12—9　非门电路

2. 晶体管非门电路

如图 12—10（b）所示，电路有一个输入端 A、一个输出端 F。

当 A 为 1 时，晶体管饱和，输出低电平，F 为 0；当 A 为 0 时，晶体管截止，输出高电平，F 为 1。因此逻辑式为 $F = \overline{A}$。

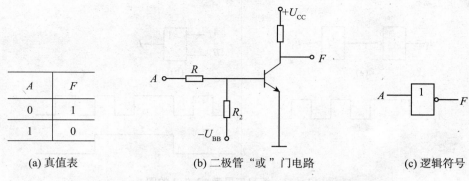

A	F
0	1
1	0

(a) 真值表　　　　　　(b) 二极管"或"门电路　　　　　(c) 逻辑符号

图 12—10　晶体管非门电路、真值表及逻辑符号

四、复合逻辑门电路

1. 与非门

与非门（NAND gate）电路的逻辑图、逻辑符号如图 12—11 所示，其逻辑关系可表示为 $F=\overline{ABC}$。

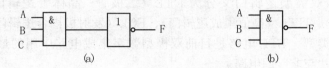

图 12—11　与非门电路

与非门的逻辑功能可概括为：有 0 出 1，全 1 出 0。

2. 或非门

或非门（NOR gate）电路的逻辑图、逻辑符号如图 12—12 所示，其逻辑关系可表示为 $F=\overline{A+B+C}$。

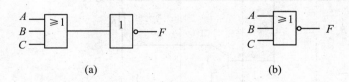

图 12—12　或非门电路

或非门的逻辑功能可概括为：有 1 出 0，全 0 出 1。

常用的复合逻辑门电路还有异或门、同或门、与或非门，具体电路在以后几节讨论。

练习与思考

12.2.1　逻辑运算中的 1 和 0 有何含义？逻辑加运算与算术加运算有何不同？

12.2.2　列真值表说明逻辑关系 $F=\overline{AB}$ 与 $F=\overline{A}\cdot\overline{B}$ 是否一样。

12.2.3　已知逻辑电路及其输入波形如图 12—13 所示，试写出逻辑式，并分别画出各自的输出波形。

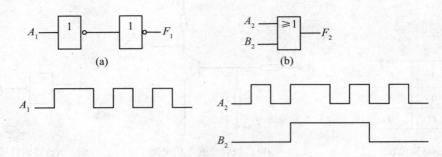

图 12—13   练习与思考 12.2.3 的图

12.3   集成门电路

除了分立元件门电路以外还有集成门电路，与分立门电路相比集成门电路具有体积小、可靠性高、转换速度快等优点。集成逻辑门分为单极型逻辑门和双极型逻辑门两种。单极型（MOS 型）逻辑门又分为 CMOS 、NMOS（N 沟道 MOS 管）、PMOS（P 沟道 MOS 管）等类型。双极型逻辑门又分为 DTL（二极管—晶体管逻辑门）、TTL（晶体管—晶体管逻辑门）、HTL（高值集成逻辑门）、ECL（发射极耦合逻辑门）、I²L（集成注入逻辑门）等多种类型。TTL 电路是目前双极型数字集成电路中用的最多的一种，而应用最普遍的莫过于"与非"门电路。

一、TTL 与非门电路

1. 电路结构

典型的 TTL 与非门电路结构如图 12—14 所示。该电路由输入级、倒相级、输出级三部分组成。

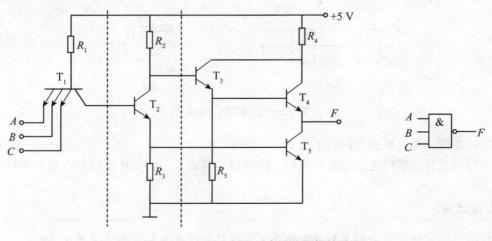

图 12—14   TTL 与非门电路及逻辑符号

272

（1）输入级：由一个多发射极的晶体管 T_1 和 R_1 组成，具有与逻辑功能。

（2）倒相级：由晶体管 T_2 和 R_2、R_3 构成，输出信号和输入信号反相，用来控制 T_3、T_4 复合管。

（3）输出级：由 T_3、T_4、T_5 和电阻 R_4、R_5 组成，构成输出电路。

2. 工作原理

（1）当输入端不全为 1 时（T_1 管发射极至少有一个低电平），T_1 管因接有低电平的发射结导通，T_1 管基极电位箝位于 1 V 左右，即 $V_{B1}=0.3+0.7=1$ V，而三个 PN 结同时导通需 2.1 V，V_{B1} 不足使 T_2、T_5 饱和导通，故 T_2、T_5 管截止。此时 T_2 管的集电极电位接近电源电压，使 T_3、T_4 导通，估算：$V_F \approx 5-0.7-0.7 \approx 3.6$ V。故 F 输出高电平，输出为 1。

（2）当输入端全是 1 时，$+5$ V 电源经 R_4、T_1 管集电极、T_2 管发射级和 T_5 管发射级到地，基极电位箝制在 2.1 V 左右。T_1 管的所有发射结反向偏置，集电结处于正向偏置，使 T_2 管饱和导通。T_2 管发射级又向 T_5 管注入基极电流，使 T_5 管饱和导通，F 端的电位等于 T_5 管饱和管压降，即 $V_F \approx 0.3$。故 F 输出低电平，输出为 0。由于 T_2 管饱和导通，其集电极电位为 $V_{C2}=V_{CE2}+U_{BE5}=0.3+0.7=1$ V，不足以使 T_3、T_4 导通，T_3、T_4 管截止。总之，$F=\overline{A \cdot B \cdot C}$。图 12—15 所示是两种 TTL 与非门的引脚图，每一片集成电路内的各个逻辑门可独立使用。

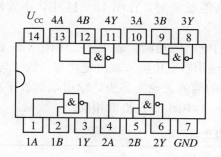

(a) 74LS00 四 2 输入与非门

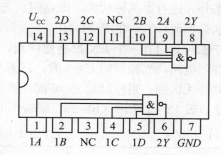

(b) 74LS20 二 4 输入与非门

图 12—15　TTL 与非门的引脚图

二、TTL 与非门的主要参数

1. 输出高电平电压 U_{OH} 和输出低电平电压 U_{OL}

输出端空载条件下，输入端有一个或几个是低电平时的输出电平称为输出高电平 U_{OH}。输出端额定负载条件下，输入端全为高电平时的输出电平称为输出低电平 U_{OL}。对通用的 TTL "与非" 门，$U_{OH} \geq 2.4$ V、$U_{OL} \leq 0.4$ V，便认为产品合格。

2. 扇出系数 N_O

扇出系数是指一个 "与非" 门能带同类门的最大数目，表示带负载能力。对通用的 TTL "与非" 门，$N_O \geq 8$。

3. 平均传输延迟时间 t_{pd}

在 "与非" 门输入端加上一个脉冲电压，则输出电压将有一定的时间延迟，从输入脉冲上升沿的 50% 处起到输出脉冲下降沿的 50% 处的时间称为上升延迟时间 t_{pd1}；从输入脉冲下降沿的 50％处起到输出脉冲上升沿的 50％处的时间称为下降延迟时间 t_{pd2}；t_{pd1} 和 t_{pd2} 的平均值称为平均延迟时间 t_{pd}，此值越小越好。如图 12—16 所示。

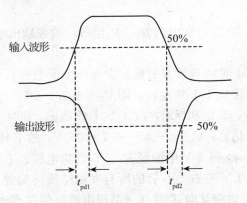

图 12—16　输入、输出波形的延迟时间

三、三态与非门电路

三态与非门（three states NAND gate）电路，是指逻辑门的输出除有高、低电平两种状态外，还有第三种状态，即高阻状态。电路高阻态 Z 时，在图 12—14 中，不管输入端的状态如何，T_4、T_5 管均截止。

三态与非门有一个 EN 控制使能端，来控制门电路的通断。表 12—1 中图（a）的三态与非门电路，当控制端 $E=1$ 时，三态与非的输出状态由输入端决定，与一般"与非"门电路并无区别；当控制端 $E=0$ 时，三态与非门的输入无论为多少，输出端都处于高阻状态 Z。表 12—1 中图（b）的控制端作用与表 12—1 中图（a）恰恰相反。

表 12—1　　　　　　　　　　　　　　TTL 三态与非门电路及逻辑符号

逻 辑 符 号	逻 辑 功 能	
A B E & ▽ EN F （a）	$E=0$	$F=Z$
	$E=1$	$F=\overline{A \cdot B}$
A B $\overline{E}$ & ▽ EN F （b）	$E=0$	$F=\overline{A \cdot B}$
	$E=1$	$F=Z$

三态与非门的一个用途是可以实现用一根导线轮流传送几个不同的数据或控制信号，如计算机中的传输总线。因为总线只允许同时有一个使用者。通常在数据总线上可接有多个器件，每个器件通过 OE/CE 之类的信号选通，使其与总线进行数据交换。如器件没有选通的话它就处于高阻态，相当于没有接在总线上，不影响其他器件的工作。

四、MOS 逻辑门电路

MOS 逻辑门电路是继 TTL 之后发展起来的另一种应用广泛的数字集成电路。由于它功耗低，抗干扰能力强，工艺简单，几乎所有的大规模、超大规模数字集成器件都采用

MOS 工艺。就其发展趋势看，MOS 电路特别是 CMOS 电路有可能超越 TTL 成为占统治地位的逻辑器件。

1. NMOS 门电路

NMOS 门电路全部由 N 沟道 MOSFET 构成，由此而得名。

2. CMOS 非门

CMOS 逻辑门电路是由 N 沟道 MOSFET 和 P 沟道 MOSFET 互补而成，通常称为互补型 MOS 逻辑电路，简称 CMOS 逻辑电路。

要求电源 U_{DD} 大于两管开启电压绝对值之和，即 $U_{DD} > U_{TN} + | U_{TP} |$，且 $U_{TN} = | U_{TP} |$。

当输入为低电平，即 $U_A = 0$ V 时，T_N 截止，T_P 导通，T_N 的截止电阻约为 500 MΩ，T_P 的导通电阻约为 750 Ω，所以输出 $U_F \approx U_{DD}$，即 U_F 为高电平。

当输入为高电平，即 $U_A = U_{DD}$ 时，T_N 导通，T_P 截止，T_N 的导通电阻约为 750 Ω，T_P 的截止电阻约为 500 MΩ，所以输出 $U_F \approx 0$ V，即 U_F 为低电平。

所以该电路实现了非逻辑。通过以上分析可以看出，在 CMOS 非门电路（图 12—17）中，无论电路处于何种状态，T_N、T_P 中总有一个截止，所以它的静态功耗极低，有微功耗电路之称。

3. CMOS 或非门电路

或非的逻辑关系前面已经介绍过，即 $F = \overline{A + B}$。CMOS 或非门电路如图 12—18 所示，工作原理如下：

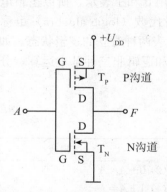

图 12—17　CMOS 非门电路

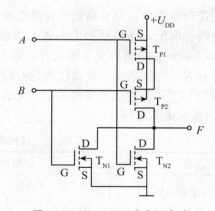

图 12—18　CMOS 或非门电路

当 $A=0$，$B=0$ 时，T_{P1} 和 T_{P2} 导通，T_{N1} 和 T_{N2} 截止，$F=1$。
当 $A=0$，$B=1$ 时，T_{P1} 导通，T_{P2} 截止，T_{N1} 截止，T_{N2} 导通，$F=0$。
当 $A=1$，$B=0$ 时，T_{P1} 截止，T_{P2} 导通，T_{N1} 导通，T_{N2} 截止，$F=0$。
当 $A=1$，$B=1$ 时，T_{P1} 和 T_{P2} 截止，T_{N1} 和 T_{N2} 导通，$F=0$。

练习与思考

12.3.1　TTL 门电路与三态与非门电路有何区别？

12.3.2 TTL 门电路与 CMOS 门电路各有何特点?

12.4 组合逻辑电路的分析与设计

前面我们介绍了与、或、非、与非、与或等常用门。为了便于比较，列成表 12—2。

表 12—2　　　　　　　　　　　　　　　逻辑门电路

基本逻辑门	与门	或门	非门	与非门	或非门
逻辑符号国家标准	$A,B \to \boxed{\&} \to F$	$A,B \to \boxed{\geqslant 1} \to F$	$A \to \boxed{1} \to F$	$A,B \to \boxed{\&} \circ \to F$	$A,B \to \boxed{\geqslant 1} \circ \to F$
逻辑符号国际标准	$A,B \to F$	$A,B \to F$	$A \to F$	$A,B \to F$	$A,B \to F$
逻辑表达式	$F = A \cdot B$	$F = A + B$	$F = \overline{A}$	$F = \overline{A \cdot B}$	$F = \overline{A + B}$

在数字电路中，要实现某一特定的逻辑功能，只用单独的门电路是无法实现的，需要将这些门电路组合起来构成组合逻辑电路。分析组合逻辑电路时所依赖的数学工具就是我们下面介绍的逻辑代数。

一、逻辑代数运算法则

在逻辑电路中，只有高电平和低电平两种信号分别用 0 和 1 表示，所以逻辑电路中信号只有两种取值，这里 0 和 1 不表示数量的大小。逻辑代数（logic algebra）也称布尔代数（Boolean algebra），其变量只有 0 和 1 两种取值，代表两种对立的逻辑状态。如：高和低、开和关、亮和灭等。逻辑代数只有逻辑乘、逻辑加和逻辑非三种基本运算，分别对应于"与""或""非"三种逻辑关系。见表 12—3。

1. 基本运算法则

表 12—3　　　　　　　　　　　　　　　逻辑代数的基本公式

说明		逻辑与（非）	逻辑或
变量与常量运算	0—1 律	(1) $0 \cdot A = 0$ (3) $1 \cdot A = A$	(2) $0 + A = A$ (4) $1 + A = 1$
与普通代数相同处	交换律	(5) $AB = BA$	(6) $A + B = B + A$
	结合律	(7) $ABC = (AB)C = A(BC)$	(8) $A + B + C = A + (B + C) = (A + B) + C$
	分配律	(9) $A(B + C) = AB + AC$	(10) $A + BC = (A + B)(A + C)$
特殊规律	互补律	(11) $A \cdot \overline{A} = 0$	(12) $A + \overline{A} = 1$
	重叠律	(13) $A \cdot A = A$	(14) $A + A = A$
	还原律	(15) $\overline{\overline{A}} = A$	

2. 吸收律

(16) $A(A + B) = A$

(17) $A(\bar{A}+B)=AB$

(18) $A+AB=A$

(19) $A+\bar{A}B=A+B$

(20) $AB+\bar{A}B=A$

(21) $(A+B)(A+\bar{B})=A$

3. 反演律

(22) $\overline{AB}=\bar{A}+\bar{B}$

(23) $\overline{A+B}=\bar{A}\cdot\bar{B}$

【例 12—1】 化简下列逻辑函数。

(1) $Y=AB+AB\bar{C}+ABD+AB(\bar{C}+\bar{D})$;　　　(2) $Y=A\bar{B}+ACD+\bar{A}\bar{B}+\bar{A}CD$;

(3) $Y=AD+A\bar{D}+AB+\bar{A}C+BD+A\bar{B}EF+\bar{B}EF$; (4) $Y=ABC+\bar{A}C+\bar{B}C$。

解　(1) $Y=AB+AB\bar{C}+ABD+AB(\bar{C}+\bar{D})$

$\qquad\quad =AB+AB\bar{C}+ABD+AB\bar{C}+AB\bar{D}$

$\qquad\quad =AB(1+\bar{C}+D+\bar{C}+\bar{D})=AB$

(2) $Y=A\bar{B}+ACD+\bar{A}\bar{B}+\bar{A}CD$

$\qquad\quad =\bar{B}(A+\bar{A})+CD(A+\bar{A})=\bar{B}+CD$

(3) $Y=AD+A\bar{D}+AB+\bar{A}C+BD+A\bar{B}EF+\bar{B}EF$

$\qquad\quad =A+AB+\bar{A}C+BD+A\bar{B}EF+\bar{B}EF$

$\qquad\quad =A+C+BD+\bar{B}EF$

(4) $Y=ABC+\bar{A}C+\bar{B}C$

$\qquad\quad =C(\bar{A}+AB)+\bar{B}C=C(\bar{A}+B)+\bar{B}C$

$\qquad\quad =\bar{A}C+BC+\bar{B}C=\bar{A}C+C=C$

二、逻辑函数的表示方法

在逻辑代数中，变量的取值只有 0 和 1 两种逻辑状态，这样的变量称为逻辑变量 (logical variable)。在逻辑表达式 $Y=F(A, B, \cdots)$ 中，A 和 B 称为输入变量，Y 称为输出变量；输出变量 Y 也就是输入变量 A 和 B 的逻辑函数。逻辑函数常用真值表、逻辑表达式、逻辑图、波形图几种方法表示。

1. 真值表

用 0 和 1 表示输入变量各种取值的组合和对应的输出变量值排列成的表格，称为真值表 (truth table)。n 个输入逻辑变量有 2^n 种取值组合，若是 2 个输入变量，则有 $2^2=4$ 种不同取值组合，3 个输入变量，则有 $2^3=8$ 种不同取值组合，以此类推。

例如：三人表决电路的真值表见表 12—4，当多数人赞成，表决结果有效，输出为 1，否则表决结果无效，输出为 0。

表 12—4　　　　　　　　　　　　三人表决电路的真值表

A	B	C	F
0	0	0	0
0	0	1	0

A	B	C	F
0	1	0	0
0	1	1	1
1	0	0	0
1	0	1	1
1	1	0	1
1	1	1	1

2. 逻辑表达式

用与、或、非等基本逻辑运算表示输入变量和输出变量的关系称为逻辑表达式，以下简称逻辑式（logical form）。例如：

与或式：$F=AB+AC$，或与式：$F=A(B+C)$。

与非式：$F=\overline{\overline{AB}\cdot\overline{CD}}$，或非式：$F=\overline{\overline{A+B}+\overline{C+D}}$。

与或非式：$F=\overline{A\overline{BC}+\overline{A}BC+\overline{A}\overline{B}D}$。

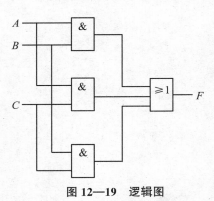

图 12—19 逻辑图

3. 逻辑图

用与、或、非等基本逻辑门电路组成的能完成一定功能的实际电路称为逻辑图（logical diagram）或逻辑电路。如图 12—19 所示。

三、组合逻辑电路的分析

组合逻辑电路（combinational logic circuit）由若干基本门电路组成，其输出状态仅仅取决于当时的输入状态，与输出端过去的状态无关。分析由门电路组成的组合逻辑电路就是根据给定的电路图，找出输出信号和输入信号之间的逻辑关系，从而分析电路的逻辑功能。具体步骤如下：

（1）根据逻辑电路逐级写出各级输出的逻辑式及总的逻辑式；

（2）应用逻辑代数对逻辑式进行化简或变换；

（3）根据逻辑式列出真值表；

（4）分析逻辑功能。

【例 12—2】 分析图 12—20 所示电路的逻辑功能。

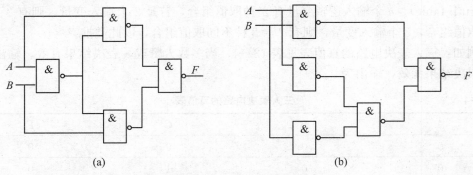

(a)   (b)

图 12—20 例 12—2 的图

278

解 对图 12—20（a）的分析如下：

（1）列写逻辑式并化简

$$F = \overline{A\,\overline{AB} \cdot \overline{B\,\overline{A}\,\overline{\overline{B}}}} = A\,\overline{AB} + B\,\overline{AB} = A(\overline{A}+\overline{B}) + B(\overline{A}+\overline{B}) = \overline{A}B + A\overline{B}$$

（2）列出真值表，见表 12—5。

表 12—5   图 12—20（a）的真值表

A	B	F
0	0	0
0	1	1
1	0	1
1	1	0

（3）分析逻辑功能。当输入变量 A 和 B 相同时，输出变量 $F=0$；当输入变量 A 和 B 相异时，输出变量 $F=1$。称为异或门（exclusive-OR gate）电路，表示为 $F=A\oplus B$，其逻辑符号如图 12—21 所示。

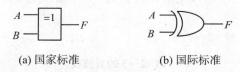

(a) 国家标准   (b) 国际标准

图 12—21   异或门逻辑符号

同理，对图 12—20（b）的分析如下：

（1）列写逻辑式并化简

$$F = \overline{\overline{AB} \cdot \overline{\overline{A}\,\overline{B}}} = AB + \overline{A} \cdot \overline{B}$$

（2）列出真值表，见表 12—6。

表 12—6   图 12—20（b）的真值表

A	B	F
0	0	1
0	1	0
1	0	0
1	1	1

（3）分析逻辑功能。当输入变量 A 和 B 相同时，输出变量 $F=1$；当输入变量 A 和 B 不同时，输出变量 $F=0$。称为同或门（exclusive-NOR gate）电路，表示为 $F=A\odot B$，其逻辑符号如图 12—22 所示。

| (a) 国家标准 | (b) 国际标准 |

图 12—22 同或门逻辑符号

四、组合逻辑电路的设计

组合逻辑电路的设计是分析的逆过程，就是根据给定的逻辑要求设计逻辑电路图。设计的具体步骤如下：

（1）由逻辑要求列出真值表；

（2）根据真值表列出逻辑式；

（3）把逻辑式化简或变换为要求的形式；

（4）根据逻辑式画出逻辑图。

【例 12—3】 设计一个表决电路，当多数人赞成时，表决结果有效，输出为 1，否则表决结果无效，输出为 0。

解 设 A、B、C 为三个输入变量，赞成为 1，不赞成为 0；F 为输出变量，表决结果有效为 1，否则为 0。

（1）列出真值表，见表 12—7。

表 12—7　　　　　　　　　　　　　　　例 12—3 的真值表

A	B	C	F
0	0	0	0
0	0	1	0
0	1	0	0
0	1	1	1
1	0	0	0
1	0	1	1
1	1	0	1
1	1	1	1

（2）根据真值表写出逻辑式。

把 $F=1$ 时对应行的 A、B、C 进行逻辑乘，A、B、C 的值为"1"时变量取原值，A、B、C 的值为"0"时变量取反值。再把所有 $F=1$ 的项进行逻辑加。

$$F = \bar{A}BC + A\bar{B}C + AB\bar{C} + ABC = \bar{A}BC + A\bar{B}C + AB$$
$$= \bar{A}BC + A(\bar{B}C + B) = \bar{A}BC + A(C + B)$$
$$= \bar{A}BC + AC + AB = C(\bar{A}B + A) + AB$$
$$= C(B + A) + AB = AC + BC + AB$$

（3）根据化简的逻辑式画逻辑图，如图 12—23 所示。

若用与非门实现，先将表达式处理如下：

$$F = AB + AC + BC = \overline{\overline{AB + AC + BC}}$$
$$= \overline{\overline{AB} \cdot \overline{AC} \cdot \overline{BC}}$$

再用与非门实现的逻辑图如图 12—24 所示。

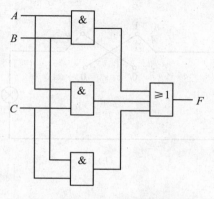

图 12—23 例 12—3 的逻辑图

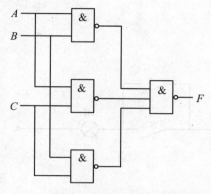

图 12—24 用与非门实现的逻辑图

【**例 12—4**】 设计一个监视交通信号灯工作状态的逻辑电路。每一组信号灯由红、黄、绿三盏灯组成，正常情况下任何时刻必须有一盏灯亮。而当出现其他五种点亮状态时，电路发生故障，这时要求发出故障信号，以提醒维护人员前去修理。

解 设红、黄、绿三盏灯为输入变量，分别用 A、B、C 表示，并规定灯亮为"1"，不亮时为"0"，取故障信号为输出变量，用 F 表示，并规定正常工作状态下 F 为"0"，发生故障时 F 为"1"。

（1）列出真值表，见表 12—8。

表 12—8　　　　　　例 12—4 的真值表

A	B	C	F
0	0	0	1
0	0	1	0
0	1	0	0
0	1	1	1
1	0	0	0
1	0	1	1
1	1	0	1
1	1	1	1

（2）列写逻辑式如下：

$$F = \overline{A}\,\overline{B}\,\overline{C} + \overline{A}BC + A\overline{B}C + AB\overline{C} + ABC$$
$$= \overline{A}\,\overline{B}\,\overline{C} + AB + BC + AC$$

（3）根据化简的逻辑式画逻辑电路，如图 12—25 所示。

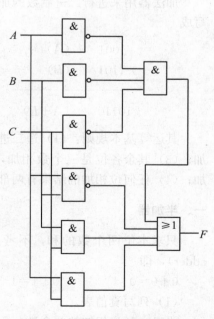

图 12—25 例 12—4 的图

12.4.1　由开关组成的逻辑电路如图 12—26 所示，设开关 A、B 分别有"0"和"1"两个状态，试写出电灯 HL 亮的逻辑式。

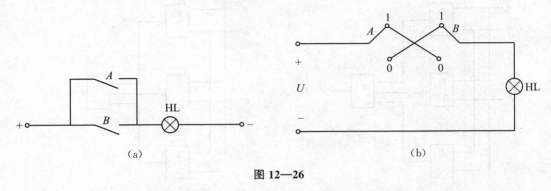

图 12—26

12.4.2　试画出 $F=\overline{\overline{AB}+\overline{(A+B)C}}$ 的逻辑图，能否全用与非门实现该逻辑式？

12.5　加法器

这里讲的加法器（adder）是二进制加法器，因为二进制数字运算是计算机以及信号处理设备必不可少的基本功能，在数字系统里，两个数之间的运算无论是加、减、乘、除，最后都是化作若干加法运算进行的。

加法器用来进行二进制数的加法运算，如两个二进制数 $A=1001$ 和 $B=1101$ 相加可写成

$$
\begin{array}{r}
1001 \quad (A) \\
+) \ 1101 \quad (B) \\
\hline
10110 \quad (A+B)
\end{array}
$$

其运算基本规则：（1）逢二进一；（2）最低位是两个数相加，不需考虑进位，称为半加；（3）其余各位是三个数相加，即加数、被加数及低位向高位进位三者相加，称为全加；（4）任何位相加的结果有两部分：本位和及本位向高位的进位。

一、半加器

只求本位两个数的和，不考虑低位的进位数的组合逻辑电路称为半加器（half—adder），即

0＋0＝0　　　　　0＋1＝1　　　　　1＋0＝1　　　　　1＋1＝1 0

（1）列写真值表。

设 A、B 为相加的两个数，S 为本位和，C 为进位数。见表 12—9。

表 12—9　　　　半加器真值表

A	B	C	S
0	0	0	0
0	1	0	1
1	0	0	1
1	1	1	0

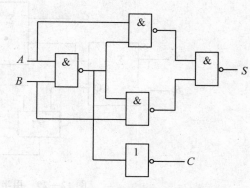

图 12—27　与非门实现半加器

（2）根据真值表写出逻辑式：

$$S=\overline{A}B+A\overline{B}$$

$$C=AB$$

（3）画出逻辑电路，如图 12—27 所示。

图 12—28 是半加器的逻辑符号。

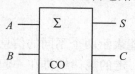

图 12—28　逻辑符号

二、全加器

多位数相加时，只有最低位采用半加器求和，第二位或更高位求和应为全加，相应的组合逻辑电路称为全加器（full-adder）。设第二位的相加有两个待加数 A_i 和 B_i，来自低位的进位数 C_{i-1}，这三个数相加得本位和 S_i 与进位数 C_i。列出真值表，见表 12—10。

表 12—10　　　　　　　　　　全加器真值表

A_i	B_i	C_{i-1}	S_i	C_i
0	0	0	0	0
0	0	1	1	0
0	1	0	1	0
0	1	1	0	1
1	0	0	1	0
1	0	1	0	1
1	1	0	0	1
1	1	1	1	1

根据真值表写出逻辑式，即

$$\begin{aligned}
S_i &= \overline{A_i}\overline{B_i}C_{i-1} + \overline{A_i}B_i\overline{C_{i-1}} + A_i\overline{B_i}\overline{C_{i-1}} + A_iB_iC_{i-1}\\
&= (\overline{A_i}\overline{B_i} + A_iB_i)C_{i-1} + (\overline{A_i}B_i + A_i\overline{B_i})\overline{C_{i-1}}\\
&= \overline{\overline{A_i}B_i + A_i\,\overline{B_i}}\,C_{i-1} + (\overline{A_i}B_i + A_i\overline{B_i})\overline{C_{i-1}}\\
&= \overline{A_i \oplus B_i}\,C_{i-1} + (A_i \oplus B_i)\overline{C_{i-1}}\\
&= S\overline{C_{i-1}} + \overline{S}C_{i-1}
\end{aligned}$$

$$\begin{aligned}
C_i &= \overline{A_i}B_iC_{i-1} + A_i\overline{B_i}C_{i-1} + A_iB_i\overline{C_{i-1}} + A_iB_iC_{i-1}\\
&= (\overline{A_i}B_i + A_i\overline{B_i})C_{i-1} + A_iB_i = SC_{i-1} + A_iB_i
\end{aligned}$$

式中 $S=\overline{A_i}B_i+A_i\overline{B_i}$。

最后，画出一位全加器的逻辑图，如图 12—29 所示，图中利用了半加器构成全加器。

283

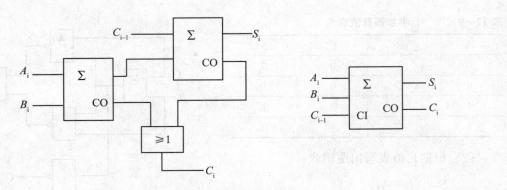

图 12—29 用半加器实现全加器及逻辑符号

12.6 编码器

在数字系统中，每一位二进制数只有"0""1"两个数码，只能表示两个不同的信息，为了能用二进制数码表示更多的信息，把若干个"0"和"1"按一定的规律编排在一起，编成不同的代码，并赋予不同的含义，称为编码（encode）。用来完成编码工作的数字电路，称为编码器（encoder）。

一位二进制数有"0"和"1"两个数码，可以表示两个不同的信息，两位二进制数可有"00""01""10""11"四个代码，可以表示 $2^2=4$ 个不同的信息，三位二进制数可以表示 $2^3=8$ 个不同的信息，以此类推。n 位二进制数就有 2^n 个代码，表示 2^n 个不同的信息。

一、二进制编码器

二进制编码器（binary encoder）就是将输入的信号编成二进制代码的电路。下面把 I_0、I_1、I_2、I_3、I_4、I_5、I_6、I_7 八个输入信号编成相应的二进制代码输出。

（1）确定二进制代码的位数：$2^n \geqslant 8$，则 $n=3$。

（2）列编码表，编码表是将待编码的八个信号和对应的二进制代码列成表格。三位二进制代码表示的八个信号有很多种方案，表 12—11 所列的仅是其中一种。

表 12—11　　　　　　　　　　　　编码表

输入	输出		
	Y_2	Y_1	Y_0
I_0	0	0	0
I_1	0	0	1
I_2	0	1	0
I_3	0	1	1
I_4	1	0	0
I_5	1	0	1
I_6	1	1	0
I_7	1	1	1

（3）由编码表列出逻辑式，即

$$Y_2 = I_4 + I_5 + I_6 + I_7 = \overline{\overline{I_4 + I_5 + I_6 + I_7}}$$
$$= \overline{\overline{I_4} \cdot \overline{I_5} \cdot \overline{I_6} \cdot \overline{I_7}}$$

$$Y_1 = I_2 + I_3 + I_6 + I_7 = \overline{\overline{I_2 + I_3 + I_6 + I_7}}$$
$$= \overline{\overline{I_2} \cdot \overline{I_3} \cdot \overline{I_6} \cdot \overline{I_7}}$$

$$Y_0 = I_1 + I_3 + I_5 + I_7 = \overline{\overline{I_1 + I_3 + I_5 + I_7}}$$
$$= \overline{\overline{I_1} \cdot \overline{I_3} \cdot \overline{I_5} \cdot \overline{I_7}}$$

（4）由逻辑式画出逻辑图，如图 12—30 所示。

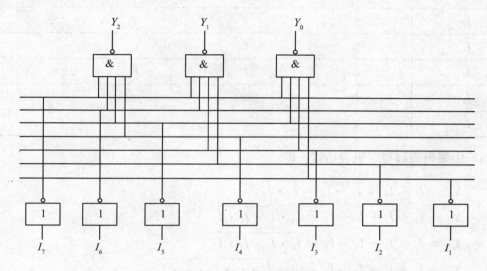

图 12—30　二进制编码器

二、二－十进制编码器

将十进制数的 0～9 十个数码编成二进制编码的电路就是二－十进制编码器（BDC encoder），编码的方案很多，这里采用的是最常用的 8421 编码方式，简称 BCD 码。其编码过程如下：

（1）确定二进制代码的位数。

输入是 0～9 十个数码，三位二进制代码只有八位组合，所以输出应是 4 位二进制代码。

（2）列编码表。

4 位二进制代码共有十六种状态，其中任何十种状态都可表示 0～9 十个数字码，方案很多。最常用的是用 8421 编码方式，就是在 4 位二进制代码的十六种状态中取出前面的十种状态，表示 0～9 十个数码，后面六种状态去掉，见表 12—12。二进制代码各位的 1 所代表的十进制数从高位到低位依次为 8，4，2，1，称为"权"，而后把每个数码乘以个位的"权"，再相加，即得出该二进制代码所代表的一位十进制数。

表 12—12　　　　　　　　　　　　　　　　　8421 码编码表

输入	输出			
	Y_3	Y_2	Y_1	Y_0
I_0	0	0	0	0
I_1	0	0	0	1
I_2	0	0	1	0
I_3	0	0	1	1
I_4	0	1	0	0
I_5	0	1	0	1
I_6	0	1	1	0
I_7	0	1	1	1
I_8	1	0	0	0
I_9	1	0	0	1

（3）由编码表列写逻辑表达式，即

$$Y_3 = I_8 + I_9 = \overline{\overline{I_8 + I_9}} = \overline{\overline{I_8} \cdot \overline{I_9}}$$

$$Y_2 = I_4 + I_5 + I_6 + I_7 = \overline{\overline{I_4} \cdot \overline{I_5} \cdot \overline{I_6} \cdot \overline{I_7}}$$

$$Y_1 = I_2 + I_3 + I_6 + I_7 = \overline{\overline{I_2} \cdot \overline{I_3} \cdot \overline{I_6} \cdot \overline{I_7}}$$

$$Y_0 = I_1 + I_3 + I_5 + I_7 + I_9 = \overline{\overline{I_1} \cdot \overline{I_3} \cdot \overline{I_5} \cdot \overline{I_7} \cdot \overline{I_9}}$$

（4）由逻辑表达式可画逻辑图，读者可自行画出，此处省略。

*三、优先编码器

上述编码器每次只允许一个输入有信号，实际应用中有多个输入同时有信号的情况。例如，计算机中若干输入设备向主机发出中断请求时，主机能自动判断这些信号的优先级别，先处理最高优先级的中断请求，按次序进行编码。这就需要优先编码器（Priority encoder）。

当有两个或两个以上的信号同时输入编码电路时，电路只能对其中一个优先级别高的信号进行编码。即允许几个信号同时有效，但电路只对其中优先级别高的信号进行编码，而对其他优先级别低的信号不予理睬。74LS148 是一种常用的 8 线－3 线优先编码器。其功能如表 12—13 所示，其中 $I_0 \sim I_7$ 为编码输入端，低电平有效。$A_0 \sim A_2$ 为编码输出端，也为低电平有效，即反码输出。其他功能如下：（1）EI 为使能输入端，低电平有效；（2）优先顺序为 $I_7 \rightarrow I_0$，即 I_7 的优先级最高，然后是 I_6、I_5、…、I_0；（3）GS 为编码器的工作标志，低电平有效；（4）EO 为使能输出端，高电平有效。

表 12—13   **74LS148 优先编码器真值表**

输入									输出				
EI	I_0	I_1	I_2	I_3	I_4	I_5	I_6	I_7	A_2	A_1	A_0	GS	EO
1	×	×	×	×	×	×	×	×	1	1	1	1	1
0	1	1	1	1	1	1	1	1	1	1	1	1	0
0	×	×	×	×	×	×	×	0	0	0	0	0	1
0	×	×	×	×	×	×	0	1	0	0	1	0	1
0	×	×	×	×	×	0	1	1	0	1	0	0	1
0	×	×	×	×	0	1	1	1	0	1	1	0	1
0	×	×	×	0	1	1	1	1	1	0	0	0	1
0	×	×	0	1	1	1	1	1	1	0	1	0	1
0	×	0	1	1	1	1	1	1	1	1	0	0	1
0	0	1	1	1	1	1	1	1	1	1	1	0	1

12.7 译码器和数字显示

译码（decode）是编码的逆过程，编码是将某个信号或十进制数编成二进制代码，译码是将二进制代码按其编码时的原意译成对应的信号或十进制数码。实现译码功能的组合逻辑电路称为译码器（decoder）。

一、二进制译码器

例如，把输入一组 3 位二进制代码译码为 8 个输出信号，应用组合逻辑电路设计的方法，过程如下：

（1）列出译码器的功能表。设输入 3 位二进制代码为 ABC，输出八个信号为低电平有效，设为 $\overline{Y}_0 \sim \overline{Y}_7$。例如，$ABC=000$ 时，$\overline{Y}_0=0$ 有效，其余输出为 1，则 3 位二进制译码器功能表与 74LS138 型 3—8 线译码器的功能表相同，此处见表 12—14。

表 12—14   **74LS138 型 3—8 线译码器的功能表**

使能	控制	输入			输出							
G_1	$\overline{G}_{2A}+\overline{G}_{2B}$	A	B	C	$\overline{Y}_0$	$\overline{Y}_1$	$\overline{Y}_2$	$\overline{Y}_3$	$\overline{Y}_4$	$\overline{Y}_5$	$\overline{Y}_6$	$\overline{Y}_7$
0	×	×	×	×	1	1	1	1	1	1	1	1
×	1	×	×	×	1	1	1	1	1	1	1	1
1	0	0	0	0	0	1	1	1	1	1	1	1
1	0	0	0	1	1	0	1	1	1	1	1	1
1	0	0	1	0	1	1	0	1	1	1	1	1
1	0	0	1	1	1	1	1	0	1	1	1	1
1	0	1	0	0	1	1	1	1	0	1	1	1
1	0	1	0	1	1	1	1	1	1	0	1	1
1	0	1	1	0	1	1	1	1	1	1	0	1
1	0	1	1	1	1	1	1	1	1	1	1	0

注：×表示任意态。

（2）由功能表列写逻辑式，即

$$Y_0 = \overline{\overline{A} \cdot \overline{B} \cdot \overline{C}} \qquad Y_1 = \overline{\overline{A} \cdot \overline{B} \cdot C}$$

$$Y_2 = \overline{\overline{A} \cdot B \cdot \overline{C}} \qquad Y_3 = \overline{\overline{A} \cdot B \cdot C}$$

$$Y_4 = \overline{A \cdot \overline{B} \cdot \overline{C}} \qquad Y_5 = \overline{A \cdot \overline{B} \cdot C}$$

$$Y_6 = \overline{A \cdot B \cdot \overline{C}} \qquad Y_7 = \overline{A \cdot B \cdot C}$$

（3）由逻辑式画出逻辑图，如图 12—31 所示。

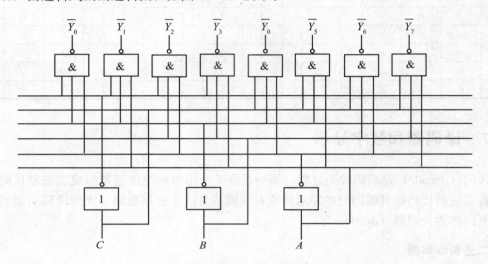

图 12—31　8421 译码器

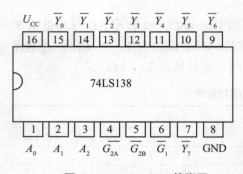

图 12—32　74LS138 管脚图

这种 3 位二进制译码器也称为 3—8 线译码器，常用的有 74LS138（图 12—32）和 54LS138 型译码器，其工作原理如下：当 $G_1 = 1$，$G_{2A} + G_{2B} = 0$ 时，译码器处于工作状态，可将地址端 A、B、C 的二进制编码在一个对应的输出端以低电平译出。当 $G_1 = 0$，$G_{2A} + G_{2B} = 1$ 时，禁止译码，输出全为 1。

74LS138 为 3—8 线译码器，可产生 8 个不同的电路输出状态，此外，常用的译码器还有 2—4 线译码器 74LS139 和 4—16 线译码器 74LS139。

二、显示译码器

如果采用二—十进制译码器，由输出 $Y_0 \sim Y_9$ 的电平高低来判断输出的数既麻烦又不直观，所以，通常采用的是二—十进制显示译码器。

在数字测量仪表、计算机和其他数字系统中，都需要将数字量直观地显示出来，一方面可直接显示测量和运算结果，另一方面用以监视数字系统的工作情况。数字显示电路通常是由译码器、显示器等部分组成。数码显示器件很多，有辉光数码管、荧光数码管、液晶显示器、半导体数码管等。

1. 半导体数码管

半导体数码管（semiconductor digital tube）（图 12—33）的基本结构是 PN 结，目前常用的是磷砷化镓发光二极管，当外加正向电压时就能发出清晰的光线，单个 PN 结可以封装成发光二极管，多个 PN 结可以按分段式封装成半导体数码管，发光二极管的工作电压为 $1.5\sim3$ V。

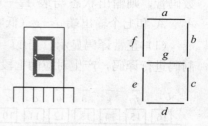

图 12—33　半导体数码管

半导体数码管将十进制数码分成七段，每一段为一发光二极管，选择不同的字段发光，就能显示不同的字形。半导体数码管有共阴极和共阳极两种接法。如图 12—34（a）所示是共阴极接法，使用时某一字段要接高电平；如图 12—34（b）所示是共阳极接法，使用时某一字段要接低电平。

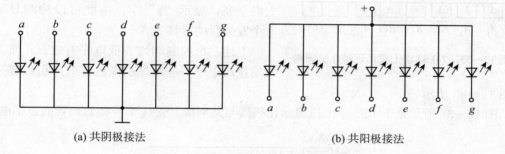

(a) 共阴极接法　　　　　　　　　　(b) 共阳极接法

图 12—34　半导体数码管的两种接法

2. 七段显示译码器

把 8421 二进制代码译成对应于七段数码管的七段信号，驱动数码管，显示相应的十进制数。例如，74LS247 译码器采用了共阳极接法，某一段接低电平时发光，即低电平有效。其功能表见表 12—15。

表 12—15　　　　　　　　　　　74LS247 译码器功能表

十进制数和功能	输入端							输出端							显示
	A_3	A_2	A_1	A_0	$\overline{LT}$	$\overline{RBI}$	$\overline{BI}$	$\bar{a}$	$\bar{b}$	$\bar{c}$	$\bar{d}$	$\bar{e}$	$\bar{f}$	$\bar{g}$	
0	0	0	0	0	1	1	1	0	0	0	0	0	0	1	0
1	0	0	0	1	1	×	1	1	0	0	1	1	1	1	1
2	0	0	1	0	1	×	1	0	0	1	0	0	1	0	2
3	0	0	1	1	1	×	1	0	0	0	0	1	1	0	3
4	0	1	0	0	1	×	1	1	0	0	1	1	0	0	4
5	0	1	0	1	1	×	1	0	1	0	0	1	0	0	5
6	0	1	1	0	1	×	1	1	1	0	0	0	0	0	6
7	0	1	1	1	1	×	1	0	0	0	1	1	1	1	7
8	1	0	0	0	1	×	1	0	0	0	0	0	0	0	8
9	1	0	0	1	1	×	1	0	0	0	0	1	0	0	9
灭灯	×	×	×	×	×	×	0	1	1	1	1	1	1	1	全灭
灭 0	0	0	0	0	1	0	1	1	1	1	1	1	1	1	灭 0
测试灯	×	×	×	×	0	×	1	0	0	0	0	0	0	0	8

74LS247 译码器的功能与 74LS248 完全一样，如果 74LS248 译码器驱动的是共阴极数码管，则输出状态与表 12—15 所示的相反。74LS247 译码器有四个输入端 A_0、A_1、A_2、A_3 和七个输出端 $a \sim g$（低电平有效），另外三个控制端的功能如下：

（1）正常译码显示。当 $\overline{LT}=1$，$\overline{BI}=1$，$\overline{RBI}=1$ 时，对输入为十进制数 $0\sim9$ 的二进制码进行译码，产生对应的七段显示码。

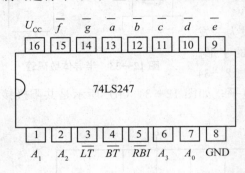

图 12—35　74LS247 七段译码器外引脚图

如图 12—35 所示。

（2）灭零输入端 $\overline{RBI}$。当 $\overline{LT}=1$，$\overline{BI}=1$，$\overline{RBI}=0$，而输入为 0 的二进制码 $A_3\,A_2\,A_1\,A_0=0000$ 时，则译码器的 $\bar{a}\sim\bar{g}$ 输出全 1，使显示器全灭。

（3）试灯输入端 $\overline{LT}$。当 $\overline{BI}=1$，$\overline{LT}=0$ 时，无论输入 $A_0\sim A_3$ 怎样，$\bar{a}\sim\bar{g}$ 输出全 1，数码管七段全亮，显示"8"字。由此可以检测显示器七个发光段的好坏。

上述三个控制端均为低电平有效，正常工作时均接高电平。七段显示译码器的外引线排列图

图 12—36 所示是 74LS247 七段显示译码器与共阳极 BS204 半导体数码管的连接电路。

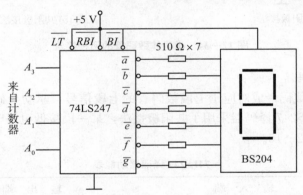

图 12—36　七段显示译码器与半导体数码管的连接电路

练习与思考

12.7.1　什么是译码？什么是编码？

12.7.2　说明二进制译码器与二—十进制译码器的区别。

*12.8　存储器和可编程逻辑器件

数字信息在运算或处理过程中，需要使用专门的存储器进行较长时间的存储，把存储大量信息的半导体器件称为存储器（memory）。半导体存储器因其品种多、容量大、速度快、耗电省、体积小、操作方便、维护容易等优点，在数字设备中得到广泛应用。目前，微型计算机的内存普遍采用了大容量的半导体存储器。根据使用功能的不同，半导体存储

器可分为随机存取存储器（random sccess memory，RAM）和只读存储器（read-only memory，ROM）。按照存储机理的不同，RAM 又可分为静态 RAM 和动态 RAM。

一、只读存储器 ROM

大部分只读存储器用 MOS 场效应管制成，是一种只能读出所存数据的固态半导体存储器。ROM 所存数据，一般是装入整机前事先写好的，整机工作过程中只能读出，而不能改写。ROM 所存数据稳定，断电后所存数据也不会改变；其结构较简单，读出较方便，因而常用于存储各种固定程序和数据。

为便于使用和大批量生产，进一步发展了可编程只读存储器（PROM）、可擦可编程序只读存储器（EPROM）和电可擦可编程只读存储器（EEPROM）。EPROM 需用紫外光长时间照射才能擦除，使用很不方便。20 世纪 80 年代制出的 EEPROM，克服了 EPROM 的不足，但集成度不高，价格较贵。于是又开发出一种新型的存储单元结构同 EPROM 相似的快闪存储器，其集成度高、功耗低、体积小，又能在线快速擦除，因而获得飞速发展，并逐渐取代硬盘和软盘成为主要的大容量存储媒体。

1. ROM 的结构方框图

只读存储器主要由地址译码器、存储矩阵和读出电路三部分组成，如图 12—37 所示。

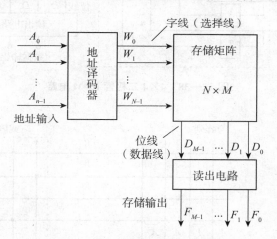

图 12—37　ROM 的结构方框图

存储矩阵是存放信息的主体，它由许多存储单元排列组成。通常，数据和信息用若干位（例如 4 位、8 位、16 位等）二进制数表示，每个存储单元存放一位二值代码 0 或 1，若干个存储单元组成一个"字"。地址译码器有 n 条地址输入线 $A_0 \sim A_{n-1}$，经过地址译码有 $N = 2^n$ 条输出地址线，即 $W_0 \sim W_{N-1}$，每一条译码输出线 W_i 称为"字线"，它与存储矩阵中的一个"字"相对应。因此，每当给定一组输入地址时，译码器只有一条输出字线 W_i 被选中，该字线可以在存储矩阵中找到一个相应的"字"，并将字中的 M 位信息 $D_{M-1} \sim D_0$ 送至读出电路。数据输出线 $F_{M-1} \sim F_0$ 也称为"位线"，每个字中信息的位数称为"字长"。

ROM 的存储单元可以用二极管构成，也可以用双极型晶体管或 MOS 管构成。存储器的容量用存储单元的数目来表示，写成"字数×位数"的形式。对于图 12—37 的存储矩阵有 N 个字，每个字的字长为 M，因此，整个存储器的存储容量为 $N \times M = 2^n \times M$。存储容量也习惯用 K（1 K＝1 024）为单位来表示，例如 1 K×4，2 K×8 和 64 K×1 的存储器，其容量分别是 1 024×4 位，2 048×8 位 和 65 536×1 位。

2.ROM 的工作原理

如图 12—38 所示的是一个由二极管构成的容量为 4×4 的 ROM。将地址译码器部分和二极管与门对照，可知地址译码器就是一个由二极管与门构成的阵列，称为与阵列。将存储矩阵部分和二极管或门对照，可见存储矩阵就是一个由二极管或门构成的阵列，称为或阵列。由此画出如图 12—39 所示的 ROM 阵列图。该 ROM 的地址译码器部分由四个与门组成，存储矩阵部分由四个或门组成。两个输入地址代码 A_1A_0 经译码器译码后产生四个字单元的字线 $W_0W_1W_2W_3$，存储矩阵所接的四个或门构成四位输出数据 $D_3D_2D_1D_0$。

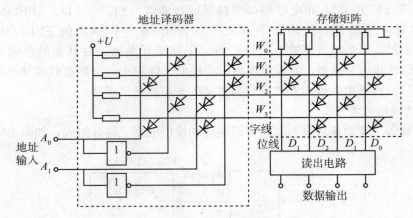

图 12—38　4×4 二极管 ROM 电路

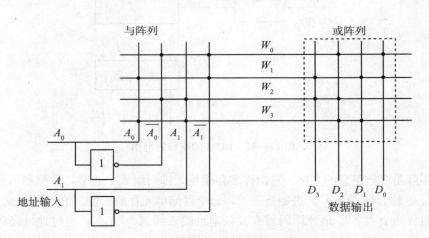

图 12—39　ROM 的阵列图

由图 12—39 可得地址译码器的输出为

$$W_0 = \overline{A_1} \cdot \overline{A_0}, W_1 = \overline{A_1} \cdot A_0, W_2 = A_1 \cdot \overline{A_0}, W_3 = A_1 \cdot A_0$$

故存储矩阵的输出为

$$D_3 = W_1 + W_2 = \overline{A_1}A_0 + A_1 \overline{A_0}$$

$$D_2 = W_0 + W_2 + W_3 = \overline{A_1}\,\overline{A_0} + A_1\,\overline{A_0} + A_1 A_0$$

$$D_1 = W_1 + W_3 = \overline{A_1}A_0 + A_1 A_0$$

$$D_0 = W_0 + W_1 = \overline{A_1}\,\overline{A_0} + \overline{A_1}A_0$$

以上表达式可求出如图 12—38 所示的 ROM 存储内容，如表 12—16 所示。

表 12—16 ROM 存储内容

地址输入		字输出				存储内容			
A_1	A_0	W_3	W_2	W_1	W_0	D_3	D_2	D_1	D_0
0	0	0	0	0	1	0	1	0	1
0	1	0	0	1	0	1	0	1	1
1	0	0	1	0	0	1	1	0	0
1	1	1	0	0	0	0	1	1	0

结合图 12—38 及表 12—16 可以看出，图 12—38 中的存储矩阵有四条字线和四条位线，共有 16 个交叉点（注意不是结点），每个交叉点都可以看作是一个存储单元。交叉点处接有二极管时存储信息 1，没有接二极管时存储信息 0。例如，字线 W_0 与位线有四个交叉点，其中只有两处接有二极管（2 和 0）。当 W_0 为高电平（其余字线均为低电平）时，两个二极管导通，使位线 D_3 和 D_1 为 1，这相当于接有二极管的交叉点存储信息 1。而另两个交叉点处由于没有接二极管，位线 D_2 和 D_0 存储信息 0，这相当于未接二极管的交叉点存储信息 0。存储单元是 1 还是 0，完全取决于只读存储器的存储需要，设计和制造时已完全确定，不能改变；而且信息存入后，即使断开电源，所存储信息也不会消失。所以，只读存储器又被称为固定存储器。

如图 12—38 所示的 ROM 电路还可以画成如图 12—40 所示的简化阵列图。在阵列图中，每个交叉点表示一个存储单元。有二极管的存储单元用一个黑点表示，意味着在该存储单元中存储的数据是 1。没有二极管的存储单元不用黑点表示，意味着在该存储单元中存储的数据是 0。例如，若地址代码为 $A_1 A_0 = 01$，则 $W_1 = 1$，字线 W_1 被选中，在 W_1 这行上有三个黑点（存储信息 1），一个交叉点上无黑点（存储信息 0），此时字单元 W_1 中的数据被输出，即只读存储器输出的数据为 $D_3 D_2 D_1 D_0 = 1011$。当然，只读存储器也可以从 $D_0 \sim D_3$ 各位线中单线输出信息，例如位线 D_2 的输出为 $D_2 = W_0 + W_2 + W_3$。

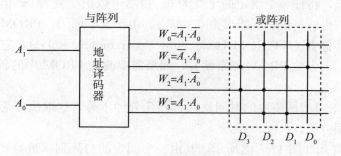

图 12—40 ROM 简化阵列图

二、可编程只读存储器

可编程只读存储器（programmable read-only memory，PROM），是一种存储记忆芯片，这种存储器用作永久存放程序。常用于电子游戏机、电子词典等预存固定数据或程序的各式电子产品之上。PROM 与狭义的 ROM 的差别在于前者可在 IC 制造完成后才依需要写入数据，后者的数据需在制造 IC 时一并制作在里面。

可编程只读存储器在出厂时，存储的内容全为 1，用户可以根据需要将其中的某些单元写入数据 0（部分的 PROM 在出厂时数据全为 0，则用户可以将其中的部分单元写入 1），以实现对其"编程"。PROM 的典型产品是"双极性熔丝结构"，如果某些单元存储信息 1，则保留其熔丝。如果某些单元存储信息 0，则可以给这些单元通以足够大的电流，并维持一定的时间，原先的熔丝即可熔断，这样就达到了改写某些位的效果。熔丝熔断后，不能恢复，一次成功。如图 12—41 所示。

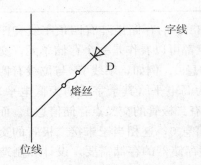

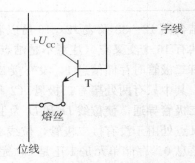

(a) 二极管和熔断丝构成存储单元　　　　　　(b) 晶体管和熔断丝构成存储单元

图 12—41

可编程只读存储器芯片在新的时候是空白的，只是被预置入二进制的 1。空白 PROM 是能够编程的，即对其写入。需要一种专用的机器设备叫作编程器，即 ROM 编程器，或叫作 ROM 烧入器进行写入。

把对 ROM 的编程过程称为"烧制"，这是对此过程的一种恰当的技术描述。每一位二进制"1"可看成一个完整无损的保险丝，大多数芯片的工作电压是 +5 V，而在对 PROM 编程时，芯片的各个地址要加一个较高的电压。通常为 +12 V，较高电压的相应位置上熔断保险丝，将任一个给定的 1 变为 0。虽然可以把 1 变为 0，但是必须清楚此过程是不可逆转的，也就是说，不能再把 0 变成 1。由于这个原因，PROM 芯片通常称为一次性可编程只读存储器 OTP-ROM（One Time Programming ROM），它们只能做一次编程，无法再擦除。大多数 PROM 非常便宜，如果需要改变 PROM 中的程序，可以抛弃它用新的芯片。

编程 PROM 的过程所需要的时间从几秒到几分钟不等，这取决于芯片容量的大小以及编程设备的使用方法。

PROM 常用阵列如图 12—42 所示。其由一个固定的与阵列（地址译码器）和一个可编程的或阵列（存储矩阵）构成。黑点"●"表示固定连接，交叉点"×"表示用户可编程。无黑点"●"又无交叉点"×"者是未经电写或已断开的交叉点。这就是一个尚未编

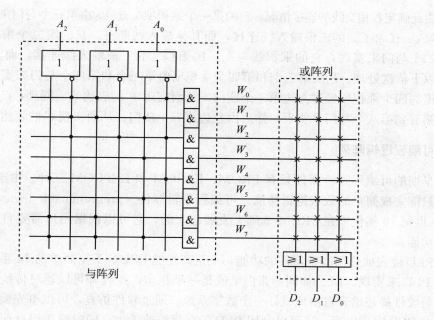

图 12—42   PROM 阵列图

程的 PROM 阵列图。

以图 12—43 所示电路为例，应用 PROM 阵列实现全加器的逻辑功能。根据 12.5 节已有的结论，即

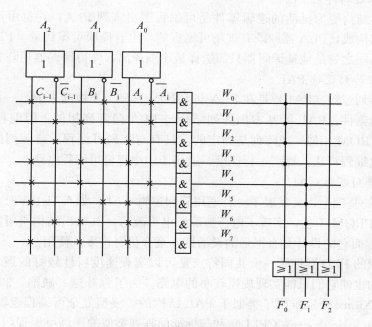

图 12—43   PROM 阵列实现全加器

$$F_i = \overline{A}_i\,\overline{B}_i C_{i-1} + \overline{A}_i B_i\,\overline{C}_{i-1} + A_i\,\overline{B}_i\,\overline{C}_{i-1} + A_i B_i C_{i-1}$$

$$C_i = \overline{A}_i B_i C_{i-1} + A_i\,\overline{B}_i C_{i-1} + A_i B_i\,\overline{C}_{i-1} + A_i B_i C_{i-1}$$

由此确定各相交线的连接情况，F_i 的第一个乘积项 $\overline{A}_i\,\overline{B}_i C_{i-1}$ 由第一个与门来实现，它的乘积线与 $\overline{A}_i$、$\overline{B}_i$ 和 C_{i-1} 的三根输入线连接，而其他输入线断开。F_i 的第二个乘积项 $\overline{A}_i B_i\,\overline{C}_{i-1}$ 由第二个与门来实现，它的乘积线与 $\overline{A}_i$、B_i 和 $\overline{C}_{i-1}$ 的三根输入线连接，而其他输入线断开，以下依次处理。F_i 的第三个和第四个乘积项由第三个和第四个与门来实现。这四个与门输出的四个乘积项经过左边第一个或门，从而实现 F_i 的表达式。同理，C_{i-1} 的四个乘积项由第五到第八个与门来实现，然后由左边第二个或门，从而实现 C_i 的表达式。

三、可编程逻辑阵列

早期的可编程逻辑器件只有 PROM、EPROM 和 EEPROM 三种。由于结构的限制，它们只能完成简单的数字逻辑功能。可编程逻辑器件（programmable logic device，PLD）是 20 世纪 70 年代末在 PROM 基础上发展起来的，它可以根据用户需要自己编程来设置逻辑功能。

PLD 能完成任何数字器件的功能，上至高性能 CPU，下至简单的 74 系列电路，都可以用 PLD 来实现。PLD 如同一张白纸或是一堆积木，工程师可以通过传统的原理图输入法或是硬件描述语言自由地设计一个数字系统。通过软件仿真，可以事先验证设计的正确性。在 PCB 完成以后，还可以利用 PLD 的在线修改能力，随时修改设计而不必改动硬件电路。使用 PLD 来开发数字电路，可以大大缩短设计时间，减少 PCB 面积，提高系统的可靠性。PLD 的这些优点使得 PLD 技术在 90 年代以后得到飞速的发展，同时也大大推动了 EDA 软件和硬件描述语言（HDL）的进步。

1. 可编程逻辑阵列 PLA

还有一类结构更为灵活的逻辑器件是可编程逻辑阵列 PLA，它也由可编程与阵列和可编程或阵列构成，PLA 器件既有现场可编程的，也有掩膜可编程的。PLA 与 PROM 的结构相似，不同之处是地址译码器只需选择最小项译出，使得译码器矩阵大幅度压缩。

2. 可编程阵列逻辑 PAL

可编程阵列逻辑（PAL）是在 PLA 与 PROM 基础上发展起来的，一种低密度、一次性可编程逻辑器件。PAL 的基本门阵列结构与 PLA 门阵列相似，但编程接点上与 PLA 不同，而与 PROM 相似，或阵列是固定的，只有与阵列可编程。或阵列固定与阵列可编程结构，简化编程算法，提高运行速度，适用于中小规模可编程电路。

3. 通用阵列逻辑 GAL

在 PAL 的基础上，又发展了一种通用阵列逻辑 GAL，如 GAL16V8、GAL22V10 等。它采用了 EEPROM 工艺，实现了电可擦除、电可改写，其输出结构是可编程的逻辑宏单元 OLMC，因而它的设计具有很强的灵活性，至今仍有许多人使用。

这些早期的 PLD 器件的一个共同特点是可以实现速度特性较好的逻辑功能，但其过于简单的结构也使它们只能实现规模较小的电路。为了弥补这一缺陷，20 世纪 80 年代中期 Altera 和 Xilinx 分别推出了类似于 PAL 结构的扩展型复杂可编程逻辑器件（complex programmable logic device，CPLD）和与标准门阵列类似的现场可编程门阵列（field programmable gate array，FPGA），它们都具有体系结构和逻辑单元灵活、集成度高以及适用范围宽等特点。这两种器件兼容了 PLD 和通用门阵列的优点，可实现较大规模的电路，编程也很灵活。与门阵列相比，它们又具有设计开发周期短、设计制造成本低、开发工具先进、标准产品无须测试、质量稳定以及可实时在线检验等优点。几乎所有应用门阵列、PLD 和中小规模通用数字集成电路的场合均可应用 FPGA 和 CPLD 器件。

*12.9 应用举例

一、键控 8421BCD 码编码器

左端的十个按键 $S_0 \sim S_9$ 代表输入的十个十进制数符号 $0 \sim 9$，输入为低电平有效，即某一按键按下，对应的输入信号为 0。输出对应的 8421 码为四位码，所以有四个输出端 A、B、C、D。见表 12—17。

表 12—17　　　　　　　　键控 8421BCD 码编码器真值表

输入										输出				
S_9	S_8	S_7	S_6	S_5	S_4	S_3	S_2	S_1	S_0	A	B	C	D	GS
1	1	1	1	1	1	1	1	1	1	0	0	0	0	0
1	1	1	1	1	1	1	1	1	0	0	0	0	0	1
1	1	1	1	1	1	1	1	0	1	0	0	0	1	1
1	1	1	1	1	1	1	0	1	1	0	0	1	0	1
1	1	1	1	1	1	0	1	1	1	0	0	1	1	1
1	1	1	1	1	0	1	1	1	1	0	1	0	0	1
1	1	1	1	0	1	1	1	1	1	0	1	0	1	1
1	1	1	0	1	1	1	1	1	1	0	1	1	0	1
1	1	0	1	1	1	1	1	1	1	0	1	1	1	1
1	0	1	1	1	1	1	1	1	1	1	0	0	0	1
0	1	1	1	1	1	1	1	1	1	1	0	0	1	1

由真值表写出各输出的逻辑表达式为

$$A = \overline{S_8} + \overline{S_9} = \overline{S_8 S_9}$$
$$B = \overline{S_4} + \overline{S_5} + \overline{S_6} + \overline{S_7} = \overline{S_4 S_5 S_6 S_7}$$
$$C = \overline{S_2} + \overline{S_3} + \overline{S_6} + \overline{S_7} = \overline{S_2 S_3 S_6 S_7}$$
$$D = \overline{S_1} + \overline{S_3} + \overline{S_5} + \overline{S_7} + \overline{S_9} = \overline{S_1 S_3 S_5 S_7 S_9}$$

画出逻辑图，如图 12—44 所示。其中 GS 为控制使能标志，当按下 $S_0 \sim S_9$ 任意一个键时，$GS=1$，表示有信号输入；当 $S_0 \sim S_9$ 均没按下时，$GS=0$，表示没有信号输入，此时的输出代码 0000 为无效代码。

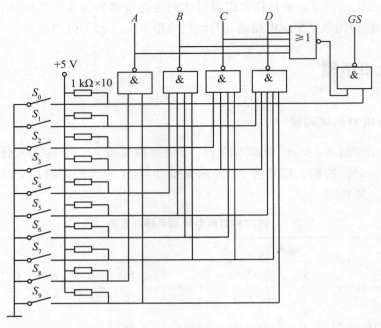

图 12—44 键控 8421BCD 码编码器

二、故障报警电路

图 12—45 所示的是一种故障报警短路。当正常工作时，$ABCD=1111$，表示系统温度或压力等参数正常，T_1 导通，M 转动，T_2 截止，蜂鸣器 DL 不响，同时指示灯 $HL_1 \sim HL_4$ 全亮。如果系统中某电路故障，例如 B 路发生故障，$B=0$，经门电路输出使 T_1 截止，T_2 导通，蜂鸣器 DL 报警，同时 HL_2 亮。

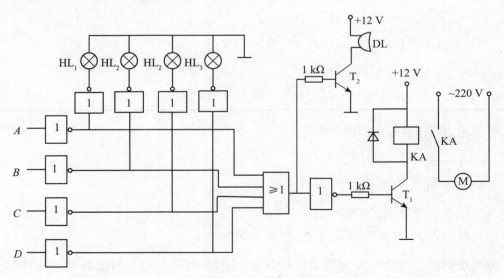

图 12—45 故障报警器

三、水位检测电路

水位检测电路如图 12—46 所示。当水箱无水时，检测杆的铜匝 $A \sim D$ 与 U 端断开，$G_1 \sim G_4$ 的输入为低电平，输出为高电平，发光二极管微亮。当水箱开始注水时，先到高度 A，A 与 U 接通，G_1 输入为高电平，输出为低电平，相应的发光二极管点亮。同理，随着水位的不断上升，到达 B、C、D，相应的发光二极管依次被点亮。当水位到达 D 时，G_4 的输出为低电平，G_5 输出为高电平，T_1、T_2 导通，电机停转，蜂鸣器 DL 发出报警声，提醒用户水箱内水已满。

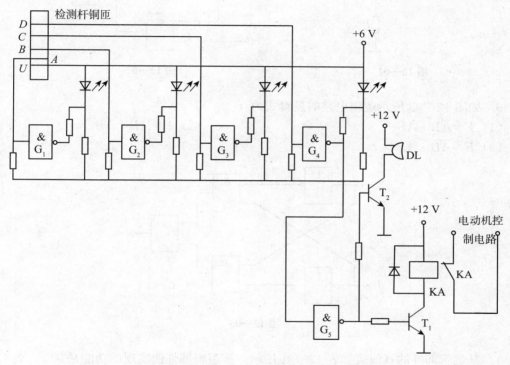

图 12—46　水位检测电路

 习 题

一、单项选择题

1. 一只四输入端的与非门，使其输出为零的输入变量取值有（　　　）种。

(1) 15　　　　　　　(2) 8　　　　　　　(3) 7　　　　　　　(4) 1

2. 与函数表达式 $F = A \cdot B + \overline{A} \cdot C$ 相等的表达式为（　　　）。

(1) $AB + C$　　　(2) $AB + \overline{A}C + BCD$　　　(3) $A + BC$　　　(4) ABC

3. 与函数式 $\overline{A + B + C}$ 相等的表达式为（　　　）。

(1) $\overline{A} \cdot \overline{B} \cdot \overline{C}$

(2) $\overline{A \cdot B \cdot C}$

(3) $\overline{A} \cdot \overline{B} \cdot \overline{C}$

(4) $\overline{A} + \overline{B} + \overline{C}$

299

4. 在正逻辑条件下，如图 12—01 所示门电路的逻辑式为（　　）。

(1) $F=A+B$　　　　　(2) $F=AB$　　　　　(3) $F=\overline{A+B}$

5. 如图 12—02 所示电路对应的逻辑式为（　　）。

(1) $F=AB\cdot\overline{BC}$　　　　(2) $F=\overline{AB\cdot BC}$　　　　(3) $F=AB+\overline{BC}$

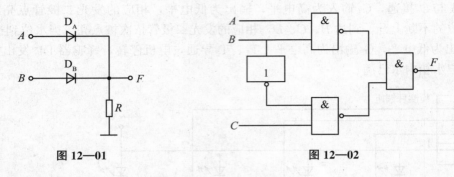

图 12—01　　　　　　　　　　　　　　图 12—02

6. 如图 12—03 所示逻辑电路的逻辑式为（　　）。

(1) $F=\overline{A}B+A\overline{B}$　　　　　　　　　　(2) $F=\overline{A}B+AB$

(3) $F=\overline{\overline{A}B}\cdot AB$　　　　　　　　　　(4) $F=\overline{A}\overline{B}+AB$

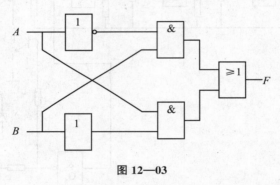

图 12—03

7. 某逻辑部件的真值表如表 12—01 所示，该逻辑部件能实现的功能是（　　）。

(1) 十进制译码器　　　(2) 二进制译码器　　　(3) 二进制编码器

表 12—01

输　　入		输　　出			
A	B	Y_0	Y_0	Y_0	Y_0
0	0	1	0	0	0
0	1	0	1	0	0
1	0	0	0	1	0
1	1	0	0	0	1

二、分析与计算题

12.1　如果与门的两个输入端中，A 为信号输入端，B 为控制端。设 A 的信号波形如图 12—04 所示，当控制端 $B=1$ 和 $B=0$ 两种状态时，试画出输出波形。如果是与非门、或门、或非门则又如何？分别画出输出波形，最后总结上述四种门电路的控制作用。

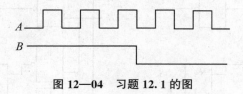

图 12—04　习题 12.1 的图

12.2　已知逻辑图和输入 A、B、C 的波形如图 12—05 所示，试画出输出 F 的波形，并写出逻辑式。

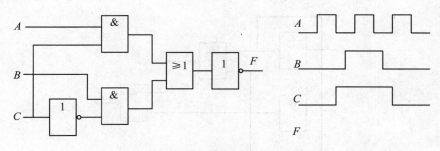

图 12—05　习题 12.2 的图

12.3　已知逻辑图和输入的波形如图 12—06 所示，写出最简与或表达式，并画出输出 F 的波形。

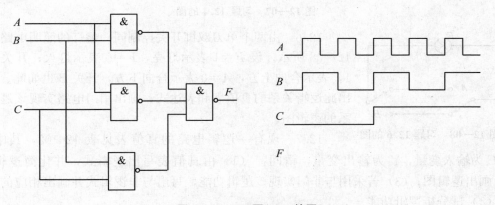

图 12—06　习题 12.3 的图

12.4　写出图 12—07 （a）、（b）、（c）所示各电路的最简与或表达式，列出真值表，并说明电路的逻辑功能。

12.5　化简以下逻辑表达式为最简与或表达式：

(1) $F=AB+\overline{A}B+A\overline{B}$；

(2) $F=ABC+\overline{A}+\overline{B}+\overline{C}+D$；

(3) $F=AB+\overline{A}BC+\overline{A}B\overline{C}$；

(4) $F=A+\overline{A}BC+\overline{A}BC+\overline{A}BC$；

(5) $F=ABC+ABD+\overline{A}B\overline{C}+CD+B\overline{D}$。

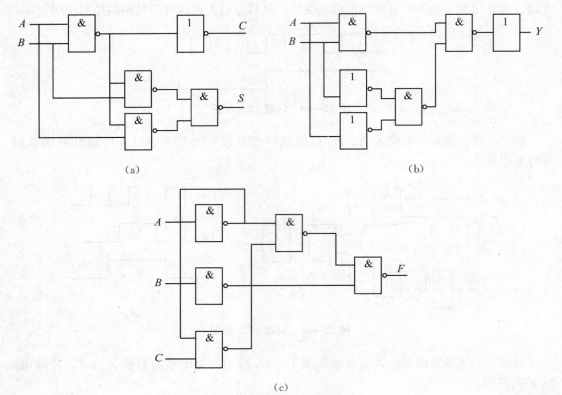

(a)　　　　　　　　　　　　　　　(b)

(c)

图 12—07　习题 12.4 的图

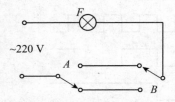

图 12—08　习题 12.6 的图

12.6　由两个单刀双掷开关控制同一盏灯的照明电路如图 12—08 所示。设 $F=1$ 表示灯亮，$F=0$ 表示灯灭；开关 $A=1$，表示合向上方，$A=0$ 表示合向下方，开关 B 也如此。试写出此逻辑关系的真值表和表达式，画出用门电路实现该逻辑关系的逻辑图。

12.7　现有一逻辑电路的真值表见表 12—02，其中 A、B、C 为输入变量，Y 为输出变量，请问：（1）由真值表写出逻辑式，并化简逻辑式；（2）画出逻辑图；（3）若采用与非门实现该逻辑功能，写出与非逻辑式并画出相应的逻辑图；（4）试分析逻辑功能。

表 12—02　　　　　　　　　　**习题 12.7 的真值表**

A	B	C	Y
0	0	0	0
0	0	1	0
0	1	0	0
0	1	1	1
1	0	0	0
1	0	1	1
1	1	0	1
1	1	1	1

12.8　用与非门分别设计如下逻辑电路：（1）三变量的判奇电路（三个变量中有奇数个 1 时，输出为 1）；（2）四变量的判偶电路（四个变量中有偶数个 1 时，输出为 1）。

12.9　图 12—09 是一密码锁控制电路。开锁条件是拨对密码；钥匙插入锁眼将开关 S 闭合。当两个条件同时满足时，开锁信号为 1，将锁打开。否则报警信号为 1，接通警铃。试分析密码 $ABCD$ 是多少。

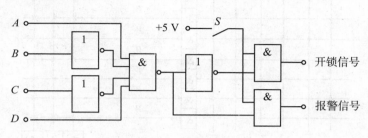

图 12—09　习题 12.9 的图

12.10　某同学参加四门课程考试，规定如下：（1）课程 A 及格得 1 分，不及格得 0 分；（2）课程 B 及格得 2 分，不及格得 0 分；（3）课程 C 及格得 4 分，不及格得 0 分；（4）课程 D 及格得 5 分，不及格得 0 分。若总得分大于 8 分（含 8 分），就可结业。试用与非门构成实现上述逻辑要求的电路。

12.11　已知 ROM 的阵列图如图 12—10 所示。说明 ROM 存储的内容；写出 D_2、D_1、D_0 的逻辑式。

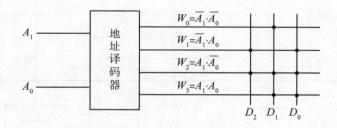

$W_0 = \overline{A_1} \cdot \overline{A_0}$

$W_1 = \overline{A_1} \cdot A_0$

$W_2 = A_1 \cdot \overline{A_0}$

$W_3 = A_1 \cdot A_0$

图 12—10　习题 12.11 的图

12.12　试在图 12—11 所示的 PROM 上编程，使其产生一组逻辑函数，$Y_0 = A + BC$，$Y_1 = ABC + \overline{A}\,\overline{B}\,C + \overline{A}\,B\,\overline{C}$，$Y_2 = ABC + \overline{A}\,\overline{B}\,\overline{C}$，并画出存储矩阵编程阵列图。

12.13　计数译码显示系统，真值表如表 12—03 所示，该译码器的逻辑电路如图 12—12所示。试分析如何实现表中显示字符的功能。

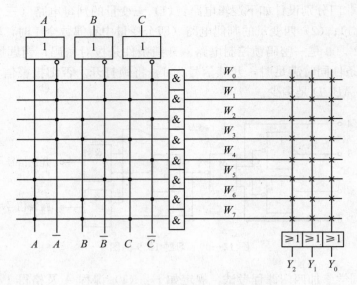

图 12—11　习题 12.12 的图

表 12—03　　　　　　　　　　　　　　习题 12.13 的真值表

CP	Q_1	Q_0	字符
0	0	0	H
1	0	1	O
2	1	0	P
3	1	1	E

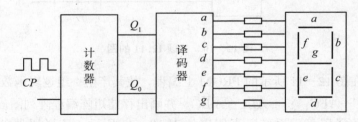

图 12—12　习题 12.13 的图

第*13*章

触发器与时序逻辑电路

前面讨论的门电路及其组合逻辑电路中，其输出变量完全由当时的输入变量的组合状态来决定，与电路的原来状态无关，因此组合电路不具备记忆功能。在数字电路中，除了对信号进行算术以及与、或、非等逻辑运算，还要将这些信号和运算结果保存起来。本章介绍触发器及其组成的时序逻辑电路（sequential logic circuit），其输出状态不仅决定于当时的输入状态，而且还与电路的原来状态有关，也就是时序电路具有记忆的功能。门电路是组合电路的基本单元，而触发器是时序逻辑电路的基本单元。

13.1 双稳态触发器

触发器按其稳定工作状态可分为双稳态触发器（bistable flip-flop）、单稳态触发器（monostable flip-flop）、无稳态触发器（no steady state trigger）和多谐振荡器（multivibrator）。其中双稳态触发器按其逻辑功能又可以分为 RS 触发器、JK 触发器、D 触发器和 T 触发器等；按其结构可分为主从型触发器和维持阻塞型触发器。

一、基本 RS 触发器

1. 电路结构

基本 RS 触发器（basic RS flip-flop）由两个"与非"门 G_A、G_B 交叉连接而成，如图 13—1（a）所示。在基本 RS 触发器的逻辑符号中，输入端引线靠近方框的小圆圈是表示触发器用负脉冲（"0"电平）来置位或复位。其中 Q 与 $\overline{Q}$ 是输出端，表示两者的逻辑状态在正常条件下保持相反。触发器只有两种稳定状态：一个是 $Q=1$，$\overline{Q}=0$，称为 1 态或置位状态；另一个是 $Q=0$，$\overline{Q}=1$，称为 0 态或复位状态。触发器的两个输入端 $\overline{R}_D$ 和 $\overline{S}_D$，它们以 0 或 1 来表示输入，其中 $\overline{R}_D$ 称为直接复位端或直接置 0 端，$\overline{S}_D$ 称为直接置位端或直接置 1 端。

2. 工作原理

下面讨论基本 RS 触发器输入与输出的逻辑关系，即 $\overline{R}_D$、$\overline{S}_D$ 和 Q、$\overline{Q}$ 之间的关系。

（1）$\overline{S}_D=1$，$\overline{R}_D=0$。如果触发器初态为 0（即 $Q=0$，$\overline{Q}=1$），G_B 门的两个输入端均为 0，$\overline{Q}=1$，G_A 门的两个输入端为 1，$Q=0$，则触发器保持 0 态。

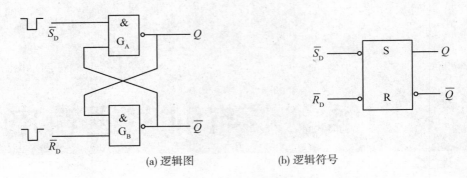

(a) 逻辑图　　　　　　　(b) 逻辑符号

图 13—1　基本 RS 触发器

　　如果触发器初态为 1（即 $Q=1$，$\bar{Q}=0$），G_B 门有一个输入端为 0，$\bar{Q}=1$，G_A 门的两个输入端仍为 1，$Q=0$，则触发器由 1 态翻转为 0 态。总之，触发器为 0 态。

　　（2）$\bar{S}_D=0$，$\bar{R}_D=1$。如果触发器初态为 0（即 $Q=0$，$\bar{Q}=1$），G_A 门有一个输入端为 0，$Q=1$，G_B 门的两个输入端为 1，$\bar{Q}=0$，则触发器由 0 态翻转为 1 态。

　　如果触发器初态为 1（即 $Q=1$，$\bar{Q}=0$），G_A 门的两个输入端均为 0，$Q=1$，G_B 门的两个输入端为 1，$\bar{Q}=0$，则触发器保持 1 态。总之，触发器为 1 态。

　　（3）$\bar{S}_D=1$，$\bar{R}_D=1$。如果触发器初态为 0（即 $Q=0$，$\bar{Q}=1$），则触发器保持 0 态；如果触发器初态为 1（即 $Q=1$，$\bar{Q}=0$），则触发器保持 1 态。可见 $\bar{R}_D$ 和 $\bar{S}_D$ 端均未加负脉冲时，触发器保持不变。

　　（4）$\bar{S}_D=0$，$\bar{R}_D=0$。即 $\bar{S}_D$ 和 $\bar{R}_D$ 端同时加负脉冲，会出现 $Q=1$，$\bar{Q}=1$，这就破坏了 Q 与 $\bar{Q}$ 的状态应该相反的逻辑要求。当负脉冲除去以后，触发器将由两"与非"门的翻转速度决定其最终状态。使得电路的工作不可靠，这种情况在使用中应避免出现。

　　归纳上述逻辑功能，可得基本 RS 触发器的真值表，见表 13—1。其中 Q_n 表示触发器在接收到信号之前的输出状态，称为原态；Q_{n+1} 表示触发器在接收到信号之后的状态，称为现态。基本 RS 触发器逻辑符号如图 13—1 所示，图中 $\bar{S}_D$ 和 $\bar{R}_D$ 的端部各加有一个小圆圈，表示输入信号低电平有效。

表 13—1　　　　　　　　　　　　**基本 RS 触发器真值表**

$\bar{S}_D$	$\bar{R}_D$	Q_{n+1}
1	0	0
0	1	1
1	1	Q_n
0	0	不定

　　从上述可知，基本 RS 触发器有两个稳定状态，它可以直接置位或直接复位，而且具有存储和记忆功能。在直接置位端加负脉冲（$\bar{S}_D=0$）即可置位，在直接复位端加负脉冲（$\bar{R}_D=0$）即可复位。负脉冲除去以后，应使 $\bar{S}_D$ 端和 $\bar{R}_D$ 端处于 1，触发器保持原状态不变。但是，负脉冲不可同时加在直接置位端或直接复位端。

3. 应用举例

通常使用的开关一般是机械触点实现开关的合上和断开的，由于机械触点存在弹性，在按压按键时，由于机械开关的触点抖动，往往在几十毫秒内电压会出现多次抖动，相当于连续出现了几个脉冲信号。显然，用这样的开关产生的信号直接作为电路的驱动信号可能导致电路产生错误动作。为了消除开关的触点抖动，可在机械开关与被驱动电路间接入一个基本 RS 触发器，如图 13—2 所示。$\overline{S}_D=0$，$\overline{R}_D=1$，可得 $Q=1$，$\overline{Q}=0$。当 K 倒向下时，$\overline{S}_D=1$，$\overline{R}_D=0$，可得 $Q=0$，$\overline{Q}=1$，改变了输出信号 Q 的状态。不会因机械开关的触点抖动影响输出的状态。

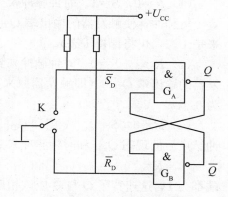

图 13—2　RS 触发器应用

二、可控 RS 触发器

1. 电路结构

基本 RS 触发器是各种双稳态触发器的共同部分。除此之外，在数字系统中，为协调各部分的工作状态，通常要求某些触发器在同一时刻动作。为此，引入时钟脉冲（clock pulse），使触发器只有在时钟脉冲到达时才按输入信号改变状态，时钟脉冲常用 C 或 CP 表示。

如图 13—3 所示的可控 RS 触发器，其中与非门 G_A 和 G_B 构成基本触发器，与非门 G_C 和 G_D 构成导引电路。R 和 S 是输入端，CP 是时钟脉冲输入端。通过导引电路来实现时钟脉冲对输入端 R 和 S 的控制，故称为可控 RS 触发器或钟控触发器（clock flip-flop）。$\overline{S}_D$ 和 $\overline{R}_D$ 是直接复位和直接置位端，就是不经过时钟脉冲 CP 的控制可以对基本触发器置 0 或置 1。一般在工作之初，预先使触发器处于某一状态，工作时不用它们，应让它们处于 1 态（高电平）。

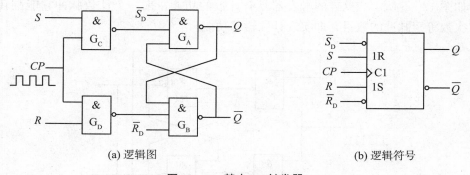

(a) 逻辑图　　　　　　　　　　　　(b) 逻辑符号

图 13—3　基本 RS 触发器

2. 工作原理

当时钟脉冲来到之前，$CP=0$，不论 R 和 S 端的电平如何变化，G_C 门和 G_D 门的输出均为 1，触发器保持原状态不变。只有当时钟脉冲来到之后，$CP=1$，触发器才按 R、S 端的输入状态来决定其输出状态。当时钟脉冲结束后，$CP=0$，输出状态保持不变。

（1）$R=0$，$S=1$。时钟脉冲来到之后，$CP=1$，则 G_C 门输出为 0，向门 G_A 送入一个置 1 负脉冲，使触发器的输出端 $Q=1$（即触发器原来是 0 态，将翻转为 1 态；触发器原来是 1 态，仍将保持 1 态）。

（2）$R=1$，$S=0$。时钟脉冲来到之后，$CP=1$，则 G_D 门将向 G_B 输出置 0 负脉冲，触发器的输出端 $Q=0$（即触发器原来是 0 态，仍将保持 0 态；触发器原来是 1 态，将翻转为 0 态）。

（3）$R=0$，$S=0$。G_C 门和 G_D 门均保持 1 态，不向基本触发器送负脉冲，此时时钟脉冲结束后的现态 Q_{n+1} 和时钟脉冲来到以前的原态 Q_n 一样。

（4）$R=1$，$S=1$。G_C 门和 G_D 门均向基本触发器送负脉冲，此时的 G_A 门和 G_B 门输出端都为 1，这违背了 Q 与 $\bar{Q}$ 应该相反的逻辑要求。当时钟脉冲结束后，G_A 门和 G_B 门的输出端状态是不定的，这种不正常的情况应避免出现。

表 13—2 给出了可控 RS 触发器的真值表。图 13—4 是在给定 CP 和输入 R、S 的情况下触发器输出的波形图。

表 13—2　　　　可控 RS 触发器真值表

S	R	Q_{n+1}
0	0	Q_n
0	1	0
1	0	1
1	1	不定

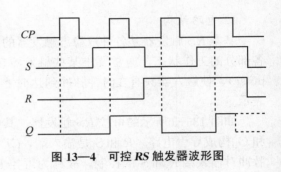

图 13—4　可控 RS 触发器波形图

3. 应用举例

若将可控 RS 触发器的 $\bar{Q}$ 端连接 S 端，Q 端连接 R 端，并在时钟脉冲端 CP 加上计数脉冲，如图 13—5 所示。这样的触发器具有计数的功能，来一个计数脉冲它能翻转一次，翻转的次数等于脉冲的数目，即实现计数器的功能。

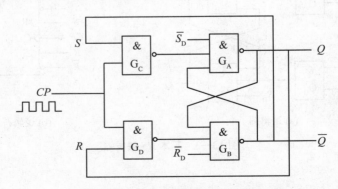

图 13—5　可控 RS 触发器构成计数器

图中的 G_C 门和 G_D 门分别受 Q 和 $\bar{Q}$ 控制，作为导引电路。当计数脉冲加到 CP 端时，

G_C、G_D两个门中只会有一个门产生负脉冲，这个负脉冲恰巧能使上面的基本触发器翻转。例如，在 $Q=0$，$\bar{Q}=1$ 的情况下，CP 来到时，G_C 门的两个输入端都是 1，它输出一个负脉冲，送到 G_A 门的输入端，使触发器翻转到 $Q=1$，$\bar{Q}=0$。在 G_C 门输出负脉冲时，因 $Q=R=0$，G_D 门不会输出负脉冲。之后，在 CP 作用下，G_D 门的两个输入端都是 1，它输出一个负脉冲，送到 G_B 门的输入端，使触发器翻转到 $Q=0$，$\bar{Q}=1$，以实现计数功能。

实际应用时，图 13—5 的计数器要求计数脉冲 CP 宽度恰好合适。假设 G_C 先输出一个负脉冲，如果计数脉冲太宽，CP 高电平没有及时地降下来，G_D 门也会输出置 0 负脉冲，使触发器产生不应有的新翻转。也就是在一个时钟脉冲的作用下，可能引起触发器两次或多次翻转，产生所谓"空翻"现象，造成触发器动作混乱。为了防止触发器的空翻，在结构上多采用下面介绍的主从触发器和维持阻塞型触发器。

三、JK 触发器

1. 电路结构

如图 13—6 所示给出了 JK 触发器的逻辑图、逻辑符号。可见，JK 触发器仍以 RS 触发器电路为主，用两个可控 RS 触发器级联组成，再附加一些其他功能电路而构成。图中两个可控 RS 触发器分别称为主触发器和从触发器，通过一个非门将两个触发器联系起来，保证时钟脉冲先使主触发器翻转，而后使从触发器翻转，即主从触发器（master-slave flip-flop）。JK 型触发器有两个输入端 J 和 K，它们分别与 $\bar{Q}$ 和 Q 连接，即

$$S=J\bar{Q}, R=KQ$$

主触发器的输出分别连接从触发器 R 端和 S 端，而触发器最终输出是从触发器的输出结果。

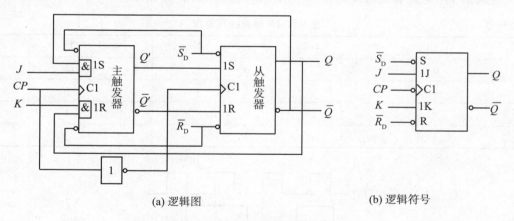

(a) 逻辑图　　　　　　　　　　　　　　(b) 逻辑符号

图 13—6　主从型 JK 触发器

2. 工作原理

当时钟脉冲来到之后（即 $CP=1$），非门的输出为 0，故从触发器状态不变。而主触发器是否翻转则要看它的状态以及 J、K 输入而定。当时钟脉冲从 1 下跳为 0 时，主触发器状态不变，此时，非门的输出为 1，主触发器将信号送到从触发器，使从触发器输出相应的状态。

这种触发器的一个显著特点是不会空翻。因为 $CP=1$ 期间，从触发器的状态不会改

变；只有等到 CP 变为 0 时，从触发器或翻转或保持原态，这时主触发器的状态也不会改变。下面分析主从 JK 触发器的逻辑功能。

（1）$J=0$，$K=0$。如果触发器原态为 0，当 $CP=1$ 时，主触发器 $S=0$，$R=0$，输出保持 0 态。当 $CP=0$ 时，从触发器 $S=0$，$R=1$，触发器输出保持不变。如果触发器原态为 1，同样分析得知触发器输出保持为 1。可见，触发器状态不变，即 $Q_{n+1}=Q_n$，触发器具有存储记忆功能。

（2）$J=1$，$K=1$。如果触发器原态为 0，主触发器的 $S=1$，$R=0$，当时钟脉冲来到之后（$CP=1$），主触发器先翻转为 1 态。当 CP 由 1 下跳为 0 时，从触发器的 $S=1$，$R=0$，其输出翻转为 1 态。如果触发器原态为 1，同样分析得知主、从触发器翻转为 0 态。可见，$J=K=1$ 时，即来一个时钟脉冲，就使它翻转一次，即 $Q_{n+1}=\overline{Q}_n$。这表明触发器具有计数功能。

（3）$J=1$，$K=0$。如果触发器原态为 0，当 $CP=1$ 时，主触发器 $S=1$，$R=0$，其输出翻转为 1 态。当 CP 由 1 下跳为 0 时，从触发器 $S=1$，$R=0$，触发器翻转也为 1 态。如果触发器原态为 1，同样分析得知触发器输出为 1 态。

（4）$J=0$，$K=1$。不论触发器原态是 0 态或 1 态，脉冲结束时，触发器下一状态一定是 0 态。读者可自行分析。

由上述分析可知，主从型触发器在 $CP=1$ 时，把输入信号暂时储存在主触发器中，为从触发器翻转或保持原态做好准备；等到 CP 下跳为 0 时，储存的信号起作用，或者使从触发器翻转，或者使之保持原态。主从型触发器具有在 CP 从 1 下跳为 0 时翻转的特点，因此，JK 触发器在时钟脉冲后沿触发（end edge triggered）。

主从型 JK 触发器真值表见表 13—3，波形图如图 13—7 所示。

表 13—3   主从型 JK 触发器真值表

J	K	Q_{n+1}
0	0	Q_n
0	1	0
1	0	1
1	1	$\overline{Q}_n$

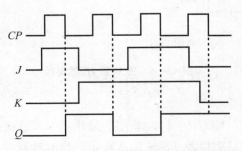

图 13—7   主从型 JK 触发器波形图

常见的 JK 触发器有 74LS107（带清零端的双 JK 触发器）和 74LS112（带预置和清零端的双 JK 时钟下降沿触发器）等。

310

【例 13—1】 逻辑电路图及 A、B、K 和 C 脉冲的波形如图 13—8 所示，试写出 J、K 的逻辑式，画出 Q 的波形（设 Q 的初始状态为 "0"）。

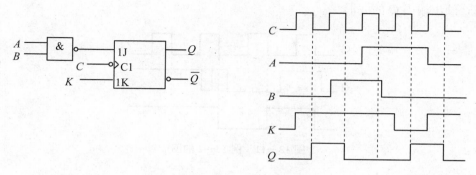

图 13—8　例 13—1 的图

四、D 触发器

D 触发器也是一种常用的集成触发器，最常见的有维持阻塞型 D 触发器，一般为前沿触发（leading edge triggered），读者可查阅相关资料学习。这里介绍的 D 触发器其逻辑功能可以由 JK 触发器转换而来。

如表 13—4 和图 13—9 所示，当 $D=1$ 时，即 $J=1$ 和 $K=0$，在 CP 的后沿触发器翻转（或保持）1 态；当 $D=0$ 时，即 $J=0$ 和 $K=1$，在 CP 的后沿触发器翻转（或保持）0 态。

表 13—4　　　　　　D 触发器真值表

D_n	Q_{n+1}
0	0
1	1

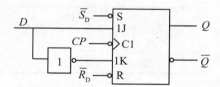

图 13—9　D 触发器逻辑符号

上述 D 触发器输出状态的变化发生在 CP 由 1 跳变为 0 时刻，为后沿触发。除了这里的以主从型触发器构成 D 触发器，还有一种上面提到的维持阻塞触发器构成的 D 触发器，输出状态的变化发生在 CP 由 0 跳变为 1 时刻，即为前沿触发。应注意前沿触发 D 触发器符号中 C 端方框前未加小圆圈。如图 13—10 所示

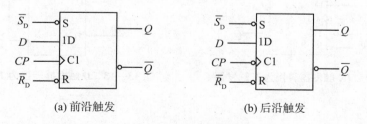

(a) 前沿触发　　　　　　　　(b) 后沿触发

图 13—10　D 触发器的逻辑符号

总之，D 触发器具有这样的逻辑功能：它的输出端 Q 的状态随着输入端 D 的状态而变化，但总比输入端状态的变化晚一步。常见的 JK 触发器有 74LS74（带异步预置和异

311

步清零端的双 D 触发器）和 74LS175（带公共时钟和复位四 D 触发器）。

【例 13—2】 前沿触发 D 触发器的 D 端输入波形如图 13—11 所示，设 D 触发器初态为 0 态，画出输出 Q 的波形。

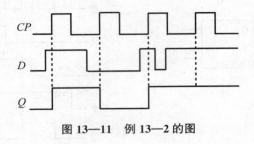

图 13—11　例 13—2 的图

五、触发器逻辑功能的转换

根据实际需要，可将某种逻辑功能的触发器经过改接或附加一些门电路后，转换为另一种触发器。

1. 将 JK 触发器转换为 T 触发器

将 J、K 端连在一起，称为 T 端。当 $T=0$ 时，脉冲作用后的触发器状态不变；当 $T=1$ 时，触发器应有计数功能，即 $Q_{n+1}=\overline{Q}_n$。T 触发器真值表见表 13—5，图 13—12 接法即为 T 触发器。

表 13—5　　　　　　　　　　　　　　 T 触发器真值表

T	Q_{n+1}
0	Q_n
1	$\overline{Q}_n$

2. 将 D 触发器转换为 T' 型触发器

此处所用 D 触发器为前沿触发，如图 13—10（a）所示。图 13—13 接法即为 T' 型触发器，其逻辑功能是计数，即 $Q_{n+1}=\overline{Q}_n$。如果使用 JK 触发器，只需取 $J=K=1$（即 $T=1$）就转换为 T' 触发器。

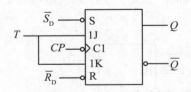

图 13—12　JK 触发器转换为 T 触发器

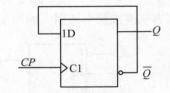

图 13—13　D 触发器转换为 T' 触发器

练习与思考

13.1.1　基本 RS 触发器在置 0 或置 1 脉冲消失后，为何状态能保持不变？

13.1.2　基本 RS 触发器与可控 RS 触发器有何区别？

13.1.3　将 JK 触发器的 J 和 K 悬空，试分析其逻辑功能。

13.2 寄存器

　　寄存器（register）是一种用于暂存数码或指令的时序电路，它是除计数器之外使用非常广的时序电路，寄存器具有以下逻辑功能：在时钟脉冲的作用下将数码或指令存入寄存器（写入），也可以从寄存器数码或指令取出（读出）。一个触发器只能寄存一位二进制，要存放多位数时，采用多个触发器连接而成的逻辑电路来实现，常用的有四位、八位和十六位寄存器。

　　寄存器存入和取出数码的方式有并行与串行两种，并行方式的数码同时从输入端进入寄存器，或同时出现在输出端；而串行方式的数码逐位从输入端进入寄存器，或由一个输出端输出。因此，可分为并入/并出、串入/串出、串入/并出、并入/串出等多种寄存器。按功能的不同可分为数码寄存器和移位寄存器，其区别在于有无移位功能。

一、数码寄存器

　　寄存器常用触发器构成，数码寄存器（digital register）只有寄存数码和清除数码的功能，图 13—14 是由四个 D 触发器构成的 4 位数码寄存器。

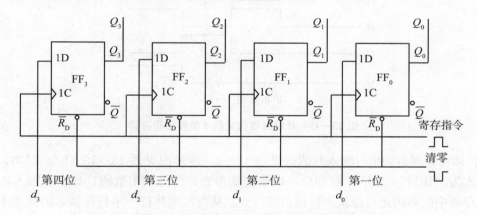

图 13—14 D 触发器构成的 4 位数码寄存器

　　当寄存指令到来时，$d_3d_2d_1d_0$ 数码同时存入四个触发器。在 CP 输入前沿时，才将输入端的状态传送到输出端，而在其他时刻无论输入怎么变化其输出都不变。它的工作方式为并行输入、并行输出。其特点是电路简单，但每次接收数码需依此给出两个控制脉冲（清零和寄存），限制了工作速度。

二、移位寄存器

　　移位寄存器（shift register）不但可寄存一组数码，而且还具备左移或右移位（串行输入、输出）的功能。例如，计算机系统中的乘法器和除法器中都需要左移和右移的功能。

　　1. 单向移位寄存器

　　图 13—15（a）为 D 触发器构成的 4 位移位寄存器，由四个触发器相连构成，输入的

状态经过一个一个时钟的变化，从第一个触发器一步一步向右移动，当经过四个时钟脉冲后其第一个数码将出现在串行输出端 Q_3，这时可以从并行输出端得到数码输出。再经过四个时钟脉冲后所存数码将逐位从 Q_3 输出，所以，触发器可实现串行输入/串行输出或串行输入/并行输出。

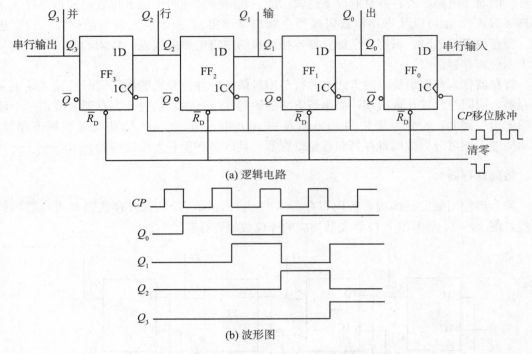

(a) 逻辑电路

(b) 波形图

图 13—15　D 触发器构成的 4 位移位寄存器

4 位移位寄存器的串行输入真值表见表 13—6，波形图见图 13—15（b）。例如，已知数码输入为"1011"。经四个脉冲后，由输出端得到并行的输出数码；如果再加入四个脉冲，寄存器中的数码还可以从串行输出端得到。从而实现并行—串行转换，因此该电路称为串行输入、串行输出与并行输出的移位寄存器。

表 13—6　　　　　　　　　　　　　　4 位移位寄存器真值表

移位脉冲数	寄存器中的数码				移位过程
	Q_3	Q_2	Q_1	Q_0	
0	0	0	0	0	清零
1	0	0	0	1	左移一位
2	0	0	1	0	左移二位
3	0	1	0	1	左移三位
4	1	0	1	1	左移四位

移位寄存器应用很广，可构成移位寄存器型计数器、顺序脉冲发生器、串行累加器；可用作数据转换，即把串行数据转换为并行数据，或并行数据转换为串行数据等等。

2. 集成移位寄存器

74LS194 是一种功能很强的 4 位双向移位寄存器（图 13—16），它包含有四个触发器。各引脚功能（表 13—7）如下：

1 为数据清零端，低电平有效。

3～6 为并行输入端 $D_3 \sim D_0$。

12～15 为并行输出端 $Q_0 \sim Q_3$。

2 为右移串行输入端 D_{SR}。

7 为左移串行输入端 D_{SL}。

9，10 为操作模式控制端。当 $S_1 = 0$，$S_0 = 1$ 时，右移数据输入；当 $S_1 = 1$，$S_0 = 0$ 时，左移数据输入；当 $S_1 = S_0 = 1$ 时，数据并行输入；当 $S_1 = S_0 = 0$ 时，寄存器处于保持状态。

11 为时钟脉冲输入端 CP，脉冲前沿有效。

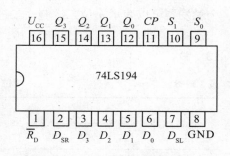

图 13—16　双向移位寄存器 74LS194

表 13—7　　　　　　　　　　　　74LS194 功能表

输　入										输　出			
$\bar{R}_D$	CP	S_1	S_0	D_{SL}	D_{SR}	D_3	D_2	D_1	D_0	Q_3	Q_2	Q_1	Q_0
0	×	×	×	×	×	×	×	×	×	0	0	0	0
1	0	×	×	×	×	×	×	×	×	Q_{3n}	Q_{2n}	Q_{1n}	Q_{0n}
1	↑	1	1	×	×	d_3	d_2	d_1	d_0	d_3	d_2	d_1	d_0
1	↑	0	1	×	d	×	×	×	×	d	Q_{3n}	Q_{2n}	Q_{1n}
1	↑	1	0	d	×	×	×	×	×	Q_{2n}	Q_{1n}	Q_{0n}	d
1	×	0	0	×	×	×	×	×	×	Q_{3n}	Q_{2n}	Q_{1n}	Q_{0n}

13.3　计数器

在数字系统中计数器（counter）主要是对脉冲的数目进行计数。计数器由基本的计数单元和一些控制门所组成，计数单元则由一系列具有存储信息功能的各类触发器构成，这些触发器就是上述 RS 触发器、JK 触发器和 D 触发器等。

计数器按照触发器翻转次序的先后分为：同步计数器和异步计数器；按照计数的数码变化升降分为：加法计数器（adding counter）、减法计数器（subtracting counter）以及两者兼有的可逆计数器；按计数的进位制可分为：二进制计数器（binary counter）、十进制计数器（decimal counter）、十六进制计数器、六十进制计数器等。

计数器不仅用于计数，还可以用于分频、定时、产生节拍脉冲及数字运算等，因而计数器是时序电路中使用最广的一种。例如，在电子计算机的控制器中对指令地址进行计数，以便顺序取出下一条指令，在运算器中作乘法、除法运算时记下加法、减法次数，又如在数字仪器中对脉冲的计数等。

一、二进制计数器

二进制计数器是能按二进制规律计数的计数器，一个触发器可以表示 1 位二进制，n 个触发器可以表示 n 位二进制。二进制只有 0 和 1 两个数码。所谓二进制加法，就是"逢二进一"，即 $0+1=1$，$1+1=10$。由此可以列出 4 位二进制加法计数器的真值表（表 13—8）。

表 13—8   4 位二进制加法计数器真值表

计数脉冲	二 进 制 数				十进制数
	Q_3	Q_2	Q_1	Q_0	
0	0	0	0	0	0
1	0	0	0	1	1
2	0	0	1	0	2
3	0	0	1	1	3
4	0	1	0	0	4
5	0	1	0	1	5
6	0	1	1	0	6
7	0	1	1	1	7
8	1	0	0	0	8
9	1	0	0	1	9
10	1	0	1	0	10
11	1	0	1	1	11
12	1	1	0	0	12
13	1	1	0	1	13
14	1	1	1	0	14
15	1	1	1	1	15
16	0	0	0	0	16

1. 异步二进制加法计数器

由表 13—8 可见，要求每到来一个计数脉冲，最低位触发器翻转一次；其他高位触发器在相邻低位触发器由 1 变为 0 时才翻转。由四个主从型 JK 触发器构成 4 位异步二进制加法计数器如图 13—17 所示，图中各触发器的输入端接"1"或悬空，处于计数状态。只要有时钟脉冲第一个触发器就会翻转，把前级触发器的输出作为后级触发器的时钟脉冲，只有前级触发器翻转后，后级触发器才能翻转。触发器的时钟输入不在同一时刻翻转，故为异步计数器（asynchronous counter）。

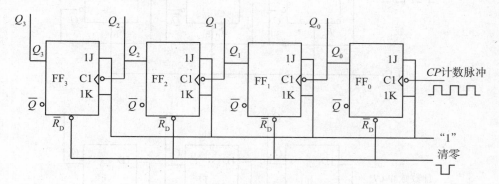

图 13—17　4 位异步二进制加法计数器

计数器工作前，先在 $\overline{R}_D$ 端加一个负脉冲进行清零，各触发器的状态为 $Q_3Q_2Q_1Q_0 = 0000$。当第一个计数脉冲 CP 到来时，后沿触发使 FF_0 翻转，Q_0 端由 0 变 1，此时 Q_0 的正跳变不能使 FF_1 翻转，故计数器的输出状态为 $Q_3Q_2Q_1Q_0 = 0001$。当第二个计数脉冲输入后，后沿触发使 FF_0 翻转，Q_0 由 1 变 0，这时 Q_0 的负跳变使 FF_1 翻转，即 Q_1 由 0 变 1，计数器的输出状态为 0010⋯。以此类推，第十五个计数脉冲后，计数器为 1111，第十六个计数脉冲后，计数器的四个触发器全部为 0，并从 Q_3 送出一个进位信号。该计数器的波形图如图 13—18 所示。

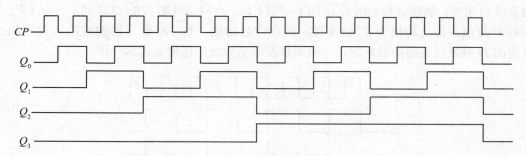

图 13—18　4 位异步二进制加法计数器波形图

由波形图可知，第十六个时钟脉冲到来后，计数器循环一周回到原态，故也称为十六进制计数器。由波形图还可看出，Q_0 波形的频率是 CP 波形频率的 1/2，Q_1 波形的频率是 CP 波形频率的 1/4，Q_2 波形的频率是 CP 波形频率的 1/8，Q_3 波形的频率是 CP 波形频率的 1/16，通常把 Q_0、Q_1、Q_2、Q_3 的脉冲称为时钟脉冲的 1/2、1/4、1/8、1/16 分频。针对的这种功能，计数器也称为分频器。

如果将该电路的 $\overline{Q}_0$、$\overline{Q}_1$、$\overline{Q}_2$、$\overline{Q}_3$ 作为计数器输出，前级触发器的输出 $\overline{Q}$ 作为后级触发器的时钟脉冲，则构成异步二进制减法计数器。

【例 13—3】　试分析和比较图 13—19（a）和图 13—19（b）电路的逻辑功能。

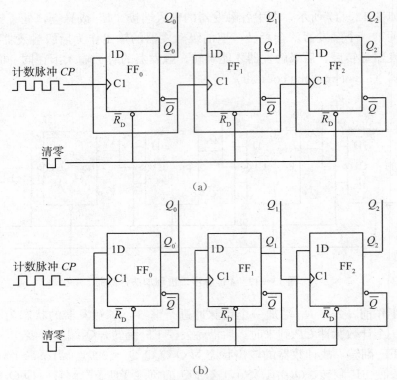

（a）

（b）

图 13—19　例 13—3 的图

　　图 13—19（a）为 3 位二进制加法计数器，图 13—19（b）为 3 位二进制减法计数器。它们的波形图如图 13—20（a）和图 13—20（b）所示，真值表见表 13—9 和表 13—10。两者区别在于：加法计数器的 $\overline{Q}$ 送到下一级 CP，而减法计数器的 Q 送到下一级 CP。图中各个 D 触发器已转换为 T' 触发器，具有计数功能。与 JK 触发器构成的计数器相比，这里的 D 触发器在前沿触发翻转，因而触发器前后级的连接方式不一样。

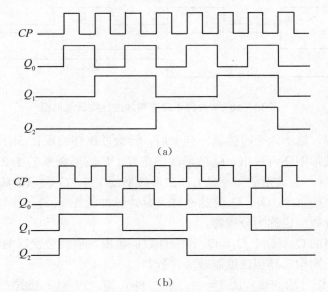

（a）

（b）

图 13—20　3 位异步二进制加法、减法计数器波形图

表 13—9   3 位二进制加法计数器真值表

计数脉冲	二 进 制 数			十进制数
	Q_2	Q_1	Q_0	
0	0	0	0	0
1	0	0	1	1
2	0	1	0	2
3	0	1	1	3
4	1	0	0	4
5	1	0	1	5
6	1	1	0	6
7	1	1	1	7
8	0	0	0	8

表 13—10   3 位二进制减法计数器真值表

计数脉冲	二 进 制 数			十进制数
	Q_2	Q_1	Q_0	
0	0	0	0	0
1	1	1	1	7
2	1	1	0	6
3	1	0	1	5
4	1	0	0	4
5	0	1	1	3
6	0	1	0	2
7	0	0	1	1
8	0	0	0	0

二、十进制计数器

从 4 位二进制数码的十六种状态中任取十种状态，来表示十进制数，可有多种组合，也称为编码，常用 4 位二进制数码的 0000～1001 来表示十进制数的 0～9 十个数码，相应的计数器为二—十进制计数器。

异步二进制加法计数器线路简单，但工作速度慢。为此提出同步计数器（synchronous counter），其特点是各触发器的时钟脉冲 CP 同时接入（同一个时刻进行翻转），它们的状态变换与时钟脉冲同步，工作速度较异步计数器快。

如果用四个主从型 JK 触发器组成，当第十个计数脉冲时，计数器的输出状态不是由 1001 变为 1010，而是恢复为 0000，这就要求触发器 FF_1 不翻转，保持 0 态，触发器 FF_3 应翻转为 0。根据表 13—11 的要求，得出电路中各个 J、K 输入端的逻辑关系式如下：

319

表 13—11		8421 码十进制加法计数器真值表				
计数脉冲	二 进 制 数					十进制数
	Q_3	Q_2	Q_1	Q_0		
0	0	0	0	0		0
1	0	0	0	1		1
2	0	0	1	0		2
3	0	0	1	1		3
4	0	1	0	0		4
5	0	1	0	1		5
6	0	1	1	0		6
7	0	1	1	1		7
8	1	0	0	0		8
9	1	0	0	1		9
10	0	0	0	0		进位

（1）第一位触发器 FF_0，每来一个脉冲就翻转一次，故 $J_0 = K_0 = 1$。

（2）第二位触发器 FF_1，当 $Q_0 = 1$ 时再来一个脉冲就翻转一次，而在 $Q_3 = 1$ 时不得翻转，故 $J_1 = \overline{Q}_3 Q_0$，$K_1 = Q_0$。

（3）第三位触发器 FF_2，当 $Q_0 = Q_1 = 1$ 时再来一个脉冲就翻转，故 $J_2 = K_2 = Q_0 Q_1$。

（4）第四位触发器 FF_3，当 $Q_0 = Q_1 = Q_2 = 1$ 时再来一个脉冲就翻转，并在第十个脉冲时必须由 1 翻转为 0，故 $J_3 = Q_0 Q_1 Q_2$，$K_3 = Q_0$。

由上述逻辑关系可得到图 13—21 所示的同步十进制加法计数器。同时，可得到该计数器的波形图如图 13—22 所示。

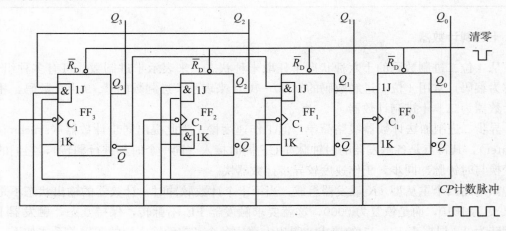

图 13—21　同步十进制加法计数器

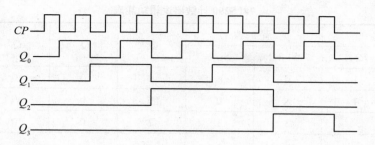

图 13—22　同步十进制加法计数器波形图

三、集成计数器

目前，计数器有多种集成电路产品可供选用。例如，74LS290 为异步二－五－十进制加法计数器。其芯片管脚、逻辑图如图 13—23 所示，逻辑功能见表 13—12。

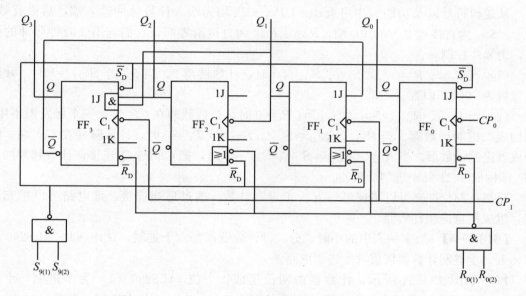

（a）逻辑图

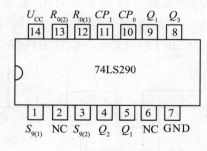

（b）芯片管脚排列图

图 13—23

表 13—12　　　　　　　　　　　74LS290 计数器逻辑功能表

置 0 端		置 9 端		Q_3	Q_2	Q_1	Q_0
$R_{0(1)}$	$R_{0(2)}$	$S_{9(1)}$	$S_{9(2)}$				
1	1	0	$\times$	0	0	0	0
1	1	$\times$	0	0	0	0	0
$\times$	$\times$	1	1	1	0	0	1
0	$\times$	0	$\times$	计数			
$\times$	0	$\times$	0	计数			
0	$\times$	$\times$	0	计数			
$\times$	0	0	$\times$	计数			

注：×表示在任意状态。

从逻辑符号以及功能表中可看出：CP_0、CP_1 均为输入计数脉冲输入端，后沿有效。$S_{9(1)}$、$S_{9(2)}$ 为直接置 9（1001）端，$R_{0(1)}$、$R_{0(2)}$ 为直接清零端，它们均不受时钟脉冲的控制，为异步控制端。

（1）当 $R_{0(1)}$、$R_{0(2)}=1$，$S_{9(1)}$、$S_{9(2)}=0$ 时，计数器清 0。当 $S_{9(1)}$、$S_{9(2)}=1$ 时，计数器置数为 1001，即置 "9"。

（2）当 $R_{0(1)}$、$R_{0(2)}=S_{9(1)}$、$S_{9(2)}=CP_1=0$ 时，计数脉冲在 CP_0 端，三个触发器不用，则构成二进制计数器。当 $R_{0(1)}$、$R_{0(2)}=S_{9(1)}$、$S_{9(2)}=CP_0=0$ 时，计数脉冲在 CP_1 端，则构成五进制计数器。当 $R_{0(1)}$、$R_{0(2)}=S_{9(1)}$、$S_{9(2)}=0$ 时，把 CP_1 与 Q_0 连接，计数脉冲加在 CP_0 端构成 8421 码十进制计数器。

显然，74LS290 可以实现二－五－十进制计数。通过适当连接，该电路可以扩充功能，组成任意进制计数器。

【例 13—4】 数字钟表中的小时、分、秒计数器都是六十进制，试用两片 74LS290 型二－五－十进制计数器接成六十进制电路。

解 如图 13—24 所示，计数器由两位组成：个位 74LS290（1）为十进制，十位 74LS290（2）为六进制。个位的最高位 Q_3 接到十位的 CP_0，个位十进制计数器经过 10 个脉冲循环一次，每当第 10 个脉冲来到后 Q_3 由 1 变为 0，相当于一个后沿，使十位六进制计数器开始计数，计数器为 0001；经过 20 个脉冲，十位计数器为 0010。经过六十个脉冲后，计数器为 0110。接着，个位和十位计数器都恢复为 0000。这就是六十进制计数器。

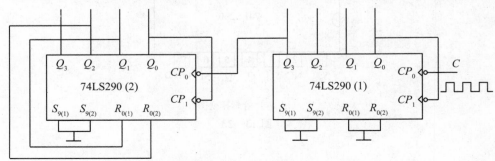

图 13—24　六十进制计数器

13.3.1 寄存器与计数器的主要区别是什么？

13.3.2 时序逻辑电路与组合逻辑电路的主要区别是什么？

13.4 555 定时器及其应用

双稳态触发器有两个稳定状态，在脉冲信号触发下可以从一个稳定状态转换为另一个稳定状态，脉冲消失后，维持其稳定状态。单稳态触发器只有一个稳定状态，在信号未加之前，触发器处于稳定状态，经信号触发后，触发器翻转，但新的状态只能暂时保持（暂稳状态），经过一定时间（由电路参数决定）后自动翻转到原来的稳定状态。

一、555 集成定时器

555 集成定时器（integrated timer）的内部电路结构和外引线排列如图 13—25 所示。电路由三个串联的 5 kΩ 电阻（分压器）、两个电压比较器（A_1、A_2）、一个基本 RS 触发器（A_3）和放电开关（晶体管 T）四部分组成。

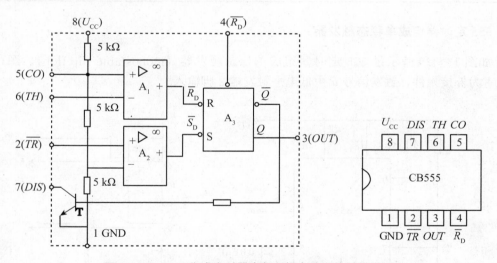

图 13—25 555 集成定时器内部逻辑电路和外引线排列

由电路结构可知，555 定时器是一种模拟电路和数字电路相结合的中规模集成电路。A_1 的参考电压为 $2/3U_{CC}$，加于同相输入端；A_2 的参考电压为 $1/3U_{CC}$，加于反相输入端。两者均由分压器取得。555 定时器的各外引线端的功能（表 13—13）为：

2 为低电压触发端，由此输入触发脉冲。当输入电压高于 $1/3U_{CC}$ 时，A_2 的输出为 1；当输入电压低于 $1/3U_{CC}$ 时，A_2 的输出为 0，使基本 RS 触发器置 1。

6 为高电压触发端，由此输入触发脉冲。当输入电压低于 $2/3U_{CC}$ 时，A_1 的输出为 1；当输入电压高于 $2/3U_{CC}$ 时，A_1 的输出为 0，使基本 RS 触发器置 0。

4 为复位端，由此输入负脉冲（或使其电平低于 0.7 V）而使触发器直接复位（置 0）。

5 为电压控制端，在此可外加一电压以改变比较器的参考电压。不用时，经 0.01 μF

电容接"地"，以防止干扰的引入。

7 为放电端，当触发器的 $\overline{Q}_n$ 端为 1 时，放电晶体管 T 导通，外接电容元件通过 T 放电。

3 为输出端，输出电流可以达到 200 mA，因此可以直接驱动继电器、发光二极管、扬声器、指示灯等。输出电压一般低于电源电压 1～3 V。

8 为电源端，可在 5～8 V 之间使用。

1 为接地端。

"555"是指三个 5 kΩ 电阻，即 555 定时器名称的由来；定时是指此器件在电路中常用于"定时"功能。

表 13—13   555 集成定时器的功能表

$\overline{R}_D$ 复位	TH 阈值输入	$\overline{TR}$ 触发输入	Q	u_o 输出	T 放电管
0	×	×	×	低电平 0	导通
1	大于 $2/3U_{CC}$	大于 $1/3U_{CC}$	0	低电平 0	导通
1	小于 $2/3U_{CC}$	小于 $1/3U_{CC}$	1	高电平 1	截止
1	小于 $2/3U_{CC}$	大于 $1/3U_{CC}$	保持	保持	保持

二、555 定时器组成单稳态触发器

如图 13—26 所示是 555 定时器组成单稳态触发器（monostable flip-flop）。图中 R、C、C_1 为外接元件，触发信号 u_1 由低电平触发端 2 脚输入。

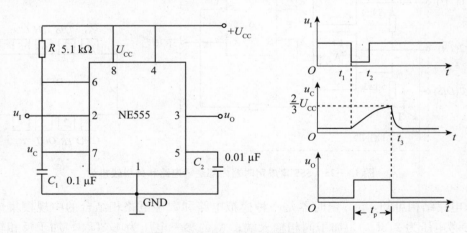

图 13—26   555 集成定时器构成单稳态触发器

1. 稳态分析（$O \sim t_1$）

稳态时，u_I 为高电平电压（1），其值大于 $1/3U_{CC}$，A_2 输出 $\overline{S}_D$ 为 1。若触发器原态 $Q=0$，$\overline{Q}=1$，晶体管 T 导通放电，$u_C \approx 0.3$ V，故 A_1 输出 $\overline{R}_D$ 为 1，u_O 保持不变；若触发器原态 $Q=1$，$\overline{Q}=0$，T 截止，电源对电容 C 充电，u_C 升高。当 u_C 大于 $2/3U_{CC}$ 时，A_1 输出 $\overline{R}_D$ 为 0，触发器翻转为 $Q=0$，$\overline{Q}=1$，使 u_O 置 0。所以，输出电压的稳态为低电平电压（0）。

2. 暂稳态分析（$t_1 \sim t_2$）

t_1时刻，输入触发负脉冲，其值小于$1/3U_{CC}$，A_2输出$\overline{S}_D$为0，u_O被置1。电路进入暂稳态，放电管 T 截止，电源又对电容 C 充电。t_2时刻，输入负脉冲消失，但u_C尚未达到$2/3U_{CC}$，故仍为1。t_3时刻，u_C达到$2/3U_{CC}$，A_1输出$\overline{R}_D$为0，恢复为稳态，C迅速放电，使u_C小于$2/3U_{CC}$，而u_I大于$1/3U_{CC}$。则$\overline{R}_D = \overline{S}_D = 1$，输出电压$u_O$也为低电平电压（0）。

输出的矩形脉冲的宽度为

$$t_p = RC\ln3 = 1.1RC \tag{13—1}$$

即暂稳态的持续时间t_p决定于R、C的大小。通过改变R、C的大小，可使延时时间在几微秒到几十分钟之间变化。当这种单稳态电路作为计时器时，可直接驱动小型继电器。一般取$R = 1\text{ k}\Omega \sim 10\text{ M}\Omega$，$C > 1\,000\text{ pF}$，只要满足$u_I$的重复周期大于$t_p$，电路即可工作，实现较精确的定时。

3. 用途

（1）定时，改变R和C的值，可以改变脉冲宽度t_p，从而进行定时控制。

（2）整形，输入脉冲的波形往往是不规则的，边沿不陡，幅度不齐，不能直接输入到数字装置中，需要进行整形。

（3）延时，将输入信号延迟一定时间后输出。

三、555 集成定时器组成多谐振荡器

多谐振荡器（astable multivibrator）又称无稳态触发器（astable flip-flop），它无须外加触发脉冲，就能输出一定频率的矩形脉冲（自激振荡），因此没有稳态；因矩形脉冲波含有丰富的谐波，故称为多谐振荡器。

如图 13—27 所示是由 555 定时器组成的多谐振荡器。R_1、R_2、C、C_0为外接元件。电源U_{CC}接通后，经过R_1和R_2对C充电，u_C上升。当$0 < u_C < \frac{1}{3}U_{CC}$时，$\overline{S}_D = 0$，$\overline{R}_D = 1$，触发器置1，$u_O$为高电平电压（1）；当$\frac{1}{3}U_{CC} < u_C < \frac{2}{3}U_{CC}$时，$\overline{S}_D = 1$，$\overline{R}_D = 1$，触发器保持

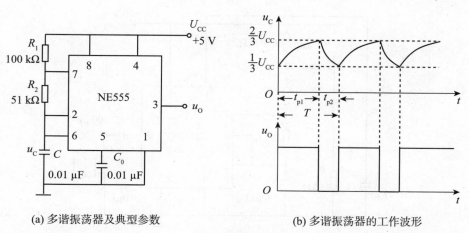

(a) 多谐振荡器及典型参数　　　　　　　　(b) 多谐振荡器的工作波形

图 13—27　555 集成定时器构成的多谐振荡器

不变，u_O 仍为高电平电压（1）；当 $u_C > \frac{2}{3} U_{CC}$，$\bar{R}_D = 0$，触发器置 0，u_O 为低电平电压（0）。这时放电管 T 导通，C 通过 R_2 和 T 放电，u_C 下降。当 u_C 下降到 $\frac{1}{3} U_{CC}$ 时，$\bar{S}_D$ 为 0，触发器置 1，u_O 由低电平（0）变为高电平电压（1）。如此重复上述过程，建立振荡，得到 u_O 为连续的矩形波。

第一个暂稳状态的脉冲宽度 t_{p1}，电源通过 R_1、R_2 向 C 充电，充电时间为

$$t_{p1} \approx (R_1 + R_2) C \ln 2 = 0.7(R_1 + R_2)C \tag{13—2}$$

第二个暂稳状态的脉冲宽度 t_{p2}，C 通过 R_2 经放电端放电，放电时间为

$$t_{p2} \approx R_2 C \ln 2 = 0.7 R_2 C \tag{13—3}$$

振荡周期

$$T = t_{p1} + t_{p2} = 0.7(R_1 + 2R_2)C \tag{13—4}$$

振荡频率

$$f = \frac{1}{T} = \frac{1.43}{(R_1 + 2R_2)C} \tag{13—5}$$

555 定时器要求 R_1 与 R_2 均应大于或等于 1 kΩ，但 $R_1 + R_2$ 应小于或等于 3.3 MΩ。外部元件的稳定性决定了多谐振荡器的稳定性，555 定时器配以少量的元件即可获得较高精度的振荡频率，而且具有较强的功率输出能力。利用多谐振荡器可以组成各种脉冲发生器（可产生方波、三角波、锯齿波等）、门铃电路、报警电路等。

*13.5 应用举例

一、模拟声响电路

如图 13—28 所示为 555 定时器构成的叮咚门铃电路。555 定时器和 R_1、R_2、R_3、C_2

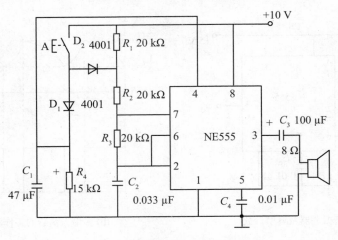

图 13—28 叮咚门铃电路

组成多谐振荡器。按钮 A 未按下时，555 定时器的复位端 4 接地，振荡器不工作。按下 A 后，+5 V 电源通过二极管 D_1 为电容 C_1 充电，电压逐渐升为高电平，即 $\overline{R}_D = 1$，振荡器工作，扬声器发声。因按钮 A 通过 D_2 将 R_4 短路，故振荡频率较高，发出"叮"声。放开按钮 A，C_1 上的电压使 $\overline{R}_D$ 维持高电平，振荡器继续工作，又因 R_1 串入电路，振荡频率较前变低，发出"咚"声。同时 C_1 上通过 R_4 放电，直到 C_1 上电压放到不能维持 555 振荡为止。"咚"声的余音的长短可通过改变 C_1 的数值来改变。

二、四人抢答器

四人抢答器的具体要求是：当主持人宣布开始时，一旦有任何参赛者最先按下按钮，则此参赛者对应的指示灯点亮，而其余三个参赛者的按钮将不起作用，信号也不再被输出，直到主持人宣布下一轮抢答开始为止。

优先判决电路俗称抢答器。它主要由输入开关、判决器、灯光显示电路及音响电路等部分组成。图 13—29 （a）是由 74LS175 型四前沿 D 触发器等器件组成的四人抢答电路。输入开关和灯光显示由数字逻辑实验箱中的并行逻辑开关和高低电平逻辑信息指示器提供。74LS175 四 D 触发器、74LS20 四输入二与非门和二输入四与非门组成判别器。时钟脉冲为 1 kHz。74LS175 的清零端 CLD 和时钟脉冲 CLK 是四个 D 触发器共用的。

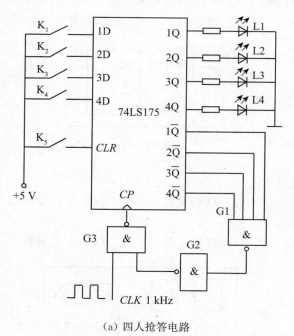

（a）四人抢答电路　　　　　　　　　　（b）74LS175 外引线排列图

图 13—29

 习　题

一、单项选择题

1. 触发器输出的状态取决于（　　　）。

（1）输入信号　　　　　（2）电路的原始状态　　（3）输入信号和电路的原始状态

2. 触发器按其工作状态是否稳定可分为（　　）。

（1）RS 触发器、JK 触发器、D 触发器、T 触发器

（2）双稳态触发器、单稳态触发器、无稳态触发器

（3）主从型触发器、维持阻塞型触发器

3. 时序逻辑电路与组合逻辑电路的主要区别是（　　）。

（1）时序电路只能计数，而组合电路只能寄存

（2）时序电路没有记忆功能，组合电路则有

（3）时序电路具有记忆功能，组合电路则没有

4. 寄存器与计数器的主要区别是（　　）。

（1）寄存器具有记忆功能，而计数器没有

（2）寄存器只能存数，不能计数，计数器不仅能连续计数，也能存数

（3）寄存器只能存数，计数器只能计数，不能存数

5. 逻辑电路如图 13—01 所示，当 $A=1$ 时，C 脉冲来到后 JK 触发器（　　）。

（1）具有计数功能　　　（2）置 0　　　　　（3）置 1

6. 逻辑电路如图 13—02 所示，当 $A=1$ 时，C 脉冲来到后 D 触发器（　　）。

（1）具有计数功能　　　（2）保持原状态　　　（3）置 1　　　　　（4）置 0

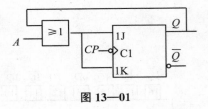

图 13—01

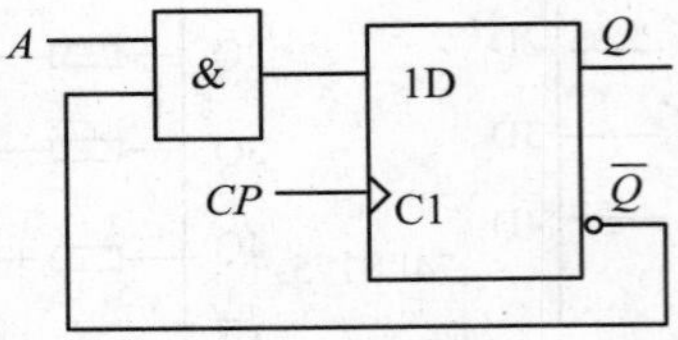

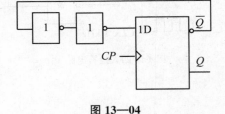

图 13—02

7. 如图 13—03 所示逻辑电路的功能是（　　）。

（1）JK 触发器　　　　（2）RS 触发器　　　　（3）D 触发器　　　　（4）T' 触发器

8. 如图 13—04 所示逻辑电路的功能是（　　）。

（1）JK 触发器　　　　（2）RS 触发器　　　　（3）D 触发器　　　　（4）T' 触发器

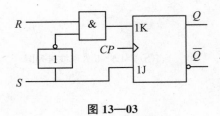

图 13—03

图 13—04

9. 设计一个八进制计数器，需要的触发器个数至少为（　　）。

（1）1 个　　　　　　（2）2 个　　　　　　（3）3 个　　　　　　（4）4 个

10. 某时序逻辑电路的波形如图 13—05 所示，由此判定该电路是（　　）。

（1）加法计数器　　　（2）减法计数器　　　（3）移位寄存器

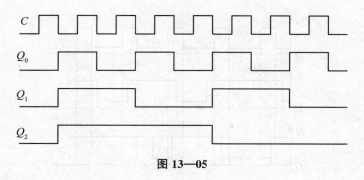

图 13—05

二、分析与计算题

13.1   对应于图 13—06 逻辑图，若输入波形如图所示，试分别画出原态为 0 和原态为 1 对应时刻的 Q 和 $\overline{Q}$ 波形。

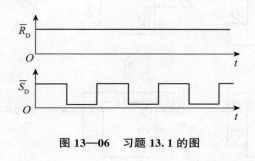

图 13—06   习题 13.1 的图

13.2   同步 RS 触发器的原状态为 1，R、S 和 CP 端的输入波形如图 13—07 所示，试画出对应的 Q 和 $\overline{Q}$ 波形。

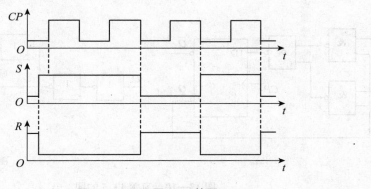

图 13—07   习题 13.2 的图

13.3   设触发器的原始状态为 0，在图 13—08 所示的 CP、J、K 输入信号激励下，试分别画出 TTL 主从型 JK 触发器输出 Q 的波形。

13.4   已知时钟脉冲 CP 的波形如图 13—08 所示，试分别画出图 13—09（a）～（e）中各触发器输出端 Q 的波形。设它们的初始状态均为 0。指出哪个具有计数功能。

13.5   分别验证图 13—10（a）所示的转换逻辑 $D{\rightarrow}JK$ 触发器和图 13—10（b）的转换逻辑 $JK{\rightarrow}D$ 触发器是否正确。

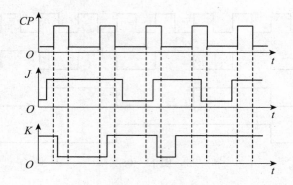

图 13—08　习题 13.3 的图

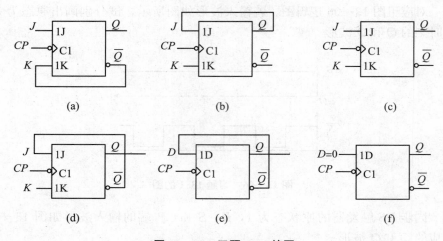

图 13—09　习题 13.4 的图

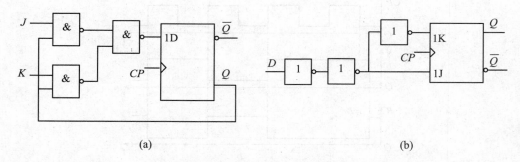

图 13—10　习题 13.5 的图

13.6　逻辑电路图及 A、B、K 和 C 脉冲的波形如图 13—11 所示，试写出 J、K 的逻辑式，画出 Q 的波形（设 Q 的初始状态为 "0"）。

13.7　试用四个 D 触发器（前沿触发）组成一个 4 位右移位寄存器。

13.8　在图 13—12 所示的逻辑电路中，试画出 Q_1 和 Q_2 端的波形，时钟脉冲的波形 CP 如图所示。如果时钟脉冲的频率是 4 000 Hz，那么 Q_1 和 Q_2 波形的频率各为多少？设初始状态 $Q_1 = Q_2 = 0$。

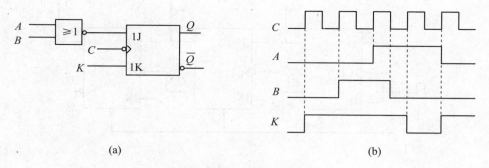

(a)   (b)

图 13—11   习题 13.6 的图

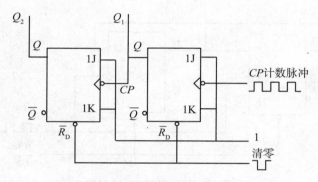

图 13—12   习题 13.8 的图

13.9   电路如图 13—13 所示,试画出电路在脉冲 CP 作用下 Q_1、Q_2 的波形图,设 Q_1、Q_2 初态为 0。

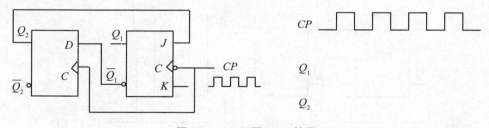

图 13—13   习题 13.9 的图

13.10   逻辑电路如图 13—14 所示,CP 为序列脉冲波形。试列出逻辑图的真值表,画出各输出端的波形,并判断是几进制,加法还是减法,同步还是异步(设 Q_0、Q_1、Q_2 的初始状态为 "0")。

13.11   分析图 13—15 所示的电路,设初始状态为 $Q_1 Q_0 = 00$。试列真值表,画出各输出端的波形,说明电路的逻辑功能。

13.12   试列出图 13—16 所示计数器的真值表,从而说明它是几进制计数器。设触发器的初始状态为 000。

13.13   数字钟表中的一天为二十四进制,试用两片 74LS290 型二-五-十进制计数器按 BCD 码接成二十四进制电路(图 13—17)。

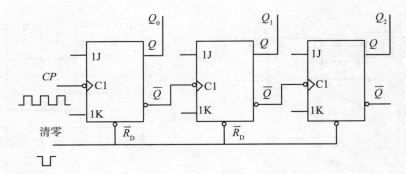

图 13—14　习题 13.10 的图

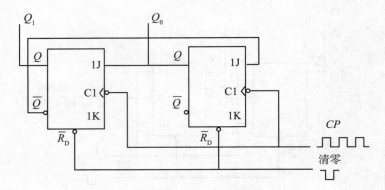

图 13—15　习题 13.11 的图

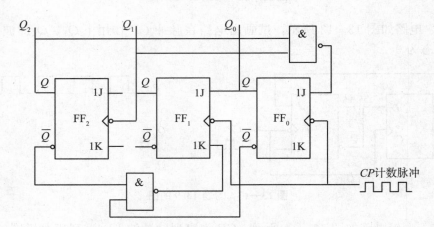

图 13—16　习题 13.12 的图

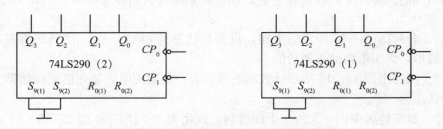

图 13—17　两片 74LS290 接成二十四进制电路

13.14 图 13—18 是由 555 定时器构成的单稳态触发电路。（1）简要说明其工作原理；（2）计算暂稳态维持时间 t_w；（3）画出在图 13—18 所示输入 u_i 作用下的 u_C 和 u_O 的波形；（4）若 u_i 的低电平维持时间为 15 ms，要求暂稳态维持时间 t_w 不变，应采取什么措施？

13.15 图 13—19 是一简易触摸开关电路，当手摸金属片时，发光二极管亮，经过一定时间，发光二极管熄灭。试说明其工作原理，并问发光二极管能亮多长时间？（输出端电路稍加改变也可接门铃、短时用照明、厨房排烟风扇等。）

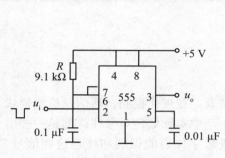

图 13—18 习题 13.14 的图

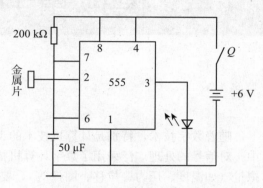

图 13—19 习题 13.15 的图

13.16 图 13—20 是一个防盗报警电路。a、b 两端被一细铜丝接通，此铜丝置于认为盗窃者必经之处。当盗窃者闯入室内将铜丝碰断后，扬声器即发出报警声（扬声器电压为 1.2 V，通过电流为 40 mA）。（1）试问 555 定时器接成何种电路？（2）试说明电路的工作原理。

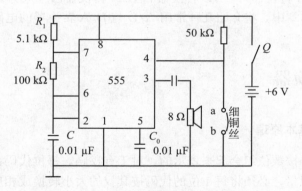

图 13—20 习题 13.16 的图

第 *14* 章
模拟量与数字量转换电路

随着数字技术，特别是计算机技术的飞速发展与普及，在现代控制、通信及检测领域中，对信号的处理广泛采用了数字计算机技术。由于生产中实际处理对象往往都是一些模拟量（如温度、压力、位移、图像等），要使计算机或数字仪表能识别和处理这些信号，必须首先将这些模拟信号转换成数字信号；而经计算机分析、处理后输出的数字量往往也需要将其转换成为相应的模拟信号才能为执行机构所接收。这就需要一种能在模拟信号与数字信号之间起桥梁作用的电路，即模数转换器和数模转换器。

能将模拟信号转换成数字信号的电路，称为模数转换器（analog-to-digital converter，简称 A/D 转换器）；能将数字信号转换成模拟信号的电路称为数模转换器（digital-to-analog converter，简称 D/A 转换器），A/D 转换器和 D/A 转换器已经成为计算机系统中不可缺少的接口电路。在本章中，将介绍几种常用 A/D 与 D/A 转换器的电路结构、工作原理及其应用。

14.1　D/A 转换器

一、D/A 转换器的基本原理

数字量是用代码按数位组合起来表示的，对于有权码，每位代码都有一定的权。为了将数字量转换成模拟量，必须将每 1 位的代码按其权的大小转换成相应的模拟量，然后将这些模拟量相加，即可得到与数字量成正比的总模拟量，从而实现了数字—模拟转换。这就是构成 D/A 转换器的基本思路。

图 14—1 所示是 D/A 转换器的输入、输出关系框图，$d_0 \sim d_{n-1}$ 是输入的 n 位二进制数，U_0 是与输入二进制数成比例的输出电压。图 14—2 所示是一个输入为 3 位二进制数时 D/A 转换器的转换特性，它具体而形象地反映了 D/A 转换器的基本功能。

D/A 转换器由数码寄存器、模拟电子开关电路、解码网络、求和电路及基准电压几部分组成。数字量以串行或并行方式输入、存储于数码寄存器中，数字寄存器输出的各位数码，分别控制对应位的模拟电子开关，使数码为 1 的位在位权网络上产生与其权值成正比的电流值，再由求和电路将各种权值相加，即得到数字量对应的模拟量。

334

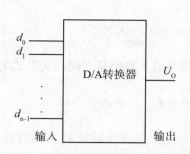

图 14—1　D/A 转换器的输入、输出关系框图

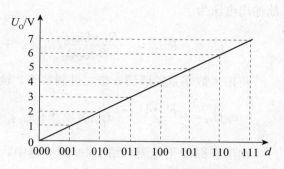

图 14—2　3 位 D/A 转换器的转换特性

二、倒 T 形电阻网络 D/A 转换器

在单片集成 D/A 转换器中，使用最多的是倒 T 形电阻网络 D/A 转换器。四位倒 T 形电阻网络 D/A 转换器的原理图如图 14—3 所示。

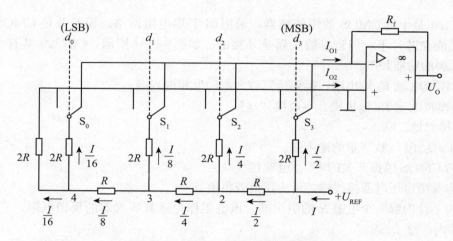

图 14—3　倒 T 形电阻网络 D/A 转换器

$S_0 \sim S_3$ 为模拟开关，$R-2R$ 电阻解码网络呈倒 T 形，运算放大器 A 构成反向比例求和电路。d_3、d_2、d_1、d_0 为输入 4 位二进制数码，模拟开关 S_i 由输入数码 d_i 控制，当 $d_i=1$ 时，S_i 接运放反相输入端（"虚地"），I_{O1} 流入求和电路；当 $d_i=0$ 时，S_i 将电阻 $2R$ 接地。无论模拟开关 S_i 处于何种位置，与 S_i 相连的 $2R$ 电阻均等效接"地"（地或虚地）。这样流经 $2R$ 电阻的电流与开关位置无关，为确定值。

分析 $R-2R$ 电阻电路可知，从每个结点（1、2、3、4）与地的二端网络等效电阻均为 R，流入每个 $2R$ 电阻的电流从高位到低位按 2 的整倍数递减。设由基准电压 U_{REF} 提供的总电流为 I（$I=U_{REF}/R$），则流过各支路（从右到左）的电流分别为 $I/2$、$I/4$、$I/8$ 和 $I/16$。

流入运算放大器反相端的电流为

$$I_{O1}=\frac{U_{REF}}{R \cdot 2^4}(d_3 \times 2^3+d_2 \times 2^2+d_1 \times 2^1+d_0 \times 2^0) \tag{14—1}$$

故输出电压为

$$U_O = -R_f I_{O1} = -\frac{R_f \cdot U_{REF}}{R \cdot 2^4}(d_3 \times 2^3 + d_2 \times 2^2 + d_1 \times 2^1 + d_0 \times 2^0) \tag{14—2}$$

将输入数字量扩展到 n 位二进制数码，输出模拟量与输入数字量之间的关系式为

$$U_O = -\frac{R_f \cdot U_{REF}}{R \cdot 2^n}(d_{n-1} \times 2^{n-1} + d_{n-2} \times 2^{n-2} + \cdots + d_1 \times 2^1 + d_0 \times 2^0)$$

由于在倒 T 形电阻网络 D/A 转换器中，各支路电流直接流入运算放大器的输入端，它们之间不存在传输上的时间差。电路的这一特点不仅提高了转换速度，而且也减少了动态过程中输出端可能出现的尖脉冲。倒 T 形电阻网络 D/A 转换是目前广泛使用的 D/A 转换器中速度较快的一种。常用的 CMOS 开关倒 T 形电阻网络 D/A 转换器的集成电路有 AD7520（10 位）、DAC1210（12 位）和 AK7546（16 位高精度）等。

三、集成 D/A 转换器

CC7520 是十位 CMOS 数模转换器，采用倒 T 形电阻网络。模开关是 CMOS 型的，也同时集成在芯片上，但运算放大器是外接的。如图 14—4 所示，CC7520 共有 16 个引脚，各引脚的功能如下：

1 为模拟电流 I_{O1} 输出端，接到运算放大器的反相输入端。

2 为模拟电流 I_{O2} 输出端，一般接"地"。

3 为接"地"端。

4～13 为 10 位数字量的输入端。

14 为 CMOS 模拟开关的 $+U_{DD}$ 电源接线端。

15 为参考电压电源接线端，可为正值或负值。

16 为芯片内部一个电阻 R 的引出端，该电阻作为运算放大器的反馈电阻，它的另一端在芯片内部接 I_{O1} 端。

CC7520 输入数字量与输出模拟量之间的关系见表 14—1。

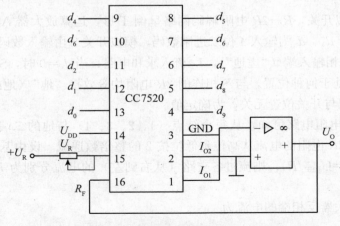

图 14—4　CC7520 转换器的典型应用

输					入					输出
d_9	d_8	d_7	d_6	d_5	d_4	d_3	d_2	d_1	d_0	U_O
0	0	0	0	0	0	0	0	0	0	0
0	0	0	0	0	0	0	0	0	1	
				$\vdots$						$\vdots$
0	1	1	1	1	1	1	1	1	1	
1	0	0	0	0	0	0	0	0	0	
1	0	0	0	0	0	0	0	0	1	
				$\vdots$						$\vdots$
1	1	1	1	1	1	1	1	1	0	
1	1	1	1	1	1	1	1	1	1	

四、D/A 转换器的主要技术指标

1. 分辨率

输入数字量位数越多，输出电压可分离的等级越多，即分辨率越高。在实际应用中，往往用输入数字量的位数表示 D/A 转换器的分辨率。此外，D/A 转换器也可以用能分辨的最小输出电压（输入的数字代码只有最低有效位为 1，其余各位都是 0）与最大输出电压（输入的数字代码各有效位全为 1）之比给出。例如，10 位 D/A 转换器的分辨率可表示为

$$\frac{1}{2^{10}-1}=\frac{1}{1\,023}\approx 0.001$$

2. 精度

绝对精度（简称精度）是指在整个刻度范围内，任一输入数码所对应的模拟量实际输出值与理论值之间的最大误差。精度（转换误差）的来源很多，如转换器中各元件参数值的误差、基准电源不够稳定和运算放大器零漂的影响等。

3. 线性度

通常用非线性误差的大小表示 D/A 转换器的线性度。非线性误差是实际转换特性曲线与理想直线特性之间的最大偏差。常以相对于满量程的百分数表示。如，$\pm 1\%$ 是指实际输出值与理论值之差在满刻度的 $\pm 1\%$ 以内。

4. 建立时间（t_{set}）

指输入数字量变化时，输出电压变化到相应稳定电压值所需时间。由于倒 T 形电阻网络 D/A 转换器是并行输入，其转换速度较快，10 位或 12 位单片集成 D/A 转换器建立时间一般在 1 μs 以内。

此外，还有转换速率（SR）、功率消耗、温度系数、电源抑制比等技术指标。

【例 14—1】 对于一个 8 位 D/A 转换器，若最小输出电压增量为 0.02 V，试问当输

入代码为"11011001"时，输出电压 u_o 为多少伏？若其分辨率用百分数表示是多少？

解 8位 D/A 的分辨率为 1/256，最小电压增量为 0.02 V，则满程输出为 0.02 V×256＝5.12 V，输入代码为 11011001，即十进制的 217，输出电压为 0.02 V×217＝4.34 V。

14.2 A/D 转换器

一、A/D 转换的一般步骤

在 A/D 转换器中，因为输入的模拟信号在时间上是连续量，而输出的数字信号代码是离散量，所以进行转换时必须在时间坐标轴上选定的瞬间对输入的模拟信号取样，然后再把这些取样值转换为输出的数字量。因此，一般的 A/D 转换过程是通过取样、保持、量化和编码这四个步骤完成的。如图 14—5 所示。

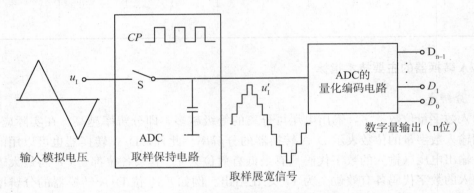

图 14—5 模拟量到数字量的转换过程

1. 取样定理

可以证明，为了正确无误地用图 14—6 中所示的取样信号 u_S 表示模拟信号 u_I，必须满足：

$$f_S \geqslant 2f_{imax}$$

式中 f_S 为取样频率，f_{imax} 为输入信号 u_I 的最高频率分量的频率。

在满足取样定理的条件下，可以用一个低通滤波器将信号 u_S 还原为 u_I，这个低通滤波器的电压传输系数 $|A(f)|$ 在低于 f_{imax} 的范围内应保持不变，而在 $f_S - f_{imax}$ 以前应迅速下降为零，如图 14—7 所示。因此，取样定理规定了 A/D 转换的频率下限。

每次把取样电压转换为相应的数字量都需要一定的时间，所以在每次取样以后，必须把取样电压保持一段时间。可见，进行 A/D 转换时所用的输入电压，实际上是每次取样结束时的 u_I 值。

2. 量化和编码

数字信号不仅在时间上是离散的，而且在数值上的变化也不是连续的。这就是说，任何一个数字量的大小，都是以某个最小数量单位的整倍数来表示的。因此，在用数字量表示取样电压时，必须把它化成这个最小数量单位的整倍数，这个转化过程就叫作量化

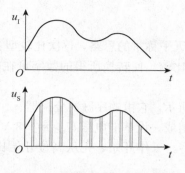

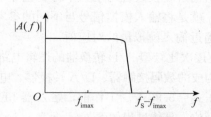

图 14—6　对输入模拟信号的采样　　　　　图 14—7　还原取样信号所用滤波器的频率特性

（quantizing）。所规定的最小数量单位叫作量化单位，用 Δ 表示。显然，数字信号最低有效位中的 1 表示的数量大小，就等于 Δ。把量化的数值用二进制代码表示，称为编码（coding）。这个二进制代码就是 A/D 转换的输出信号。

既然模拟电压是连续的，那么它就不一定能被 Δ 整除，因而不可避免地会引入误差，把这种误差称为量化误差。在把模拟信号划分为不同的量化等级时，用不同的划分方法可以得到不同的量化误差。

模拟电平	二进制代码	代表的模拟电平	模拟电平	二进制代码	代表的模拟电平
1V			1V		
7/8	111	$7\Delta=(7/8)\text{V}$	13/15	111	$7\Delta=(14/15)\text{V}$
6/8	110	$6\Delta=6/8$	11/15	110	$6\Delta=12/15$
5/8	101	$5\Delta=5/8$	9/15	101	$5\Delta=10/15$
4/8	100	$4\Delta=4/8$	7/15	100	$4\Delta=8/15$
3/8	011	$3\Delta=3/8$	5/15	011	$3\Delta=6/15$
2/8	010	$2\Delta=2/8$	3/15	010	$2\Delta=4/15$
1/8	001	$1\Delta=1/8$	1/15	001	$1\Delta=2/15$
0	000	$0\Delta=0$	0	000	$0\Delta=0$
(a)			(b)		

图 14—8　划分量化电平的两种方法

假定需要把 $0\sim+1$ V 的模拟电压信号转换成 3 位二进制代码，这时可以取 $\Delta=(1/8)$ V，并规定数值在 $0\sim(1/8)$ V 之间的模拟电压都当作 $0\times\Delta$ 看待，用二进制的 000 表示；数值在 $(1/8)\sim(2/8)$ V 之间的模拟电压都当作 $1\times\Delta$ 看待，用二进制的 001 表示，以此类推，如图 14—8（a）所示。不难看出，最大的量化误差可达 Δ，即 $(1/8)$ V。

为了减少量化误差，通常采用图 14—8（b）所示的划分方法，取量化单位 $\Delta=(2/15)$ V，并将 000 代码所对应的模拟电压规定为 $0\sim(1/15)$ V，即 $0\sim\Delta/2$。这时，最大量化误差将减少为 $\Delta/2=(1/15)$ V。因为此时把每个二进制代码所代表的模拟电压值规定为它所对应的模拟电压范围的中点，所以最大的量化误差就缩小为 $\Delta/2$ 了。

二、逐次比较型 A/D 转换器

逐次逼近转换过程与用天平称物重非常相似。按照天平称重的思路，逐次比较型 A/D 转换器，就是将输入模拟信号与不同的参考电压作多次比较，使转换所得的数字量在数值上逐次逼近输入模拟量的对应值。

4 位逐次比较型 A/D 转换器的逻辑电路如图 14—9 所示，它由顺序脉冲分配器、4 个 D 触发器构成的数码接触器、D/A 转换器、电压比较器等组成。设基准电压 $U_{REF} = -8$ V，待转换电压 $u_1 = 5.52$ V。工作前，触发器 $FF_1 \sim FF_4$ 置清零。工作开始，先从高位开始比较，逐次到低位。具体过程如下：

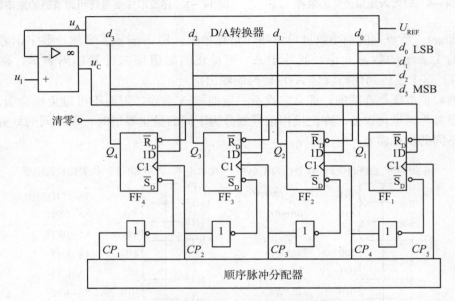

图 14—9 4 位逐次比较型 A/D 转换器的逻辑电路

首先，顺序脉冲分配器产生脉冲 CP_1，经非门使 D 触发器 FF_4 置 1，此时 $Q_4Q_3Q_2Q_1 = 1000$。这一设定量经数模转换器得到 u_A，由式（14—2）计算出 $u_A = 4$ V，小于 $u_1 = 5.52$ V，说明设定量太小，下次比较时保留 $Q_4 = 1$，同时，Q_3 由 0 增为 1。

其次，顺序脉冲分配器产生脉冲 CP_2，为触发器 FF_4 提供时钟脉冲，因为 u_A 小于 u_1，电压比较器输出 u_C 高电平，$D_4 = 1$，故 Q_4 保留为 1。同时，CP_2 经非门使触发器 FF_3 直接置 1，故 $Q_4Q_3Q_2Q_1 = 1100$，经数模转换器得到 $u_A = 6$ V，大于 $u_1 = 5.52$ V，说明设定量太大，下次比较时 $Q_3 = 1$ 应取消，即 $Q_3 = 0$，同时，Q_2 由 0 变为 1。

再次脉冲 CP_3 作为触发器 FF_3 的时钟脉冲，因为 u_A 大于 u_1，比较器输出低电平，$D_3 = 0$，使得 $Q_3 = 0$。同时，CP_3 经非门使触发器 FF_2 直接置 1，故 $Q_4Q_3Q_2Q_1 = 1010$，此时，$u_A = 5$ V，小于 $u_1 = 5.52$ V。

然后，脉冲 CP_4 作为触发器 FF_2 的时钟脉冲，因为 u_A 小于 u_1，比较器输出高电平，$D_2 = 1$，故 Q_2 保留为 1。同时，CP_4 经非门使触发器 FF_1 直接置 1，故 $Q_4Q_3Q_2Q_1 = 1011$，得到 $u_A = 5.5$ V，略小于 5.52 V。

最后，脉冲 CP_5 作为触发器 FF_1 的时钟脉冲，因为 u_A 小于 u_1，$D_1 = 1$，故 $Q_4Q_3Q_2Q_1 = $

1011 保留不变。误差小于数字量的最低位，所以，1011 就是 5.52 V 转换得到的数字量。

由以上分析可见，逐次比较型 A/D 转换器完成一次转换所需时间与其位数和时钟脉冲频率有关，位数愈少，时钟频率越高，转换所需时间越短。这种 A/D 转换器具有转换速度快、精度高的特点。

常用的集成逐次比较型 A/D 转换器有 ADC0808/0809 系列（8 位）、AD575（10 位）和 AD574A（12 位）等。

三、集成 A/D 转换器

ADC0809 是 CMOS 8 位逐次逼近型模数转换的器件。其内部有一个 8 通道多路开关，它可以根据地址码锁存译码后的信号，只选通 8 个单断模拟输入信号中的一个进行 A/D 转换。ADC0809 芯片有 28 条引脚，采用双列直插式封装，下面说明各引脚（图 14—10）功能：

$IN_0 \sim IN_7$：8 路模拟量输入端。

$D_0 \sim D_7$：8 位数字量输出端。

A、B、C：3 位地址输入线，用于选通 8 路模拟输入中的一路。见表 14—2。

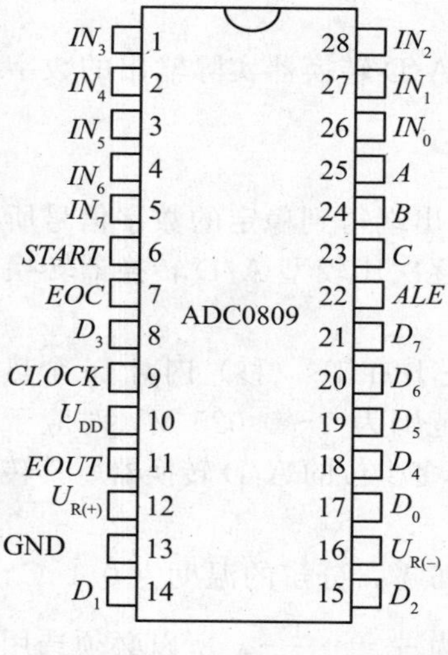

图 14—10　ADC0809 引脚图

表 14—2　　　　　　　　8 选 1 模拟量选通表

输　　入			输出
C	B	A	
0	0	0	IN_0
0	0	1	IN_1
0	1	0	IN_2
0	1	1	IN_3
1	0	0	IN_4
1	0	1	IN_5
1	1	0	IN_6
1	1	1	IN_7

$EOUT$：输出允许端，高电平有效。

ALE：地址锁存允许信号，输入端，高电平有效。

$START$：A/D 转换起动脉冲输入端，输入一个正脉冲（至少 100 ns 宽）使其起动（脉冲上升沿使 0809 复位，下降沿起动 A/D 转换）。

EOC：A/D 转换结束信号，高电平有效。当 A/D 转换结束时，此端输出一个高电平（转换期间一直为低电平）。

OE：数据输出允许信号，输入端，高电平有效。当 A/D 转换结束时，此端输入一个高电平，才能打开输出三态门，输出数字量。

$CLOCK$：时钟脉冲输入端，要求时钟频率不高于 640 kHz。

$U_{R(+)}$、$U_{R(-)}$：正负参考电压的输入端，该电压确定输入模拟量的电压范围。

U_{DD}：电源端，电压为 $+5$ V。

GND：地。

ADC0809 的工作过程是：首先输入 3 位地址，并使 $ALE=1$，将地址存入地址锁存器中。此地址经译码选通 8 路模拟输入之一到比较器。$START$ 上升沿将逐次逼近寄存器复位。下降沿起动 A/D 转换，之后 EOC 输出信号变低，指示转换正在进行。直到 A/D 转换完成，EOC 变为高电平，指示 A/D 转换结束，结果数据已存入锁存器，这个信号可用作中断申请。当 OE 输入高电平时，输出三态门打开，转换结果的数字量输出到数据总线上。

四、A/D 转换器的主要技术指标

1. 分辨率

A/D 转换器的分辨率以输出二进制（或十进制）数的位数表示。从理论上讲，n 位输出的 A/D 转换器能区分 2^n 个不同等级的输入模拟电压，能区分输入电压的最小值为满量程输入的 $1/2^n$。在最大输入电压一定时，输出位数愈多，量化单位愈小，分辨率愈高。例如 A/D 转换器输出为 8 位二进制数，输入信号最大值为 5 V，那么这个转换器应能区分输入信号的最小电压为 19.53 mV。

2. 转换误差

转换误差通常是以输出误差的最大值形式给出。它表示 A/D 转换器实际输出的数字量和理论上的输出数字量之间的差别。

3. 转换时间

转换时间指 A/D 转换器从转换控制信号到来开始，到输出端得到稳定的数字信号所经过的时间。不同类型的转换器转换速度相差甚远。例如，逐次比较型 A/D 转换器转换时间在 $10\sim50$ μs 之间，也有达几百纳秒的。

【例 14—2】 某信号采集系统要求用一片 A/D 转换集成芯片在 1 s（秒）内对 16 个热电偶的输出电压分时进行 A/D 转换。已知热电偶输出电压范围为 $0\sim0.025$ V（对应于 $0\sim450$ ℃温度范围），需要分辨的温度为 0.1 ℃，试问应选择多少位的 A/D 转换器，其转换时间为多少？

解 对于 $0\sim450$ ℃温度范围，信号电压范围为 $0\sim0.025$ V，分辨的温度为 0.1 ℃，这相当于 $\dfrac{0.1}{450}=\dfrac{1}{4\,500}$ 的分辨率。12 位 A/D 转换器的分辨率为 $\dfrac{1}{2^{12}}=\dfrac{1}{4\,096}$，所以必须选用 13 位的 A/D 转换器。

系统的取样速率为每秒 16 次，取样时间为 62.5 ms。对于这样慢的取样，任何一个 A/D 转换器都可以达到。选用带有取样—保持（S/H）的逐次比较型 A/D 转换器或不带 S/H 的双积分式 A/D 转换器均可。

 习 题

一、单项选择题

1. 数字系统和模拟系统之间的接口常采用（   ）。

（1）计数器　　　　　（2）多谐振荡器　　　（3）数/模和模/数转换器

2. 当 8 位 D/A 转换器输入数字量只有最低位为 1 时，输出电压为 0.02 V；当输入数字量只有最高位为 1 时，则输出电压为（　　　）。

（1）0.039 V　　　　（2）2.56 V　　　　　（3）1.27 V　　　　　（4）都不是

3. D/A 转换器的主要参数有（　　　）、转换精度和转换速度。

（1）分辨率　　　　　（2）输入电阻　　　　（3）输出电阻　　　　（4）参考电压

4. 在图 14—3 所示的倒 T 形电阻网络 D/A 转换器中，若 $U_{REF} = -10$ V，输入数字量 0100111000 时的输出电压值为（　　　）。

（1）-10 V　　　　（2）2.56 V　　　　　（3）-3.05 V　　　　（4）都不是

5. 分别求出 8 位 D/A 转换器和 10 位 D/A 转换器的分辨率分别为（　　　）。

（1）$\frac{1}{255}$，$\frac{1}{1023}$　　　（2）$\frac{1}{256}$，$\frac{1}{1024}$　　　（3）$\frac{1}{8}$，$\frac{1}{10}$

6. 若 8 位 A/D 转换器的参考电压为 $U_R = -5$ V，输入模拟电压 $U_I = 3.91$ V，输出数字量为（　　　）。

（1）11001000　　　　（2）11001001　　　　（3）01001000

二、分析与计算题

14.1　一个八位 T 形电阻网络数/模转换器，当输入数字量为 00000001 时，输出电压值为 0.02 V，若输入二进制数为 11010101 时，输出电压 U_O 为多少伏？

14.2　一个 5 位 T 形电阻 DAC 电路中，$U_{REF} = 20$ V，$R = R_f = 2$ kΩ，当数字量为 10101 时，输出电压 U_O 为多少？

14.3　在图 14—3 所示的四位权电阻网络 D/A 转换器中，若 $U_{REF} = 5$ V，试计算输入数字量 $d_3d_2d_1d_0 = 0101$ 时的输出电压值。

14.4　在倒 T 形电阻网络 D/A 转换器中，当 $R_f = R$ 时，（1）若要求电路输入数字量 1000000000 时的输出电压 $U_O = 5$ V，试问 U_{REF} 应取何值？（2）电路的分辨率为多少？

14.5　已知 $R - 2R$ 网络型 D/A 转换器 $U_{REF} = +5$ V，试分别求出 4 位 D/A 转换器和 8 位 D/A 转换器的最大输出电压，并说明这种 D/A 转换器最大输出电压与位数的关系。

14.6　四位逐次逼近型模/数转换器如图 14—9 所示。设它的基准电压 $U_R = 10$ V，输出电压 $U_i = 8.2$ V，试用表 14—01 和图 14—01 说明逐次逼近的过程。

表 14—01

顺序	$Q_3Q_2Q_1Q_0$	U_A/V	比较判别	该位数码"1"是否保留或除去
1				
2				
3				
4				

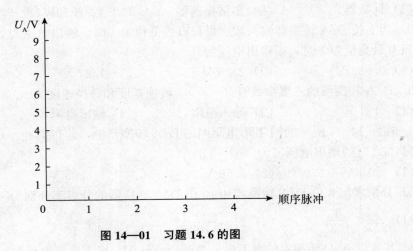

图 14—01　习题 14.6 的图

1.1 25 Ω; 24 Ω

1.2 2 A

1.3 （2）元件 1、2 是电源，元件 3、4、5 是负载
     （3）电源发出的功率和负载取用的功率平衡

1.4 $I_4 = -1.8$ A

1.5 $I_6 = 9.6$ μA，$I_4 = 9.3$ μA，$I_3 = 0.31$ μA

1.6 $I_2 = 5$ A，$I_3 = -1$ A，$U_4 = 16$ V

1.7 1 A，2 V

1.8 $I_1 = 3$ A，$I_2 = 1.5$ A，$I_3 = 1.5$ A

1.9 $I_1 = -22$ A，$I_2 = 14$ A，$I_4 = 10$ A，$P_3 = 1\,440$ W

1.10 0.2 A，$V_A = 2$ V

1.11 1 A，36 V

1.12 12 V

1.13 $U_{ab} = 80$ V，$I_1 = -1$ A，$I_2 = 5$ A，$I_3 = -4$ A

1.14 4 A（−16 V/9 Ω）

1.15 2 A（6 A/8 Ω）

1.16 2 A（24 V/8 Ω）

1.17 4 V/2 Ω

1.18 $V_A = 5$ V

1.19 $V_A = 16$ V，$V_B = 8$ V，有影响

2.1 （a）$i_L(0_+) = 2$ A，$i_S(0_+) = 8$ A，$u_L(0_+) = -8$ V
     （b）$u_C(0_+) = 15$ V，$i_C(0_+) = 0.167$ A
     （c）$u_{C1}(0_+) = 10$ V，$u_{C2}(0_+) = 5$ V，$i_{C1}(0_+) = 1$ A，$i_{C2}(0_+) = 1.33$ A
     （d）$i_L(0_+) = 1.2$ A，$u_L(0_+) = -54$ V，$i_0(0_+) = 1.2$ A

2.2 $u_C(t) = I_S R\,(1 - \mathrm{e}^{-\frac{t}{2RC}})$，$p_S = I_S^2 R\left(1 - \frac{1}{2}\mathrm{e}^{-\frac{t}{2RC}}\right)$

2.3 $i_L(t) = \dfrac{U_S}{R}(1 - \mathrm{e}^{-\frac{R}{2L}t})$，$p_S = \dfrac{U_S^2}{R}\left(1 - \frac{1}{2}\mathrm{e}^{-\frac{R}{2L}t}\right)$

345

2.4 $u_C(t)=60e^{-100t}$ V, $i_1(t)=-120e^{-100t}$ mA

2.5 $u_C=10(1-e^{-500t})$ V, $i_C=5e^{-500t}$ mA, $u_{R_1}=10-5e^{-500t}$ V

2.6 $U_A=-150$ V，故电压表容易烧毁

2.7 (1) $R_f \leqslant 12$ Ω

     (2) 7 Ω $\leqslant R_f \leqslant 12$ Ω

2.8 (a) $u_C(t)=8+[0-8]e^{-\frac{t}{\tau}}=8-8e^{-100t}$ V

     (b) $u_C(t)=8+[2-8]e^{-\frac{t}{\tau}}=8-6e^{-100t}$ V

     (c) $i_L(t)=0+[8-0]e^{-\frac{t}{\tau}}=8e^{-100t}$ V

     (d) $i_L(t)=2+[8-2]e^{-\frac{t}{\tau}}=2+6e^{-100t}$ V

2.9 $u_C(t)=50(1-e^{-66.7t})$ V, $i_2(t)=0.333e^{-66.7t}$ A

2.10 $u_C(t)=3-6e^{-1.19\times10^6 t}$ V, $i_3(t)=3-1.72e^{-1.19\times10^6 t}$ A

2.11 $i_L(t)=5-3e^{-2t}$ A, $i_1(t)=2-e^{-2t}$ A, $i_2(t)=3-2e^{-2t}$ A

3.1 (1) 0.02 s，50 Hz，30°

     (2) 2 s，0.5 Hz，60°

3.2 (1) $\dot{U}=(40+j80)=89.4e^{j63.4°}$ V，$u=89.4\sqrt{2}\sin(314t+63.4°)$ V

     (2) $\dot{I}=(3-j)=3.16e^{-j18.4°}$ A，$i=3.16\sqrt{2}\sin(314t-18.4°)$ A

3.3 $u=220\sqrt{2}\sin\omega t$ V，$i_1=10\sqrt{2}\sin(\omega t+90°)$ A，$i_2=10\sin(\omega t-45°)$ A，

     $\dot{U}=220e^{j0°}$ V，$\dot{I}_1=10e^{j90°}$ A，$\dot{I}_2=5\sqrt{2}e^{j-45°}$ A

3.4 13 A

3.5 $A_1+A_2=10+j12$，$A_1-A_2=2+j4$，$\dfrac{A_1}{A_2}=\dfrac{10\angle53.1°}{5.657\angle45}=1.77e^{j8.1°}$，

     $A_1 \cdot A_2=56.57e^{j98.1°}$

3.6 $X_L=10^4$ Ω，$I=1$ mA，$i=1\sin(10^6 t+30°)$ mA

3.7 (a) 60 V

     (b) 2 A

3.8 (1) A_2读数为 10 A，A 读数为 10 A

     (2) A_2读数为 0 A，A_3读数为 5 A

3.9 $\dot{I}=e^{j90°}$ A，$\dot{U}_1=\sqrt{2}e^{j45°}$ V

3.10 $R=35.35$ Ω，$X=60.35$ Ω

3.11 $i_1=38.9\sqrt{2}\sin(\omega t-45°)$ A，$i_2=55\sqrt{2}\sin(\omega t+90°)$ A，$i=38.9\sqrt{2}\sin(\omega t+45°)$ A

3.12 (1) $R=3.54$ Ω，$X=-3.54$ Ω，网络为电容性

     (2) $P=177$ W，$Q=-177$ var，$S=250$ V·A

3.13 (1) $\dot{I}_1=4e^{-j53.1°}$ A，$\dot{I}_2=4e^{j53.1°}$ A，$\dot{I}=4.8$ A，$\dot{U}_{ab}=28$ V

     (2) $P=480$ W，$Q=0$ var，$S=480$ V·A

3.14 $C=250$ μF

3.15 $C=3.29$ μF，$I=0.2$ A

3.16 $\cos\varphi=0.45$，$20+\mathrm{j}39.2\ \Omega$，$L=125\ \mathrm{mH}$，电感性网络

3.17 $\omega_0=10^4\ \mathrm{rad/s}$，$Q=10$

3.18 $\omega_0=10^7\ \mathrm{rad/s}$，$I_0=0.1\ \mathrm{A}$，$U_L=U_C=100\ \mathrm{V}$

3.19 $R=10.5\ \Omega$，$L=0.1\ \mathrm{H}$

3.20   (1) $i=4\sqrt{2}\sin(\omega t+30°)+3\sqrt{2}\sin(3\omega t+60°)\ \mathrm{A}$

       (2) $I=5\ \mathrm{A}$，$U=50\ \mathrm{V}$，(3) $P=250\ \mathrm{W}$

4.1 $\dot{I}_1=10.9\mathrm{e}^{\mathrm{j}0°}\ \mathrm{A}$，$\dot{I}_2=9.09\mathrm{e}^{-\mathrm{j}120°}\ \mathrm{A}$，$\dot{I}_3=3.64\mathrm{e}^{\mathrm{j}120°}\ \mathrm{A}$，$\dot{I}_0=6.55\mathrm{e}^{-\mathrm{j}46.3°}\ \mathrm{A}$

4.2 $\dot{I}_1=22\mathrm{e}^{\mathrm{j}0°}\ \mathrm{A}$，$\dot{I}_2=22\mathrm{e}^{-\mathrm{j}210°}\ \mathrm{A}$，$\dot{I}_3=22\mathrm{e}^{\mathrm{j}210°}\ \mathrm{A}$，$\dot{I}_N=60.1\ \mathrm{A}$

4.3 $\dot{U}_{AB}=380\angle0°\ \mathrm{V}$，$\dot{I}_A=21.92\mathrm{e}^{-\mathrm{j}66.9°}\ \mathrm{A}$，$\dot{I}_B=21.92\mathrm{e}^{\mathrm{j}173.1°}\ \mathrm{A}$，$\dot{I}_C=21.92\mathrm{e}^{\mathrm{j}53.1°}\ \mathrm{A}$

4.4 $I=39.3\ \mathrm{A}$

4.5   (1) $\dot{I}_U=51.9\mathrm{e}^{-\mathrm{j}45°}\ \mathrm{A}$，$\dot{I}_V=51.9\mathrm{e}^{-\mathrm{j}165°}\ \mathrm{A}$，$\dot{I}_W=51.9\mathrm{e}^{\mathrm{j}75°}\ \mathrm{A}$

      (2) $P=14\ \mathrm{kW}$，$Q=14\ \mathrm{kvar}$，$S=19.8\ \mathrm{kV\cdot A}$

4.6 $R=15\ \Omega$，$X=35\ \Omega$

4.7   (1) $P=16.6\ \mathrm{kW}$，(2) $P=49.9\ \mathrm{kW}$

4.8 $I_L=20\ \mathrm{A}$，$I_P=11.6\ \mathrm{A}$

4.9 $I_L=I_P=136.4\ \mathrm{A}$，$R=1.29\ \Omega$，$X=0.968\ \Omega$，$S=89.8\ \mathrm{kV\cdot A}$，可选用一台 $100\ \mathrm{kV\cdot A}$ 的三相变压器供电

5.2   (1) $\Phi=0.086\ \mathrm{Wb}$

      (2) $U_2=1\ 146\ \mathrm{V}$

5.3   166 个白炽灯，$I_{2N}=45.5\ \mathrm{A}$，$I_{1N}=3.03\ \mathrm{A}$

5.4 $k=2.37$

5.5 $I_{1N}=0.5\ \mathrm{A}$，$I_{2N}=22.4\ \mathrm{A}$，$\Delta U=3\%$

5.6   29.3，165.9 A

5.7   (1) $k=26$

      (2) $I_{1N}=8.3\ \mathrm{A}$，$I_{2N}=217.4\ \mathrm{A}$

      (3) $S_N=47.8\ \mathrm{kVA}$，$P=40\ \mathrm{kW}$，$Q=26\ \mathrm{kvar}$

      (4) $\Delta U=3\%$

5.8   231 V，133 V

5.9 $I_{1N}=0.68\ \mathrm{A}$，$I_{2N}=1.39\ \mathrm{A}$，$I_{3N}=0.78\ \mathrm{A}$

5.10   (1) $U_2=110\ \mathrm{V}$

       (2) $I_2=22\ \mathrm{A}$

       (3) $P_2=1\ 936\ \mathrm{W}$

5.11   (1) $N_1=1\ 125$ 匝，$N_2=45$ 匝

       (2) $k=25$

       (3) $I_{1N}=10.4\ \mathrm{A}$，$I_{2N}=260\ \mathrm{A}$

       (4) $B_m=1.45\ \mathrm{T}$

5.12 $I_1=0.273\ \mathrm{A}$，$N_1=90$ 匝，$N_2=30$ 匝

5.14 铜损 7 W，铁损 63 W，$\cos\varphi$=0.29

5.15 铜损 12.5 W，铁损 337.5 W

6.2 转差率分别 s=1 和 s=0.027，2 对磁极

6.3 s_N=0.04，f_2=2 Hz

6.4 n_1=3 000 r/min，n=2 940 r/min，T_2=97.5 N·m，T=98 N·m

6.5 (1) $I_{st\triangle}$=140 A

(2) I_{stY}=47 A

(3) 起动电流相同，因起动电流与负载无关

6.6 (1) T_N=65.9 N·m

(2) $T_{st\triangle}$=79 N·m

(3) T_m=118.5 N·m

(4) T_{stY}=26.3 N·m

6.7 (1) p=2，n_1=1 500 r/min

(2) 能采用 Y—△起动，I_{stY}=75 A

(3) P_1=19.8 kW，η=50.5%

6.8 (1) η_N=71.5%，s_N=0.058，T_N=2.54 N·m

(2) △接法，3.3 A

6.9 (1) η=80.5%

(2) T_N=19.5 N·m

(3) s_N=0.087

(4) f_2=4.35 Hz

6.10 (1) Δn_1=30 r/min

(2) T_N=194.9 N·m

(3) $\cos\varphi$=0.88

6.13 81N·m

6.14 96V

8.1 (a) −5.7 V

(b) −5 V

(c) −0.7 V

(d) −15 V

8.3 (a) 12.6 V

(b) 7 V

(c) 1.4 V

8.4 1 W，25 mA

8.6 (1) I_{DA}=1 mA，I_{DB}=0 mA

(2) I_{DA}=0.41 mA，I_{DB}=0.21 mA

(3) I_{DA}=I_{DB}=0.26 mA

8.8 (a) 放大状态

(b) 饱和状态

(c) 截止状态

8.10 （1）晶体管正常工作

（2）晶体管均不能正常工作

（3）晶体管均不能正常工作

9.2 （1）截止，放大，饱和

（2）饱和

9.3 188 kΩ，2.5 kΩ

9.4 （1）$U_B=2$ V，$I_C=I_E=1.3$ mA，$U_{CE}=4.2$ V

（2）$r_{be}≈1.83$ kΩ，$A_u=-218.6$，$r_i≈1.5$ kΩ，$r_o=5$ kΩ

（3）$A_u=-145.7$，$r_i≈1.5$ kΩ，$r_o=5$ kΩ

（4）$u_o=728.5\sin\omega t$ mV，

9.5 （1）$I_B=23.8$ μA，$I_C=I_E=1.19$ mA，$U_{CE}=7.86$ V

9.6 $u_{o1}=-490\sin\omega t$ mV，$u_{o2}=495\sin\omega t$ mV

9.7 （1）$U_B=-2.1$ V，$I_C=I_E=1.8$ mA，$U_{CE}=-5.7$ V

（2）$A_u=-125$

（3）串联电流负反馈

9.8 （1）$I_B=26$ μA，$I_E=2.11$ mA，$U_{CE}=6.2$ V

（3）$A_u≈0.98$，$r_i≈66.2$ kΩ，$r_o=18.4$ Ω

（4）$A_{us}=0.97$，$u_o=194$ mV

9.9 （1）$U_B=2.94$ V，$I_E=1.07$ mA，$I_B=18$ μA；$U_{CE}=5.58$ V

（3）$r_i≈6.23$ kΩ，$r_o=3.9$ kΩ

（4）$A_u=-14.8$，$A_{uS}=-13.5$，$U_o=202.5$ mV

9.10 （1）$U_{GS}=-1$ V，$I_E=0.5$ mA，$U_{DS}=10$ V；（2）$A_u=-7.5$

9.11 （1）$I_{B1}=20$ μA，$I_{E1}=1$ mA，$U_{CE1}=10.5$ V，$I_{B2}=87$ μA，$I_{E2}=4.44$ mA

$U_{CE1}=11.12$ V

（2）$A_u=-186.3$，$r_i≈1.33$ kΩ，$r_o=11.1$ kΩ

9.13 （1）$I_B=2.65$ μA，$I_C=I_E=0.265$ mA，$U_C=5.46$ V，$U_B=5.46$ V

（2）$A_u=-40$，$r_i≈36$ kΩ，$r_o=72$ kΩ

10.1 18 mV，702 mV，18 kΩ，9.75 kΩ

10.2 （1）$u_O=-\left(1+\dfrac{R_F}{R_1}\right)u_I$

（2）$u_O=2\dfrac{R_F}{R_1}u_I$

10.3 $u_O=-\dfrac{R_2+R_3+\dfrac{R_2R_3}{R_4}}{R_1}u_I$

10.4 $u_O=\dfrac{R_1+R_2+R_3}{R_2}(u_1-u_2)$

10.5 $u_{O1}=-0.2$ V，$u_{O2}=0.5$ V，$u_O=1.9$ V，$R=1.25$ kΩ

10.6 $u_{O1}=-20$ mV，$u_{O2}=20$ mV，$u_{O3}=12$ V，$R=4$ kΩ

10.7　$u_{O1}=1$ V，$u_{O2}\doteq0.2$ V，$u_{O3}=10$ V，0.1 s

10.9　$R_1=10$ MΩ，$R_2=2$ MΩ，$R_3=1$ MΩ，$R_4=20$ kΩ

10.10　$R_x=50$ kΩ

10.11　$R_1=1$ kΩ，$R_2=9$ kΩ，$R_3=90$ kΩ

10.12　$u_O=\dfrac{R_2''+R_3}{R_1+R_2+R_3}U_Z$，调节范围 1～5 V

11.3　$U_O=108$ V，$I_O=2.7$ A，$I_D=1.35$ A，$U_{DRM}\approx169.7$ V

11.5　(2) $U_{O1}=45$ V，$U_{O2}=9$ V，$I_{D1}=I_{O1}=4.5$ mA，$I_{D2}=I_{D3}=45$ mA

　　　(3) $U_{DRM1}=141.4$ V，$U_{DRM}=28.3$ V

11.7　(1) $U_O=24$ V，$I_O=0.12$ A，$I_D=0.06$ A，$U_{DRM}=28.2$ V

　　　(2) $U_O=20$ V，$I_D=I_O=0.1$ A，$I_{D4}=0.1$ A

11.8　(1) $I_D=75$ mA，$U_{DRM}=70.7$ V，选 2CZ52C

　　　(2) $C=125$ μF

11.11　(1) $I_O=3$ mA，$I_Z=6$ mA

　　　(2) $U_2=25$ V

　　　(3) $I_D=4.5$ mA，$U_{DRM}=35.4$ V

14.1　-4.26 V

14.2　-13.125 V

14.3　-1.5625 V

14.4　-10 V，$\dfrac{1}{1\,023}$

14.5　4.6875 V，4.98 V

附　录

附录 I　电阻器、电容器的标称系列值

1. 电阻器的标称系列值

电阻器和电容器的标称值符合表 F1 中所列数值或数值与 10^n 的乘积，其中 n 为正整数或负整数。表中所列数值与 10^n（$n=0\sim7$）乘积就可以得到 $1\ \Omega\sim91\ M\Omega$ 的电阻值。电阻或电容的实际值与标称值之间存在一定差别，称为电阻或电容的偏差，若偏差在允许范围内称为允许偏差。

表 F1　　　　　　　　　　　普通电阻器和电容器标称值系列

E24 允许偏差±5%	E12 允许偏差±10%	E6 允许偏差±20%	E24 允许偏差±5%	E12 允许偏差±10%	E6 允许偏差±20%
1.0	1.0	1.0	3.3	3.3	3.3
1.1			3.6		
1.2	1.2		3.9	3.9	
1.3		1.5	4.3	4.7	
1.5	1.5		4.7	4.7	
1.6			5.1		
1.8	1.8	2.2	5.6	5.6	6.8
2.0			6.2		
2.2	2.2		6.8	6.8	
2.4			7.5		
2.7	2.7		8.2	8.2	
3.0			9.1		

2. 电容元件的种类及标称值和允许偏差

电容器容许误差及标称容量系列分别列于表 F2 和表 F3 中。

表 F2 固定电容器的标称容量系列

名　称	容许误差	容量范围	标称容量系列
纸介电容器 金属化纸介电容器	±5% ±10%	100 pF~1 μF	1.0，1.5，2.2， 3.3，4.7，6.8
纸膜复合介质电容器 低频（有极性）有机薄膜 介质电容器	±20%	1 μF~100 μF	1，2，4，6，8， 10，15，20，30， 50，60，80，100
高频（无极性）有机薄膜 介质电容器 瓷介电容器 玻璃釉电容器	±5% ±10% ±20%		E24 E12 E6
云母电容器	±20%以上		E6
铝钽、铌电解电容器	±10% ±20% +50% −20% +100% −10%		1，1.5，2.2 3.3，4.7，6.8 （容量单位为 μF）

标称电容量为表中数值或表中数值再乘以 10^n，其中 n 为正整数或负整数。

表 F3 电容器容许误差等级

容许误差	±2%	±5%	±10%	±20%	+20% −30%	+50% −20%	+100% −10%
级别	02	Ⅰ	Ⅱ	Ⅲ	Ⅳ	Ⅴ	Ⅵ

附录Ⅱ　半导体器件的型号命名法

表 F4 中国半导体器件组成部分的符号及意义

第一部分		第二部分		第三部分				第四部分	第五部分
用数字表示 器件电极 数目		用汉语拼音字母表示 器件的材料和极性		用汉语拼音字母表示 器件的类型				用数字 表示器件 的序号	汉语拼音 字母表示 规格号
符号	意义	符号	意义	符号	意义	符号	意义		
2	二极管	A	N 型锗材料	P	普通管	D	低频大功率管		
		B	P 型锗材料	V	微波管	A	高频大功率管		
		C	N 型硅材料	W	稳压管	T	半导体闸流管		
		D	P 型硅材料	C	参量管	X	低频小功率管		
				Z	整流管	G	高频小功率管		

第一部分		第二部分		第三部分				第四部分	第五部分
用数字表示器件电极数目		用汉语拼音字母表示器件的材料和极性		用汉语拼音字母表示器件的类型				用数字表示器件的序号	汉语拼音字母表示规格号
符号	意义	符号	意义	符号	意义	符号	意义		
3	三极管	A	PNP 型锗材料	L	整流堆	J	阶跃恢复管		
		B	NPN 型锗材料	S	隧道管	CS	场效应管		
		C	PNP 型硅材料	N	阻尼管	BT	特殊器件		
		D	NPN 型硅材料	U	光电器件	FH	复合管		
		E	化合物材料	K	开关管	PIN	PIN 管		
				B	雪崩管	JG	激光器件		
				Y	体效应管				
备注	低频小功率管指截止频率＜3 MHz、耗散功率＜1 W，高频小功率管指截止频率≥3 MHz、耗散功率＜1 W，低频大功率管指截止频率＜3 MHz、耗散功率≥1 W，高频大功率管指截止频率≥3MHz、耗散功率≥1 W								

例如锗 PNP 高频小功率管为 3AG11C。

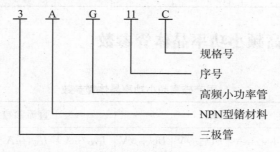

附录Ⅲ 常用的整流二极管型号及性能

表 F5 常用的整流二极管型号及性能

部标新型号	旧型号	最大整流电流 I_{OM}/mA	正向压降 U_F/V	最高反向峰值电压 U_{RWM}/V	反向漏电流（平均值）/μA	不重复正向浪涌电流	工作频率 f/kHz
2CZ52A	2CP10			25			
2CZ52B	2CP11			50			
2CZ52C	2CP12			100			
2CZ52D	2CP14			200			
2CZ52E	2CP16	100	≤1	300	100	5	2	3
2CZ52F	2CP18			400			
2CZ52G	2CP19			500			
2CZ52H	2CP20			600			
2CZ52K	2CP20A			800			

部标 新型号	旧型号	最大整流 电流 I_{OM}/mA	正向压降 U_F/V	最高反向 峰值电压 U_{RWM}/V	反向漏电流 （平均值）/μA		不重复正向 浪涌电流	工作频率 f/kHz
测试条件		25 ℃	25 ℃		100 ℃	25 ℃	0.01 s	
2CZ55B	2CZ11K			50				
2CZ55C	2CZ11A			100				
2CZ55D	2CZ11B			200				
2CZ55E	2CZ11C	1000	≤1.0	300	500	10	10	3
2CZ55F	2CZ11D			400				
2CZ55G	2CZ11E			500				
2CZ55H	2CZ11F			600				
2CZ55K	2CZ11H			800				
测试条件		25 ℃	25 ℃		125 ℃	25 ℃	0.01 s	
2CZ56 （B～K）	2CZ12 （A～H）	3000	≤0.8	100～ 1000	1000	20	65	3
测试条件		25 ℃	25 ℃		140 ℃	25 ℃	0.01 s	

附录Ⅳ　国产硅高频小功率晶体管参数

表 F6　　　　　　　　　　　　国产硅高频小功率晶体管参数

部标 新型号	极限参数				直流参数			交流参数
	P_{CM}/mW	I_{CM}/mA	BU_{CBO}/V	BU_{CEO}/V	I_{CBO}/μA	I_{CEO}/μA	$h_{FE}\beta$	f_T/MHz
3DG100M			20	15			25～270	≥150
3DG100A			30	20			≥30	≥150
3DG100B	100	20	40	30	≤0.01	≤0.01	≥30	≥150
3DG100C			30	20			≥30	≥300
3DG100D			40	30			≥30	≥300
3DG103M			≥15	≥12			25～270	≥500
3DG103A			≥20	≥15			≥30	≥500
3DG103B	100	20	≥40	≥30	≤0.1	≤0.1	≥30	≥500
3DG103C			≥20	≥15			≥30	≥700
3DG103D			≥40	≥30			≥30	≥700
测试条件			$I_B=$ 100 μA	$I_C=$ 100 μA	$U_{CB}=10$ V	$U_{CE}=10$ V	$U_{CE}=10$ V $I_C=30$ mA	$U_{CE}=10$ V $I_E=3$ mA $f=100$ MHz

部标新型号	极限参数				直流参数			交流参数
	P_{CM}/mW	I_{CM}/mA	BU_{CBO}/V	BU_{CEO}/V	I_{CBO}/μA	I_{CEO}/μA	h_{FE} β	f_T/MHz
3DG121M			≥30	≥20			25~270	≥150
3DG121A			≥40	≥30			≥30	≥150
3DG121B	500	100	≥60	≥45	≤0.1	≤0.2	≥30	≥150
3DG121C			≥40	≥30			≥30	≥300
3DG121D			≥60	≥45			≥30	≥300
测试条件			$I_B=$ 100 μA	$I_C=$ 100 μA	$U_{CB}=10$ V	$U_{CE}=10$ V	$U_{CE}=10$ V $I_C=30$ mA	$U_{CE}=10$ V $I_E=30$ mA $f=100$ MHz
3DG130M			≥30	≥20	≤1	≤5	25~270	≥150
3DG130A			≥40	≥30	≤0.5	≤1	≥30	≥150
3DG130B	700	300	≥60	≥45	≤0.5	≤1	≥30	≥150
3DG130C			≥40	≥30	≤0.5	≤1	≥30	≥300
3DG130D			≥60	≥45	≤0.5	≤1	≥30	≥300
测试条件			$I_B=$ 100 μA	$I_C=$ 100 μA	$U_{CB}=10$ V	$U_{CE}=10$ V	$U_{CE}=10$ V $I_C=50$ mA	$U_{CE}=10$ V $I_E=50$ mA $f=100$ MHz

附录Ⅴ 国产半导体集成电路型号命名方法

1. 型号的组成

器件的型号由五个部分组成。其五个组成的符号及意义如下：

表 F7 （国家标准 GB/T 3430—1989）

第零部分		第一部分		第二部分		第三部分		第四部分	
符号	意义	符号	意义	符号	意义	符号	意义	符号	意义
C	符合国家标准	T	TTL			C	0~70 ℃	W	陶瓷扁平
		H	HTL			G	−25~70 ℃	B	塑料扁平
		E	ECL			L	−25~85 ℃	F	全密封扁平
		C	CMOS			E	−40~85 ℃	D	陶瓷双列直插
		F	线性放大器			R	−55~85 ℃	P	塑料双列直插
		D	音响、视频电路			M	−55~125 ℃	S	塑料单列直插
		W	稳压器					J	黑陶瓷双列直插
		J	接口电路					K	金属菱形
		B	非线性电路					T	金属圆形
		AD	A/D 转换器					G	网格阵列
		DA	D/A 转换器						

2. 示例

（1）肖特基 TTL 双 4 输入与非门

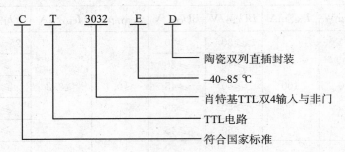

```
        C     T    3032    E    D
                                 └─── 陶瓷双列直插封装
                            └──────── −40~85 ℃
                      └───────────── 肖特基TTL双4输入与非门
                └────────────────── TTL电路
          └───────────────────────── 符合国家标准
```

（2）通用型运算放大器

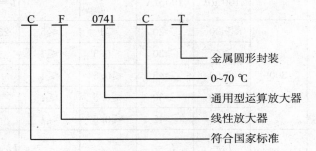

```
        C     F    0741    C    T
                                 └─── 金属圆形封装
                            └──────── 0~70 ℃
                      └───────────── 通用型运算放大器
                └────────────────── 线性放大器
          └───────────────────────── 符合国家标准
```

附录 Ⅵ　常用半导体集成电路型号和参数

一、集成运算放大器

表 F8

类型 参数		通用	低功耗	高阻	高速	大功率	高精度	高压
国内外型号		F007 μA741	F3078 CA3078	F3140 CA3140	CF715 μA715	FX0021 LH0021	CF725 μA725	F143 LM143
差模开环增益 A_{od}	dB	≥86~94	100	100	90	106	130	105
共模抑制比 K_{CMRR}	dB	≥70~80	115	90	92	90	120	90
差模输入电阻 r_{id}	MΩ	1	0.87	$1.5×10^6$	1.0	1	1.5	
静态功耗 P_C	mW	≤120	0.24	120	165	75	80	
输入失调电压 U_{IO}	mV	≤2~10	0.7	5	2.0	1	0.5	2.0
电源电压范围 U_{CC}	V	±9~±18	±6	±15	±15	+12，−10	±15	±28
最大输出电压 U_{OM}	V	±12	±5.3	+13~ −14.4	±13	±12	±13.5	±25
共模输入电压 范围 U_{iCM}	V	±12	+5.8~ −5.5	+12.5~ −14.5	±12		±14	26
差模输入电压 范围 U_{idM}	V	±30	±6	±8	±15		±5	80
转换速率 S_R	V/μs	0.5	1.5	9	100			2.5

二、三端稳压器的主要参数

表 F9

参数名称	输出电压	电压调整率	电流调整率	噪声电压	最小压差	输出电阻	值峰电流	输出温漂
符号 型号	U_o/V	$S_u/\%/V$	$S_i(mV)$ 5 mA$\leqslant I_o$ $\leqslant$1.5 A	$U_N/\mu V$	U_i-U_o/V	$R_o/M\Omega$	I_{CM}/A	S_r /mV/C°
W7805	5	0.076	40	10	2	17	2.2	1.0
W7808	8	0.01	45	10	2	18	2.2	
W7812	12	0.008	52	10	2	18	2.2	1.2
W7815	15	0.006 6	52	10	2	19	2.2	1.5
W7824	24	0.011	60	10	2	20	2.2	2.4
W7905	−5	0.076	11	40	2	16		1.0
W7908	−8	0.01	26	45	2	22		
W7912	−12	0.006 9	46	75	2	33		1.2
W7915	−15	0.007 3	68	90	2	40		1.5
W7924	−24	0.011	150	170	2	60		2.4

附录Ⅶ　几种常用的 TTL 数字集成电路引脚图

几种常用的 TTL 数字集成电路引脚如图所示，需要时可查阅。

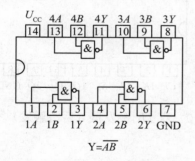

Y=$\overline{AB}$

（1）74LS00 四 2 输入与非门

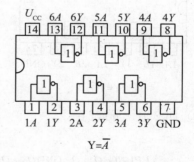

Y=$\overline{A}$

（2）74LS04 六反相器

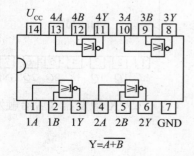

Y=$\overline{A+B}$

（3）74LS02 四 2 输入或非门

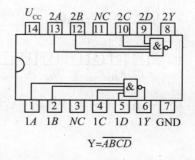

Y=$\overline{ABCD}$

（4）74LS20 二 4 输入与非门

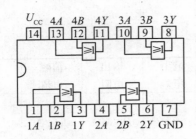

（5）74LS32 四 2 输入或门

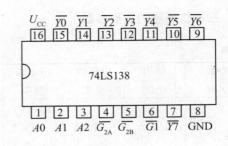

（6）3—8 线译码器

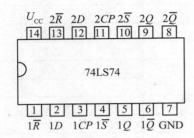

（7）双 D 触发器（前沿触发）

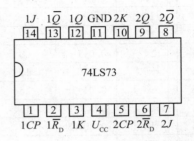

（8）双 JK 触发器（后沿触发）

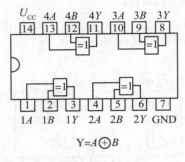

$Y=A \oplus B$

（9）四 2 输入异或门

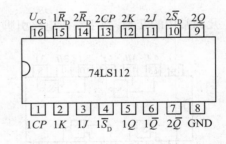

（10）双 JK 触发器（后沿触发）

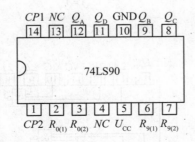

（11）二—五—十进制计数器（后沿触发）

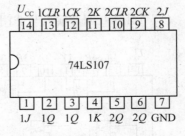

（12）双 JK 触发器（后沿触发）

（13）4 位二进制同步计数器

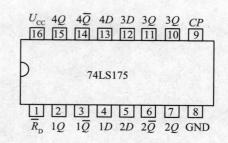

（14）4D 触发器（前沿触发）

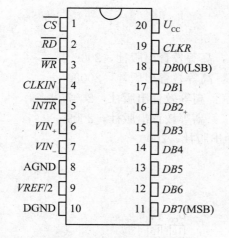

（15）ADC0804 引脚图

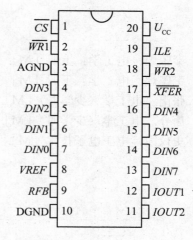

（16）DAC0832 引脚图

参 考 文 献

[1] 秦曾煌. 电工学：上册 ［M］. 7 版. 北京：高等教育出版社，2009.

[2] 秦曾煌. 电工学：下册 ［M］. 7 版. 北京：高等教育出版社，2009.

[3] 张南. 电工学（少学时）［M］. 3 版. 北京：高等教育出版社，2007.

[4] 唐介. 电工学（少学时）［M］. 3 版. 北京：高等教育出版社，2009.

[5] 史仪凯. 电工电子技术 ［M］. 北京：科学出版社，2009.

图书在版编目（CIP）数据

电工学/朱荣，晋帆主编. —北京：中国人民大学出版社，2015.6
普通高等教育"十二五"应用型本科规划教材
ISBN 978-7-300-21490-0

Ⅰ.①电…　Ⅱ.①朱…　②晋…　Ⅲ.①电工技术-高等学校-教材　Ⅳ.①TM

中国版本图书馆 CIP 数据核字（2015）第 132905 号

普通高等教育"十二五"应用型本科规划教材
电工学
主　编　朱　荣　晋　帆
Diangongxue

出版发行	中国人民大学出版社		
社　　址	北京中关村大街 31 号	**邮政编码**	100080
电　　话	010 - 62511242（总编室）		010 - 62511770（质管部）
	010 - 82501766（邮购部）		010 - 62514148（门市部）
	010 - 62515195（发行公司）		010 - 62515275（盗版举报）
网　　址	http://www.crup.com.cn		
	http://www.ttrnet.com（人大教研网）		
印　　刷	北京密兴印刷有限公司		
规　　格	185 mm×260 mm　16 开本	**版　　次**	2015 年 8 月第 1 版
印　　张	23.25	**印　　次**	2018 年 7 月第 2 次印刷
字　　数	534 000	**定　　价**	48.00 元

教师信息反馈表

为了更好地为您服务，提高教学质量，中国人民大学出版社愿意为您提供全面的教学支持，期望与您建立更广泛的合作关系。请您填好下表后以电子邮件或信件的形式反馈给我们。

您使用过或正在使用的我社教材名称		版次	
您希望获得哪些相关教学资料			
您对本书的建议（可附页）			
您的姓名			
您所在的学校、院系			
您所讲授的课程名称			
学生人数			
您的联系地址			
邮政编码		联系电话	
电子邮件（必填）			
您是否为人大社教研网会员	□ 是，会员卡号：_____ □ 不是，现在申请		
您在相关专业是否有主编或参编教材意向	□ 是　　　　□ 否 □ 不一定		
您所希望参编或主编的教材的基本情况（包括内容、框架结构、特色等，可附页）			

我们的联系方式：北京市西城区马连道南街 **12** 号
中国人民大学出版社应用技术分社
邮政编码：100055
电话：010-63311862
网址：http://www.crup.com.cn
E-mail：rendayingyong@163.com